"十四五"时期国家重点出版物出版专项规划项目
国家科学技术学术著作出版基金资助出版

农业生物多样性与作物病虫害控制
（第二版）

朱有勇　朱书生　主编

科学出版社
北京

内 容 简 介

本书详细阐述了农业生物多样性控制作物病虫害的效应、理论与实践。全书共 9 章，第一章简述了生物多样性的概念，农业生物多样性与有害生物生态控制的研究进展和发展趋势；第二章至第五章介绍了农业生物多样性控制病虫害的效应和原理；第六、第七章总结了农业生物多样性控制病虫害模式的构建原则、方法及实践；第八章概述了农业生物多样性与生物入侵；第九章阐述了农业生物多样性保护的方法和原理。

本书可供生物多样性、植物保护学、昆虫学、作物栽培学、植物营养学等领域的高校师生、科研工作者，以及农业技术人员参阅。

图书在版编目（CIP）数据

农业生物多样性与作物病虫害控制/朱有勇，朱书生主编. —2 版. —北京：科学出版社，2024.2

"十四五"时期国家重点出版物出版专项规划项目
ISBN 978-7-03-075033-4

Ⅰ. ①农… Ⅱ. ①朱… ②朱… Ⅲ. ①农业–生物多样性 ②作物–病虫害防治 Ⅳ. ①S18 ②S435

中国国家版本馆 CIP 数据核字(2023)第 036350 号

责任编辑：王海光 田明霞 / 责任校对：郑金红
责任印制：肖 兴 / 封面设计：北京图阅盛世文化传媒有限公司

科学出版社 出版
北京东黄城根北街 16 号
邮政编码：100717
http://www.sciencep.com

北京中科印刷有限公司 印刷
科学出版社发行 各地新华书店经销
*
2013 年 3 月第 一 版 开本：787×1092 1/16
2024 年 2 月第 二 版 印张：21 1/2
2024 年 2 月第十一次印刷 字数：507 000
定价：180.00 元
(如有印装质量问题，我社负责调换)

《农业生物多样性与作物病虫害控制》（第二版）
编委会

李迎宾（云南农业大学）

李正跃（云南农业大学）

林　胜（福建农林大学）

刘海娇（云南农业大学）

刘佳妮（云南农业大学）

刘思雨（青海省农林科学院）

刘屹湘（云南农业大学）

卢宝荣（复旦大学）

罗丽芬（云南农业大学）

骆世明（华南农业大学）

梅馨月（云南农业大学）

汤东生（云南农业大学）

王　燕（云南省农业科学院）

王海宁（云南农业大学）

王文倩（云南农业大学）

肖关丽（云南农业大学）

谢　勇（云南农业大学）

杨　静（云南农业大学）

杨　敏（云南农业大学）

姚凤銮（福建农林大学）

叶　辰（云南农业大学）

叶延琼（华南农业大学）

尤民生（福建农林大学）

张立敏（云南农业大学）

张晓明（云南农业大学）

张治萍（云南农业大学）

章家恩（华南农业大学）

郑亚强（贵州中医药大学）

朱书生（云南农业大学）

朱有勇（云南农业大学）

第一版前言

　　生物多样性是人类可持续发展的基础，生物多样性的保护和利用是国际上普遍关注的问题。目前，改善农田生物多样性和农田生态系统的稳定性，实现作物病虫害生态控制已经成为国内外研究的热点。本书是作者根据当前生物多样性研究现状，结合多年的研究基础，系统总结国内外生物多样性及利用生物多样性控制作物病虫害方面研究的成果，从农业生物多样性的概念、农业生物多样性控制病虫害的效应和原理、农业生物多样性优化种植控制病虫害模式的构建原则和方法、农业生态系统立体种养与作物病虫害控制、农业生物多样性与外来物种入侵、农业生物多样性保护的方法和原理等方面进行阐述，并通过大量实际应用事例阐述了农业生物多样性与作物病虫害控制的关系。

　　在农业生物多样性与作物病虫害控制相关研究及本书的编写过程中，得到了中华人民共和国科学技术部、国家自然科学基金委员会、中华人民共和国国家发展和改革委员会、中华人民共和国农业部、中华人民共和国教育部、中国农业科学院、中国农业大学、复旦大学、云南省发展和改革委员会、云南省科学技术厅、云南省农业厅、云南省教育厅、云南省农业科学院等单位的大力支持和帮助，并得到了李振歧院士、谢联辉院士、郭予元院士、荣廷召院士、刘旭院士、吴孔明院士、陈剑平院士、程序院士、夏敬源研究员、卢宝荣教授、彭友良教授、张福锁教授、张芝利研究员、万方浩研究员、张青文教授、N. S. Talekar 博士、K. L. Heong 博士、S. Savary 博士、P. S. Teng 博士、T. H. Mew 博士、T. Plau 博士、J. Devra 博士、W. Matian 博士、C. Peter 博士等专家学者的悉心指导和大力支持，在此一并予以致谢。

　　本书被云南省教育厅列为云南省普通高等学校"十二五"规划教材。

　　限于我们的学识和水平，加之该研究领域交叉学科较多，书中难免存在疏漏之处，望同行专家和读者不吝批评指正。同时，由于篇幅有限，对于许多引用文献的作者未能一一列出，在此仅向众多被引用了参考文献而未标注的文献作者致以崇高的谢意。

编　者

2012 年 3 月 20 日于昆明

第二版前言

生物多样性是人类可持续发展的基础，生物多样性的保护和利用是国际上普遍关注的问题。通过增加农田生物多样性、提高农田生态系统的稳定性，实现作物病虫害生态控制已经成为国内外研究的热点。本书是作者根据当前生物多样性研究现状，同时结合自身多年的研究成果，在系统总结国内外生物多样性及利用生物多样性控制作物病虫害研究进展的基础上编写而成的。书中主要介绍了农业生物多样性的概念、农业生物多样性控制病虫害的效应和原理、农业生物多样性控制病虫害模式的构建原则和方法、农业生态系统立体种养与作物病虫害控制、农业生物多样性与外来物种入侵、农业生物多样性保护的方法和原理等内容，并通过大量实际应用案例阐述了农业生物多样性与作物病虫害控制的理论和实践。

本书相关研究得到了科学技术部、国家自然科学基金委员会、国家发展和改革委员会、农业农村部、教育部等部委有关项目的支持；中国农业科学院、中国农业大学、复旦大学、云南省科学技术厅、云南省农业农村厅、云南省教育厅、云南省农业科学院等单位也提供了大力支持和帮助；荣廷召院士、刘旭院士、吴孔明院士、陈剑平院士、张福锁院士、彭友良教授、张芝利研究员、万方浩研究员，以及 N. S. Talekar、K. L. Heong、S. Savary、P. S. Teng、T. H. Mew、T. Plau、J. Devra、W. Matian、C. Peter 等专家学者给予了悉心指导和帮助，在此一并致以诚挚的谢意。

由于该研究领域涉及交叉学科较多，限于作者的学识和水平，书中难免存在疏漏之处，望同行专家和读者不吝指正。

编 者

2023 年 4 月 10 日于昆明

目　录

第一章 生物多样性与农业有害生物生态控制

关 键 词

第一节 生物多样性、农业生物多样性、遗传多样性、物种多样性、生态系统多样性

第二节 生态平衡、立体种养

生物多样性是大自然赐予人类的生存之源,是人类实现可持续发展的基础。在自然生态系统中,不同的生物种类占据着不同的时间、空间生态位,发挥着各自的生态功能,保持着自然生态系统的连续与稳定,但所有的生物是一个和谐的整体。老子曰:"道生一,一生二,二生三,三生万物,万物负阴而抱阳,冲气以为和。"又曰:"有无相生,难易相成,长短相形,高下相盈,音声相和,前后相随。恒也。"大千世界处处相互依存、相互制约,万事万物处处相克相生、和谐发展。

追溯世界农业发展的历史,依赖化学农药控制植物病害的历史不足百年,在几千年的传统农业生产中,农业生物多样性无疑是持续控制病害的重要因素之一,生物多样性与生态平衡无疑是维系生物发展进化的自然规律之一。保护和利用生物多样性是保持人类社会持续发展的必然准则。目前,生物多样性的研究和保护已成为全世界各国普遍重视的一个问题,生态系统多样性的功能也逐步被认知。生物多样性是大自然赋予人类的宝贵财富,也是植物病害流行的天然屏障,必将在现代农业生产中发挥越来越重要的作用。

第一节 生物多样性与农业生物多样性的概念

一、生物多样性

(一)生物多样性的概念

生物多样性(biodiversity 或 biological diversity)是一个描述自然界多样性程度的概念,内容广泛而又复杂,不同的学者所下的定义不同。Wilson(1922)认为,生物多样性就是生命形式的多样性。McNeely 等(1996)认为,生物多样性是指生态系统内所有生物(包括植物、动物及微生物等)及其相互作用的群体。《生物多样性公约》(Convention on Biological Diversity)将生物多样性定义为:陆地、海洋和其他水体系统的生命的所

有变异，以及由它们所构成的生态复合体，包括种内、种间和生态系统的多样性。《全球生物多样性战略》（Global Biodiversity Strategy）将生物多样性定义为：一个地区基因、物种和生态系统的总和。蒋志刚等（1997）将生物多样性定义为：生物及其环境形成的生态复合体以及与此相关的各种生态过程的总和，包括动物、植物、微生物和它们所拥有的基因以及它们与其生存环境形成的复杂的生态系统。孙儒泳（2001）认为，生物多样性是指地球上生命的所有变异。总之，生物多样性是指地球上所有生物（动物、植物、微生物等）、它们所包含的基因以及由这些生物与环境相互作用所构成的生态系统的多样化程度。2021 年 10 月在中国昆明举办的联合国《生物多样性公约》第 15 次缔约方大会（COP 15）审议通过了全球生物多样性框架，明确了 2021～2030 年全球生物多样性保护目标并制定了有效的履约机制，极大地提高了生物多样性的地位。

（二）生物多样性的组成

1. 生物多样性的组成层次

生物多样性是一个复杂的生态系统，包括多个层次或水平，如基因、细胞、组织、器官、种群、物种、群落、生态系统及景观等。每个层次都具有丰富的变化，即存在着多样性。目前，研究较多的主要包括遗传多样性、物种多样性、生态系统多样性和景观多样性。

（1）遗传多样性（genetic diversity）

遗传多样性是指基因的多样性。广义的遗传多样性是指地球上生物所携带的各种遗传信息的总和。狭义的遗传多样性则指种内不同群体和个体间的遗传多态性的程度，或称遗传变异。

（2）物种多样性（species diversity）

物种多样性是指地球上动物、植物、微生物等生物种类的丰富程度。物种多样性包括两个方面：一方面是指一定区域内的物种丰富程度，可称为区域物种多样性；另一方面是指生态学方面的物种分布的均匀程度，可称为生态系统多样性或群落物种多样性（蒋志刚等，1997）。

物种多样性是衡量一个地区生物资源丰富程度的一个客观指标。目前，测量物种多样性常用的指标有：①物种丰富度（species richness），是指一个地区所有的物种数；②物种丰度（species abundance），是指一个地区内某个物种所拥有的个体数；③物种均匀度（species evenness），是指各物种根据其相对丰度而得到的分布的均匀程度。通常，物种多样性测量指标较多，有时需要将一种或多种指标结合起来，尤其是物种丰富度和物种丰度。

（3）生态系统多样性（ecosystem diversity）

生态系统多样性是指地球上生态系统组成、功能及各种生态过程的多样性，包括生境的多样性、生物群落和生态过程的多样性等多个方面。其中，生境的多样性是生态系统多样性形成的基础，生物群落的多样性可以反映生态系统类型的多样性。

（4）景观多样性（landscape diversity）

景观多样性是指由不同类型的景观要素或生态系统构成的景观在空间结构、功能机制和时间动态方面的多样化或变异性，是对景观水平上生物组成多样性程度的表征。景观多样性可区分为景观类型多样性（landscape type diversity）、景观斑块多样性（landscape patch diversity）和景观格局多样性（landscape pattern diversity）。景观类型多样性是指景观中类型的丰富度和复杂性。景观类型多样性多考虑景观中不同的景观类型（如农田、森林、草地等）的数目多少以及它们所占面积的比例。景观斑块多样性是指景观中斑块（广义的斑块包括斑块、廊道和基质）的数量、大小及斑块形状的多样性和复杂性。景观格局多样性是指景观类型空间分布的多样性及各类型之间以及斑块与斑块之间的空间关系和功能联系。景观格局多样性多考虑不同景观类型的空间分布、同一类型间的连接度和连通性、相邻斑块间的聚集与分散程度。

2. 生物多样性组成层次间的相互关系

遗传多样性是物种多样性和生态系统多样性的基础，是生物多样性的内在形式。遗传多样性导致了物种的多样性，物种与生境的多样性构成了生态系统的多样性，多样性的生态系统聚合并相互作用又构成了景观的多样性。

二、农业生物多样性

（一）农业生物多样性的概念

农业生物多样性（agrobiodiversity）是以自然生物多样性为基础，以人类的生存和发展为动力而形成的人与自然相互作用的多样性系统，是生物多样性的重要组成部分。农业生物多样性可以分为狭义的农业生物多样性与广义的农业生物多样性。狭义的农业生物多样性主要包括农业生物的遗传多样性、农业生物的物种多样性和农业生态系统多样性三个层次。广义的农业生物多样性则是指与农业生产相关的全部生物多样性（骆世明，2010）。

（二）农业生物多样性的组成

农业生物多样性的研究主要聚焦于三个层次，即农业遗传多样性、农业物种多样性和农业生态系统多样性，还包括各层次间相互联系、耦合的生态学过程（陈海坚等，2005）。

1. 农业遗传多样性（agricultural genetic diversity）

以水稻为例，狭义的农业生物遗传多样性仅仅考虑水稻不同品种间的遗传变异，然而广义的农业生物遗传多样性还包括野生稻等野生近缘种。杂交水稻的不育基因就是在野生稻中发现的，通过杂交育种，转移到了现代品种中。在利用生物技术能够实现不同物种间基因转移的条件下，理论上所有生物基因及其变异都有可能通过转基因技术引入农业生物体内，如苏云金芽孢杆菌的杀虫蛋白基因（简称 *Bt*）已经导入玉米、棉花、大豆等作物，并且已经进行商业化生产。*Bt* 基因也已经成功转入水稻。因此广义的农业生物遗传多样性包括农业生物物种的遗传多样性、农业生物野生近缘种的遗传多样性，以及有转入农业生物潜力的其他物种的遗传多样性。

2. 农业物种多样性（agricultural species diversity）

以植物生产为例，狭义的农业生物物种多样性仅仅考虑农业种植的植物物种，然而广义的农业生物物种多样性还考虑潜在可以成为农业生产对象的植物物种资源。很多中草药物种日益成为栽培对象，园林绿化中改造和利用的物种越来越多。为了防治农作物的害虫，害虫的天敌成为利用对象，如利用赤眼蜂防治水稻螟虫，利用白僵菌防治松毛虫等。农田土壤中的各种微生物、蚯蚓、蚂蚁、白蚁、线虫等生物物种对农作物生产起到了重要的作用。园艺作物经常需要依赖授粉动物，包括蜜蜂、苍蝇、飞蛾、蝴蝶、甲虫、蝙蝠、蜂鸟等。又如，在渔业方面，无论是淡水养殖还是海产养殖，被人工养殖的物种越来越多，如鳄鱼、鲟鱼、龙虾、鲍鱼都成了养殖对象，捕捞的物种就更多了。因此，广义的农业生物物种多样性不仅包括已经被驯化了的生产目标物种，也包括农业生产中的各类关联物种。无论是目标物种还是关联物种的名录都在急剧扩展之中。

3. 农业生态系统多样性（agricultural ecosystem diversity）

狭义的农业生态系统多样性仅仅考虑开展农业生产的生态系统，如农田生态系统、放牧生态系统、农牧结合生态系统、淡水养殖生态系统等。广义的农业生态系统多样性还需要考虑生产以外的区域，以农田为例，田埂和周边的植被往往成为作物害虫天敌的繁殖和栖息场所，对农田害虫的控制至关重要。农田灌溉水往往来自上游的水土保持林或者天然林，而农田的排水则会影响河流下游甚至出海的海口。因此，广义的农业生态系统多样性包括以农业生产体系为核心的整个相关区域或流域的相互关系和整体格局。

三、生物多样性的生态功能

生物多样性不仅孕育了有价值的动物、植物，还具有提高植物的生产力、促进生态系统养分的存留和提高生态系统的稳定性等功能（Tilman，2000），对于稳定地球和局部地区的环境、人类生存及农业可持续发展起着重要的作用。

（一）生物多样性在自然生态系统中的功能

在自然生态系统中，生物多样性能增加系统的稳定性。生物多样性可以提高植物的生产力、促进生态系统养分的存留、提高生态系统的稳定性。例如，在自然生态系统中，多样性的森林或草地植被层具有防止土壤侵蚀、补充地下水的功能。另外，多样性的生物还能够为未来生态环境的各种可能变化提供更多的机会与选择。就像在恐龙灭绝的中生代中白垩世，以张和兽为代表的一些不起眼的小型哺乳动物逐步获得进化优势，并成为新生代的主角。自然的生物栖境是一个重要的基因资源库，如许多野生种就具备栽培品种、牲畜和家禽所没有的基因，而人工驯化的动植物均是由野生种演化而来的。在利用选育、杂交等手段培育家用品种的过程中往往会造成一些基因的丢失。当环境发生变化，人工培育的品种丧失对环境的抗性后，我们还可以利用育种手段从野生群体中导入新的基因来应对环境的变化。

（二）生物多样性在农业生态系统中的功能

农业生态系统是经过人类驯化了的自然生态系统，生物多样性同样能提高农业生态系统的稳定性，对提高作物产出、增加人们经济收入和促进社会发展有重要作用。在农业生态系统中，生物多样性除了提供粮食、纤维、燃料和经济收入，其还发挥着许多生态功能，如保持营养物质的自然循环、控制小气候、调节水文、分解有毒物质，以及调控环境中的微生物等。要使这些功能得以有效发挥，就必须保持环境中的生物多样性。一旦系统中生物多样性减少、减弱，这些功能就会丧失，人们也必将为此付出惨重的经济与环境代价。

农业生产与生物多样性有着密不可分的关系。只有充分保护农田及其周边环境，加强农田生态系统的自我调节功能，才能保证农业生产的可持续发展。只有发挥农田生态系统的生态功能，才能提高对农业生物多样性的保护与利用。以此为基础，才能更好地利用自然资源，保持农田生态系统的稳定。

第二节　农业生物多样性与有害生物生态控制

一、农田生物多样性降低导致有害生物发生危害的风险升高

作物病害是农业生产上重要的生物灾害，是制约农业可持续发展的主要因素之一。据联合国粮食及农业组织（Food and Agriculture Organization of the United Nations，FAO）估计，世界粮食生产由植物病害造成的年损失量约为总产量的10%。绿色革命以来，为满足人类的粮食需求，一系列高产、高抗品种的大面积、单一化种植，导致了农业生物多样性的严重降低；同时，野生近缘种的遗传资源也随着改良品种的大面积种植和农业生产模式的改变而逐渐丧失，农业生态系统变得更加脆弱，农业有害生物防治压力越来越大。一方面，作物病虫害暴发的周期缩短，从而加大了农药的使用量，使得农业生态环境进一步恶化；另一方面，农田生物多样性的降低加大了作物对病原菌的定向选择压力，使得稀有小种迅速上升为优势小种，导致了品种抗性"丧失"速度加快，主要病虫害流行周期越来越短，次要病虫害纷纷上升为主要病虫害，造成更加严重的经济损失。美国大面积推广 T 型玉米杂交品种造成玉米小斑病的大流行（刘克明和王连生，1995）；我国大面积推广'碧蚂一号'等品种造成小麦条锈病的流行（李振岐，1998），云南大面积推广品种'西南 175'造成稻瘟病严重发生（蒋志农，1995），四川大面积推广品种'汕优 2 号'导致稻瘟病大面积流行（彭国亮等，1997）等实例，都为农业生态系统中生物多样性降低而造成粮食安全的潜在危机敲响了警钟。因此，作物单一化种植导致农田生物多样性的过度丧失已经成为可持续农业所面临的主要矛盾和难题。

二、农业生物多样性与有害生物生态控制研究进展

利用生物多样性与生态平衡的原理，进行农作物遗传多样性、物种多样性和生态系统多样性的优化布局，增加农田的物种多样性和农田生态系统的稳定性，能有效减轻有

害生物的危害，大幅度减少因化学农药的使用而造成的环境污染，提高农产品的品质和产量，实现农业的可持续发展。

（一）农业生物多样性与作物病害生态控制

利用生物多样性持续控制作物病害，是实现病害生态控制的重要措施。实践表明，应用生物多样性与生态平衡的原理，增加农田的生物多样性和农田生态系统的稳定性是实现作物病害生态控制的有效措施。目前，通过育种和栽培措施均可以不同程度地增加农田遗传多样性和物种多样性，从而对病害的控制起到重要作用。

1. 遗传多样性与作物病害生态控制

作物品种的单一化大面积种植常导致病害暴发流行。增加农田抗病基因的遗传多样性可以有效控制病害的发生流行程度。目前，增加农田遗传多样性的措施主要有两种。一是从育种角度培育多抗病基因聚合品种、多系品种等。Van der Plank（1963）提出了水平抗性理论，即选育具有多个主效基因或微效基因的水平抗性品种，减缓垂直抗性或单基因抗性引起的病害流行。Yoshimura 等（1984）提出聚合多个不同主效抗病基因选育广谱抗病品种，利用基因多样性解决单基因抗性引起的病害流行问题。Jensen（1952）提出并由 Norman（1953）及 Browning 和 Frey（1969）等发展的多系品种控病理论，利用抗病基因多样性减小病菌选择压力，解决了由品种单一化引发的病害防控难题。多抗病基因聚合品种和多系品种的选育和利用增加了遗传多样性，延缓了抗性的丧失。利用传统育种手段培育多系品种和多基因聚合品种对于大多数作物来说难度很大，需要花费大量时间和资源，比培育单一栽培品种困难得多。然而，随着基因编辑和转基因技术的进步，多基因聚合品种的培育难度逐渐降低，可为未来利用基因多样性控制病害提供更多的选择。二是从栽培的角度在田间进行不同抗性品种的合理布局。目前，品种多样性栽培的主要应用方式有品种多样性间栽、混种和区域布局三种方式，这些多样性种植方式的合理应用均能有效控制病害的发生流行。云南农业大学在利用水稻遗传多样性控制稻瘟病方面进行了深入研究，通过不同品种搭配和不同种植模式对稻瘟病菌群体遗传结构、田间稻瘟病菌孢子空间分布、田间发病环境条件等进行研究，明确了水稻遗传多样性控制稻瘟病的分子机制和品种优化搭配规律，建立了筛选品种组合的技术体系，筛选了大量的品种组合，完成了田间试验的示范验证，创建了水稻遗传多样性持续控制稻瘟病的理论和技术，为稻瘟病的生态控制提供了成功范例（Zhu et al.，2000）。

2. 物种多样性与作物病害生态控制

从栽培角度通过作物的合理布局，科学增加农田各个层次的生物多样性，可有效减少有害生物的发生和降低其危害。作物的多样性栽培可以利用间作、套作、轮作等措施来增加农田生物多样性。云南农业大学朱有勇院士团队深入研究了作物间多样性种植控制病害的效应，阐明了作物多样性种植控制主要病害的生态学原理及流行学机理，研发了异质抗性搭配技术、空间结构配置技术、播种期合理配置技术，构建了作物多样性时空优化配置控制病害的技术规程，探索了一条利用作物多样性防治病害的新路径，实现了病害的生态防控，使得农药投入减少 50% 以上，为保障我国粮食安全做出了重要贡献（Li et al.，2009）。

3. 生境多样性与作物病害生态控制

作物病害的发生和流行由"寄主、病原、环境"三要素决定。特定病害的暴发流行往往与特殊的生境相耦合。利用生境条件的多样性，选择既能使植物正常生长，又能降低病害发生危害的生境开展农业生产是实现病害生态控制的有效途径。例如，葡萄霜霉病容易在多雨季节暴发流行，成为限制葡萄健康生产的关键因素。法国波尔多地区充分利用地中海夏季少雨的生境特征开展葡萄生产，使葡萄生长季节避开雨季，有效控制了病害的发生，建成了国际知名的葡萄酒产区。马铃薯晚疫病是马铃薯生产上的毁灭性病害，在夏季多雨低温的山区常暴发流行。我国云南省充分利用低纬度干热河谷冬季少雨温暖的生境特征，将夏季在山区种植的马铃薯产区迁移至低海拔少雨热区，有效避开了降雨，成功实现了马铃薯晚疫病的生态防控。这些均是将独特的生境特征与作物病害发生轻的特性相耦合，实现了病害生态控制，是发展绿色农业的有效措施。

（二）农业生物多样性与作物害虫生态控制

生物多样性与农田害虫生态控制的关系密切，合理的生物多样性能改变害虫活动的农田小气候、影响害虫在土壤中的栖息场所、改变寄主偏好性、招引天敌、创造机械屏障等，从而影响害虫的分布型和种群数量。通过增加农田作物多样性生态控制有害生物，符合农业可持续发展的要求，是目前国际上研究和探讨的热点问题，对农业生物多样性控制作物害虫的现象及理论的探讨是生物多样性研究的重要内容。

1. 利用作物多样性配置实现害虫的生态控制

利用多种作物合理的间作、套作能实现害虫的生态控制。这涉及一系列的机制。①特定作物的间作或套作干扰害虫赖以寻找寄主的视觉或嗅觉刺激，从而影响了害虫对寄主植物的定向。例如，Altieri 和 Doll（1978）利用高秆植株玉米作为屏障来保护豆类植株使其不受害虫的侵害。②物种多样性和微环境气候的耦合作用调控害虫和天敌的种群动态。例如，间作套种适宜作物可改变生境内的微环境和害虫的运动行为，致使害虫从寄主植物中迁出，导致寄主植物上的害虫数量下降（Root，1973）。马铃薯与矮性菜豆间作、甘蓝与番茄混作、芥末与洋葱或大蒜间作、小麦与大蒜或油菜间作等，既能驱避害虫又能吸引天敌（Tahvanainen and Root，1972；Sarker et al.，2007；王万磊等，2008；李素娟等，2007）。③作物多样性增加了植食性害虫在农田生态系统中的生存压力。每种植物都对有害生物有独特的抗性。当多种植物混合后会表现出对有害生物的群体抗性（组合抗性）（Root，1975）。④寄主植物的挥发性次生物质、背景、色彩、形状以及植物表面结构等对昆虫的取食、产卵、聚集及交配等行为都会产生不同的影响。例如，大豆与玉米间作提高了赤眼蜂对棉铃虫卵的寄生率（Altieri et al.，1981）、玉米-大豆-番茄混作提高了赤眼蜂种群密度（Nordlund et al.，1984），夏玉米田间作匍匐型绿豆提高了赤眼蜂对玉米螟卵的寄生率（周大荣等，1997）。昆虫对外界环境特定的物理、化学信号（主要包括视觉的和化学的线索或信号）等信息具有一定的行为反应往往是各种信息综合的结果，研究害虫在取食、产卵、聚集及交配等行为过程中的感觉线索，可为害虫综合治理提供新理念。当前，根据昆虫对特定植物的趋向性或驱避性，将诱集植物与驱虫植物联合使用，构建害虫引诱-驱避（pull-push）生态调控体系已是害虫综合防治的重要策略。

2. 利用农田杂草调控害虫和天敌的种群

杂草是农田生态系统中的重要元素，农田杂草可为害虫和天敌提供替代寄主。农田杂草为天敌提供营养、产卵场所和栖息场所。通常，杂草丰富的农田害虫暴发的可能性远低于杂草少的农田。这是因为农田杂草能为天敌提供营养，有些杂草还具有诱集或化学驱避和屏蔽作用，从而提高了天敌的存活率和繁殖率及其在田间的定殖成功率，最终提高了天敌的种群密度，为害虫控制奠定了基础。此外，有些杂草还对害虫的生存繁殖有一定的影响。有关农田杂草提高害虫生物防治效果的例子很多，且涉及多种作物和杂草（李正跃等，2009）。

3. 利用农田周围非作物生境调控害虫和天敌的种群

农田周围的草带、篱笆、树、沟渠、堤等景观要素可以为节肢动物如步甲、蜘蛛、隐翅虫等害虫天敌提供丰富的食物、水分、遮蔽物、小气候、越冬场所、交配场地等生存要素。此外，大田周围的非作物生境还可以有效地提高害虫天敌的寄生或捕食效能。作物附近的野生植被是作物生境中捕食性天敌种群建立的重要来源地。当作物上寄主稀少时，害虫的捕食性天敌会转移到其他生境中捕食替换寄主，如苹果园周边环境的生物多样性对果园生态系统内天敌的生物多样性起决定性的作用。

4. 利用立体种养控制作物害虫

立体种养是一种充分利用时间、空间等多方面种植（养殖）条件来实现优质、高产、高效、节能、环保的农业种养模式，也是一种能实现作物害虫生态控制的有效模式。典型的例子包括庭院农业模式、稻田生态种养、果园立体种养等模式。稻田生态种养实质上是对一个多样化系统结构的优化，包括稻田养鸭、稻田养鱼、稻田养萍等，如稻田养鸭能有效控制稻飞虱（杨治平等，2004；戴志明等，2004）、稻纵卷叶螟（朱克明等，2001），稻田养鱼能有效控制稻纵卷叶螟（官贵德，2001；Vromant et al.，2002）、稻飞虱（肖筱成等；2001；官贵德，2001；杨河清，1999）和三化螟（赵连胜，1996），稻田养蟹能有效控制稻飞虱（薛智华等，2001）。稻田生态种养模式控制水稻害虫的机制是稻田种养系统中的鸭、鱼、蟹等可直接捕食稻飞虱、稻纵卷叶螟、三化螟等害虫，从而起到直接控制这些害虫种群的作用。果园合理种植覆盖作物除了可以提高果树营养吸收水平、改善土壤物理结构和土壤湿度外，还可以抑制杂草生长、保护天敌、提高天敌对害虫的控制作用。果园中大量的开花植物能够增加天敌数量、提高天敌的捕食率和寄生率、降低虫害的发生率。果园种植覆盖作物增加天敌种群数量来控制害虫一直是害虫综合治理研究的重要内容（Altieri and Schmidt，1986；Hanna et al.，2003；李正跃等，

2009）。其中研究最多和应用最为成功的是苹果园覆草对天敌的保护与害虫的控制研究和应用，如苹果园种植白香草木樨（*Melilotus albus*）可明显增加天敌拟长毛钝绥螨（*Amblyseius pseudolongispinosus*）和中华草蛉（*Chrysoperla sinica*）的种群数量，降低山楂叶螨（*Tetranychus viennensis*）的种群数量（严毓骅和段建军，1988）；苹果园中交替刈割可使有益昆虫保留在树下的覆盖植物中，避免二斑叶螨（*Tetranychus urticae*）的暴发（Bugg and Waddington，1994）；苹果园以 3∶2∶1 的比例种植黑麦草、三叶草和苜蓿后，可有效保护苹果绵蚜的主要天敌如草蛉的数量而提高对苹果绵蚜的控制作用（李向永等，2006）。

总之，生物多样性是大自然赋予人类的宝贵财富，是植物病虫害流行的天然屏障，必将在现代农业生产中发挥越来越重要的作用。当前，利用生物多样性持续控制作物有害生物，已成为国际农业科学研究的热点，研究成果的应用逐年推广扩大，农业生态系统多样性的功能逐步被认知。我国科技工作者在利用生物多样性调控作物病害方面做了大量研究和实践，长期活跃在该领域的研究前沿，在多方面取得了明显的进展。例如，云南农业大学团队经过近二十年的研究，在利用作物多样性控制病害方面取得了明显的进展。一是明确了在农业生态系统中作物多样性是调控病害的基本要素；二是明确了作物多样性调控病害的效应和作用；三是建立了作物多样性时空优化配置调控病害的应用模式和技术规程，并在生产上大面积推广应用；四是解析了作物多样性遗传异质抗病、稀释病原菌、阻隔病虫害、诱导抗性、化感作用和改善农田小气候等物理学、气象学和生物学方面的主要因素，为阐明作物多样性调控病虫害的作用机理打下了良好的基础。但利用作物多样性控制有害生物的机理涉及方方面面，解析其机理涉及植物病理学、植物病害流行学、生物信息学、分子生物学、分子生态学、基因组学和表达组学等学科的交叉和融合，需要更多感兴趣的科学家或科技工作者共同努力，从不同的角度揭示作物间相克相生的自然现象，为利用生物多样性促进粮食安全做出贡献。

小　结

生物多样性是指地球上所有生物（动物、植物、微生物等）、它们所包含的基因以及由这些生物与环境相互作用所构成的生态系统的多样化程度。生物多样性是大自然赐予人类的生存之源，不仅孕育了有价值的动植物，还具有提高植物的生产力、促进生态系统养分的存留、提高生态系统的稳定性等功能，对于稳定地球和局部地区的环境、人类生存及农业可持续发展起着重要的作用。自然生物多样性和农业生物多样性主要包括遗传多样性、物种多样性、生态系统多样性和景观多样性 4 个层次。

生物多样性是实现农业有害生物生态控制的基础。利用生物多样性与生态平衡的原理，进行农作物遗传多样性、物种多样性和生态系统多样性的优化布局，增加农田的物种多样性和农田生态系统的稳定性，可以有效减轻有害生物的危害、大幅度减少因化学农药使用而造成的环境污染、提高农产品的品质和产量、实现农业的可持续发展。

思 考 题

1. 什么是生物多样性、农业生物多样性? 生物多样性的生态功能是什么?
2. 简述自然和农业遗传多样性、物种多样性和生态系统多样性的区别与联系。
3. 现代农业生态系统中作物大面积、单一化种植给农业有害生物的防控带来了哪些风险?
4. 简述生物多样性与生态平衡在农业有害生物生态防控中的作用。

参 考 文 献

陈海坚, 黄昭奋, 黎瑞波, 等. 2005. 农业生物多样性的内涵与功能及其保护. 华南热带农业大学学报, 11(2): 24-27.

陈新华, 王年喜, 胡建州, 等. 1994. 套插稻高产高效栽培技术. 耕作与栽培, 3: 62-64.

戴兴安. 2003. 论农业生物多样性的功能与价值. 中国可持续发展, 6(19): 35-39.

戴志明, 杨华松, 张曦, 等. 2004. 云南稻鸭共生模式效益的研究与综合评价(三). 中国农学通报, 20(4): 265-267.

刁操铨. 2001. 作物栽培学各论. 北京: 中国农业出版社: 142-174.

顾昌华, 谢光新, 黄可. 2006. 油菜大蒜间作的密度配置研究. 江苏农业科学, 34(5): 29-31.

官贵德. 2001. 低湿地垄稻沟鱼生态模式效益分析及配套技术. 江西农业科技, 5: 46-48.

郭辉军, Christine P, 付永能, 等. 2000. 农业生物多样性评价与就地保护. 云南植物研究, 22(S1): 27-41.

蒋志刚, 马克平, 韩兴国, 等. 1997. 保护生物学. 杭州: 浙江科学技术出版社.

蒋志农. 1995. 云南稻作. 昆明: 云南科技出版社.

金扬秀, 谢关林, 孙祥良, 等. 2003. 大蒜轮作与瓜类枯萎病发病的关系. 上海交通大学学报(农业科学版), 21(1): 9-12.

克里施纳默西 K V. 2006. 生物多样性教程. 张正旺译. 北京: 化学工业出版社.

李典模. 2002. 生物多样性//戈峰. 现代生态学. 北京: 科学出版社: 429-433.

李素娟, 刘爱芝, 茹桃勤, 等. 2007. 小麦与不同作物间作模式对麦蚜及主要捕食性天敌群落的影响. 华北农学报, 22(1): 141-144.

李向永, 谌爱东, 赵雪晴, 等. 2006. 植被多样化对昆虫发生期和物种丰富度动态的影响. 西南农业学报, 19(3): 519-524.

李祎君, 王春乙. 2010. 气候变化对我国农作物种植结构的影响. 气候变化研究进展, 6(2): 123-129.

李跃辉. 2005. 西葫芦套种玉米对西葫芦病毒病的生态控制作用初探. 蔬菜, (4): 23-24.

李振岐. 1998. 我国小麦品种抗条锈性丧失原因及其控制策略. 大自然探索, (4): 4.

李正跃, Altieri M A, 朱有勇. 2009. 生物多样性与害虫综合治理. 北京: 科学出版社.

廖林, 白学慧, 姬广海, 等. 2008. 水稻品种间栽防治水稻白叶枯病研究. 华南农业大学学报, 29(4): 42-46.

刘晶, 陈颖, 袁远峰, 等. 2008. 光、风、气对玉米大豆间作群体产量及生态效应的影响. 耕作与栽培, (2): 13-15.

刘均霞, 陆引罡, 远红伟, 等. 2008. 玉米/大豆间作条件下作物根系对氮素的吸收利用. 华北农学报, 23(1): 173-175.

刘克明, 王连生. 1995. 我国玉米小斑病病菌生理小种研究进展. 玉米科学, (A01): 3.

刘丽芳, 唐世凯, 熊俊芬, 等. 2005. 烤烟间作草木樨对烟草病害的影响. 云南农业大学学报, 20(5): 662-664.

刘丽芳, 唐世凯, 熊俊芬, 等. 2006. 烤烟间套作草木樨和甘薯对烟叶含钾量及烟草病毒病的影响. 中国农学通报, 22(8): 238-241, 670.

刘颖杰, 林而达. 2007. 气候变暖对中国不同地区农业的影响. 气候变化研究进展, 3(4): 229-233.

骆世明. 2010. 农业生物多样性利用的原理与技术. 北京: 化学工业出版社.

彭国亮, 罗庆明, 冯代贵, 等. 1997. 稻瘟病抗源筛选和病菌生理小种监测及应用. 西南农业学报, (S1): 26-28.

山仑. 2011. 科学应对农业干旱. 干旱地区农业研究, 29(2): 1-5.

世界资源研究所, 世界自然保护联盟联合国环境规划署. 1993. 全球生物多样性策略. 马克平等译. 北京: 中国标准出版社.

孙儒泳. 2001. 生物多样性的丧失和保护. 大自然探索, (9): 44-45.

孙雁, 王云月, 陈建斌, 等. 2004. 小麦蚕豆多样性间作与病害控制田间试验//朱有勇. 生物多样性持续控制作物病害理论与技术. 昆明: 云南科技出版社: 543-551.

王万磊, 刘勇, 纪祥龙, 等. 2008. 小麦间作大蒜或油菜对麦长管蚜及其主要天敌种群动态的影响. 应用生态学报, 19(6): 1331-1336.

王云月, 范金祥, 赵建甲, 等. 1998. 水稻品种布局和替换对稻瘟病流行控制示范试验. 中国农业大学学报, 3(增刊): 12-16.

王周录. 2005. 陕西辣椒套种的组合、配比与结构. 辣椒杂志, 3(3): 13-15.

肖靖秀, 郑毅, 汤利, 等. 2005. 小麦蚕豆间作系统中的氮钾营养对小麦锈病发生的影响. 云南农业大学学报, 20(5): 640-645.

肖筱成, 谌学珑, 刘永华, 等. 2001. 稻田主养彭泽鲫防治水稻病虫草害的效果观测. 江西农业科技, 4: 45-46.

谢勇. 2005. 水稻品种遗传差异与间作田间表现关系研究及 DArT 芯片技术体系构建. 北京: 中国农业大学博士学位论文.

谢云. 1997. 中国的农业发展与全球变化: 中国在全球变化研究中的地位和作用. 北京师范大学学报(自然科学版), 33(3): 422-426.

薛智华, 杨慕林, 任巧云, 等. 2001. 养蟹稻田稻飞虱发生规律研究. 植保技术与推广, 21(1): 5-7.

严毓骅, 段建军. 1988. 苹果园种植覆盖作物对于树上捕食性天敌群落的影响. 植物保护学报, 15(1): 23-26.

杨河清. 1999. 发展稻田养鱼, 保护环境. 江西农业经济, 1: 24-26.

杨治平, 刘小燕, 黄璜, 等. 2004. 稻田养鸭对稻鸭复合系统中病、虫、草害及蜘蛛的影响. 生态学报, 24(12): 2756-2760.

杨宗飞. 2006. 烤烟田地间套玉米不同播期效应研究. 耕作与栽培, 2: 38-39, 44.

于慧颖, 吴凤芝. 2008. 不同蔬菜轮作对黄瓜病害及产量的影响. 北方园艺, (5): 97-100.

云雅如, 方修琦, 王媛, 等. 2005. 黑龙江省过去 20 年粮食作物种植格局变化及其气候背景. 自然资源学报, 20(5): 697-705.

赵连胜. 1996. 稻田养鱼的生物学分析和评价. 福建水产, 1: 65-69.

周大荣, 宋彦英, 王振营, 等. 1997. 玉米螟赤眼蜂适宜生境的研究与利用 II. 夏玉米间作匍匐型绿豆对玉米螟赤眼蜂寄生率的影响. 中国生物防治, 13(2): 49-52.

朱克明, 沈晓昆, 谢桐洲, 等. 2001. 稻鸭共作技术试验初报. 安徽农业科学, 29(2): 262-264.

朱晓禧, 方修琦, 王媛. 2008. 基于遥感的黑龙江省西部水稻、玉米种植范围对温度变化的响应. 地理科学, 28(1): 66-71.

朱有勇, 陈海如, 范静华, 等. 2002. 水稻遗传多样性控制稻瘟病理论和技术//中国科学技术协会, 国家自然科学基金委员会. 学科发展蓝皮书 2002 卷. 北京: 中国科学技术出版社: 516-519.

朱有勇, 陈海如, 范静华, 等. 2003. 利用水稻品种多样性控制稻瘟病研究. 中国农业科学, 36(5): 521-528.

左忠, 冯立荣, 王峰, 等. 2009. 宁夏引黄灌区玉米马铃薯不同间作方式研究. 中国马铃薯, 23(2): 82-86.

Adams R P, Miller J S, Goldberg E M, et al. 1994. Conversation of plant genes II. In: Garden M B.

Monographs in Systematic Botany from the Missouri Botanical Garden. Vol. 48. St. Louis: Missouri Botanical Gardens.

Altieri M A, Doll J D. 1978. Some limitations of weed biocontrol in tropical ecosystems in Columbia. In: Freeman T E. Proceedings IV International Symposium on Biological Control of Weeds. Gainesville: University of Florida: 74-82.

Altieri M A, Letourneau D K. 1982. Vegetation management and biological control in agroecosystem. Crop Protection, 1(4): 405-430.

Altieri M A, Lewis W J, Nordlund D A, et al. 1981. Chemical interactions between plants and *Trichogramma wasps* in Georgia soybean fields. Protection Ecology, 3: 259-263.

Altieri M A, Schmidt L L. 1986. Cover crops affect insect and spider populations in apple orchards. California Agriculture, 40(1): 15-17.

Archibold O W. 1989. Seed banks and vegetation processes in coniferous forests. In: Leck M A, Thomas V T, Simpson R L. Ecology of Soil Seed Banks. London: Academic Press.

Bellon M R. 1991. The ethnoecology of maize variety management: a case study from Mexico. Human Ecology, 193: 389-418.

Bonman J M, Estrada B A, Denton R I. 1986. Blast management with upland rice cultivar mixtures. In: International Rice Research Institute. Progress in Upland Rice Research. Manila: International Rice Research Institute: 375-382.

Borlaug N E. 1958. The use of multilineal or composite cultivars to control air borne epidemic disease of self-pollinated crop plants. Winnipeg: First Int. Wheat Genetics Symp.: 12-27.

Browning J A, Frey K J. 1969. Multiline cultivars as a means of disease control. Annual Review of Phytopathology, 7(1): 355-382.

Bugg R L, Waddington C. 1994. Using cover crops to manage arthropod pests of orchards: a review. Agriculture, Ecosystems and Environment, 50(1): 11-28.

Cimanga K, Kambu K, Tona L, et al. 2002. Correlation between chemical composition and antibacterial activity of essential oils of some aromatic medicinal plants growing in the Democratic Republic of Congo. Journal of Ethnopharmacology, 79(2): 213-220.

Elias M, Key D Me, Panaud O, et al. 2001. Traditional management of cassava morphological and genetic diversity by the Makushi Amerindians (Guyana, South America): perspectives for on-farm conservation of crop genetic resources. Euphytica, 120(1): 143-157.

Frankel O H, Brown A H D, Burdon J J. 1995. The Conversation of Plant Biodiversity. Cambridge: Cambridge University Press.

Grainge M, Ahmed S. 1988. Handbook of Plants with Pest Control Properties. New York: John Wiley & Sons.

Hanna R, Zalem F G, Roltsch W J. 2003. Relative impact of spider predation and cover crop on populations dynamics of *Erythroneura variabilis* in a raisin grape vineyard. Entomologia Experimentalis et Applicata, 107(3): 177-191.

Hawkes J G. 1983. The Diversity of Crop Plants. Cambridge: Harvard University Press.

IUCN. 1994. Guidelines for protected Area Management Categories. Gland: WCMC, Cambridge and IUCN Commision on National Parks and Protected Areas.

Jensen N F. 1952. Intra-varietal diversification in oat breeding. Agronomy Journal, 44: 30-34.

Koizumi S. 2001. Rice blast control with multilines in Japan. In: Mew T W, Borromeo E, Hardy B. Exploiting Biodiversity for Sustainable Pest Management. Manila: International Rice Research Institute: 143-157.

Lambert D H. 1985. Swamp Rice Farming: The Indigenous Pahang Malay Agricultural System. Boulder and London: Westview Press.

Li C, He X, Zhu S, et al. 2009. Crop diversity for yield increase. PLoS One, 4 (11): e8049.

Manwan I, Sama S, Rizvi S A. 1985. Use of varietal rotation in the management of tungro disease in Indonesia. Indonesia Agricultural Research Development Journal, 7: 43-48.

McNeely J A. 1996. Conserving Biodiversity: The key political, economic and social measures. In: di Castri F, Younes T. Biodiversity, Science and Development. Towards a New Partnership. Walllingford: CAB International & IUBS: 264-281.

Nordlund D A, Lewis W J, Gleldnel R G, et al. 1984. Arthropod populations, yield and damage in monocultures and polycultures of corn, beans and tomatoes. Agriculture, Ecosystems and Environment, 11(4): 353-367.

Norman E B. 1953. New approach to the breeding of wheat varieties resistant to *Puccinia graminis tritici*. Science, 43: 467.

Peacock W J. 1989. Molecular biology and genetic resources. In: Brown A H D, Frankel O H, Marshall D R, et al. The Use of Genetic Resources. Cambridge: Cambridge University Press: 309-334.

Pham J L, Bellon M R, Jackson M T. 1996. A research program for on-farm conservation of rice genetic resources. International Rice Research Notes, 21(1): 10-11.

Piergiovanni A R, Laghetti G. 1999. The common bean landraces from Basilicata (Southern Italy): an example of integrated approach applied to genetic resources management. Genetic Resources and Crop Evolution, 46(1): 47-52.

Reynolds L B, Potter J W, Ball-Coelho B R. 2000. Crop rotation with *Tagetes* sp. is an alternative to chemical fumigation for control of root-lesion nematodes. Agron J, 92(5): 957-966.

Robert E H. 1989. Seed storage for genetic conservation. Plants Today, 2: 12-17.

Root R B. 1973. Organization of a plant-arthropod association in simple and diverse habitats: the fauna of collards (*Brassica oleracea*). Ecological Monographs, 43(1): 95-124.

Root R B. 1975. Some consequences of ecosystem texture. In: Ievin S A. Ecosystem Analysis and Prediction. Philadephia: Society for Industrial and Applied Mathematics: 83-97.

Sage G C M. 1971. Inter-varietal competition and its possible consequences for the production of F1 hybrid wheat. The Journal of Agricultural Science, 77(3): 491-498.

Sarker P K, Rahman M M, Das B C. 2007. Effect of intercropping with mustard with onion and garlic on aphid population and yield. Journal of Bio-Science, 15: 35-40.

Stevens R B. 1949. Replanting "Discarded" varieties as a means of disease control. Science, 110(2845): 49.

Tahvanainen J O, Root R B. 1972. The influence of vegetational diversity on the population ecology of a specialized herbivore, *Phyllotreta cruciferae* (Coleoptera: Chrysomelidae). Oecologia, 10(4): 321-346.

Tilman D. 2000. Causes, consequences and ethics of biodiversity. Nature, 405(6783): 208-211.

Van den Bosch F, Verhaar M A, Buiel A A M. 1990. Focus expansion in plant disease. 4: Expansion rates in mixtures of resistant and susceptible hosts. Phytopathology, 80: 598-602.

Van der Plank J E. 1963. Plant Diseases. Epidemics and Control. New York: Academic Press.

Vromant N, Nhak D K, Chau N T H, et al. 2002. Can fish control planthopper and leafhopper populations in intensive rice culture? Biocontrol Science and Technology, 12(6): 695-703.

Wilson E O. 1922.The Diversity of Life. Cambridge, Massachusets: Belknap Press.

Withers L A.1989. In vitro conversation and germplasm utilization. In: Brown A H D, Frankel O H, Marshall D R, et al. The Use of Genetic Resources. Cambridge: Cambridge University Press: 309-334.

Wolfe M S. 1985. The current status and prospects of multiline cultivars and variety mixtures for disease resistance. Annual Review of Phytopathology, 23: 251-273

Wolfe M S. 2000. Crop strength through diversity. Nature, 406(6797): 681-682.

Worede M. 1992. Ethiopian *in situ* conservation. In: Maxted N, Ford-Lloyd B V, Hawkes J G. Plant Genetic Conservation–The *in situ* Approach. London: Chapman and Hall: 290-314.

Xie Y, McNally K, Li C Y, et al. 2006. A high-throughput genomic tool: Diversity array technology complementary for rice genotyping. J Integr Plant Biol, 48(9): 1069-1076.

Yoshimura A, Mew T W, Khush G S, et al. 1984. Genetics of bacterial blight resistance in a breeding line of rice. Genetics, 74: 773-777.

Yoshimura S, Yoshimura A, Saito A, et al. 1992. RFLP analysis of introgressed chromosomal segments in three near-isogenic lines of rice for bacterial blight resistance genes, *Xa-1*, *Xa-3* and *Xa-4*. Japan J Genet, 67(1): 29-37.

Zhu Y, Chen H, Fan J, et al. 2000. Genetic diversity and disease control in rice. Nature, 406(6797): 718-722.

第二章　农业生物多样性控制病害的效应

关　键　词

第一节　品种多样性间作、品种多样性混作、品种多样性区域布局

第二节　物种多样性间作、物种多样性轮作、错峰种植、稀释效应、阻隔效应、
微生态效应

第三节　立体冠层生境和林下生境特征及控病效应

作物病害是制约农业可持续发展的重要因素之一。抗病作物品种的使用是防治作物病害最经济有效的方法，然而，随着现代农业的快速发展，少数高产、抗病作物品种的大面积、单一化种植导致了农田生物多样性的急剧下降；同时，单一品种的大面积种植加大了对病原菌的定向选择压力，加快了优势小种的形成，导致品种抗性丧失，主要病害流行周期越来越短，次要病害纷纷上升为主要病害，造成更加严重的经济损失。此外，随着改良品种的大面积种植和农业生产模式的改变，传统品种及野生近缘种等遗传资源也不断丧失，农业生态系统变得越来越脆弱，病害暴发的周期不断缩短，化学农药的使用量不断提高，使得农业生态环境不断恶化。因此，农业生物多样性的丧失已经成为农业可持续发展所面临的主要矛盾和难题。

追溯世界农业发展的历史，依赖化学农药控制植物病害的历史还不足百年，在漫长的传统农业生产中，农业生物多样性对病害的控制无疑是最重要的因素之一。实践表明，应用生物多样性与生态平衡的原理，增加农田的生物多样性和农田生态系统的稳定性、减小对病原菌的定向选择压力、降低病原菌优势种群形成的风险、减小大田病害暴发流行的概率，是实现作物病害生态控制的有效措施。

第一节　遗传多样性对病害的控制效应

利用抗病品种防治作物病害是一种经济有效的手段，但抗病品种的选育周期长、成本高，因此，人们希望抗病品种能够长期发挥作用。但是，品种抗性会因为本身的遗传变异或受到病原菌与环境因素的影响而改变。作物品种的小种专化抗性（垂直抗性）是在抗病育种中普遍应用的抗病类型，但品种抗病性往往因为病原菌小种的改变而失效，产生作物抗病性"丧失"现象。在全球范围内，品种抗病性的丧失问题普遍存在且愈发严重，保持作物品种在田间的持久抗性是国际农业生产面临的难题。当前延长品种抗病

性持久度的主要途径是改进育种策略和合理使用抗病品种。由于抗病育种的周期性限制,通过抗病品种合理布局和使用混合品种,来科学增加农田作物群体的遗传多样性,成为重要的抗病品种使用策略。Zhu 等(2000)经过长期研究,从小区试验到万亩[①]放大试验验证了水稻品种多样性种植能够有效控制稻瘟病的发生。通过长期深入的研究,已经形成了品种多样性间作、混作或区域布局等多种利用遗传多样性实现病害生态防控的模式,建立了利用遗传多样性控制作物病害的理论和技术体系,探索出了一条有效的生态控病新路径。通过抗病品种的合理布局来科学增加农田遗传多样性已经成为重要的抗病品种使用策略。目前,通过抗病品种的合理布局和混合品种的使用,来科学增加农田各个层次的生物多样性,已成为水稻、小麦、大麦、玉米、蔬菜等作物生产中重要的病害防控策略(Morales-Rodríguez et al.,2007;Lin,2011;Elia and Santamaria,2013;Han et al.,2016;Kakraliya et al.,2017)。

一、品种多样性间作对病害的控制效应

品种多样性间作是在时间与空间上同时利用遗传多样性的种植模式,即在同一块田地上,将不同品种按照一定行比间作,可有效地减少植物病害的发生。云南农业大学在利用水稻遗传多样性控制稻瘟病方面进行了深入研究,建立了利用水稻遗传多样性持续控制稻瘟病的理论体系,构建了品种间作控制水稻稻瘟病的技术参数和推广操作技术规程,探索出了一条简单易行的控制稻瘟病的新途径(Zhu et al.,2000)。研究表明,品种多样性种植对病害的控制效果与品种遗传差异、农艺性状和空间布局等多个因素密切相关(朱有勇和李元,2012)。

(一)水稻品种间遗传差异影响多样性种植的控病效果

水稻不同品种多样性间作对稻瘟病的控制效果与品种间的抗性差异有关。研究发现,只有将携带不同抗病基因的水稻品种间作才能有效控制稻瘟病的发生,且品种间抗病基因遗传差异越大,防治效果越明显。云南农业大学选用了两个杂交稻品种('汕优63'和'汕优22')和两个地方优质糯稻品种('黄壳糯'和'紫谷')进行品种多样性间作控制稻瘟病的田间试验。经抗性基因同源序列(resistance gene analogue,RGA),两个杂交稻品种之间的相似系数为86%;两个杂交稻品种与'紫谷'的相似系数为65%,与'黄壳糯'的相似系数仅为 45%。经温室人工接种进行抗性测定,30 个稻瘟病菌株对两个优质糯稻地方品种的毒力频率为 86.2%,对两个杂交稻品种的毒力频率为13.8%。根据品种的遗传背景、农艺性状和经济性状,以及对稻瘟病抗性的差异,设置了 15 种不同的处理,以杂交稻('汕优 63'和'汕优 22')为主栽品种,地方优质糯稻('黄壳糯'和'紫谷')为间作品种,在杂交稻常规条栽方式的基础上,每隔 4 行间作 1 行糯稻(图 2-1)。结果表明,杂交稻和地方优质糯稻间作处理中稻瘟病的发病率显著降低,'黄壳糯'单作处理中稻瘟病的平均发病率为 32.43%,病情指数为 0.12;而'黄壳糯'间作(与杂交稻)处理中稻瘟病的平均发病率仅为 1.80%,

---

① 1 亩≈666.7 m²。

病情指数仅为 0.0055，与单作相比，间作平均防治效果为 95.35%。另一个优质地方品种'紫谷'单作的稻瘟病平均发病率为 9.23%，病情指数为 0.0395；该品种间作的稻瘟病平均发病率仅为 1.43%，病情指数为 0.005，与单作相比，间作平均防治效果为 87.3%。两个杂交稻品种间作以及两个地方优质糯稻品种间作对稻瘟病没有明显的控制效果。杂交稻与糯稻间作具有较明显的增产效果，'汕优 63'（或'汕优 22'）与'黄壳糯'（或'紫谷'）间作，产量（主栽品种和间作品种产量之和）为 8576～8795 kg/hm²，比单作'汕优 63'（或'汕优 22'）增产 522.5～705 kg/hm²，增产幅度为 6.5%～8.7%，而遗传背景相似的品种间作没有明显的增产效果。综上所述，将杂交稻与糯稻间作能够显著降低稻瘟病的发病率和病情指数，同时显著提升产量，而两个杂交稻品种间作及两个地方糯稻品种间作对稻瘟病的发生和产量均没有显著的影响。这说明，品种的抗性差异或遗传背景对间作的控病效应具有显著影响，品种间的抗性差异越大，间作后的控病效应越显著，同时，由于减少了病害的发生和由病害引起的倒伏等情况，间作后单位面积的产量也得到了显著提高（Zhu et al.，2000；朱有勇，2004）。

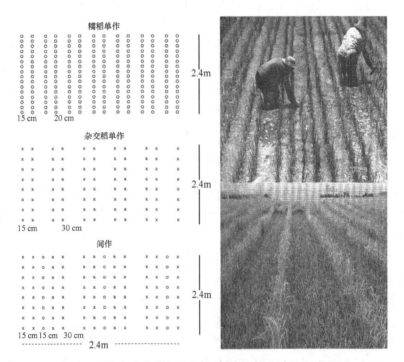

图 2-1　现代杂交品种和传统糯稻品种 4 行比 1 行间作模式

（二）农艺性状差异影响多样性种植的控病效果

用于多样性种植的品种间农艺性状的差异会影响控病效果。例如，株高相近的品种搭配对稻瘟病的防治效果不显著，而将高秆和矮秆的水稻品种搭配在田间形成立体的冠层空间结构，能有效降低稻瘟病的危害（Zhu et al.，2000；朱有勇，2004）。

（三）品种的空间布局影响多样性种植的控病效果

水稻品种间作模式是影响稻瘟病控制效果的重要因素之一。房辉等（2004）研究表明，'黄壳糯'单作、'黄壳糯'与'汕优63'间作（1∶1、1∶2、1∶3、1∶4、1∶5、1∶6、1∶8、1∶10）处理对稻瘟病的防治效果不同（表2-1）。间作处理中随着杂交稻群体比例的增加，'黄壳糯'的叶瘟发病率和病情指数、穗颈瘟发病率和病情指数逐渐下降。当行比为1∶6时，叶瘟和穗颈瘟的相对防治效果均达100.0%。'黄壳糯'叶瘟和穗颈瘟发病率的增长速率也随着间作行比的增加而变小。不同的种植比例对现代品种稻瘟病的控制也有明显的效果，当行比为1∶4～1∶6时能有效控制杂交稻稻瘟病的发生。

表2-1 不同间作模式下'黄壳糯'稻瘟病发生情况及相对防治效果

间作模式（'黄壳糯'∶'汕优63'）	叶瘟			穗颈瘟		
	发病率（%）	病情指数	相对防治效果（%）	发病率（%）	病情指数	相对防治效果（%）
1∶0	50.0	41.0	—	61.0	53.5	—
1∶1	32.0	23.0	43.9	32.0	19.6	63.3
1∶2	27.0	17.0	58.5	18.0	13.7	74.4
1∶3	12.0	8.5	79.3	11.0	7.7	85.6
1∶4	2.2	1.0	97.6	1.1	0.7	98.8
1∶5	1.9	0.9	97.8	0.0	0.0	100.0
1∶6	0.0	0.0	100.0	0.0	0.0	100.0
1∶8	4.8	4.1	90.0	5.8	4.3	91.9
1∶10	2.7	1.8	95.6	6.1	2.7	94.9

（四）水稻品种多样性大面积间作控病效果

由于利用水稻品种多样性间作控制稻瘟病的技术简单易行，具有明显的防治效果和增产效果，很快为广大农民所接受，并得到了政府部门的重视。从1998年开始，在云南、四川、湖南、江西、贵州等省市示范推广（Zhu et al.，2001）。1998～2003年在云南的试验示范结果表明，传统水稻品种间作的平均发病率比单作降低了71.96%，平均病情指数降低了75.39%。现代水稻品种间作的平均发病率比单作降低了32.42%，平均病情指数降低了48.24%。2001～2003年在四川的试验示范结果表明，间作糯稻品种的平均发病率比单作降低了58.1%，平均病情指数比单作降低了67.4%。杂交稻品种间作的平均发病率比单作降低了26.8%，平均病情指数比单作降低了35.5%。随着推广区域和品种组合数量的不断扩大，生态环境和品种抗性的差异越来越大，加之各年度间气候差异，使得不同地区、不同年份、不同品种组合控制稻瘟病的效果有所差异，但间作控制稻瘟病的效果均显著高于单作，说明该技术具有普遍的适用性。

利用水稻品种多样性控制稻瘟病的成功，引起了国际植物病理学界的浓厚兴趣，印度尼西亚、菲律宾、越南、泰国等国家根据自己的实际情况引进了我国的品种多样性种植技术，并开展了利用遗传多样性控制水稻病害的研究和应用。

二、品种多样性混作对病害的控制效应

混合品种或称品种混合，是指将抗病性不同的品种种子混合而形成的群体。作物品种多样性混作即是种植混合品种的一种栽培措施。种植混合品种是一种提高作物遗传多样性的简单方法，具有减轻病害、稳定产量、品种优势互补等特点。混合品种稳定病原菌群体的作用与多系品种相同，但比多系品种易于实施。

在长期的农业生产实践中，农业技术人员和农民自觉或不自觉地利用遗传多样性来减轻作物病害的危害。在全球许多地区都有农民混种不同品种来减轻病害危害、提高作物产量的做法。早在 1872 年，达尔文就观察到不同小麦品种混种比种植单一品种病害要少、产量要高。国内外在利用品种混合种植防治病害方面进行了大量研究。20 世纪 80 年代，德国运用大麦品种混合种植成功地在全国范围内控制了大麦白粉病的发生；丹麦、波兰在大麦上也做了类似的研究，并获得了同样的结果；加拿大进行了大麦和燕麦混种的研究，对白粉病的控制也取得了明显的效果；美国在俄亥俄州进行了十余年的研究，利用小麦品种混合种植对锈病的防治也取得了令人瞩目的效果（Dileone and Mundt，1994）；1965～1976 年，小麦条锈病在我国黄河中下游的广阔麦区没有流行，与这一期间各地区，特别是陇南、陇东地区种植了许多抗性各异的品种，限制了病原菌新的生理小种的产生与发展有很大的关系（李振岐，1998）。通过病原菌进化模型研究，Winterer 等（1994）提出与基因累加和品种轮换相比，多品种混作具有最佳的防病效果。在多品种混作或多系品种种植的田块中，没有复杂小种和超级小种的产生（Chin and Husin，1982）。在亚洲和非洲，如印度尼西亚、马达加斯加和日本，水稻品种混作已经被广泛应用在传统品种的栽培上（Bonman et al.，1986）。实践表明，品种多样性混合种植对病害的防治效果与病原菌特性、混合品种的选择及搭配等因素有关。

（一）品种多样性混作对不同病害的防治效果

品种多样性混作对不同病害具有不同的防治效果。研究表明，小麦品种混合种植的防病效果在不同的病害系统中是不同的（表 2-2）。对于小种专化型的病原菌，混合群体中病害的严重度低于组分单作时病害的严重度的平均数。例如，对于小麦白粉病（*Erysiphe graminis* f. sp. *tritici*），品种混作能够减少 26%～63%的病害发生（Gieffers and Hesselbach，1988；Brophy and Mundt，1991）；对小麦条锈病（*Puccinia striiformis* f. sp. *tritici*），利用品种多样性混作可以降低病害严重度 17%～53%（Finckh and Mundt，1992；Akanda and Mundt，1996）。杨昌寿和孙茂林（1989）对小麦条锈病（*P. striiformis* f. sp. *tritici*）的研究与曹克强和曾士迈（1994）对小麦叶锈病（*P. recondita* f. sp. *tritici*）和白粉病（*E. graminis* f. sp. *tritici*）的研究也证明，利用品种混合群体的抗病性可有效防治这一类专化型病原菌引起的病害。

表 2-2　小麦品种混作控病增产效应分析（与组分单作的平均数比较）（Smithson and Lenné，1996）

病原菌	病害减少（%）	产量增加（%）	资料来源
Erysiphe graminis f. sp. *tritici*	26	4	Gieffers 和 Hesselbach（1988）
E. g. f. sp. *tritici*	59	4	Stüke 和 Fehrmann（1988）
E. g. f. sp. *tritici*	63	—	Brophy 和 Mundt（1991）
E. g. f. sp. *tritici*	35	3	Manthey 和 Fehrmann（1993）
Puccinia recondita f. sp. *tritici*	32	4	Mahmood 等（1991）
P. r. f. sp. *tritici*	45	—	Dubin 和 Wolfe（1994）
P. striiformis f. sp. *tritici*	53	10	Finckh 和 Mundt（1992）
P. s. f. sp. *tritici*	37	—	Dileone 和 Mundt（1994）
P. s. f. sp. *tritici*	52	6	Mundt 等（1995a）
P. s. f. sp. *tritici*	17	—	Akanda 和 Mundt（1996）
Bipolaris sorokiniana	41	5	Sharma 和 Dubin（1996）
Septoria nodorum	38	—	Jeger 等（1981）
Mycosphaerella graminicola	17	—	Mundt 等（1995b）
Cephalosporium gramineum	−21	4	Mundt（2002）
SBWMV	37	—	Hariri 等（2001）

注：SBWMV 表示土传小麦花叶病毒；"—"表示无数据

对于非小种专化的病原菌，有关的研究报道存在着相互矛盾的地方。与组分单作时病害严重度的平均数相比，小麦混合群体中的病害严重度高或低，有时非常接近。Jeger 等（1981）在防治由颖枯壳针孢菌（*Septoria nodorum*）引起的病害及 Sharma 和 Dubin（1996）在防治麦根腐平脐蠕孢菌（*Bipolaris sorokiniana*）引起的病害上都获得了较高水平的正效应，小麦品种混合群体中的病害严重度比组分单作的平均值减少约 40%。然而，对于土壤传播的麦类条斑病菌（*Cephalosporium gramineum*）引起的病害，小麦混合群体的白穗率比组分单作时的白穗率增加了 21%，表现出负效应（Mundt，2002）。但是，从已经报道的几个例子来看，获得正效应的趋势还是存在的。理论研究表明，对于非小种专化型病原菌，如果混合组分在抗侵染和抗产孢的相对强度上并不互相颠倒，那么病害在品种混合群体中的严重度要低于它在混合组分单作时的严重度（Jeger et al.，1981；Jeger，2000）。关于利用小麦混合品种来防治这一类病害的有效性，尽管有理论上的支持，但是若想得到一般性的结论还需要更多的实验研究。

（二）混合品种抗病性对病害防治效果的影响

品种多样性混合种植对病害的控制效果与选择品种对病害的抗性及混合比例有关。Chin 和 Husin（1982）提出只要水稻多系品种中含有 66% 的抗病品种，就能达到控制稻瘟病的效果；Koizumi（2001）认为多系品种中抗病品种所占比例达到 75% 就能达到与化学保护相同的防治效果。Van den Bosch 等（1990）用一个病原菌小种接种 2 个品种的随机混作群体，发现病害发展速度和感病植株在群体中所占比例的对数呈线性关系，感病植株所占比例的对数越大，病害发展速度越快。随后，Akanda 和 Mundt（1996）用 3 个病原菌小种的混合物接种 2 个品种的混合群体，其中每个品种对 1 个或 2 个小种表现感病，结果表明，混合群体中每一个品种的病害严重度都随着该品种比例的增加而增加，接近线性关系。

（三）混合品种数目对病害防治效果的影响

品种多样性混合种植防治小麦条锈病（*P. striiformis* f. sp. *tritici*）的研究表明，混合品种的数目也影响防治效果。陈企村等（2008）于 2003～2005 年在田间自然发病条件下比较了'繁 19''引 11-12''川麦 107''靖麦 10 号''青春 55''46548-3''安 96-8'这 7 个小麦品种单作，以及在感病品种'繁 19'的基础上依次加入上述其余 6 个品种，分别形成组分数目为 2～7 的小麦品种混种群体后条锈病的发生程度。结果表明，不同小麦品种混作处理下条锈病平均病情指数与其组分单作平均病情指数相比，减少 57.7%，减少幅度为 37.2%～72.2%。小麦品种混种群体对条锈病的防治效果有随组分数目的增加而提高的趋势。Dileone 和 Mundt（1994）发现，当组分从 2 个增加到 4 个时，混合防病效应依次增大，但组分数目增加到 5 个时，混合效应不但不继续增加，反而略有下降。中国农业科学院植物保护研究所关于小麦混播对条锈病防治效果的研究也表明，混播群体中条锈病的病情指数和流行速率低于其抗感品种的平均值，特别是 2～4 个小麦品种混合效果更明显，而当组分数目增加到 5 个时，混合效应不再继续增加。另外，适当的种植密度也可以获得理想的效果，密植和稀植都不利于最大限度地发挥品种混合防病的潜力（Garrett and Mundt，2000）。

综上所述，品种混合种植可以有效降低病害的危害，在生产上成功应用的实例很多。其减轻病害的原因主要有稀释作用、阻隔作用和产生诱导抗性等。稀释作用是指抗病植株的存在使感病植株之间的距离加大，病原菌产生的孢子在单位面积内被稀释，大量降落在抗病植株上的孢子不能成功侵染和产生下一代孢子，有效接种体减少。阻隔作用是指群体中的抗病植株能够充当孢子扩散的物理屏障，阻隔孢子的传播扩散。此外，当病原菌无毒小种孢子降落到抗病品种植株上时，能够激发诱导植株产生抗病性，从而降低毒性小种的侵染能力和群体发病水平。使用混合品种有效抑制了病原菌优势小种的产生，延长了品种抗病性的持久度，但用于混合的品种除具有较高的抗性以外，还应具有优良的农艺性状，且诸如成熟期、株高、品质、籽粒性状等表型特性也应尽量相似，以便于栽培过程的管理。因此，在构建品种组合时，不但要满足对病害抗性的基本要求，还要充分考虑组分在农艺性状方面的搭配问题。

三、品种多样性区域布局对病害的控制效应

抗病品种或抗病基因的合理布局，包括时间上的轮流使用和空间上的合理分配，都是期望抑制病原菌群体的定向选择，促进稳定化选择。不同品种的合理布局是空间上利用遗传多样性的种植模式，即在同一地区合理布局多个品种，从空间上增加群体的遗传多样性，减小对病原菌的选择压力，降低病害流行的程度。现有实践主要是更换已经失效或即将失效的抗病品种，打断定向选择，或者降低定向选择效率。尤其是对于大区流行病害，抗病基因合理布局的作用更加明显。有计划地轮换使用抗病品种或抗病基因，

在少数病害的控制上已有应用。西欧依据严格的病原菌小种动态监测，及时轮换使用携带不同抗病基因的抗病品种，成功地防治了莴苣霜霉病。我国在利用品种多样性合理布局控制小麦和水稻病害方面也取得了显著的成效。

（一）小麦抗病品种多样性合理布局对锈病和白粉病的防治

小麦条锈病菌有越夏区、秋苗发病区、越冬区以及春季流行区，每年都有大范围菌源转移。在这几类流行区域之间，合理使用抗源，实现抗病基因和抗病品种的合理布局，就可以切断毒性小种的传播和积累，消除抗病品种失效的现象。若短期内做不到抗病基因合理布局，只要不在越夏区与非越夏区大面积栽培抗病基因相同的品种，就能有效延长抗病品种的使用年限。北美洲曾经通过在燕麦冠锈病流行的不同关键地区种植具有不同抗病基因的品种，从而成功地控制了该病的流行；我国在 20 世纪六七十年代用此法在西北、华北地区控制了小麦条锈病的流行和传播（李振岐，1995）。

品种轮换也是控制小麦锈病的有效措施。从 20 世纪 50 年代开始，我国小麦抗病品种先后经历了 6 次大面积轮换：第一次在 1957～1963 年，以品种'碧码 1 号'为代表；第二次在 1960～1964 年，以品种'玉皮'和'甘肃 96 号'为代表；第三次在 1961～1964年，以品种'南大 2419'为代表；第四次在 1972～1975 年，以品种'北京 8 号'和'阿勃'（Abandanza）为代表；第五次在 1976～1985 年，以品种'丰产 3 号''泰山 1 号''阿夫'为代表；第六次在 1986～1992 年，以品种'洛夫林 10 号'和'洛夫林 13 号'为代表。每一次品种轮换都对小麦锈病起到了很好的控制作用（李振岐，1998）。

我国小麦白粉病的初侵染源比较复杂，除当地菌源外，还有大量外来菌源。云南、贵州、四川诸省的白粉病菌可随气流向长江中下游传播，经繁殖扩大后，再向黄淮海麦区传播，并可跨越渤海湾，扩散到东北春麦区。有人设想在湖北和山东种植具有不同抗病基因的品种，形成阻隔带；或者在不同麦区种植抗病基因不同的品种，阻断白粉病菌的远距离传播。长江中下游麦区和黄淮海麦区是连片的平原麦区，如果在陇海铁路两侧种植具有特定抗病基因的品种，建成隔离带，或者分别在华北麦区和江淮麦区种植不同抗病品种，应都能隔断南菌北传。另外，在小麦白粉病菌越夏区与其周围非越夏区布局含有不同抗病基因的品种，也是值得探讨的方案。

（二）水稻抗病品种多样性合理布局对稻瘟病的防治

品种轮换种植对水稻稻瘟病具有显著的控制效果。水稻抗病品种轮换种植是在时间上利用抗病基因多样性的方法，即当一个品种的抗性丧失之后，用携带不同抗病基因的新抗病品种替换旧品种。人们对通过品种轮换控制稻瘟病已开展了大量研究。1994 年云南省泸西县开始大面积种植'楚粳 12'，4 年后稻瘟病菌生理小种 ZE1 成为优势小种，该品种丧失抗性。1999 年用另一个新品种'合系 41'（抗 ZE1 生理小种）连片更换了803.6 hm^2 的'楚粳 12'，使得当年该县稻瘟病的控制效果达到 83.2%（王云月等，1998）。1979～1980 年韩国对单基因轮换的方法进行了改进，采用同时携带两个不同抗病基因的品种进行轮换，有效地控制了稻瘟病的流行。印度尼西亚利用不同季节和地点进行抗病品种轮换，成功地控制了水稻东格鲁病的介体昆虫——叶蝉的发生（Manwan et al.,

1985）。该方法不仅能有效控制多种水稻病害的流行，还能满足农民和消费者不断变化的需求。但该方法的推广是以新抗病品种的选育速度超过品种抗性丧失的速度，以及生理小种的准确预测为基础的，另外，同时进行大面积品种更换操作难度很大，尤其是在我国以小农生产方式为主的稻区。

水稻不同抗病品种的合理布局是在空间上利用抗病基因多样性，即在同一地区合理布局多个品种，增加抗病基因的多样性，减小对病原菌的选择压力，降低病害流行的可能。1998～2000 年云南农业大学在云南省石屏县宝秀镇进行了品种合理布局控制稻瘟病的试验，选用 7 个抗病性不同的品种，以各农户的承包田为单位，每户种植一个品种，将 7 个品种随机种植在 42 hm² 的区域内。结果表明，该区域的稻瘟病平均发病率连续 3 年都控制在 4.78%以内，获得了良好的防治效果（王云月等，1998）。

第二节　物种多样性对病害的控制效应

物种多样性种植在农业生产上的主要体现形式是间作或混作。间作是由两种或两种以上的作物在田间构成复合群体的多样性种植方式，是我国传统精耕细作的主要内容，是防病增产的主要措施。作物合理的种间间作具有高产稳产、有效利用土地资源、改良土壤肥力等特点，在众多地区得到了广泛应用。虽然研究者对作物多样性在控制病害功能方面的认识较晚，但他们已经意识到其潜在的作用和巨大的应用前景，这种控制病害的方法具有操作便利、经济环保、持久稳定等一系列优点，得到了研究者广泛的青睐。

国内外围绕物种多样性控制作物病害的效应和机理开展了大量深入的研究。例如，马铃薯和玉米、甘蔗和玉米、玉米和大豆间作对田间玉米的大斑病、小斑病、锈病都具有良好的防治效果，且提高了经济效益（Li et al.，2009）；蚕豆和油菜间作对蚕豆叶斑病、油菜白锈病均有良好的防治效果（杨进成等，2003）；小麦、大麦和蚕豆间作对于田间蚕豆赤斑病、小麦锈病、大麦锈病都有较好的防治效果（孙雁和王云月，2004）。

作物多样性种植对土传病害也具有显著的防治效果。例如，辣椒、大豆和玉米间作不仅能够有效控制玉米小斑病的发生和危害，还能有效控制辣椒疫病、大豆疫病等土传病害的传播和扩展（孙雁等，2006；Ding et al.，2015）。玉米与魔芋间作对于魔芋软腐病也有一定的防治效果（彭磊等，2006）。Gómez-Rodríguez 等（2003）报道万寿菊与番茄间作后万寿菊释放的化感物质可降低番茄枯萎病病菌孢子的萌发率。Ren 等（2008）研究表明，水稻和西瓜间作过程中水稻根系分泌物可以抑制西瓜枯萎病病菌孢子萌发和菌丝生长。另外，生产上发现，葱属作物（蒜、葱、韭菜等）与其他作物间作对镰刀菌、丝核菌等土传病原菌引起的根腐病具有较好的防治效果（Nazir et al.，2002；金扬秀等，2003；Kassa and Sommartya，2006；Zewde et al.，2007）。本节将对生产上常见的物种多样性间作和轮作控制作物病害的效应进行探讨。

一、物种多样性间作对病害的控制效应

生产上物种多样性间作主要采用高秆与矮秆作物及喜阴与向阳作物间作，间作的方

式主要有行间作、条带间作等。研究表明，物种多样性间作模式中高秆作物间的行距加大，通风透光性提高，局部环境湿度降低，可以有效减轻地上部分病害的危害。但对矮秆群体来说，植株冠层平均风速和透光率降低，相对湿度和植株表面结露面积增加，叶部病害反而会加重，因此有一定的负面影响。但对根部病害发生严重、叶部病害甚微的矮秆作物来说，通过与高秆作物间作可以显著降低土传病害的发生与危害。目前生产上应用较成功的例子是玉米和辣椒、玉米和魔芋、玉米和大豆、麦类和蚕豆等作物的多样性种植。

（一）玉米和辣椒多样性间作控病效果

玉米和辣椒是我国主要的粮食和经济作物，但在大面积单作过程中玉米常受大斑病、小斑病、灰斑病和锈病的危害，辣椒常受辣椒疫病和日灼危害而损失产量。云南、四川、贵州、甘肃等省区，利用玉米和辣椒多样性间作不仅能够有效减少玉米大斑病、小斑病、锈病和灰斑病等叶部病害的发生，还能显著减轻辣椒疫病的危害，同时高秆玉米的遮阴作用减轻了日灼的危害。

孙雁等（2006）采用辣椒（5～10 行）边行外各间作 2 行玉米的方法进行了 6 种不同模式玉米、辣椒间作控制玉米大斑病、小斑病和辣椒疫病的研究。研究表明，不同模式的玉米、辣椒间作对玉米大斑病、小斑病和辣椒疫病的发生均有显著的控制效果（表 2-3）。与单作相比，间作对玉米大斑病、小斑病的防治效果随辣椒行数的增加由 43.0%逐渐提高到 69.3%；间作对辣椒疫病的防治效果随辣椒行数的减少由 35.0%逐渐增加到 69.6%。同时，玉米、辣椒间作可显著提高单位土地面积的生产力和经济效益。其中，5 行辣椒间作 2 行玉米的复合产量和土地利用率最高，但经济效益相对较低；10 行辣椒间作 2行玉米的复合产量和土地利用率相对较低，但经济效益最高。与单作辣椒相比，玉米、辣椒间作的总产值增加 1683～2012 元/hm²，增幅达 10%～12%。因此，利用玉米、辣椒间作提高物种多样性，增强农田稳定性，可达到有效控制玉米大斑病、小斑病和辣椒疫病的目的，并能显著提高土地利用率和总产值。

表 2-3　不同辣椒、玉米间作对病害的防治效果

处理	辣椒疫病			玉米大斑病、小斑病		
	发病率（%）	病情指数	防治效果（%）	发病率（%）	病情指数	防治效果（%）
MC5M	20.0b	4.7c	69.6	25.3b	6.9b	43.0
MC6M	22.2b	6.3b	58.8	24.0bc	6.7b	45.1
MC7M	23.3b	6.4b	58.6	21.3bc	5.3c	56.1
MC8M	23.9b	6.6b	56.9	20.0bc	4.8bc	60.5
MC9M	24.4b	8.7b	43.6	18.7c	4.3c	64.9
MC10M	26.7ab	10.0b	35.0	18.2c	3.7c	69.3
C10	33.3a	15.4a	—	—	—	—
M10	—	—	—	34.7a	12.2a	—

注：M 为玉米；C 为辣椒。同列数据后不含相同小写字母表示处理间差异显著，$P<0.05$。

近年来，国内外学者围绕物种多样性间作控制作物病害的机制开展了大量研究，基本探明了稀释效应、物理阻隔、互感互作和环境因子等几方面的影响。例如，间作改变了亲和寄主的空间分布，使得病害的传播和病原菌的侵染受到影响（稀释效应）；不同作物在生长期和成熟期株高上的差异，形成了间作田块中高低起伏的表面，不利于病害的发生（阻隔效应）；间作土壤中有益微生物和原生动物的增加能够抑制有害微生物的生长和积累（拮抗或捕食作用）；不同作物间作所形成的微气候环境（相对湿度、温度和水膜等）也能对病原菌的侵染产生影响；非寄主病原菌孢子以及作物根系分泌的化感物质引起的植物诱导抗性也是影响植株抗性的重要因素。

（二）麦类和蚕豆多样性间作控病效果

麦类和蚕豆是我国南方主要的粮饲作物。麦类锈病和蚕豆赤斑病分别是麦类和蚕豆生产上的主要病害。单作条件下，由叶锈病菌（*Puccinia hordei*）引起的麦类锈病常年造成产量损失 20%～30%。由蚕豆赤斑病菌（*Botrytis fabae*）引起的蚕豆赤斑病常年造成产量损失 10%～20%，重发年份可达 40%以上，流行年份造成的产量损失达 75%以上，严重时绝产。长期单一品种的大面积种植是导致麦类锈病、蚕豆赤斑病大面积流行的重要因素，为了控制这些病害的发生，往往整个生产过程需使用农药 5～7 次，这使得脆弱的农田生态环境受到日益严重的污染和破坏。研究表明，利用生物多样性与生态平衡的原理，进行麦类作物和蚕豆多样性的优化布局和种植，可增加农田的物种多样性和农田生态系统的稳定性，从而有效减轻作物病害的危害。

1. 小麦与蚕豆多样性间作控病效果

云南农业大学于 2001～2002 年开展了 1～10 行小麦与 1～2 行蚕豆不同行比间作防治小麦锈病的研究。结果表明，小麦和蚕豆的间作模式对小麦锈病具有显著的防治效果，尤其是蚕豆与小麦行比为 1：5～1：8 的防治效果达 40%以上。根据控病增产的效应及农事操作的便利性，筛选出了控病增产效应最高的行比模式：4～7 行小麦间作 1～2 行蚕豆，小麦和蚕豆的植株群体比例为（8～12）：1。杨进成等（2003）于 2002～2007 年在云南省玉溪市进行了小麦和蚕豆间作（间作比例为 7：2）与单作同田对比试验。结果表明，与单作相比，不同年份和各组试验小麦、蚕豆间作对主要病害都有不同程度的防治效果。间作对小麦锈病、小麦白粉病、蚕豆赤斑病的防治效果分别为 30.40%～63.55%、25.60%～49.36%和 31.51%～45.68%，与单作相比，间作使蚕豆单株根瘤生物量增加了 1.53～7.27 g，小麦产量增加了 0.28～0.63 t/hm^2，蚕豆产量增加了 2.14～5.72 t/hm^2，经济效益提高了 22.46%～34.25%。

因此，小麦与蚕豆间作不但对病害具有很好的防治效果，而且能很好地改善小麦和蚕豆的产量构成因素、增加蚕豆叶片的光合效率和蚕豆持续固氮供氮能力，从而明显地提高了产量和经济效益。

2. 大麦与蚕豆多样性间作控病效果

大麦与蚕豆合理间作对大麦和蚕豆病害也具有明显的防治效果。对 7 行大麦和 2 行蚕豆间作控病效果的研究表明，与单作相比，大麦叶锈病病情严重度降低了 6.19%～

13.72%，防治效果达 20%～39%；蚕豆赤斑病的病情严重度降低了 27.16%～34.44%，防治效果达 51%～53%。从增产效果来看，间作大麦的单位面积产量较单作大麦稍有降低，由于间作蚕豆不占额外的土地面积，与单作大麦相比，多收的部分实际上就是蚕豆的产量，而间作蚕豆的单株产量比单作蚕豆的单株产量高 1.84～1.86 g。大麦、蚕豆间作系统中的大麦较单作大麦增产 17.91%～19.02%，蚕豆较单作蚕豆增产 95.12%～96.78%。土地当量比（LER）为 1.31。表明大麦、蚕豆间作有利于彼此的生长，间作蚕豆与单作对照相比，单株根瘤菌鲜重增加 45.53%～55.20%。

从试验结果来看，小麦（大麦）和蚕豆间作控病的主要原因有以下几点。①阻隔效应：小麦（大麦）和蚕豆的病害、分类不同，病原菌对寄主有专化性，不能互相转主寄生，因此，实行间作后作物间互为屏障，阻碍孢子的传播蔓延从而减轻为害，由于蚕豆的植株比大麦和小麦植株高 30～50 cm，因此蚕豆对病害的阻隔效应可能更为明显。②稀释效应：小麦（大麦）和蚕豆间作后，不同病原菌的亲和寄主数量都显著减少，田块单位面积的感病植株密度均显著降低，导致初侵染菌量和再侵染菌量的稀释，进而制约了病害的发生扩散。③微生态效应：如大麦和蚕豆间作田块中间作蚕豆品种'大白豆'明显高于主栽大麦品种'切奎纳'，使间作品种植株上部的相对湿度降低，缩短了蚕豆植株和叶片的持露时间，从而破坏了适宜病害发生的环境条件。

（三）玉米和马铃薯多样性间作控病效果

马铃薯晚疫病和玉米叶斑病是马铃薯和玉米生产上的重要病害，也是迄今为止农业生产上较难防治的重要病害。利用玉米和马铃薯多样性间作是控制这类病害的有效方法。云南农业大学于 2001 年和 2002 年在云南省会泽县 3 个试验点进行了玉米与马铃薯不同行比间作控病试验（Li et al.，2009）。试验结果表明，玉米与马铃薯以不同行比间作与玉米大斑病、小斑病发病率、病情指数和防治效果存在相关性。不同种植模式的发病率、病情指数随着玉米种植密度的提高而提高，防治效果随着种植密度的降低而提高，如 2 行玉米 2 行马铃薯间作与 2 行玉米 3 行马铃薯间作相比，随着玉米种植密度的降低，发病率由 13.33%降至 11.03%，病情指数由 4.14 降至 3.98，防治效果由 30.53%增加至 38.00%。综合考虑控病效果和产量情况，筛选出了用于生产的玉米、马铃薯行比(2～4)∶2 的种植模式。目前，云南省东北部的昭通、曲靖等地马铃薯和玉米均采用这种方式种植，既能减轻病害又能提高土地利用率。

多年的田间观察表明，玉米和马铃薯间作对高秆玉米病害控制效果较好，但会加重矮秆马铃薯晚疫病的发生危害。围绕玉米、马铃薯 2 套 2 模式开展了气象因子分析，研究表明，玉米高矮株型配置立体群体与对照单一群体相比，高秆群体的平均风速提高 35.16%，透光率增加 47.93%，相对湿度降低 11.80%，植株表面结露面积减少 41.57%，病情指数降低 33.80%（表 2-4）。对矮秆马铃薯群体有一定负面影响，平均风速降低 25.76%，透光率降低 27.21%，相对湿度增加 12.63%，植株表面结露面积增加 14.95%，病情指数增加 37.95%（He et al.，2010）。

表 2-4 玉米和马铃薯多样性间作与单作群体中气象因子差异比较

	作物	风速（m/s）	透光率（%）	相对湿度（%）	结露面积（%）	病情指数
单作	玉米	1.28	55.33	75.23	71.42	10.8
	马铃薯	1.32	63.54	72.44	72.16	22.58
间作	玉米	1.73	81.85	66.35	41.73	7.15
	马铃薯	0.98	46.25	81.59	82.95	31.15

（四）马铃薯多样性错峰种植控病效果

物种多样性间作模式中高秆作物的行距加大，通风透光性好，可以有效减轻地上部分病害的发生危害，但对矮秆群体有负面影响，植株冠层平均风速、透光率降低，相对湿度和植株表面结露面积增加，叶部病害反而会加重。针对中国西南山区作物病害发病高峰与降雨高峰重叠、病害难以防治的问题，云南农业大学进行了种植结构调整，时间上将易感病作物提前或推后播种避开降雨高峰，空间上进行间套种，将作物行距拉大，株距缩小，通风透光，减轻病害，减少作物病害的发生。通过时空优化作物与环境的配置，合理利用农业生态结构，适应最佳生态环境，实现优质、高产、高效。这些研究结果对作物病害的生态防治和增加粮食产量具有重要意义（Li et al.，2009；He et al.，2010）。

马铃薯晚疫病是生产上较难防治的重要病害。5～10月是我国西南地区马铃薯和玉米的常规种植季节，5月中旬播种，10月收获。但是，该地区受印度洋季风气候影响，6～10月为降雨季节，7～9月为降雨高峰期，降雨量占全年降雨量的60%以上。8月田间马铃薯和玉米植株茂密，又值降雨高峰，连续阴雨，日照低，适宜马铃薯晚疫病暴发流行。云南农业大学通过对降雨与马铃薯晚疫病发生发展规律的研究，明确了西南山区降雨与马铃薯晚疫病病害的高峰期重叠关系，尤其是7～9月连续降雨，田间空气相对湿度大是马铃薯晚疫病发生流行的主要因素。针对当前化学农药防治和抗病品种等常规措施的局限，开展了马铃薯与玉米或甘蔗时空优化配置研究，通过提前或推后马铃薯播种期，使马铃薯的主要生长时期避开7～9月降雨高峰期，从而减轻马铃薯晚疫病的危害。该研究证明，在西南山区合理地提前或推后马铃薯种植是减轻马铃薯晚疫病危害最简单有效的措施之一。

1. 马铃薯提前错峰种植控病效果

马铃薯晚疫病的发生流行与雨水密切相关，马铃薯与其他作物多样性错峰种植是在间作体系中，其他作物的播种期不变，将马铃薯提前至3月上旬播种，7月上旬收获，避开7～9月降雨高峰。提前错峰种植可以有效避开降雨集中的季节，减轻病害的危害，同时还可以提高土地利用率，增加粮食产量。目前，生产上应用的提前错峰种植方式主要有马铃薯与玉米错峰种植、马铃薯与甘蔗错峰种植等。

马铃薯与玉米错峰种植能够有效控制马铃薯晚疫病。云南农业大学于 2006 年和2007 年在云南省宣威市与农民合作，进行了玉米与马铃薯时空优化套种增产粮食和控制病害的大田试验。选用的马铃薯品种是'会-2'，试验区 4 月 2 日播种，7 月 15 日收获；对照小区 5 月 20 日播种（当地常规播种期），9 月 2 日收获。玉米品种为'会单 4 号'，处理和对照均在 5 月 20 日播种，9 月 15 日收获。两年试验结果表明，间作马铃薯产量分别是对照的 57.91% 和 59.96%，玉米产量分别是对照的 73.36% 和 73.49%；间作总产量比对照分别增加 31.27% 和 33.45%；土地利用率分别提高至 1.31 和 1.33。间作增产原因：一方面是作物高矮种植增强了田间植株群体通风透光性，有利于作物生长；另一方面，马铃薯提前播种和收获，避开了云南 7 月和 8 月降雨集中的马铃薯晚疫病发病高峰期，降低了马铃薯晚疫病造成的损失。试验结果表明（表 2-5），与生长期落入雨季的正常播种相比，马铃薯品种'会-2'提前种植的马铃薯晚疫病病情指数分别降低 55.3% 和 48.6%；'合作 88'的病情指数分别降低 51.3% 和 48.5%。马铃薯收获后，套种玉米行距空间大，湿度降低，植株表面露珠面积减小，发病率降低，病害调查表明，2006 年和 2007 年与马铃薯套种玉米品种'会单 4 号'的大斑病病情指数分别降低 19.0% 和 21.1%；小斑病两年分别降低 25% 和 40%。由于增产和控病效果明显，该模式已成为当地种植玉米和马铃薯的主要方法，约 70% 的农民采用该模式生产。

表 2-5　马铃薯提前错峰种植系统中玉米和马铃薯病害发生情况

年份	处理	马铃薯晚疫病				'会单 4 号'			
		'会-2'		'合作 88'		大斑病		小斑病	
		发病率（%）	病情指数	发病率（%）	病情指数	发病率（%）	病情指数	发病率（%）	病情指数
2006	提前间作	28.3	1.7	27.8	1.9	27.5	1.7	9.5	0.3
	正常单作	64.2	3.8	67.5	3.9	33.7	2.1	11.2	0.4
2007	提前间作	35.2	1.8	33.7	1.7	25.8	1.5	8.3	0.3
	正常单作	55.4	3.5	60.1	3.3	28.4	1.9	12.5	0.5

马铃薯与甘蔗错峰种植也能控制马铃薯晚疫病。云南和广西每年种植甘蔗 200 余万公顷。甘蔗生育期长，每年 1 月前后种植，12 月前后收获。甘蔗前期生长缓慢，5 月之前还未封行。根据甘蔗生长前期植株矮小、蔗田空面大、行间有充足的空间进行作物间作，且蔗区光热条件充足的特点，每年的 1 月播种马铃薯，4 月即可收获。这种种植方式既可以提高土地利用率，又可以使马铃薯生产有效地避开 7～9 月雨季发病高峰，减少病害损失。

2. 马铃薯推后错峰种植控病效果

马铃薯推后错峰种植是利用一些作物生育期短且种植区域无霜期短的特点，在这些作物生长的中后期（7 月上旬）套种马铃薯，利用 8～11 月充足的光、温、水资源进行马铃薯生产，同时可以避开 7～9 月雨季病害高发的危害。9 月降雨高峰过后，马铃薯现蕾开花，晚疫病发生流行期躲过降雨高峰，推后种植与对照相比避开阴雨降雨日 47%，避雨避病效果显著。

云南农业大学于 2007 年和 2008 年在云南省陆良县和宣威市进行了推后种植避雨避病的试验。试验结果表明，2007 年和 2008 年马铃薯品种'会-2'推后种植病情指数分别降低 36.8% 和 40.6%（表 2-6）；'合作 88'病情指数分别降低 42.4% 和 35.5%。2007年和 2008 年马铃薯套种玉米品种'宣黄单'，玉米大斑病病情指数分别降低 13.3% 和

5.8%；小斑病两年分别降低 0%和 25%，马铃薯推后种植产生了避雨避病的良好效果。上述同田小区进行了产量测定，结果表明，马铃薯单作对照两年平均产量为 21.62 t/hm²，推后种植马铃薯产量为 17.01 t/hm²，是单作马铃薯产量的 78.68%；玉米单作对照平均产量为 10.31 t/hm²，套种玉米平均产量为 10.10 t/hm²，是单作玉米产量的 97.96%；处理小区马铃薯和玉米与对照相比综合产量增加。试验结果表明，推后马铃薯种植，没有显著影响玉米产量。

表 2-6　马铃薯推后错峰种植系统中玉米和马铃薯病害发生情况

年份	处理	马铃薯晚疫病				'宣黄单'			
		'会-2'		'合作 88'		大斑病		小斑病	
		发病率(%)	病情指数	发病率(%)	病情指数	发病率(%)	病情指数	发病率(%)	病情指数
2007	推后间作	37.1	0.24	27	0.19	25.8	0.13	9.1	0.03
	正常单作	61.2	0.38	67.5	0.33	24.7	0.15	9.2	0.03
2008	推后间作	34.5	0.19	35.8	0.2	25.8	0.16	8.3	0.03
	正常单作	53.3	0.32	51.5	0.31	28.4	0.17	9.5	0.04

（五）玉米多样性错峰种植控病效果

1. 玉米提前错峰种植控病效果

云南省甘蔗种植面积大，每年种植甘蔗 30 余万公顷。甘蔗生育期为 1 年，生长前期植株矮小、蔗田空面大，且蔗区光热条件充足。因此，云南农业大学于 2005 年在云南省弥勒县（现为弥勒市），2006 年在弥勒县、石屏县和永德县与农民合作分别进行了 80 hm² 和 3582 hm² 甘蔗前期套种玉米试验。选用的甘蔗品种为'新台糖 2 号'，1 月 5 日插栽，12 月 25 日收获；玉米品种为'旬单 7 号'，套种区玉米 2 月 20 日播种，6 月 30 日收获；单作甘蔗对照区插栽时间同前，单作玉米对照区 5 月 15 日播种，9 月 25 日收获。两年试验结果表明，套作玉米与单作甘蔗对照的甘蔗产量无显著差异，而甘蔗套作玉米中的玉米两年分别增产 4.77 t/hm² 和 4.72 t/hm²，分别是单作玉米对照产量的 64.02%和 63.18%，土地利用率分别为 1.63 和 1.64。套作与单作的甘蔗黄斑病病情指数无显著差异，而套作的玉米大斑病病情指数比单作对照分别下降 55.89%和 49.60%，这可能是套种玉米生长期降雨少、对照生长期降雨多所致。

2. 玉米推后错峰种植控病效果

云南省是中国烟草主产区，每年种植烟草 40 余万公顷，长期形成了夏季种植烟草，冬季种植麦类、油菜、蚕豆等作物的一年两熟种植习惯。根据烟草后期至小麦播种前农田空闲期的热量、雨量和光照的统计分析，云南农业大学于 2005 年在弥勒县烟草后期试种玉米成功。2006 年在该县虹溪乡与本地农民合作进行 325 hm² 试验，2007 年在弥勒县和楚雄市 6 个乡进行了 4162 hm² 大面积试验。试验选用的烟草品种为'云烟-87'，4 月下旬移栽烟草秧苗，6 月中旬开始采收烟叶，8 月上旬烟草采收完毕。玉米品种为'会单 4 号'，7 月中旬播种于烟草田块（烟草采收后期），11 月上旬收获玉米。单作烟草的对照田块移栽和收获时间相同，但不套作玉米；单作玉米对照田块按常规 5 月下旬播种，9 月下旬收获。试验结果表明，套作和单作烟草的产量和质量无明显差异，而套作与单作相比，玉米分别增产 5.88 t/hm² 和 5.91 t/hm²，分别是玉米单作对照产量的 84.72% 和 84.54%。烟草赤星病病情指数无显著差异，套作的玉米大斑病病情指数分别下降 17% 和 19.72%。套作的土地利用率分别为 1.84 和 1.83。

二、物种多样性轮作对病害的控制效应

轮作是指在同一块田地上，有顺序地轮换种植不同的作物或不同复种组合的种植方式。中国早在西汉时就实行休闲轮作。北魏《齐民要术》中有"谷田必须岁易""麻欲得良田，不用故墟"等记载，已经指出了作物轮作的必要性。长期以来中国旱地多采用以禾谷类为主或禾谷类作物、经济作物与豆类作物轮换种植，或与绿肥作物轮换种植，有的水稻田实行与旱地作物轮换种植的水旱轮作。

轮作是从时间上利用生物多样性的种植模式，也是用地养地相结合的一种栽培措施。轮作可以改变农田生态条件、改善土壤理化特性、增加生物多样性，尤其是非寄主植物的轮作可以免除和减少某些连作所特有的病虫草的危害。

（一）轮作对作物病害的防治效果

作物长期连作，土壤中病原菌逐年积累，会使病害逐年加重。连作条件下，栽培环境单一，尤其是保护地长期不变的适宜温湿度、前茬根系分泌物和植株残茬也为病原菌提供了丰富的养分、寄主条件和良好的生长繁殖条件，使得病原菌数量不断增加，拮抗菌不断减少，病害发生日益加重。可见，作物多样性匮乏是加重病虫害的重要因子。因此，合理地增加作物多样性，能够促进土壤微生物生长发育和活动，增加土壤有益微生物群落多样性、种群数量和活性，稳定土壤微生物群落结构与提高其功能，改善作物根系微生态系统平衡，减少土传病害，有助于减轻连作障碍。

生产上非寄主植物的轮作，是增加农田生物多样性的有效方法之一，也是防治土传病害的有效措施。合理轮作换茬，寄生性强、寄主植物种类单一且迁移能力弱的病原菌会因食物条件恶化和寄主的减少而大量死亡，从而使病原菌的侵染循环被切断。另外，轮作不仅可以协调不同作物之间养分吸收的局限性，增加土壤中养分的有效性，还可以通过根系分泌物的变化，减小自毒作用，改善根际微生物群落结构，增加根际有益微生物的种类和数量，从而抑制病原微生物的生长和繁殖（Kennedy and Smith，1995；Janvier et al.，2007）。近年的研究还表明，轮作作物根系分泌的抑菌物质对土壤中非寄主病原菌的抑制是减轻病害的主要原因之一。Park 等（2004）研究表明，玉米可以通过根系分泌两种抗菌化合物(6R)-7,8-二氢-3-氧代-α-紫罗兰酮和(6R,9R)-7,8-二氢-3-氧代-α-紫罗兰醇抑制茄子枯萎病菌的生长。生产实践表明，甜菜、胡萝卜、洋葱、大蒜等根系分泌物可抑制马铃薯晚疫病、辣椒疫病、十字花科根肿病的发生。作物轮作对减少和阻止病害的传播具有巨大的潜力。适宜的作物轮作，辅助农业措施和化学防治是目前防治真菌、卵菌、细菌和线虫病害的有效方法，但防治效果与病原菌的特性有关。

1. 轮作对土传病害的防治

轮作对寄生性强的土传病原菌具有较好的防治效果。将感病的寄主作物与非寄主作物实行轮作，便可减少或消灭土壤中的这些病原菌，减轻病害。合理轮作换茬，可以使那些寄生性强、寄主植物种类单一且迁移能力弱的病原菌因食物条件恶化和寄主的减少而大量死亡。腐生性不强的病原菌如马铃薯晚疫病菌等由于没有寄主植物而不能继续繁殖。例如，轮作是防治细菌性青枯病的有效手段，因为这些病原菌在田间无感病寄主的情况下不能增殖。如果田间缺乏寄主一年以上，病原菌的种群数量便会下降。种植非寄主作物，如茄科作物与大豆、玉米、棉花和高粱等作物轮作一年便能有效减少细菌性青枯病的危害。何念杰等（1995）研究发现，稻烟轮作能有效地控制烟草细菌性青枯病等土传病害，并能减轻烟草赤星病和野火病等叶斑类病害的危害，且以稻田首次种烟的病害最轻，春烟-晚稻隔季轮作次之。

有的病原菌不仅寄生能力强，而且能产生抗逆性强的休眠体，能够在缺乏寄主时长期存活，故只有长期轮作才能表现出防治效果。例如，由辣椒疫霉（*Phytophthora capsici*）侵染引起的辣椒疫病是一种全球分布的毁灭性病害。该病原菌寄生性较强，但病原菌主要以卵孢子和厚垣孢子的形式在土壤中或病残体内越冬，是典型的土壤习居菌。实行轮作是防治辣椒疫病的主要措施，但卵孢子在土壤中一般可以存活 3 年。因此，与非茄果类和瓜类作物进行 3 年以上轮作才能有效防止疫病的发生。引起十字花科植物根肿病的芸薹根肿菌（*Plasmodiophora brassicae*）是专性寄生菌，只能侵染甘蓝、白菜、花椰菜、擘蓝、芥菜、萝卜、芜菁等十字花科植物。目前轮作是防治该病的主要措施，但由于芸薹根肿菌的休眠孢子囊可以随病残体在土壤中存活 6~7 年，因此短期轮作并不能达到控制根肿病的目的。生产上必须与其他非寄主作物进行 3 年以上轮作或水旱轮作才能减少病害的发生和减轻危害。

有的病原菌腐生性较强，可在缺乏寄主时长期存活，也需要长期轮作才能表现出防治效果。例如，瓜类枯萎病是瓜类作物上的一种重要土传病害，该病害由腐生性较强的半知菌类镰刀菌属真菌尖孢镰刀菌（*Fusarium oxysporum*）或瓜萎镰刀菌（*Fusarium bulbigenum* var. *niveum*）侵染所致。病原菌主要以菌丝和厚垣孢子在土壤、病残体、种子及未腐熟的带菌粪肥中越冬，成为翌年的初侵染来源。该类病原菌的生活力极强，在土壤中可存活 5~6 年。因此，该病的防治最好与非瓜类作物轮作 6~7 年。

2. 轮作对叶部病害的防治

一些引起作物叶部病害的病原菌，虽然不能侵染根部，但能在土壤或地表病残体上越冬，轮作也可以有效减少一些气传病害的初侵染来源。作物早疫病菌、引起瓜类病害的尾孢菌和大多数叶部细菌病害的初侵染源都可以通过清除病残体和一年轮作得到很好的控制。例如，引起玉米灰斑病的玉蜀黍尾孢菌（*Cercospora zeae-maydis*）以菌丝体、子座在病残体上越冬，成为第二年田间的初侵染来源。该菌在地表病残体上可以存活 7 个月，但埋在土壤中的病残体上的病原菌则很快丧失生命力。因此，玉米收获后，及时深翻土壤结合一年轮作，可以有效减少越冬病原菌数量。

3. 轮作对线虫病害的防治

作物轮作也能有效控制一些寄生线虫的为害。利用非寄主作物轮作一定年限后使线虫在土壤中的虫卵或虫体群体数量降低至经济危害水平以下，再种植感病作物，能有效地减轻线虫的为害。例如，大豆是典型的不耐重茬的作物，且受大豆胞囊线虫的危害严重。大豆胞囊线虫是专性寄生物，而且寄主范围很窄，仅限于少数豆科植物，轮作非寄主植物，线虫找不到寄主便会死亡。研究发现，轮作是防治大豆胞囊线虫病最经济有效的措施。轮作植物与大豆胞囊线虫间的关系也备受关注。董晋明（1988）以山西当地大豆农家品种重茬为对照，分别设置轮作 3 年、4 年、5 年 3 个处理，研究结果表明，轮作使土壤中的胞囊数量呈现减退的趋势。李国祯和杨兆英（1993）的调查数据显示，随着大豆轮作年限的减少和连作年限的增加，每株大豆根上的胞囊数量逐渐增加。肖枢等（1997）通过研究烟草根结线虫与轮作的关系发现，轮作可显著降低虫口密度，减少线虫种群数量。王克安等（2000）研究表明，小麦—大麦—大豆以及小麦—玉米—大豆的轮作方式对大豆胞囊线虫有较好的防治效果。靳学慧等（2006）研究发现，长期轮作使土壤中胞囊数量呈现减少的趋势，轮作 12 年后土壤中胞囊数量达到动态平衡。

轮作作物根系分泌物对大豆胞囊线虫卵孵化的影响与轮作对大豆胞囊线虫的防治有密切关系。作物的根系分泌物是胞囊和卵孵化的一个重要影响因子，寄主根系分泌的化学物质对大豆胞囊线虫卵孵化具有促进作用，而非寄主植物高粱、玉米、万寿菊、红三叶草和棉花等的根系分泌物能抑制大豆胞囊线虫卵孵化，进而限制大豆胞囊线虫的侵染和为害（杨岱伦，1984；于佰双等，2009；刘淑霞等，2011）。

（二）轮作对病害控制效果的影响

作物合理轮作能有效地防治病害，但轮作对病害的有效防治必须建立在对病原菌发生流行规律充分了解的基础上，选择合理的轮作作物、轮作年限和轮作方式等。

1. 轮作作物与病害防治效果的关系

（1）作物种类的选择

同种作物有同样的病害发生，不同科的作物轮作，可使病原菌失去寄主或改变其生活环境，达到减轻或消灭病害的目的。一种作物需要与其他科的作物至少轮作 2 年。例如，相互轮作的科可以包括十字花科（Brassicaceae）、菊科（Asteraceae）、茄科（Solanaceae）、葫芦科（Cucurbitaceae）等。

（2）作物化感特性的选择

部分作物品种的根系分泌物可以抑制一些土壤病原菌的生长，生产上可以考虑利用前茬作物根系分泌的杀菌物质抑制后茬作物病害的发生。生产实践表明，葱属作物（蒜、葱、韭菜等）与其他作物轮作对土传病害的防治效果好（Nazir et al.，2002；金扬秀等，2003；Kassa and Sommartya，2006；Zewde et al.，2007），如栽培葱、蒜类后，种植大白菜可以减少白菜软腐病的发生。前茬种植洋葱、蒜、葱等作物，马铃薯晚疫病和辣椒疫病的发生也较轻。

2. 轮作年限与病害防治效果的关系

轮作对土传病害的防治效果与轮作时间长短有关系（表 2-7）。通常，一种作物与其他非寄主作物轮作 4 年可以有效控制土传病害。但腐生性较强，或能产生强抗逆性休眠体的病原菌，在缺乏寄主时仍可长期存活，故只有长期轮作才能对其引起的病害表现出防治效果。例如，十字花科根肿病、莴苣菌核病等，4 年或更长年限的轮作才能减轻这些病害的危害。

表 2-7　控制常见土传病害的轮作周期

作物	病害	非寄主作物轮作年限
芦笋	根腐病	8
甘蓝	根肿病	7
甘蓝	黑根病	3～4
甘蓝	黑腐病	2～3
甜瓜	萎蔫病	5
牛蒡	溃疡病	2
豌豆	根腐病	3～4
豌豆	萎蔫病	5
南瓜	黑腐病	2

3. 合理的轮作方式可以缩短轮作周期

虽然对一些腐生性较强，或能产生强抗逆性的休眠体的病原菌引起的病害需要长期轮作才能有效控制，但可以根据病原菌的特点采用合理的轮作方式，创造一些不利于病原菌存活的环境条件从而缩短轮作周期。

（1）水旱轮作缩短轮作周期

例如，防治茄子黄萎病需实行 5～6 年旱旱轮作，但改种水稻后只需 1 年。核盘菌（*Sclerotinia sclerotiorum*）是具有广泛寄主的病原菌，除了危害十字花科植物外，还能侵染豆科、茄科、葫芦科等 19 科的 71 种植物。该菌可以形成菌核，菌核在温度较高的土壤中能存活 1 年，在干燥的土壤中可以存活 3 年以上，但在土壤水分含量高的情况下，菌核 1 个月便腐烂死亡。与禾本科作物旱旱轮作需 3 年以上，有条件的地区实行水旱轮作 1 年便可以有效减少病害的发生。

（2）合理耕作缩短轮作周期

例如，白绢病菌通常只能在 5～8 cm 土层存活 1 年，玉米灰斑病菌、大斑病菌、小斑病菌等叶部病原菌能在地表病残体上短期存活，但埋在土壤中的病残体上的病原菌很快丧失生命力。因此，深耕结合短期轮作能有效减少病害的发生。

（3）条带轮作缩短轮作周期

长期轮作会造成用地矛盾，不同作物条带轮作，减少土壤病原菌积累和初侵染源，可缩短轮作周期。云南农业大学研究表明，魔芋与玉米、马铃薯与玉米、小麦与蚕豆等作物条带轮作能有效降低病情指数，减轻病害危害，克服用地矛盾。条带轮作与连作对照相比，魔芋软腐病和玉米小斑病的平均病情指数分别降低 26.74% 和 7.15%；玉米小斑病和马铃薯晚疫病的平均病情指数分别降低 8.06% 和 11.66%，小麦条锈病和蚕豆褐斑病的平均病情指数分别降低 5.23% 和 6.12%。

第三节　生境多样性对病害的控制效应

生境多样性控制作物病害主要利用特殊生境下的环境因子（光、温、水）适宜作物生长但不利于病害发生流行的耦合原理降低病害暴发流行的风险。作物病害的发生和流行由寄主、病原菌和环境三要素决定，作物特定病害的暴发流行往往与特殊的环境因子相耦合。例如，多数叶部病害的发生流行与高湿多雨的环境相耦合（Granke et al.，2014；Aung et al.，2018；全怡吉等，2018）。利用生境条件的多样性，选择或创造既能满足作物正常生长的光热需求，又能降低病害发生危害的水分生境开展农业生产是实现病害生态控制的有效途径。

一、调控作物立体冠层生境防控病害的效应

单一品种的大面积种植会使作物群体冠层形成一个平面生境，通风透光能力差，病害发生严重（贺佳等，2011）。不同株高作物的合理搭配可形成良好的立体冠层生境，通风透光作用增强，适于作物生长但不利于病害发生流行。玉米-马铃薯、玉米-辣椒、玉米-大豆等作物的条带间作后，高秆玉米的锈病、大斑病、小斑病、灰斑病等叶部病害发生程度显著降低，矮秆作物的疫病、炭疽病、病毒病等病害的发生也减轻（孙雁等，2006；Li et al.，2009；Ding et al.，2015）。但对于矮秆作物，间作也会降低冠层的通风透光性，因此宜选择喜阴、耐湿和叶部病害发生轻的作物进行搭配。

二、利用物理避雨改变植株冠层生境防控作物病害的效应

我国南方地区雨热同季，作物病害常暴发流行。利用物理设施避雨可以调控植株冠层水分生境，切断病原菌侵染和循环路径，实现病害的绿色防控。例如，利用避雨控病技术对葡萄叶部病害和果实病害的防控效果均能达到 90% 以上，化学农药用量可减少 80% 以上（Du et al.，2015）。目前，避雨控病技术已经成为设施蔬菜、水果、花卉和药用植物等作物生产过程中病害绿色防控的重要措施（郭凤领等，2009；霍恒志等，2009；胡余楚等，2010）。

三、利用林下生境防控阴生植物病害的效应

阴生植物，尤其是药用植物，原种植于森林植被的下层、喜阴凉潮湿的生境。然而，现代农业采用不适宜药用植物生长的栽培方式生产，导致了药材高产低质、农残重金属超标、连作障碍、与粮争地等问题。利用林下适宜阴生药用植物生长的光、温环境及富含有机质和微生物土壤的生境种植药用植物，可以有效控制病害，实现药材的优质生产

（邓琳梅等，2020；Ye et al.，2021）。

例如，针对中药材生产过程中病害暴发流行导致药材高产低质、农残重金属超标、连作障碍、与粮争地等问题引发的产业危机，云南农业大学科研团队充分利用林下生境与阴生药用植物生物学特性相耦合的特点，解析了林下物种互作和生境耦合原理，创建了林下中药材生产理论和技术体系，实现了药用植物生产过程中病虫害的生态防控，从源头解决了药材的质量和安全问题，推动了中药材产业高质量发展（Ye et al.，2019）。

该案例阐明了以追求产量为目标的农田高产栽培是导致中药材生产高产低质、农残重金属超标、连作障碍、与粮争地等重大难题的根源。研究表明，药材种植大多照搬农业高产模式，农作物品种经上千年遗传改造能适应配套的高产模式，而药材品种研发积累不足以支撑高产模式，一方面，药用植物农田栽培会由于根际微生态失衡而导致严重的连作障碍（Yang et al.，2015；Luo et al.，2019），且农田大肥、大水的高产栽培方式使土壤理化性质恶化，更加重了土壤微生态的失衡，导致更严重的连作障碍（Wei et al.，2018）；另一方面，以追求产量为目标的中药材生产方式打破了中药材初生和次生代谢的平衡，导致药材质量下降（郭兰萍等，2020）。因此，中药材优质生产必须遵照中药材品种生长发育的自身规律，建立"药效第一"的种植模式，实现中药材优质生产。

该案例阐明了林下生境耦合和物种互作的原理。云南农业大学研究团队以名贵中药材三七为例，系统阐明了林下中药材病害生态控制的原理。生境耦合主要是利用了松林下富含有机质和微生物的土壤及林下光、温、水等环境条件与三七的生长需求相耦合的原理开展林下有机种植，既能解决三七种植与农争地的问题，又能解决高产低质、化肥过量使用的问题（Ye et al.，2019）。物种互作主要是利用林木物种与三七及有害生物的相生相克作用。林木作为化感活性较强的物种，能通过挥发、雨水淋溶、根系分泌、凋落物降解等方式向环境中释放化感物质，并且这些化感物质对三七的健康生长起到了积极的作用。以松树为例，松树释放的化感物质有的能促进三七生长（Ye et al.，2019），有的能激活三七的系统获得抗性（systemic acquired resistance，SAR）（Riedlmeier et al.，2017），有的对病原菌有较强的抑制作用（Ye et al.，2021）。利用林下物种间的相克相生原理可以有效控制病害，实现林下中药材的有机种植，解决农残超标和品质降低的难题。

该案例创建了"药效第一"的林下中药材标准化、有机化和规模化生产技术体系，并大面积应用，从源头解决了中药材生产的难题。目前，林下三七、人参、黄精、白及和重楼等名贵中药材已经实现了林下有机生产，有效提升了中药材的品质和安全性。利用林下生境开展中药材的生态种植成为中药材优质生产的重要途径。

四、利用干旱河谷少雨生境防控作物病害的效应

我国金沙江、澜沧江、元江等河谷流域由于特殊的地形地貌形成了众多的干旱河谷区域，这些区域独特的温度、光照和土壤特征适宜作物的优质生产，尤其是干旱的生境特征不适宜作物病害发生流行。

例如，金沙江和澜沧江上游干旱河谷区适宜优质葡萄生产，且葡萄病害发生危害轻。

云南农业大学系统研究了云南葡萄病害暴发流行规律及成灾机理，探明了多雨地区葡萄病害侵染流行规律，阐释了通过调控生境控制葡萄病害的理论原理，构建了绿色防控技术体系，并进行了大面积示范推广，有效控制了病害暴发流行（Du et al., 2015）。该案例开展了低纬度高海拔区域葡萄病害流行学研究，探明了生境条件变化是葡萄病害暴发成灾的关键因子，明确了降雨与发病的叠加效应，揭示了雨滴飞溅与病原菌传播的关联机理及叶面水膜持续时间长短与病原菌孢子侵染率高低的正相关性（Du et al., 2015），建立了调控水分生境控制葡萄病害的理论和方法。该案例创建了在雨热同季区域通过避雨改善植株冠层生境实现病害绿色防控的关键技术，解决了葡萄病害暴发流行难题（杜飞等，2011，2012；Du et al., 2015），关键技术如下。①构建消减降雨和病害高峰叠加效应的关键技术。利用云南葡萄产区冬季积温高的生境特征，冬季设施增温，提前打破休眠，促进早挂果、早采收，使葡萄成熟期错开雨季病害流行高峰，消减降雨和病害的叠加效应。②构建降低病原菌随雨滴传播的阻断技术，建立葡萄园覆膜节水滴灌和高位挂果技术，阻断病原菌随水滴飞溅的传播。③构建轻简化避雨关键技术。利用轻简化避雨覆膜技术，使葡萄植株避开雨水浇淋，减少水膜面积和缩短持续时间，阻断病原菌侵染和传播。这些技术的综合应用解决了夏季多雨区葡萄病害流行难题。该案例构建了利用低纬度高海拔干旱河谷生境实现病害绿色生态防控的关键技术体系（毛如志，2016；鲁荣定主等，2017；Liang et al., 2019），关键技术体系如下。①创建了发挥干旱河谷生境特性降低发病率的技术。依据干旱河谷光温充足、降雨少、不易发病的生境特征，在香格里拉市内建立了金沙江和澜沧江河谷葡萄种植适宜区，创建了有效降低发病率的栽培措施。②筛选和评价了契合生境特性的抗性品种。完成全球 420 份葡萄资源的遗传分析、260 份资源的抗病评价，筛选获得适宜干旱河谷区的抗病优质品种，依据不同小气候特点，完成了‘赤霞珠’‘西拉’和‘霞多丽’等品种在香格里拉市不同区域的布局。③建立了改善植株冠层微生境的病害生态防控技术。构建了行距大、株距小、底叶修剪、高枝挂果等通风透光的病害生态防控技术。这些技术的综合应用，实现了葡萄病害的绿色防控，使干旱河谷区成为我国优质农产品生产的代表性区域（鲍文，2011）。

五、热区冬季少雨生境对马铃薯晚疫病的控制效应

利用低纬度热区冬季少雨生境防控作物病害的效应。云南西双版纳、普洱、德宏、保山、临沧、红河和文山等地区拥有大面积低纬度低海拔的热区。热区冬季积温高、光照强、紫外线强、无霜期短、降雨少，有利于作物的优质生产和病害的绿色防控（马星辉和周飞，2016）。

例如，针对我国西南山区夏季低温多雨，马铃薯晚疫病暴发高峰与降雨高峰重叠，长期制约马铃薯产业发展的难题，云南农业大学科研团队充分利用热带亚热带低海拔区域冬季少雨、无霜、光热资源充足、昼夜温差大有利于马铃薯干物质积累和马铃薯晚疫病绿色防控的特征，构建了冬季马铃薯晚疫病绿色防控体系，并进行了大面积推广应用，不仅大幅度减少了农药使用量，显著控制了马铃薯晚疫病的发生流行，而且建成了我国冬季马铃薯优质高产的重要产区（巩晨等，2017；李其晟，2018）。

该案例在探明我国西南热区冬季降雨少、温度低、紫外线强等不利于马铃薯晚疫病发生的生态学基础上，构建了良种选育选用、种薯处理、避雨避病、垄向通风、控制发病中心等一系列绿色防控技术，并建立了病害监测技术体系和监控网络（巩晨等，2017）。大面积田间试验结果表明，与夏季马铃薯对照相比，冬季马铃薯晚疫病发病率控制在5%以下，防控效果高达90%以上，农药用量减少70%以上；马铃薯早疫病、Y病毒病、X病毒病、青枯病等其他病害防控效果高达70%以上（王利亚等，2005；巩晨等，2017）。马铃薯病害绿色防控技术保障了冬季马铃薯优质高产，为我国建立冬季马铃薯生产基地提供了技术支撑。该案例在探明我国西南热区冬季马铃薯种植的生态环境、气象条件、土壤性质等基础上，选育了'丽薯6号''青薯9号''合作88'等一批适宜短日照条件的优良品种，构建了土壤深耕、适时播种、高垄双行、合理密植、节水灌溉等一系列配套高产栽培技术。该案例针对我国西南热区冬闲田生态环境特点，集成了机械化深耕、起垄、播种、培土、收获以及膜下滴灌等关键技术，建立了冬季马铃薯轻简化节水栽培技术，实现了热区旱季水资源的高效利用，促进了冬季马铃薯的大面积推广应用，在盈江县、芒市、石屏县、建水县、双江拉祜族佤族布朗族傣族自治县等县市每年推广 10余万公顷，马铃薯种植成为乡村振兴、农民增收的特色产业。由于冬季热区种植的作物病害轻、品质优、价格高，云南热区冬季生产的蔬菜、水果、花卉等已经成为我国绿色食品的代表（李其晟，2018）。

小　结

利用农业生物多样性控制作物病害是保证现代农业可持续发展的重要措施之一，具有操作便利、经济环保、持久稳定等一系列优点，在全球范围内得到了广泛的应用，包括利用遗传多样性、物种多样性和生境多样性对作物病害进行绿色防控。遗传多样性对作物病害的控制主要是利用作物不同品种的间作、混作和区域布局等措施，提高农田抗病基因或抗病品种的多样性，降低病原菌的选择压力，进而保证作物抗性的有效性和持久性；物种多样性对作物病害的控制主要是通过不同作物的时空搭配，提高农田物种多样性水平，改善田间微环境，通过亲和性病原菌的稀释、阻隔及调控环境因子等效应，减缓病原菌的侵染和扩展，限制病害的流行和发生；生境多样性对作物病害的控制主要是利用特殊生境下的环境因子促进植物生长发育，同时抑制病害发生流行的耦合原理，降低病害暴发流行的风险，利用生境条件的多样性，构建适宜的种植生产模式，实现病害的生态控制。

思　考　题

1. 利用农业生物多样性控制作物病害有哪几个层次的措施？

2. 品种多样性间作、混作和区域布局控制病害的区别有哪些？

3. 品种多样性间作和物种多样性间作控制病害过程中均运用到的控病措施有哪些？

4. 举例说明生境多样性对作物病害的控制效应有哪些?

参 考 文 献

鲍文. 2011. 干旱气候变化对西南干旱河谷农业的影响及适应性对策研究. 安徽农业科学, 39(23): 14197-14199.

曹克强, 曾仕迈. 1991. 小麦混合品种对条锈、叶锈及白粉病的群体抗病性研究. 植物病理学报, (1): 21-25.

陈企村, 朱有勇, 李振岐, 等. 2008. 小麦品种混种对条锈病发生程度的影响. 西北农林科技大学学报 (自然科学版), 36(5): 119-123.

邓琳梅, 杨蕾, 张俊星, 等. 2020. 云南省不同森林土壤中三七促生拮抗细菌的分离筛选. 南方农业学报, 51(1): 115-122.

董晋明. 1988. 山西省大豆胞囊线虫病研究进展. 山西农业科学, 2: 31-34.

杜飞. 2010. 避雨栽培对葡萄主要病害的防效及微气候原理分析. 昆明: 云南农业大学博士学位论文.

杜飞, 邓维萍, 梅馨月, 等. 2012. 避雨栽培对葡萄果腐病的防治效果及其微气象原理. 经济林研究, 30(3): 43-50, 65.

杜飞, 朱书生, 王海宁, 等. 2011. 不同避雨栽培模式对葡萄主要病害的防治效果和植株冠层温湿度的影响. 云南农业大学学报(自然科学版), 26(2): 177-184.

房辉, 朱有勇, 王云月. 2004. 品种多样性混合间作田间种植模式研究//朱有勇. 生物多样性持续控制作物病害理论与技术. 昆明: 云南科技出版社.

巩晨, 张红骥, 许永超, 等. 2017. 云南省马铃薯冬季种植生态避病增产效果研究. 中国马铃薯, 31(6): 346-352.

郭凤领, 戴照义, 汪盛松, 等. 2009. 甜瓜避雨栽培的初步研究. 湖北农业科学, 48(9): 2175-2177.

郭兰萍, 周良云, 康传志, 等. 2020. 药用植物适应环境胁迫的策略及道地药材"拟境栽培". 中国中药杂志, 45(9): 1969-1974.

何念杰, 唐祥宁, 游春平. 1995. 烟稻轮作与烟草病害关系的研究. 江西农业大学学报, 3: 294-299.

贺佳, 安瞳昕, 韩学坤, 等. 2011. 间作群体生态生理研究进展. 作物杂志, (4): 7-11.

胡余楚, 徐红霞, 陈俊伟 等. 2010. 避雨栽培对'东魁杨梅'果实品质的影响研究初报. 中国园艺文摘, 26(2): 28-29.

霍恒志, 糜林, 李金凤, 等. 2009. 设施避雨育苗对红颊草莓炭疽病的防治效果. 江西农业学报, 21(9): 93-94.

金扬秀, 谢关林, 孙祥良, 等. 2003. 大蒜轮作与瓜类枯萎病发病的关系. 上海交通大学学报(农业科学版), 21(1): 9-12.

靳学慧, 辛惠普, 郑雯, 等. 2006. 长期轮作和连作对土壤中大豆胞囊线虫数量的影响. 中国油料作物学报, 28(2): 189-193.

李国祯, 杨兆英. 1993. 抗大豆胞囊线虫病育种的进展. 大豆通报, 3: 27-29.

李其晟. 2018. 云南省冬季农业开发的调查研究. 农村经济与科技, 29(11): 203-204.

李振岐. 1995. 植物免疫学. 北京: 中国农业出版社.

李振岐. 1998. 我国小麦品种抗条锈性丧失原因及其控制策略. 大自然探索, (4): 22-25.

刘淑霞, 潘冬梅, 魏国江, 等. 2011. 轮作防治大豆胞囊线虫病的研究现状. 黑龙江科学, 2(1): 35-36, 47.

鲁荣定主, 培布, 毛如志. 2017. 香格里拉干旱河谷区酿酒葡萄栽培管理措施的研究. 食品安全导刊, (9): 127-128.

马星辉, 周飞. 2016. 云南热区农业发展研究文献综述. 农业科技与信息, (31): 18-19.

毛如志. 2016. 香格里拉干旱河谷酿酒葡萄的种植生境及品质研究. 昆明: 云南农业大学博士学位论文.

彭磊, 卢俊, 何云松, 等. 2006. 农业综合措施防治魔芋软腐病. 北方园艺, (4): 176.

全怡吉, 郭存武, 张义杰, 等. 2018. 不同温度处理对三七生理生化特性的影响及黑斑病敏感性测定. 分子植物育种, 16(1): 262-267.

孙雁, 王云月. 2004. 小麦蚕豆多样性间作与病害控制田间试验//朱有勇. 生物多样性持续控制作物病害理论与技术. 昆明: 云南科技出版社.

孙雁, 周天富, 王云月, 等. 2006. 辣椒玉米间作对病害的控制作用及其增产效应. 园艺学报, 33(5): 995-1000.

王克安, 马芳, 刘晓英. 2000. 不同轮作方式对大豆孢囊线虫消长的影响试验初报. 大豆通报, (3): 12.

王利亚, 孙茂林, 杨艳丽, 等. 2005. 云南马铃薯晚疫病区域性流行学的研究. 西南农业学报, 18(2): 157-162.

王云月, 范金祥, 赵建甲, 等. 1998. 水稻品种布局和替换对稻瘟病流行控制示范试验. 中国农业大学学报, 3(S1): 12-16.

肖枢, 龙荣, 王锡云, 等. 1997. 瑞丽地区烟草寄生性线虫与栽培关系研究. 植物检疫, 11(1): 9-11, 22.

杨昌寿, 孙茂林. 1989. 对利用多样化抗性防治小麦条锈病的作用的评价. 西南农业学报, 2(2): 53-56.

杨岱伦. 1984. 大豆孢囊线虫的生物学研究. 辽宁农业科学, (5): 23-26.

杨进成, 杨庆华, 王树明, 等. 2003. 小春作物多样性控制病虫害试验研究初探. 云南农业大学学报, 18(2): 120-124.

于佰双, 段玉玺, 王家军, 等. 2009. 轮作植物对大豆胞囊线虫抑制作用的研究. 大豆科学, 28(2): 256-259.

朱有勇. 2004. 生物多样性持续控制作物病害理论与技术. 昆明: 云南科技出版社.

朱有勇, 李元. 2012. 农业生态环境多样性与作物响应. 北京: 科学出版社.

Akanda S I, Mundt C C. 1996. Effects of two-component wheat cultivar mixtures on stripe rust severity. Phytopathology, 86(4): 347-353.

Aung K, Jiang Y, He S Y. 2018. The role of water in plant-microbe interactions. The Plant Journal, 93(4): 771-780.

Bonman J, Estrada B, Denton R. 1986. Blast management with upland rice cultivar mixtures. In: International Rice Research Institute. Progress in Upland Rice Research. Manila: International Rice Research Institute: 375-382.

Brophy L S, Mundt C C. 1991. Influence of plant spatial patterns on disease dynamics, plant competition and grain yield in genetically diverse wheat populations. Agriculture, Ecosystems & Environment, 35(1): 1-12.

Chin K, Husin A N. 1982. Rice variety mixtures in disease control. In: Proceedings of the international conference on plant protection in the tropics. Malaysia: Malaysian Plant Protection Society: 241-246.

Dileone J A, Mundt C C. 1994. Effect of wheat cultivar mixtures on populations of *Puccinia striiformis* races. Plant Pathology, 43(5): 917-930.

Ding X, Yang M, Huang H, et al. 2015. Priming maize resistance by its neighbors: Activating 1, 4-benzoxazine-3-ones synthesis and defense gene expression to alleviate leaf disease. Frontiers in Plant Science, 6: 830.

Du F, Deng W, Yang M, et al. 2015. Protecting grapevines from rainfall in rainy conditions reduces disease severity and enhances profitability. Crop Protection, 67: 261-268.

Dubin H J, Wolfe M S. 1994. Comparative behavior of three wheat cultivars and their mixture in india, nepal and pakistan. Field Crops Research, 39(2/3): 71-83.

Elia A, Santamaria P. 2013. Biodiversity in vegetable crops, a heritage to save: The case of puglia region. Italian Journal of Agronomy, 8(1): e4.

Finckh M R, Mundt C C. 1992. Stripe rust, yield, and plant competition in wheat cultivar mixtures. Phytopathology, 82(9): 905-913.

Garrett K A, Mundt C C. 2000. Host diversity can reduce potato late blight severity for focal and general patterns of primary inoculum. Phytopathology, 90(12): 1307-1312.

Gieffers W, Hesselbach J. 1988. Krankheitsbefall und ertrag verschiedner getreidesorten im rein-und mischanbau. I. Winter-gerste (*Hordeum vulgare* L.). Zeitschrift für PflanzenKrankheiten PflanzenSchutz, 95: 66-69.

Gómez-Rodríguez O, Zavaleta-MejíA E, González-Hernández V A, et al. 2003. Allelopathy and microclimatic modification of intercropping with marigold on tomato early blight disease development. Field Crops Research, 83(1): 27-34.

Granke L L, Morrice J J, Hausbeck M K. 2014. Relationships between airborne *Pseudoperonospora cubensis* sporangia, environmental conditions, and cucumber downy mildew severity. Plant Disease, 98(5): 674-681.

Han G Y, Lang J, Sun Y, et al. 2016. Intercropping of rice varieties increases the efficiency of blast control through reduced disease occurrence and variability. Journal of Integrative Agriculture, 15(4): 795-802.

Hariri D, Fouchard M, Prud'homme H. 2001. Incidence of soil-borne wheat mosaic virus in mixtures of susceptible and resistant wheat cultivars. European Journal of Plant Pathology, 107(6): 625-631.

He X, Zhu S, Wang H, et al. 2010. Crop diversity for ecological disease control in potato and maize. Journal of Resources and Ecology, 1: 45-50.

Janvier C, Villeneuve F, Alabouvette C, et al. 2007. Soil health through soil disease suppression: Which strategy from descriptors to indicators? Soil Biology and Biochemistry, 39(1): 1-23.

Jeger M J, Jones D G, Griffiths E. 1981. Disease progress of non-specialised fungal pathogens in intraspecific mixed stands of cereal cultivars. II. Field experiments. Annals of Applied Biology, 98(2): 199-210.

Jeger M. 2000. Theory and plant epidemiology. Plant Pathology, 49(6): 651-658.

Kakraliya S K, Jat R, Kumar S, et al. 2017. Integrated nutrient management for improving, fertilizer use efficiency, soil biodiversity and productivity of wheat in irrigated rice wheat cropping system in indo-gangatic plains of India. International Journal of Current Microbiology and Applied Sciences, 6(3): 152-163.

Kassa B, Sommartya T. 2006. Effect of intercropping on potato late blight, *Phytophthora infestans* (Mont.) de Bary development and potato tuber yield in Ethiopia. Kasetsart Journal (Natural Science), 40: 914-924.

Kennedy A C, Smith K L. 1995. Soil microbial diversity and the sustainability of agricultural soils. Plant and Soil, 170(1): 75-86.

Koizumi S. 2001. Rice blast control with multilines in Japan. In: Mew T W, Borromeo E, Hardy B. Exploiting Biodiversity for Sustainable Pest Management. Manila: International Rice Research Institute: 143-157.

Li C Y, He X H, Zhu S S, et al. 2009. Crop diversity for yield increase. PLoS One, 4(11): e8049.

Liang Z C, Duan S C, Sheng J, et al. 2019. Whole-genome resequencing of 472 *Vitis* accessions for grapevine diversity and demographic history analyses. Nature Communications, 10: 1190.

Lin B B. 2011. Resilience in agriculture through crop diversification: Adaptive management for environmental change. BioScience, 61(3): 183-193.

Luo L F, Guo C W, Wang L T et al. 2019. Negative plant-soil feedback driven by re-assemblage of the rhizosphere microbiome with the growth of *Panax notoginseng*. Frontiers in Microbiology, 10: 1597.

Mahmood T, Marshall D, Mcdaniel M. 1991. Effect of winter wheat cultivar mixtures on leaf rust severity and grain yield. Phytopathology, 81(4): 470-474.

Manthey R, Fehrmann H. 1993. Effect of cultivar mixtures in wheat on fungal diseases, yield and profitability. Crop Protection, 12(1): 63-68.

Manwan I, Sama S, Rizvi S. 1985. Use of varietal rotation in the management of tungro disease in Indonesia. Indonesian Agricultural Research & Development Journal, 7: 43-48.

Morales-Rodríguez I, De Yañz-Morales M J, Silva-Rojas H V, et al. 2007. Biodiversity of *Fusarium* species in Mexico associated with ear rot in maize, and their identification using a phylogenetic approach. Mycopathologia, 163(1): 31-39.

Mundt C C. 2002. Performance of wheat cultivars and cultivar mixtures in the presence of cephalosporium stripe. Crop Protection, 21(2): 93-99.

Mundt C C, Brophy L S, Schmitt M S. 1995a. Disease severity and yield of pure-line wheat cultivars and mixtures in the presence of eyespot, yellow rust, and their combination. Plant Pathology, 44(1): 173-182.

Mundt C C, Brophy L S, Schmitt M S. 1995b. Choosing crop cultivars and cultivar mixtures under low versus high disease pressure: A case study with wheat. Crop Protection, 14(6): 509-515.

Nazir M S, Jabbar A, Ahmad I, et al. 2002. Production potential and economics of intercropping in autumn-planted sugarcane. Int J Agric Biol, 4: 140-142.

Park S, Takano Y, Matsuura H, et al. 2004. Antifungal compounds from the root and root exudate of *Zea mays*. Bioscience, Biotechnology, and Biochemistry, 68(6): 1366-1368.

Ren L X, Su S M, Yang X M, et al. 2008. Intercropping with aerobic rice suppressed fusarium wilt in watermelon. Soil Biology and Biochemistry, 40(3): 834-844.

Riedlmeier M, Ghirardo A, Wenig M, et al. 2017. Monoterpenes support systemic acquired resistance within and between plants. The Plant Cell, 29(6): 1440-1459.

Sharma R C, Dubin H J. 1996. Effect of wheat cultivar mixtures on spot blotch (*Bipolaris sorokiniana*) and grain yield. Field Crops Research, 48(2/3): 95-101.

Smithson J B, Lenné J M. 1996. Varietal mixtures: A viable strategy for sustainable productivity in subsistence agriculture. Annals of Applied Biology, 128(1): 127-158.

Stüke F V, Fehrmann H. 1988. Pflanzepathologische aspekte bei sortenmischung im weizen. Zeitschrift für Pflanzenkrankheiten Und Pflanzenschutz, 95: 531-543.

Van Den Bosch F, Verhaar M, Buiel A, et al. 1990. Focus expansion in plant disease. IV: Expansion rates in mixtures of resistant and susceptible hosts. Phytopathology, 80(7): 598-602.

Wei W, Yang M, Liu Y, et al. 2018. Fertilizer N application rate impacts plant-soil feedback in a sanqi production system. Science of The Total Environment, 633: 796-807.

Winterer J, Klepetka B, Banks J, et al. 1994. Strategies for minimizing the vulnerability of rice to pest epidemics. In: Teng P S, Heong K L, Moody K. Rice Pest Science and Management. Manila: International Rice Research Institute: 53-69.

Yang M, Zhang X, Xu Y, et al. 2015. Autotoxic ginsenosides in the rhizosphere contribute to the replant failure of *Panax notoginseng*. PLoS One, 10(2): e0118555.

Ye C, Fang H, Liu H, et al. 2019. Current status of soil sickness research on *Panax notoginseng* in Yunnan, China. Allelopathy Journal, 47(1): 1-14.

Ye C, Liu Y, Zhang J, et al. 2021. α-Terpineol fumigation alleviates negative plant-soil feedbacks of *Panax notoginseng* via suppressing Ascomycota and enriching antagonistic bacteria. Phytopathology Research, (1)3: 13.

Zewde T, Fininsa C, Sakhuja P K, et al. 2007. Association of white rot (*Sclerotium cepivorum*) of garlic with environmental factors and cultural practices in the North Shewa highlands of Ethiopia. Crop Protection, 26(10): 1566-1573.

Zhu Y, Chen H, Fan J, et al. 2000. Genetic diversity and disease control in rice. Nature, 406(6797): 718-722.

Zhu Y, Chen H, Wang Y, et al. 2001. Diversifying variety for the control of rice blast in China. Biodiversity, 2(1): 10-14.

第三章　农业生物多样性控制作物病害的原理

第一节　农业生物多样性控制作物病害的遗传学基础

植物病害的发生是寄主和病原菌在细胞及分子水平上进行相互识别和选择的复杂过程，涉及植物抗病基因产物与病原菌无毒基因产物间的相互作用及信号转导。进行作物品种的优化布局，增加寄主的遗传多样性，能够减轻品种大面积、单一化种植给病原菌造成的选择压力，从而增加病原菌群体的遗传多样性。大量无毒性小种的存在以及其与寄主进行相互识别必然对毒性小种与寄主间的相互作用产生影响，从而影响病害的发生。

本节将对利用生物多样性持续控制作物病害的遗传学基础进行探讨。

一、基因对基因假说

Flor（1971）在对亚麻锈病进行长期深入研究的基础上提出了"基因对基因假说"，阐述了植物与病原菌相互作用的遗传学特点。该学说认为，对应于寄主的每一个决定抗病性的基因，病原菌也存在一个决定致病性的基因；反之，对应于病原菌的每一个决定致病性的基因，寄主也存在一个决定抗病性的基因。任何一方的有关基因都只有在另一方相对应的基因作用下才能被鉴别出来。"基因对基因假说"不仅可用于改进品种抗病基因型与病原菌致病基因型的鉴定方法，预测病原菌新小种的出现，而且对于植物抗病机制和植物与病原菌协同进化理论的研究也有重要指导作用。

近十年来，随着分子生物学技术的发展，植物与病原菌互作的分子机制研究取得了重要进展。已经克隆了大量植物抗病基因和植物病原菌的无毒基因，阐明了植物抗病基因表达产物与病原菌无毒基因编码产物之间的识别反应方式，发现并证实了植物抗病基因引发防卫基因表达的多种信号转导途径，克隆了信号转导途径中的一些关键因子（Sun et al.，2004），从分子水平证实了"基因对基因假说"（Martin et al.，2003）。

二、作物多样性控制病害的遗传异质性原理

水稻品种多样性的种植方式对控制稻瘟病非常重要，其中品种间的遗传异质性是重要的机制之一。在水稻品种多样性混栽种植模式中，水稻组合品种间的遗传分化水平对其田间抗稻瘟病效率有显著影响。不同品种间遗传异质性导致的遗传分化是影响其田间稻瘟病防效的遗传机制。郎杰等（2015）验证了水稻品种多样性混栽模式下，主栽和间栽品种的遗传分化水平对其田间抗稻瘟病效果的影响。该研究对主栽和间栽品种之间的遗传分化系数（GST）进行了检测和定量描述，GST 数值越高表示品种间遗传分化水平越高。结果显示，不同品种搭配组合在田间所表现出的稻瘟病防治效果存在很大差异，主栽和间栽品种的 GST 与其田间稻瘟病防效呈极显著正相关性（$R^2>0.92$，$P<0.01$），该研究为混合间栽中不同水稻品种搭配组合的选择及对田间稻瘟病发生的预测提供了实用技术。Han 等（2016）研究表明，传统或现代水稻品种间作后，稻瘟病发病率和严重度相比于单作均显著降低。因此水稻品种间作或混种在特定的品种组合中由于遗传异质性的增加，大大减少了稻瘟病的发生和变异，这使得多样性种植间作系统对大规模水稻种植的病害抑制更加稳定和一致。

三、寄主与病原菌协同进化的遗传学基础

从物种意义上讲，寄主植物和病原菌在自然界能够长期共存，得益于两者间不断地相互选择和相互适应，正是这种选择和适应赋予了病原菌产生各种生理小种的能力，也使得植物的抗病性具有多种表现方式。从基因对基因假说来看，寄主植物和病原菌的长期共存是植物抗病基因与病原菌无毒基因之间不断地相互选择、相互适应及协同进化的结果。因此，为适应病原菌的不断变异和进化，植物中的抗病基因也会不断地变异和进化。

（一）病原菌无毒蛋白与寄主植物抗病蛋白

根据基因对基因假说，寄主植物和病原菌在互作时通过其 R 基因编码的蛋白质（简称 R 蛋白）来识别病原菌，并直接或间接地产生特异信号分子（激发子），从而产生防卫反应（Staskawicz et al.，1995）。具体地说，植物的 R 蛋白作为受体，而病原菌无毒基因编码的蛋白质（称为 Avr 蛋白、无毒蛋白）作为配体（或称效应子），通过配体和受体的相互识别来激活植物对病原菌的防卫反应过程。目前，已在病毒、细菌、真菌、线虫中鉴定了一些无毒基因及无毒蛋白，根据这些无毒蛋白的序列特征，很难简单地对它们进行分类。例如，不同的病毒其无毒蛋白既可能是复制酶（replicase），也可能是外壳蛋白（coat protein）或移动性蛋白质（movement protein），它们都能和

R 蛋白进行相互识别。稻瘟病菌的无毒基因 *AVR-Pita* 编码的是一种金属蛋白酶（metalloprotease）。

目前克隆的 *R* 基因所编码的蛋白（R 蛋白）大多含有一些保守结构域，包括富含亮氨酸的重复序列（leucine rich repeat，LRR）、核苷酸结合位点（nucleotide binding site，NBS）、亮氨酸拉链/超螺旋（leucine zipper/supercoil，LZ/SC）、Toll 及白细胞介素受体（Toll and interleukin receptor，TIR）、丝氨酸/苏氨酸蛋白激酶（serine/threonine protein kinase，STK）等，这些保守的结构域在与无毒蛋白的相互识别过程中起着十分重要的作用。

绝大多数 R 蛋白中都含有 LRR，表明这一结构域在植物 R 蛋白与无毒蛋白的相互识别过程中具有特殊意义。LRR 结构域主要通过参与蛋白质-蛋白质互作，以及与配体结合来识别病原菌的无毒蛋白，并将识别信息传递给参与防卫反应的信号转导系统下游组分。LRR 一般每间隔 2 个或 3 个氨基酸出现亮氨酸，其重复单元的序列一般为 LXXLXXLXXLXLXXNXLXGXIPXX。在不同的 R 蛋白中其重复数不等，但一般都在 10 个重复以上，有的甚至将近 30 个重复。不同物种 LRR 的差异很可能决定了 R 蛋白与不同病原菌无毒蛋白识别和结合的特异性。亚麻抗病基因 L 和 P 座位的 LRR 主要负责对病原菌无毒蛋白的识别，并决定其识别的特异性（Ellis et al.，1999）。Jia 等（2000）研究表明，L 和 P 座位中至少都有一个 P 蛋白直接与病原菌无毒蛋白相互作用。LRR 除了具有直接与无毒蛋白识别作用之外，还具有抗病过程的信号转导作用，对 *R* 基因 *RPS5* 的 LRR 定点突变，结果表明，当一些氨基酸变异后 RPS5 就丧失了信号转导能力。de Ilarduya 等（2004）对 *Mi-I* 基因的研究表明，LRR 是通过与 Mi-1 蛋白的氨基端相互作用来实现信号转导这一过程的。LRR 结构域中氨基酸的改变或某些微小的修饰都可能破坏 LRR 的正常功能，使得 LRR 不能正常地识别病原菌无毒蛋白，或者即使能识别也不能将识别信号传递给植物抗病信号系统中的下游组件，最终导致抗病性丧失，这一研究结果也说明 R 蛋白的 LRR 既能识别病原菌无毒蛋白，又能将识别信号传递给下游组分。

在 R 蛋白中，NBS 相对比较保守，具有与 ATP 或 GTP 结合的活性特点，推测 NBS 通过与 ATP、GTP 结合或发生水解作用来影响 *R* 基因的功能。研究表明，一旦改变 NBS 的结构，破坏其与 ATP 或 GTP 的正常结合，就可能改变 R 蛋白与防卫反应信号转导途径中各组件间的作用方式，从而使得 *R* 基因丧失抗病能力（Dinesh-Kumar and Baker，2000；Tornero et al.，2002），但是 NBS 在植物防卫反应中的激活机制尚未完全清楚。通过对 NBS 的序列分析发现，其保守区域与动物中参与细胞程序性死亡（programmed cell death，PCD）的蛋白质凋亡蛋白酶激活因子 1（apoptosis protease-activating factor-1，Apaf1）和 CED-4（cell death defective-4，CED-4）具有很高的同源性。因此又将这一结构命名为 NB-ARC（nucleotide-binding adaptor shared by Apaf1，R proteins，and CED-4）结构，推测这一结构与抗病反应过程中的细胞坏死有关。

R 蛋白中的 CC 结构域一般由 7 个疏水氨基酸散布构成，如亮氨酸拉链（LZ）。CC 主要通过两个或两个以上的 α 螺旋相互作用，主要包括蛋白质与蛋白质的相互作用及寡核苷酸结合，形成超螺旋结构来行使其功能。对 CC 在抗病过程中的具体机制了解得并不多，不过更倾向于认为，其主要参与抗病过程的信号转导，与信号识别过程关系不大。

R 蛋白中的 TIR 结构域主要与信号转导有关，对果蝇 Toll 蛋白及哺乳动物的白细胞介素-1 受体（IL-1R）信号结构域在防卫反应过程中的作用进行研究将有助于解析 TIR 结构域在 R 蛋白中的作用。在 Toll/IL-1R 信号系统中，胞质 TIR 结构域以 Tube/IL-lAcP 和 MYD88 蛋白为媒介参与 Pelle/IRAK 和 IRAK2 蛋白激酶的激活过程；而 MYD88 作为一个接头蛋白，其氨基端正好与 IRAK 和 IRAK2 的氨基端相似，羧基端则与 IL-1R 和 IL-lAcP 相似，TIR 和 IRAK2 形成的杂合二聚体结构使 MYD88 成为 IL-lAcP 信号系统中信号转导上、下游组分之间的桥梁，因此推测 TIR-NBS-LRR 类的 R 蛋白可能采用与 Toll/IL-1R 信号系统中类似的方式来活化植物防卫反应过程。对亚麻 L 基因位点的研究表明，TIR 结构域还参与对病原菌的识别过程。另外，最近有遗传证据表明这两个亚类蛋白质是通过不同的途径来进行信号传递的：在拟南芥中，包含 TIR 结构域的 R 蛋白是通过包含 *EDSI* 基因的途径来传递信号的；而 LZ 类 R 蛋白的信号传递则依赖于 *NDR1* 基因。通过对植物表达序列标签（expressed sequence tag，EST）数据及水稻基因组数据分析发现，在单子叶植物中可能并不存在含有 TIR 结构域的 TIR-NBS-LRR 类型的 R 蛋白。

Pto 和 Xa21 都具有功能 STK 结构域，这一结构域主要通过自身激酶的磷酸化过程，将病原菌无毒蛋白的信号转导给抗病信号途径的下游组件。Pto 蛋白的磷酸化是基因 *Pto* 发挥抗病功能所必需的；R 蛋白能直接与病原菌无毒蛋白进行识别，并对识别信号进行转导，从而行使其抗病功能，在 Pto 蛋白与无毒蛋白 AvrPto 识别的过程中，第 204 位苏氨酸（T204）是必需的，该苏氨酸在其他很多的 STK 中都相当保守，一旦苏氨酸改变或缺失，STK 就不能自身磷酸化，从而不能行使正常的功能。

虽然在植物中已克隆到了 40 多种抗病基因，但目前仅找到了 10 余种与 R 蛋白相应的无毒蛋白，例如，Pto 蛋白对应的 AvrPto 或 AvrPtoB（Kim and Yoo，2002）、Pita 蛋白对应的 AVR-Pita 及 RPS2 蛋白对应的 AvrRpt2 或 AvrB（Jia et al.，2000），对它们的作用方式都有了比较清楚的认识，但对于更多的其他 R 蛋白，却未找到与其直接作用的无毒蛋白。对 R 蛋白与无毒蛋白作用的方式，人们提出了这样的假说，即在 R 蛋白与无毒蛋白的识别过程中，可能需要其他蛋白质的参与，形成复杂的蛋白质复合体。这种假说能得到 Pto 蛋白与其无毒蛋白 AvrPto 作用方式的支持，因为 Pto 蛋白与 AvrPto 作用时，实际上也需要另外一种蛋白质 Prf 的参与；对其他 R 蛋白如 Xa21（Song et al.，1997）、Pita（Jia et al.，2000）、RPS2（Nimchuk et al.，2000）、HRT（Ren and Feng，2000）的研究也发现，识别蛋白是以多聚体方式存在的。因此，多聚蛋白体识别模型有望很好地解释 R 蛋白与无毒蛋白相互作用的分子机制。对于 R 蛋白与无毒蛋白相互作用的分子模型，人们提出了"防护（guard）"论，认为效应子即无毒蛋白如 AvrPto，攻击植物的 R 蛋白 Pto，促进病害的产生，而另外的 R 蛋白 Prf 可通过识别无毒蛋白与目标蛋白的复合体 Pto-AvrPt，来阻止无毒蛋白的攻击，从而激活其防御体系，产生防卫反应。也有研究者提出了"非防护"论的防卫反应体系。

（二）Avr 蛋白与 R 蛋白的相互作用机制

R-Avr 蛋白相互作用最简单的模式是受体-配体模式。然而，进一步研究分析，R 蛋白与 Avr 蛋白的识别很可能并不是简单的受体-配体模式。由于很难检测到 R 蛋白和 Avr 蛋白的直接相互作用，因而提出的假设认为，R 蛋白"监控"与 Avr 蛋白作用的植物寄主靶蛋白，一旦检测到二者相互作用，就会启动过敏性坏死反应（hypersensitive reaction，HR）和其他防御反应。

许多事实表明，R 蛋白的 LRR 结构域可能对于配体的识别起决定作用。对酵母双杂交系统的分析发现，水稻抗性蛋白 Pita 的类 LRR 结构域，对于 Avr-Pita 的相互作用是必需的，如果 Avr-Pita 或者 Pita 发生突变引起抗性消失，则二者体外的相互作用也随之消失（Jia et al.，2000），该研究首次表明在 R 蛋白的 LRR 结构域与相应 Avr 蛋白之间存在相互作用。

在 Avr 蛋白和 R 蛋白识别过程中是否需要另外的蛋白质呢？Salmerion 等（1996）研究发现，番茄抗丁香蛋白 Pto 与无毒蛋白 AvrPto 相互作用时需要另一种 NBS-LRR 蛋白 Prf，Prf 在信号级联反应中发挥作用，这表明 Pto、Prf 和 AvrPto 形成的三元复合物对于过敏性坏死反应的激活是必需的。

尽管 R 蛋白的 LRR 结构域相对保守，但是各 R 蛋白之间的 TIR 结构域以及 NBS 的起始区域存在很多变异，Avr 蛋白的结构也很少具有同源性。此外，在识别过程中，可能还有寄主的一些其他因子参与。在不同的寄主和病原菌互作时，R 蛋白和 Avr 蛋白的识别并不是固定的、简单的受体-配体互作方式，而是寄主或病原菌特异性的互作方式。

（三）抗病信号转导机制

在对植物抗病反应信号转导的研究中，为了找到抗病信号转导系统中相关的信号元件基因，很多研究者在单子叶植物和双子叶植物中进行了大量的突变体筛选工作，这些抗病性相关的基因所编码的蛋白质也用于病原菌的早期识别和信号传递研究。例如，由 R 基因 *Mi-1* 介导，对病原菌产生抗病反应时离不开 *Rmel* 基因的参与；拟南芥的 *PBSI* 和 *RIN4* 表达的蛋白质分别参与了 R 基因 *RPS5*、*RPM* 介导的抗病反应的早期过程。另外，一种信号元件基因可能为某些 R 基因介导的信号转导系统所共有，这样的信号元件基因又分为两种：一种如拟南芥的 *EDSI*、*PAD4*、*NDR1* 等参与的是同种类型的 R 基因所介导的信号转导过程，其中 *EDSI* 和 *PAD4* 为 TIR-NBS-LRR 类的 R 基因所共有，*NDR1* 为 CC-NBS-LRR 类 R 基因所共有（Feys et al.，2001）；另一种如 *Rar2*、*SGT1* 等分别参与了不同类型的 R 基因所介导的信号转导过程（Tornero et al.，2002）。

近十年来，植物抗病研究领域取得了较大进展，但对于植物与病原菌的识别以及 R 基因介导的信号转导系统等复杂的分子机制尚缺乏一个准确、系统的认识。对拟南芥和水稻基因组学的研究、对微生物基因组测序及表达序列标签（EST）的挖掘、计算机分析和数据开发手段的进步为植物抗病研究提供了大量有用的序列信息。此外，利用一些高效的分子生物学技术如 cDNA 或寡核苷酸微阵列（cDNA or oligonucleotide microarray）、基因表达系列分析（serial analysis of gene expression，SAGE）、cDNA-

扩增片段长度多态性（amplified fragment length polymorphism，AFLP）分析，也可筛选出参与植物防卫反应过程的大量相关候选基因，进一步确定真正与抗病过程有关的基因，从而全面、深入地解析植物抗病防卫反应过程的基因表达模式。近年来，基因敲除（gene knockout）技术，如病毒诱导的基因沉默（virus-induced gene silencing，VIGS）、RNA 干扰（RNA interference，RNAi）及 CRISPR/Cas9 等的应用，加速了鉴定抗病基因及相关基因的进程。而蛋白质组学的研究可进一步解析抗病 R 蛋白及抗病相关基因编码蛋白质的生化特征。例如，复式双向凝胶电泳（bidirectional gel electrophoresis）技术、质谱分析技术有助于精细分析植物与病原菌互作过程中蛋白质的差异表达及翻译后修饰，如磷酸化、甲基化等。另外，蛋白质芯片技术也可很好地应用于筛选抗病反应信号转导过程中与目标蛋白或其他信号分子互作的其他蛋白。蛋白质印迹（Western blot，WB）是通过聚丙烯酰胺凝胶电泳根据分子量大小分离蛋白质后转移到杂交膜上，通过一抗/二抗复合物对靶蛋白进行特异性检测的方法。酶联免疫吸附测定（enzyme linked immunosorbent assay，ELISA）主要用于分泌蛋白的测定，ELISA 的基础是抗原或抗体的固相化及抗原或抗体的酶标记。总之，基因组和蛋白质组研究的分子技术的兴起和不断发展将有助于植物抗病分子机制的深入研究。随着时间的推移，相信植物抗病反应的分子机制将会越来越明晰。

四、寄主与病原菌非亲和性减轻病害发生的作用机制

植物病害的发生遵循着"病害三角关系"，即病原菌、环境以及寄主三者之间发生耦合后即可能产生病害或发生病害流行。在寄主与病原菌互作的关系中分为亲和性互作（compatible interaction）和非亲和性互作（incompatible interaction）。了解病原菌在环境空间和宿主适应性变化过程中的分子和生理决定因素是控制病原菌的有效方法。在分子遗传学方法出现之前，植物病理学的经典研究已经记录了病原菌对不同宿主的适应模式，包括致病性（感染能力）和毒力（症状的数量）。在亲和性互作关系中，从进化角度上看，一种致病微生物能够成功侵染寄主是进化的结果，其间必须攻破寄主的第一道防线，包括预先形成的屏障和特征分子触发的抗菌反应。这类病原菌通常通过称为效应物的蛋白质库来干扰植物中的特定生物过程。然而从寄主角度来看，这种亲和性互作也随之诱导防卫反应的发生，一些植物已经进化出编码检测这些效应物并引发更强抗病原菌反应的蛋白质的基因。几个世纪以来，农民和植物育种者在尝试培育更具抗病性的作物时选择了这些抗性基因。然而，随着时间的推移，致病微生物失去了效应物，这意味着几种抗性基因迅速变得无效。

当病原菌遇上非寄主植物或抗病寄主时，病害一般不会发生，此时这种关系称为非亲和性互作。非寄主抗病性互作是自然界中存在最广泛的非亲和性互作类型（陈功友等，2002）。从寄主和病原菌的基因型进行分析，不是一种植物对每一种潜在病原菌都有一个抗病基因。也就是说经过长期的协同进化，仅有相当少的微生物在一定的植物上建立了其致病生态位，这种致病生态位通常情况下在相同植物种类上并不适合大多数的微生物，从而降低了病害的发生率。从寄主角度来说，寄主通过对病原菌的早期识别或通过

抑制侵染菌丝生长和阻止病原菌的侵入，从不同程度上中断侵入的发生，总体表现出过敏反应或其他防卫机制。最早在 1920 年 Ward 的研究中描述了雀麦草对褐锈病菌（*Puccinia dispersa*）产生的过敏反应。大部分谷物都可以被锈菌定殖，而且谷类锈菌表现出高度的寄主特异性，如栽培品种大麦是病原菌 *Puccinia hordei* 的宿主，*P. hordei* 侵染栽培品种大麦导致大麦叶锈病的发生，然而 *P. hordei* 不能侵染球茎大麦（栽培品种大麦的近亲）。另外，栽培品种大麦对 *P. hordei-bulbosi*（球茎大麦叶锈病的病原菌）和 *P. triticina*（小麦叶锈病的病原菌）均具有非寄主抗性（Niks and Marcel，2009）。目前已经有大量研究表明了利用非寄主抗性在分子育种中应用的前景。Haq 等（2022）从稻黄单胞菌的非寄主植物烟草和番茄中克隆了编码 ZnFP1 蛋白的基因 *ZnFP1*，过表达该基因可导致烟草产生过敏反应，发现该基因启动子上存在 TALE 蛋白 AvrXa10 结合的 DNA 元件 EBE。在该 EBE 元件的旁侧，人工合成一个新的 TALE（dTALE）蛋白，也能诱导该基因表达，从而使烟草产生过敏性坏死反应。水稻中也存在 *ZnFP* 家族基因，为水稻抗病性育种提供了可能性（Xu and He，2007）。

第一道防线较弱的植株也能够通过依赖抗性基因来抵御病原菌，从而保护自己。以识别为前提和主动防卫反应为特征的小种专化型抗病性互作，是寄主中的每一个抗病基因都与一个无毒基因进行的非亲和性互作。Gallet 等（2016）使用一组水稻品种和代表全球多样性的稻瘟病样本进行大规模交叉接种实验，结果显示了病原菌适合性模式，表明在这个致病系统中存在对宿主的专一性。此外，Liao 等（2016）在元阳传统梯田种植模式下观察发现，种植具有不同免疫系统的水稻品种，能够迫使一些稻瘟病菌积累效应蛋白质来对抗植物的第一道防线，而其他真菌必须摆脱这些感受器来避免被主要抗性基因识别。这两种力量导致了两种专门的真菌种群的进化，它们可以感染特定的水稻品种，但不能感染其他品种。这意味着稻瘟病菌无法在田间传播，因此使得稻田整体上具有抗性，减轻了病害的流行发生。

第二节　农业生物多样性抗病的诱导抗性原理

自从 Beuaverie 在 1901 年发现弱毒性葡萄孢的提前侵染，能使秋海棠具备免受强毒性的葡萄孢侵染的能力起，植物诱导抗性研究历史已有 100 多年（Görlach et al.，1996）。植物在与病原菌长期互作、协同进化中形成了多种抗病机制。其中，诱导抗性是一种在植物生长发育过程中不总表现，然而一旦遭受生物或者非生物等外界不利因素的刺激后，便迅速激发植物潜在的抗病反应，并通过生理、生化等手段迅速增强抗性的一种策略（Kuć，1982；李张等，2019）。利用生物或者非生物的诱导因子预先处理植物，使得植物产生局部或系统的抗性，增强植物对病原菌的抵抗能力，不仅可以长时间地激活植物的抗病能力，而且由于诱导抗性只是激发植物自身免疫机制，不会残留有毒物质，因此作为一种新型的植物抗病策略被广泛研究与应用。

随着生物学技术的进步，植物诱导抗性的机制已在组织病理学、生理生化机制以及分子信号机制等方面取得重要突破。组织病理学多表现为诱导后木质素含量的累积以及促进细胞壁生物合成等；生理生化机制方面表现为植保素、抗病相关次生代谢产物、抗病相关蛋白的累积；分子信号机制方面则是表现为诱导后调控抗病相关基因的表达、基因与代谢产物的协调作用以及抗性相关信号的传导刺激等。

一、作物种内互作激发诱导抗性的作用机制

非亲和性或弱致病性病原菌孢子能诱发寄主对亲和性病原菌的抗性。诱导抗性的作用能使亲和性病原菌的成功侵染率降低，这种作用具有加和性，在病原菌的每个繁殖周期都起作用，从而对病原菌起到显著的抑制作用。非亲和性病原菌不仅能诱导出植物的局部抗性，也可能诱导出系统抗性。沈瑛等（1990）研究发现，用稻瘟病菌非致病菌株和弱致病菌株预先接种，能诱导抗性，减轻叶瘟和穗颈瘟的发生。据范静华等（2002）报道，用非亲和性小种进行"诱导接种"，再用亲和性小种进行"挑战接种"，能诱发植株对稻瘟病的抗性，抑制亲和性小种的侵染，表现为病斑数少、病斑面积小，一般发病率会降低到26%～30%，病害程度减轻到3%～25%；以稻瘟病弱致病菌株对水稻品种'关东51''爱知旭''新2号'进行诱导接种，又用稻瘟病强致病菌株、水稻胡麻叶斑病菌、水稻白叶枯病菌进行挑战接种，不同的水稻品种均获得了对这三种病害的诱导抗性；又以水稻胡麻叶斑病菌为诱导因子，也同样使水稻表现出了不同程度的抗瘟性。万芳（2003）研究发现，稻瘟病菌非致病菌株诱导接种处理使水稻对稻瘟病强致病菌株产生了一定程度的抗性；水稻品种'关东51'经诱导接种处理后对水稻白叶枯病菌和水稻胡麻叶斑病菌产生了一定程度的抗性，证明了诱导抗性具有广谱性的特点。经诱导接种处理过的水稻叶片内过氧化物酶和苯丙氨酸解氨酶的活性明显升高，木质素的含量也明显增加。说明诱导抗性的产生与这三种物质有关，酶活性的增加以及木质化反应是诱导抗性可能的机制。

在多样性混栽田中，稻瘟病菌的寄主品种至少为两个。两个品种的农艺性状、抗病特性及遗传背景不同，因而混栽与净栽田块稻瘟病菌的遗传种群差异较大。混栽田块的遗传种群数较多，净栽田块的遗传种群数较少。净栽田块稻瘟病菌生理小种组成相对简单，优势小种比较明显；混栽田块稻瘟病菌生理小种组成较为复杂，有较多的病原菌小种群但没有优势种群，从而大大降低了发病程度。导致这种现象的原因很复杂，有可能是出现了稻瘟病菌非致病菌株和弱致病菌株的预先接种，从而诱导植株产生了抗性，减轻了叶瘟和穗颈瘟的发生。范静华等（2005）用来自云南省石屏县水稻品种多样性混栽及净栽田块中的'汕优63'，并利用重复序列聚合酶链反应（rep-PCR）分子指纹分析了分属于G1、G2、G4（在80%遗传相似水平）生理小种的34个单孢菌株，分别接种于'汕优63''汕优22''大黄壳糯''小黄壳糯''紫糯'5个大面积应用的混合间栽组合品种上，筛选出分别针对每个品种的非亲和性、极弱致病菌和强致病菌。先用非亲和性和极弱致病菌分别对每个品种进行诱导接种，然后以强致病菌进行挑战接种，结果表明，无论是杂交稻，还是'大黄壳糯''小黄壳糯''紫糯'均有不同程度的诱导抗性。以非亲和性或极弱致病菌株-强致病菌株不同组合对同一品种进行接种试验，共设置了45个组合，表现诱导抗性的有22个，占48.89%。又以同一菌株对不同品种进行诱导接种试验，共设置了46个组合，表现诱导抗性的有24个，占52.17%，表明诱导抗性是多样性种植减轻病害的机制之一。

与化学农药控病相比，植物诱导抗性更具优越性和可持续性。第一，诱导抗性抗菌谱广，通常能同时抗真菌、细菌和病毒引起的病害，而某一抗病品种或化学药剂不可能具有如此广泛的抗菌谱；第二，诱导抗性较稳定和持久，且往往是整体性的，一年生植物的整个生命过程中都能持续保持；第三，诱导抗性可以通过嫁接传递，有可能提供一个更广阔的免疫领域；第四，通过作物多样性优化布局和种植而获得的诱导抗性对植物和人畜安全，具有环保、绿色、生态的特点，属环境友好、可持续发展型。

二、作物种间互作激发诱导抗性的作用机制

（一）非致病性病原菌诱导抗性研究进展

不同作物多样性种植时，作物种类不同，所携带的病原菌种类也不同，就使得某种微生物可能是一种作物的致病菌，而可能是其他作物的非致病菌。同理，某种作物可能是一种微生物的寄主，同时成为另一种微生物的非寄主。非寄主植物是不能为寄生物提供任何营养的植物，即不能被某些病原菌侵染而发病的植物（Cameron et al.，2006）。非寄主抗性包括一些细胞先天预存的屏障和成分，如皂苷类化合物在植物应对丝状真菌入侵时的非寄主抗性中起到重要作用（Osbourn，1996；Morrissey and Osbourn，1999），对于诱导寄主产生局部坏死型过敏反应、防御相关基因上调表达、胼胝质沉积和活性氧爆发也发挥重要作用（Mehdy，1994；Staskawicz et al.，1995；Laurent et al.，2004；Hamiduzzaman et al.，2005）。

1. 玉米小斑病菌孢子在非寄主植物大豆叶片上的萌发行为

将玉米小斑病菌（*Bipolaris maydis*）孢子悬浮液喷雾接种到非寄主植物大豆叶片上，用乙醇苯酚溶液脱除叶绿素后，再用棉兰染色法将菌丝染成蓝色进行显微观察。研究发现，玉米小斑病菌孢子在大豆叶片上能正常萌发，其萌发速度和形态与其在玉米叶片上的萌发速度和形态类似。例如，接种后 3 h，玉米小斑病菌孢子在玉米和大豆叶片上开始萌发，此时由于菌丝较短、较直，有的从孢子的一端萌发菌丝，绝大多数孢子可从两端同时萌发菌丝；6 h 后，菌丝生长较长，并开始弯曲；24 h 和 48 h 时，孢子在叶片上萌发的行为开始出现差异，在玉米叶片上菌丝向气孔弯曲生长并经气孔入侵玉米，而在大豆叶片上，并未观察到菌丝从大豆叶片气孔入侵的现象。

玉米小斑病菌接种寄主玉米后，萌发菌丝能从玉米叶片气孔进入叶肉细胞，并使玉米发病；而玉米小斑病菌接种非寄主植物大豆后，孢子能够在大豆叶片上正常萌发，并形成附着胞，但萌发菌丝不能从大豆叶片气孔进入叶肉细胞。这可能是由于大豆对玉米小斑病菌萌发的菌丝产生了识别作用，而发生防御反应，从而阻止菌丝的入侵，进而达到抵抗玉米小斑病菌的目的，或者是，玉米小斑病菌菌丝不能识别大豆叶片表皮细胞的气孔，遂不能从气孔入侵。

2. 玉米小斑病菌诱导大豆叶片中的胼胝质沉积

同样将玉米小斑病菌接种到非寄主植物大豆叶片上，用苯胺蓝染色，在蓝色激发光

下观察胼胝质。玉米小斑病菌孢子萌发后，在大豆叶片细胞中对应菌丝入侵的相应位置和气孔周围有胼胝质沉积的现象发生。但在对照叶片上，未见细胞壁周围和气孔周围有胼胝质沉积现象。初步推测，玉米小斑病菌接种大豆后，能诱导大豆胼胝质增加，典型现象就是菌丝入侵的相应部位和气孔周围胼胝质沉积现象清晰可辨，即玉米小斑病菌能够诱导大豆产生胼胝质沉积相关的防御反应。

3. 玉米小斑病菌诱导大豆叶片中的活性氧爆发

活性氧爆发是植物防御反应被激活的证据之一。将玉米小斑病菌孢子悬浮液喷雾接种大豆植株后，不同时间点取叶片于二氨基联苯胺（DAB）溶液中孵育 8 h，再用棉兰染色将菌丝染成蓝色。接种后 3 h，即可在大豆叶片上观察到蓝色菌丝周围有红色的 H_2O_2 出现，直到接种后 24 h、48 h 和 72 h 均可观察到 H_2O_2。

根据以上结果可初步推测，在不同种植物（作物）的多样性种植模式中，不同植物带入农业生态系统中的微生物，在侵染其寄主植物的同时，可能是其他非寄主植物的非致病菌，有可能在非寄主植物上萌发，且诱发胼胝质沉积或活性氧爆发等类似的防御反应。然而，该非致病菌能否诱导非寄主植物产生其他类别的抗性类型，以及该类非寄主抗性对于寄主抵抗自身致病菌的贡献大小还有待深入研究。

（二）物种间化感互作诱导抗性研究进展

不同作物多样性种植时，物种间的化感互作往往也能诱导植物产生抗性。植物的化感物质主要通过挥发、雨水淋溶、根系分泌和凋落物腐解等方式向环境中释放（Sangeetha and Baskar，2015）。自然界中化感作用对农业生态系统的影响主要分为积极和消极两种模式。通过利用作物间积极的化感作用，进行合理间套作、轮作，能够有效地防治病虫害，提升产量，减少农药和化肥的使用。吴家庆等（2019）研究发现，利用大蒜与黄瓜轮作能够有效控制黄瓜疫病的发生，其原理是前茬大蒜通过残体挥发物以及残体腐解或淋溶物质，有效地抑制了黄瓜疫霉（*Phytophthora melonis*）生长，减少了后茬黄瓜病害的发生。刘海娇等（2021）则通过在三七连作障碍的土壤中轮作茴香，发现茴香能够显著提高连作土壤中的细菌群落多样性，有效地提升了三七的存苗率。轮作主要是利用前茬作物留下来的"遗产"，而间套作则是利用作物间实时的化感作用。张贺等（2020）发现，玉米和大豆间作能够有效降低间作行内大豆疫病的发病率。深入分析发现，玉米的根系分泌物肉桂酸能够吸引大豆疫霉的游动孢子，肉桂酸和对香豆酸能够抑制孢子的萌发，从而防止大豆疫霉对大豆的危害。因此，充分利用植物化感作用的诱导抗性能力，能对农业生态系统产生积极的影响。

1. 挥发物直接诱导植物抗病性

植物挥发物在植物间的信号转导和抵御外界胁迫中起到了关键作用（Rosenkranz et al.，2016；Brilli et al.，2019）。当植物在面临昆虫、病原菌攻击和外界环境的胁迫时，能迅速释放挥发物传递防御信号到植物各个组织器官和邻近的植物群体中，使其做好防御准备。研究发现，做好防御准备的植物，接下来面对外界胁迫时，往往能够表现出更强的抵抗力（Conrath et al.，2015）。Riedlmeier 等（2017）研究发现，当拟南芥遭受病原菌侵染时，其单萜（monoterpene）的释放会增加，并且能激活周边植物的系统获得抗性（systemic acquired resistance，SAR）。Erb 等（2015）研究发现，昆虫取食能够迅速诱导植物产生挥发性芳香族化合物吲哚，而吲哚能够迅速引起周边植物产生应激激素茉莉酸-异亮氨酸缀合物和脱落酸，做好抵御昆虫取食的准备。目前，大量的研究已经发现萜类化合物、顺-3-己烯醇、水杨酸甲酯、茉莉酸甲酯、顺式茉莉酮等多种挥发物通过传递信号，激活邻近植物的防御相关激素途径（水杨酸和茉莉酸途径），有效地帮助了植物抵御外界的压力（Baldwin et al.，2006；Frost et al.，2007）。由此，初步明确了植物通过释放挥发物影响不同植物间不同激素信号的级联反应，从而抵抗外界胁迫的机制（Erb，2018）。

2. 挥发物间接诱导植物抗病性

植物叶片和根系的健康微生物群落是保障植物健康生长发育的重要屏障（Ritpitakphong et al.，2016；Wei et al.，2019）。越来越多的研究表明，植物的挥发物除了能够直接抑制病原菌外，还能够吸引有益微生物，构建一个健康的微生物群落。植物挥发物对微生物群落的构建策略主要有以下几种。①直接释放抗菌挥发物抑制病原菌，平衡叶际或根际微生物群落。Junker 等（2011）研究发现，肥皂草（*Saponaria officinalis*）和百脉根（*Lotus corniculatus*）花瓣的附着微生物要显著少于叶片的附着微生物，这主要是因为花瓣的挥发物具有更强的抑菌活性。吴家庆等（2019）的研究也证明了大蒜根系分泌的含硫挥发物能够直接抑制黄瓜疫霉（*Phytophthora melonis*）的生长。②为微生物的生长提供营养底物。例如，博伊丁假丝酵母菌（*Candida boidinii*）和勒索杆菌（*Methylobacterium extorquens*）能够将植物挥发性有机化合物（volatile organic compound，VOC，如甲醇）作为其生长的营养底物，在植物叶际快速定殖，这使得能够利用植物VOC 作为其营养底物的微生物优先在富含这些化合物排放源的植物表面生长（Kawaguchi et al.，2011）。③作为化学信息物质长距离吸引细菌。Schulz-Bohm 等（2018）研究发现，砂苔草（*Carex arenaria*）根系挥发物能够长距离（>12 cm）从周围的土壤中吸引细菌到其根系周围定殖。此外，当其根部受到病原菌大黄镰刀菌（*Fusarium culmorum*）的攻击时，会特异性释放挥发物，吸引对大黄镰刀菌有拮抗作用的有益菌前来帮忙。植物的挥发物主要以抑菌、促进菌体生长以及趋化效应来发挥调控微生物群落的作用。然而，学者们发现，微生物与微生物之间的相互作用也在建立和维持宿主菌群平衡以及提高植物宿主存活率中发挥着重要作用（Hassani et al.，2018）。因此，植物挥发物是否能够根据其易挥发和传播的特点，正向或者负向地影响微生物之间的相互作用，从而塑造健康的叶际和根际微生物群落，值得进一步开展深入研究。

3. 淋溶物间接调控微生物群落诱导植物抗病性

植物淋溶物是指自然界的水分冲刷植株时所带落的水溶性化合物，这些水溶性化合物来自植物新鲜、衰老和降解的组织。植物淋溶是一种自然界普遍存在的过程（Mann and Wetzel，1996）。通常在植物组织凋落分解的第一阶段，大量可溶性化合物通过淋溶流失，占落叶总碳的 30%，并释放到土壤中（Berg and McClaugherty，2014）。这些水溶性化合物在很大程度上是不稳定和容易获得的，是微生物群落的重要营养源（Joly et al.，2016）。然而，次生代谢产物也可以从绿叶和分解的凋落物中滤出，并由雨水冲刷释放到土壤中，因此，会对土壤生物（包括微生物）产生调控作用。Wang 等（2012）发现大豆淋溶进土壤里的化感物质对丛枝菌根真菌（AMF）有促进作用，继而提升了大豆对单一化种植营养胁迫的耐受性。球囊菌门（Glomeromycota）被认为是土壤微生物区系的重要组成部分，已被证明能够提高植物对各种生物胁迫和非生物胁迫的耐受性（Aroca et al.，2007）。也有研究表明，淋溶物里的酚类化合物主要作为微生物群落的碳源，而类黄酮对真菌生长有显著的促进作用（Qu and Wang，2008）。不仅如此，类黄酮作为豆科植物与根瘤菌之间的信号分子，还能参与趋化运动并诱导植物生长根瘤菌 *Nod* 基因的表达（Franche et al.，2009）。

第三节　农业生物多样性控制作物病害的生态学机制

作物病害生态系统是农业生态系统中的一个子系统，由寄主、病原菌及其所处的生态环境构成，作物的抗病性、病原菌的致病性和环境（包括人的活动）的相互作用导致特异性的病害反应。利用遗传多样性控制作物病害就是应用生物多样性与生态平衡的原理，进行作物品种的优化布局和种植，增加农田的遗传多样性，保持农田生态系统的稳定性，创造有利于作物生长，而不利于病害发生的田间微生态环境，有效地减轻植物病害的危害，大幅度减少化学农药的使用和环境污染，提高农产品的品质和产量，最终实现农业的可持续发展。

本节将对利用生物多样性控制作物病害的生态学机制进行探讨。

一、作物病害流行与农田生态环境的关系

在适合病害发生发展的环境条件下，在一个时期或一个地区内，病原菌大量传播并诱发植物群体发病，造成严重损失的过程和现象叫作病害流行（曾芳等，2011）。流行性病害在田间一般先零星发病，在适宜条件下，经不断扩散变成大流行。这类病害的特点是病原菌的传播能力强、传播途径广泛、传播效率高、流行性大，常给农业生产带来毁灭性灾害，如小麦锈病、赤霉病、稻瘟病、水稻白叶枯病、番茄和马铃薯疫病、黄瓜霜霉病等（程中元和崔印勇，2014）。

作物病害的发生、发展受许多因素的综合影响，当各种因素都有利于病害的发生和发展时，就会导致病害的大流行。影响作物侵染性病害流行的三要素是寄主、病原菌和环境条件。作物病害的发生和流行是在环境因素的影响之下，寄主与病原菌相互作用的结果，只有同时满足感病寄主大面积集中种植、存在大量强致病力的病原菌和具备有利于病害发生的环境条件，病害才有可能流行，三者同等重要，缺一不可（宗兆峰和康振生，2002）。

多数作物病害在寄主生长的大部分地区都不同程度地发生，但通常达不到广泛流行

的程度，其中环境条件对病害的发展起着控制作用。环境条件（生物、土壤、气候、人为因素等）对病原菌侵染寄主的各个环节都会产生深刻而复杂的影响。它不但影响寄主植物的正常生长状态、组织质地和原有的抗病性，而且影响病原菌的存活力、繁殖率、产孢量、传播方向、传播距离、孢子的萌发率、侵入率和致病性。另外，环境也可能影响病原菌传播介体的数量和活性，各因子对病害的流行还会表现出各种互作或综合效应（王子迎等，2000），影响植物病害流行最重要的环境因素是湿度和温度。

雨、雾、露、灌溉所造成的长时间的高湿度促进了寄主长出多汁和感病的组织，更重要的是促进了真菌孢子的产生和细菌的繁殖，促进了许多真菌孢子的释放和细菌菌脓或菌状物在叶表的流动传播。持续的高湿度能使上述过程反复发生，进而导致病害流行。反之，持续几天的低湿度，亦可阻止这些情况的发生而使病害的流行受阻或完全停止。病毒和病原菌导致的病害间接受到湿度的影响，如病毒的介体是真菌、线虫、蚜虫、叶蝉或其他昆虫，高湿度使其活动增强。

高于或低于植物生长最适温度时有利于病害的流行，因为在那样的温度条件下植物的水平抗性降低了，在某些情况下甚至可以减弱或丧失主效基因控制的垂直抗性。生长在这种温度下的植物变得容易感病，而病原菌却仍保持活力或比寄主受到不良温度的压力较小。寒冷的冬季能减少真菌、细菌和线虫接种体的存活率，炎热的夏季亦能减少病毒和病原菌存活的数量。此外，低温还能减少冬季存活的介体数目，在生长季节出现的低温也能减少介体的活动。

然而，温度对病害流行最常见的作用是影响病原菌侵染的各个阶段，即孢子萌发、侵入、生长、产孢等。温度适宜，病原菌完成每一个过程的时间就短，在一个生长季节里就会导致更多的病害循环。每经过一次循环，接种体的数量就会增加许多倍，新的接种体可以传播到其他植物上，多次的病害循环导致更多的植物受到越来越多的病原菌侵染，最终造成病害大流行（宗兆峰和康振生，2002）。

二、作物多样性调控田间小气候控制病害

（一）遗传多样性对田间小气候的影响

遗传多样性是生物在进化过程中积累的遗传变异，是生物生存的基础（褚嘉祐等，2012）。一个物种或种群的遗传多样性越高，代表它的遗传变异就越丰富，而足够的遗传变异是物种或种群应对各类环境变化、维持长期生存能力的基础，换句话说，物种遗传多样性越丰富，其对外界环境变化的适应能力、生存繁殖能力及分布范围的扩展能力越强；若一个物种的遗传多样性水平正在降低或趋于消失，则代表该物种对环境变化的适应能力、繁殖能力正在下降（Booy et al.，2000；孙林和耿其芳，2014；王一，2020）。

作物遗传多样性防控病害可以发挥不同抗性基因的群体作用，减少病原菌的定向选择压力，降低病原菌优势种群形成的风险，减小大田病害暴发流行的概率（朱有勇等，2003；杨静等，2012；朱书生等，2022）。进行作物品种的优化布局和种植，增加寄主的遗传多样性，能够减轻品种大面积、单一化种植给病原菌造成的选择压力，从而增加病原菌群体的遗传多样性。大量无毒性小种的存在及其与寄主进行相互识别必然对毒性

小种与寄主间的相互作用产生影响，从而影响病害的发生。下面对水稻栽培体系中利用遗传多样性持续控制作物病害的遗传学基础进行探讨。

1. 水稻混栽系统通过调控田间冠层湿度影响病害发生

研究发现，供试水稻的株高是形成田间立体植株群落、增强通风透光性、降低相对湿度和植株持露表面积的重要基础。试验中优质稻'黄壳糯'株高比杂交稻高 30 cm 以上，在田间形成了高矮相间的立体株群，因为优质稻高于杂交稻，所以优质稻的穗颈部位充分暴露于阳光中，并且使其群体密度降低，增加了植株间的通风透光效果，大大降低了叶面及冠层空气湿度，并表现出植株冠层不同部位叶面及空气相对湿度均随杂交稻行比的增加而降低的规律，造成了不利于病害发生的环境条件，而使稻瘟病的发生得到控制（Du et al.，2015）。

2. 水稻混栽系统通过调控田间光照强度影响病害发生

在栽培措施基本一致的情况下，水稻群体净同化率的大小明显地受温、光因子所制约。一般在同一生育阶段，温度高、日照多时，群体净同化率高，各生育阶段均有一致的趋势。混合间栽中冠层不同部位光照强度随行比的增加而上升的现象，说明混合间栽有利于增强植株的透光性，也有利于植株中下部叶片的光合作用，对提高植株的净光合速率、增加干物质积累及降低冠层中下部的湿度、减少病原菌入侵机会有利（李林等，1989）。

3. 水稻杂交系统调控田间通风状况影响病害的发生

在植株冠层顶部及 2 m 处，风基本不受阻挡，其速度只因空间高度的下降而减弱，这也符合空气流动学的原理，因而冠层顶部的风速变化与外界风速变化极为一致。但在冠层中下部，风因为植株的阻挡作用而改变了流动形式。由于糯稻的植株较高，对风的阻挡较大，因而净栽植株冠层中下部的风速降低得较快。随着杂交稻行数的增加，糯稻对风的阻挡作用下降，而使风速随杂交稻行比的增加而加大。植株冠层下部的风速快于中部，是因为中部的叶片较下部的繁茂，下部叶片因枯萎而对风的阻挡作用下降。因此，水稻品种的多样性混合间栽，有利于增强植株冠层中下部的空气流动，从而降低冠层中下部的空气相对湿度，对减少病原菌孢子的萌发、侵入及减缓病害的扩展蔓延有极大作用，这也验证了前面所论述的植株冠层不同部位的相对湿度均随杂交稻行比的增加而降低（Granke et al.，2014）。

在单作群体内部，CO_2 扩散受到植株叶片的阻挡和摩擦，CO_2 交换系数比大气层小很多，风速的削弱是影响 CO_2 湍流交换的重要因素。冠层内风速减弱，CO_2 输送受阻，使得由作物光合作用引起的 CO_2 减少得不到及时补充，影响群体物质生产。水稻品种的多样性混合间栽，加速了空气流动，改善了农田通风条件，减轻了群体内部 CO_2 减少的程度，提高了冠层中 CO_2 的浓度，提高了植株体内核酮糖-1,5-双磷酸羧化酶/加氧酶（Rubisco）的羧化活性，促进了干物质的积累，提高了产量（王子迎等，2000）。

此外，风引起的茎叶振动具有一定的生态学意义，它可以造成群体内的闪光，进而可以改变群体特别是下部的受光状态和光质。一般来说，群体的阴暗处红外线的比例较大，而风力引起的光暗相互交错，可以使光合有效辐射以闪光的形式合理分布于更广泛的叶片上，并能使光反应和暗反应交替进行，进而充分利用光能，提高作物的光合效率。作物群体的这种光合效能的提高与风速及闪光的频率（或周期）有关。因此，保持适宜的株高、风速与闪光频率对作物群体的光合作用有着重要作用（章家恩，2000；高东等，2010；叶庆，2019）。

（二）物种多样性种植调控农田小气候影响病害的发生

农田小气候（microclimate）是指近地面大气层约 1.5 m、土层与作物群体之间的物理过程和生物过程相互作用所形成的小范围气候环境，常以农田贴地气层中的辐射、空气温度和湿度、风速、二氧化碳浓度以及土壤温度和湿度等农业气象要素的量值表示，是影响作物生长发育和产量形成的重要环境条件（张俊平等，2004；焦念元等，2006；罗冰，2007；杨友琼和吴伯志，2007）。

合理间作能有效改善作物群体结构，使作物充分利用水分、养分和光热，改变田间冠层相对湿度和冠层温度，减缓作物发病和降低病害危害程度（郭增鹏等，2019）。马铃薯-玉米和大豆-玉米等搭配组合的作物株高差异大，能够形成立体群体结构，控病效果显著，而玉米-高粱和小麦-大麦等搭配组合的株高差异小，立体群体结构较差，控病效果不显著（孙雁等，2006；贺佳等，2011；常玉明等，2021）。此外，条带间作结合轮作的空间配置还能有效控制土传病害，如烟草-玉米条带轮作处理与单作相比，连续轮作 3 年后，烟草黑胫病和玉米大斑病的病情指数分别降低了 88.3% 和 18.42%（朱有勇，2013）。沈明晨等（2021）调查了玉米-白首乌间作、玉米单作和白首乌单作 3 类种植模式下，玉米和白首乌的病害发生及产量等性状变化。结果发现，玉米-白首乌间作处理与单作处理相比，玉米锈病病情指数降低了 10.22，玉米小斑病病情指数降低了 5.97，玉米大斑病病情指数降低了 1.87，白首乌霜霉病发病率降低了 14.2%，白首乌褐斑病发病率降低了 15.2%，造成该结果的原因是玉米间作白首乌栽培模式能有效改善原来叶片的分布位置，通过提高叶面积指数来增加光能利用率，通风透光有利于减少病害发生，进而提升玉米和白首乌的综合产量与品质。

Li 等（2019）通过禾本科与豆科、禾本科与茄科等作物搭配的 384 组田间小试、中试和放大验证探明了作物多样性对病虫害的控制效果为 16.7%～88.3%，明确了作物群体立体结构增强通风透光性、降低湿度和减少植株结露等不利于病虫害发生的微环境气象功能（He et al.，2010）。目前利用生物多样性控制作物病虫害，增强农田生物多样性和农田生态稳定性，提高光热资源、养分、水分的利用率，减少化肥农药使用和环境污染，提高农产品质量和产量，促进农业生物多样性的保护，发展可持续农业，已成为国际农业研究的热点。

三、生境多样性与作物病害控制

生境（habitat）是指物种或物种群体赖以生存的生态环境，包括必需的生存条件和其他对生物起作用的生态因素。生境因子由众多环境因子组成，包括气候、地形、地势、植被等，在这个复杂的总体中，各生境因子相互制约、相互联系。生境多样性控制作物病害主要是利用特殊生境条件下的环境因子（光照、温度、水分等）适宜作物生长但不利于病害发生流行的耦合原理降低病害暴发流行的风险。作物病害的发生和流行由寄主、病原菌和环境三要素决定。例如，多数叶部病害的发生流行与高湿多雨的环境相耦合（Granke et al.，2014；Aung et al.，2018；全怡吉等，2018）。茶云纹叶枯病、轮斑病等叶病均属高温高湿型病害（陈雪芬，2022）。利用生境条件的多样性，选择或创造既能满足作物正常光、热、湿需求，又能降低病害发生危害的生境开展农业生产是实现病害生态控制的有效途径。

（一）利用生境不同特性减轻病害促进植物生长

1. 利用作物立体冠层生境防控病害

单一品种大面积种植会使作物群体冠层形成一个平面生境，其通风透光能力差，病害发生严重（贺佳等，2011）。不同株高作物的合理搭配可形成良好的立体冠层生境，其通风透光性增强，适于作物生长但不利于病害发生流行。He 等（2010）研究表明，玉米-马铃薯间作的田间微环境气象条件与玉米单作相比，玉米行间风速增加 25.9%～32.8%，透光率增加 29.8%～44.7%，相对湿度降低 10.1%～12.5%，叶片表面结露面积减小 43.5%～57.6%，玉米大斑病、小斑病病情指数降低 25.4%～33.9%。但对于矮秆作物而言，间作也会降低冠层的通风透光性，因此宜选择喜阴、耐湿和叶部病害发生轻的作物进行搭配。

2. 利用物理避雨改变植株冠层生境防控作物病害

我国南方地区雨热同季，作物病害常暴发流行。利用物理设施避雨可以调控植株冠层水分生境，切断病原菌侵染和循环路径，实现病害的绿色防控。作物叶面水膜持续时间是多数气传病原菌完成侵染过程的关键限制因子（Du et al.，2015），雨滴飞溅传播是病害完成侵染循环的关键限制因子（杜飞，2010）。因此，通过设施避雨调控植株冠层水分生境，切断病害侵染循环和病原菌侵染过程，能有效控制叶部病害的发生。例如，葡萄霜霉（*Plasmopara viticola*）侵入寄主前的整个过程均需要在有水膜存在的条件下完成，在温度 15～25℃条件下，水膜持续时间≥4 h，葡萄霜霉能够成功侵染叶片，一旦水膜持续时间不足，葡萄霜霉孢子的萌发和侵染过程便会终止（Du et al.，2015；邓维萍等，2017）。导致葡萄炭疽病、白腐病等果实病害的病原菌的分生孢子均产生于分生孢子盘或分生孢子器内，分生孢子盘或分生孢子器可以在环境中长期存活，遇水即释放黏稠状的分生孢子，分生孢子通过雨滴飞溅传播。田间利用薄膜物理阻隔的方法能有效阻断病害的初侵染和再侵染循环，有效控制病害发生（杜飞等，2011）。目前，避雨控病的技术已经成为设施蔬菜、水果、花卉和药用植物等作物生产过程中病害绿色防控的重要措施（霍恒志等，2009；郭凤领等，2009；胡余楚等，2010）。

3. 利用干旱河谷生境防控作物病害

我国热区多属于季风气候，冬季积温高、光照强、紫外线强、无霜期短、降雨少，开展作物种植可以有效避雨避病。作物春夏种植，生长旺盛期或成熟期常与雨季重叠，田间空气湿度大，叶面持露时间长，叶部病害容易发生流行；在热区可以冬季种植作物，冬季空气湿度整体下降、空气干燥、温湿度均低于夏季，不利于叶部病害的发生和流行（巩晨等，2017；李其晟，2018）。我国金沙江、澜沧江、元江等河谷流域由于特殊的地形地貌形成了众多的干旱河谷区域，这些区域独特的温度、光照和土壤特征适宜作物的优质生产，尤其是干旱的生境特征不适宜作物病害发生流行。例如，金沙江和澜沧江上游干旱河谷区适宜优质葡萄种植，且葡萄病害发生程度轻。利用干旱河谷少雨生境特征结合宽行栽培、高位挂果等栽培措施，葡萄主要病害的防控效果均在90%以上，农药使用量减少60%以上（鲁荣定主等，2017）。由于作物品质优、病虫害发生程度轻，干旱河谷区已经成为我国优质农产品生产的代表性区域（鲍文，2011）。

4. 利用林下生境防控阴生植物病害

阴生植物，尤其是药用植物，原种植于森林植被的下层，喜阴凉潮湿的生境。然而，现代农业采用不适宜药用植物生长的栽培方式生产，导致了药材高产低质、农残重金属超标、连作障碍等问题。利用林下富含有机质和微生物的土壤及林下光、温、水等环境条件与阴生植物的生长需求相耦合的原理开展种植，创造适宜阴生植物健康生长的生境，可有效减少病害的发生（Ye et al.，2019）。利用林下生境开展阴生作物生产，既能解决农田非粮化的问题，又能解决作物品质和安全性问题。

（二）改变传统种植节令，提前、推后播种，避病增产

根据我国西南山区气候条件，改变沿袭了数百年的马铃薯、玉米、小麦、大麦、蚕豆等作物传统播种节令，提前或推后播种，既能满足作物生长发育的光、热、水需求，又能使作物病害发生高峰避开降雨高峰，避雨避病增产。

1. 马铃薯提前、推后播种避雨避病田间试验

1998～2005年云南农业大学研究团队在云南昭通邓子村、鲁甸砚池村、昭阳静安、会泽矿山、宣威板桥、陆良小百户等地进行了多年多点同田小区试验。提前播种试验处理比传统播种节令提前两个月，播种时间从5月上旬提前到3月上旬。推后播种试验处理比传统播种节令推后两个月，播种时间从5月上旬推后至7月上旬。提前、推后两组试验对照均为马铃薯传统播种时间5月上旬。多年多点试验结果表明，与对照相比，提前播种处理的两个品种马铃薯晚疫病病情指数平均降低了50.7%，平均增产幅度为18.51%，其中'会-2'病情指数降低了52.1%，增产幅度为17.15%，'合作88'病情指数降低了49.3%，增产幅度为18.87%，品种间差异不明显。与对照相比，推后播种处理的两个品种马铃薯晚疫病病情指数平均降低了43.82%，平均增产幅度为11.65%，其中'会-2'病情指数降低了40.15%，增产幅度为8.93%，'合作88'病情指数降低了45.38%，增产幅度为14.37%。研究发现，马铃薯晚疫病的发生流行与雨水密切相关，马铃薯提前种植试验处理是3月上旬播种7月上旬收获，避开了7～9月的降雨高峰。提前种植与对照相比避开阴雨日58%，避雨避病效果显著。马铃薯推后试验处理是7月

上旬播种 11 月上旬收获, 9 月降雨高峰过后, 马铃薯现蕾开花, 马铃薯晚疫病发生流行期躲过降雨高峰, 推后种植与对照相比避开阴雨日 47%, 避雨避病效果显著。提前或推后试验处理马铃薯产量均比对照增加, 避雨避病是增产的主要原因之一 (He et al., 2010; 巩晨等, 2017)。

2. 玉米提前、推后播种避雨避病田间试验

1999～2005 年云南农业大学研究团队在红河弥勒、石屏, 楚雄东华, 昭通昭阳, 曲靖会泽、宣威、陆良等地进行了多年多点同田小区试验。玉米提前播种试验处理比传统播种节令提前两个月, 播种时间从 5 月上旬提前到 3 月上旬, 该处理采用集中育苗 4 月底带土移栽方法进行。推后播种试验处理比传统播种节令推后两个月, 播种时间从 5 月上旬推后至 7 月上旬。提前、推后两组试验对照均为玉米传统播种时间 5 月上旬。多年多点试验结果表明, 与对照相比, 提前播种处理的两个品种的玉米大斑病、小斑病发病时间平均推迟 32 天, 病情指数平均降低 17.58%, 平均增产幅度为 22.15%, 其中 '宣黄单-2' 推迟发病 38 天, 病情指数降低 21.45%, 增产幅度为 19.08%, '会单-4' 推迟发病 26 天, 病情指数降低 13.71%, 增产幅度为 25.22%。与对照相比, 推后播种处理的两个品种的玉米大斑病、小斑病发病时间平均推迟 14 天, 病情指数平均降低 13.78%, 平均增产幅度为 7.16%, 其中 '宣黄单-2' 推迟发病 17 天, 病情指数降低 15.51%, 增产幅度为 8.23%, '会单-4' 推迟发病 11 天, 病情指数降低 12.05%, 增产幅度为 6.09%。玉米提前试验处理为 3 月上旬播种育苗, 4 月下旬移栽, 8 月收获。与对照相比, 玉米生育期提前近两个月, 发病高峰避开降雨高峰, 推迟了玉米大斑病、小斑病的发病时间。推后试验处理为 7 月上旬播种, 11 月中旬收获, 7～9 月降雨高峰期正值玉米生长旺期, 玉米抗性强、发病少, 玉米生长后期发病高峰期错过降雨高峰, 起到了较好的避雨避病效果。提前或推后播种试验处理的玉米产量均比对照增加, 尤其是提前播种增幅较大, 避雨后玉米大斑病、小斑病危害减轻是增产的主要原因之一 (Li et al., 2009; He et al., 2010)。

3. 蚕豆、小麦、大麦等作物提前和推后播种田间试验

1998～2004 年云南农业大学研究团队在玉溪易门、研和, 红河泸西、弥勒, 保山隆阳、施甸等地进行了多年多点同田小区试验。蚕豆、小麦和大麦提前播种试验处理比传统播种节令提前 15 天, 蚕豆播种时间从 10 月中旬提前到 9 月下旬, 小麦和大麦播种时间从 10 月下旬提前至 10 月上旬。推后播种试验处理比传统播种节令推后 20 天, 蚕豆播种时间从 10 月中旬推后至 11 月上旬, 小麦和大麦播种时间从 10 月下旬推后至 11 月中旬。提前、推后三组试验对照均为传统播种时间: 蚕豆为 10 月中旬, 大麦、小麦为 10 月下旬。多年多点试验结果表明, 与对照相比, 提前播种处理的蚕豆褐斑病病情指数平均降低 6.34%, 平均增产幅度为 11.83%; 小麦条锈病病情指数平均降低 3.69%, 平均增产幅度为 5.12%; 大麦锈病病情指数平均降低 4.86%, 平均增产幅度为 4.15%。与对照相比, 推后播种处理的蚕豆褐斑病病情指数平均增加 2.11%, 平均减产幅度为 5.38%; 小麦条锈病病情指数平均降低 3.81%, 平均减产幅度为 2.55%; 大麦锈病病情指数平均降低 7.35%，平均增产幅度为 2.42%。研究发现，蚕豆、小麦和大麦提前播种试验处理与对照相比，主要病害的平均病情指数均不同程度降低，平均产量均有增加，其主要原因是西南地区冬季干旱，夏季多雨，提前播种作物充分利用了土壤水肥条件，出苗齐，生长势好，抗性增强，病害减少。蚕豆、小麦和大麦推后播种试验处理与对照相比，主要病害病情指数和产量均无明显差异，尤其是小麦推后播种不仅降低了产量，而且影响下一茬作物的播种（Li et al.，2009；Sharma and Dubin，1996；He et al.，2010）。

此外，还进行了大豆、红薯、花生、魔芋和青稞等作物提前与推后播种的田间试验，其中花生、青稞和魔芋提前播种效果较好，大豆推后播种效果较好，红薯提前、推后播种效果均不显著。

第四节　农业生物多样性控制作物病害的病原菌稀释和物理阻隔原理

国内外大量的研究证实，作物多样性种植条件下病害的发生程度轻于单一作物种植模式。Brophy 和 Mundt（1991）报道了种植具有遗传多样性的小麦不同品种，对小麦叶斑病、条锈病均有明显的抑制作用。Sharma 和 Dubin（1996）报道了不同小麦品种混栽对小麦根腐病（病原菌为 *Bipolaris sorokiniana*）控制的研究结果，混栽的病程曲线图面积指数（AUDPC）显著低于单一品种种植模式均值 9%～57%。Li 等（2009）报道了作物多样性优化配置调控病害的研究结果，玉米-马铃薯条带套种与单作对照相比，马铃薯晚疫病和玉米大斑病病情指数分别降低了 39% 和 17%，减少农药使用量 52%，产生了良好的生态防治效果。不同作物的病害不同，不同作物合理搭配形成的条带群落，互为病害蔓延的物理障碍，从而可阻隔病害传播。

一、遗传多样性对病原菌孢子稀释、阻隔原理

对不同种群结构的稻瘟病菌孢子分布研究发现，不同水稻种群结构中的稻瘟病菌的孢子分布不同。在不同行比及种群结构下所捕捉到的孢子数不同，在净栽糯稻的不同生育期所捕捉到的孢子数都最多，而不同时期捕捉到的孢子总量均随着杂交稻行数和种群结构的增加而逐渐减少，这与田间发病情况相一致。

在同一种群结构下，在不同调查位置的高度所捕捉到的孢子数亦有所不同。在 160 cm、110 cm、60 cm 三个高度中，以在 60 cm 高度所捕捉到的孢子数最多，110 cm 高度所捕捉到的孢子数次之，160 cm 高度所捕捉到的孢子数最少。

上述研究情况说明，稻瘟病菌孢子的空间分布与混合间栽的种群结构有一定的关系，在同一高度所捕捉到的孢子数均随杂交稻行比的增加而减少。而在相应的田块中病害的发生也表现出相应的规律，即随杂交稻行比的增加稻瘟病的发生逐渐减轻，说明两者之间有一定的相关性。一方面，由于混合间栽控制了病害的发生，减缓了病害流行速度，使得产生孢子的病原菌数量减少，从而呈现出孢子分布的梯度现象。发病较重的种群结构中感病植株产生的孢子数量较多，因而被捕捉到的机会也相应增大；同时，由于孢子的飞散距离有限及抗病植株的空间阻隔作用，杂交稻行比较多的种群结构中的孢子

飞散到健康感病植株上的机会也减少,因而随杂交稻行数的增加,发病率、病情指数均下降;发病率的降低,产生的孢子数量的减少,最终导致所能捕捉到的孢子数越来越少。另一方面,孢子空间飞散传播的有效距离是有限的,混合间栽中,随抗性杂交稻数量的增加,杂交稻植株对病原菌孢子的阻挡作用越来越明显,使飞落到感病糯稻上的孢子逐渐减少,从而使发病减轻,然而,两者的定量关系尚需进一步研究。此外,混合间栽田间微生态条件随行比增加而呈现的规律性变化,对孢子的产生也有一定的影响,如湿度降低不利于孢子产生、空气流速的变化对孢子飞散产生影响等。

在相同的种群结构下,不同高度中以最低的 60 cm 处捕捉到的孢子最多,但所捕捉的稻瘟病菌孢子数量较少。其中原因可能是在 60 cm 高度既能捕捉到附近发病植株上不同发病部位落下的孢子,又能捕捉到外部空间飞来的孢子,而通风较好的高处不同发病部位产生孢子的机会较少,而附近较低发病部位产生的孢子更不易在高处被捕捉到。另外,说明在植株群体中下部,孢子的密度较大,其原因为中下部光照较弱、空气流速较慢、相对湿度较高等因素造成了比冠层顶部更有利的发病条件,使植株中下部发病较严重,从而产生出更多的孢子,而且外部空间飞来的孢子多数最终要沉降到植株中下部。

二、物种多样性优化群落空间稀释病原菌、阻隔病害

根据不同作物发生不同病害的规律,改变单一作物传统种植习惯,实行作物合理搭配条带种植和长期条带轮作。条带轮作可减少土壤病原菌积累和初侵染。不同作物高矮搭配的条带群落,可以互为病害蔓延的障碍,稀释病原菌,阻隔病害传播。

(一)物种多样性田间控病效果

根据不同作物发生不同病害,不同作物合理搭配形成的条带群落,互为病害蔓延的物理障碍,犹如一道道防火墙,减轻病害危害的原理,云南农业大学研究团队于 2002~2006 年在宣威板桥、弥勒虹溪、玉溪红塔和石屏龙朋等地进行了马铃薯与玉米、烟草与玉米、甘蔗与玉米、小麦与蚕豆等作物搭配控制病害同田小区试验。试验结果表明,马铃薯与玉米搭配条带种植处理与对照净种相比,马铃薯晚疫病病情指数平均降低 36.13%,玉米大斑病病情指数平均降低 16.75%;烟草后期与玉米搭配套作处理与对照净种相比,烟草赤星病病情指数与对照无差异,玉米大斑病病情指数平均降低 18.42%;甘蔗前期与玉米搭配条带种植与对照净种相比,甘蔗黄斑病病情指数与对照无差异,玉米大斑病病情指数平均降低 52.71%;小麦与蚕豆搭配条带种植与对照净种相比,蚕豆褐斑病病情指数平均降低 32.55%,小麦条锈病病情指数平均降低 5.43%。2009~2011 年分别在砚山县江那镇和平远镇、丘北县树皮彝族乡三个地区进行玉米与辣椒间作对辣椒疫病严重度影响的田间研究。研究结果表明,与辣椒单作相比,玉米与辣椒间作可提高间作体系的生产力,三年间作系统辣椒疫病严重度分别显著降低了 33.5%±6.6%、49.1%±7.0% 和 46.0%±10.6%(Yang et al.,2014)。作物合理搭配种植能够降低病情指数,但不同搭配效应不同。马铃薯与烟草搭配间作试验表明马铃薯和烟草共患病毒病的病情指数分别增加 36.75% 和 27.31%,造成严重产量损失。因此,只有通过严格的田间试验才能进行

作物合理搭配种植。

（二）物种多样性田间群落结构稀释和阻隔病原菌

病原菌稀释是指针对不同病害不同病原菌，作物合理搭配形成病原菌互不侵染寄主群落，有效地稀释单位面积内病原菌数量。云南农业大学研究团队于 2001～2004 年在宣威虹桥、玉溪红塔和嵩明小街等地进行了玉米与马铃薯、小麦与蚕豆等不同套种比例的病原菌孢子观测试验。观测结果表明，两种作物不同种植比例均明显降低了病原菌孢子数量。与净种对照相比，马铃薯与玉米 1∶1～5∶5 行比种植的单位面积内有效侵染的马铃薯晚疫病菌孢子数量平均降低 53.45%，有效侵染的玉米大斑病菌孢子数量平均降低 40.11%，不同行比间无显著差异；小麦与蚕豆 1∶1～5∶5 行比种植的单位面积有效侵染的小麦条锈病菌孢子数量平均降低 39.35%，蚕豆褐斑病菌孢子数量平均降低 43.21%，不同行比间无显著差异。结果表明合理的作物搭配种植能稀释田间有效侵染病原菌孢子数量。

病原菌阻隔是指针对不同作物不同病害，不同作物合理搭配形成的条带群落，互为病害蔓延的物理障碍，阻隔病害传播。云南农业大学研究团队于 2002～2005 年在曲靖富源、昆明嵩明、保山隆阳等地进行了魔芋与玉米、蚕豆与小麦、蚕豆与大麦条带种植阻隔病害的田间试验观测。观测结果表明，魔芋与玉米条带种植能有效阻隔魔芋软腐病的传播蔓延，与对照净种魔芋相比，发病中心向四周传播病害的速度明显呈梯度降低，从发病中心至向外延伸 2 m、4 m、8 m 和 16 m 的最高发病率分别为 64.51%、46.20%、40.61%、31.15% 和 21.42%，而对照为 62.5%、62.8%、61.5%、62.2% 和 62.3%，最高发病率分别递减−2.01%、26.43%、33.97%、49.92% 和 65.62%；在魔芋与玉米条带种植处理中，玉米大斑病的病情指数比对照平均下降 13.62%，但魔芋阻隔玉米大斑病的效果不明显，最高发病率从发病中心至向外延伸 2 m、4 m、8 m 和 16 m 仅分别递减 1.78%、1.63%、2.82%、3.46% 和 3.25%。蚕豆与小麦条带种植处理与对照净种相比，蚕豆褐斑病病情指数分别递减 2.53%、19.8%、46.6%、55.7% 和 59.7%，在该处理中，蚕豆阻隔小麦条锈病的效果不明显，从发病中心至向外延伸 2 m、4 m、8 m 和 16 m 处，其病情指数仅分别递减 0.05%、0.18%、1.55%、1.32% 和 1.61%。蚕豆与大麦条带种植处理观测结果类似于蚕豆与小麦条带种植处理，蚕豆褐斑病病情指数递减明显，分别递减 1.39%、14.28%、27.21%、35.18% 和 40.05%，蚕豆阻隔大麦锈病的效果不明显。这些结果表明，不同作物合理搭配形成条带群落能有效阻隔病害传播，但病害传播方式不同，阻隔效果不同，试验结果表明其对接触传播或雨水传播（魔芋软腐病）或产孢量小、再侵染少（蚕豆褐斑病）的病害阻隔效果明显，而对借风传播或产孢量大、再侵染多（玉米大斑病、小麦条锈病和大麦锈病）的病害阻隔效果不明显。

（三）条带轮作控制病害发生

条带种植可分为套作、间作和单作等不同栽培方式，不同栽培方式在不同时间在田间形成不同的群落结构，影响病原菌传播侵染和病害发生流行。云南农业大学研究团队于 2001～2004 年在会泽、宣威、陆良、楚雄、玉溪、保山、嵩明等地进行了马铃薯与玉米、玉米与大豆、小麦与蚕豆套作、间作和单作不同条带种植方式的同田对比小区试验。试验结果表明,马铃薯与玉米条带套作与对照单作相比,马铃薯晚疫病和玉米大斑病病情指数分别平均降低 43.37% 和 26.96%;马铃薯与玉米条带间作与对照单作相比,马铃薯晚疫病病情指数平均增加 5.54%,玉米大斑病病情指数平均降低 7.85%。玉米与大豆条带套作与对照单作相比,玉米大斑病和大豆叶斑病(锈病、炭疽病和细菌性斑疹病)病情指数分别平均降低 21.68% 和 19.41%;玉米与大豆条带间作与对照单作相比,玉米大斑病病情指数平均降低 8.12%,但大豆叶斑病病情指数平均增加 4.79%。小麦与蚕豆条带套作与对照单作相比,小麦条锈病和蚕豆褐斑病病情指数分别平均降低 12.75% 和 23.64%;小麦与蚕豆条带间作与对照单作相比,小麦条锈病病情指数平均降低 2.08%,蚕豆褐斑病病情指数平均降低 7.83%。这些结果表明,不同条带种植方式对病害控制效果有显著差异;条带套作的不同处理与对照单作相比,对主要病害均有显著的控制效果;条带间作对大多数病害有控制效果,但差异不显著,个别病害如马铃薯晚疫病在间作处理中,病害发生比对照单作严重。

不同作物带状种植,次年对调轮作,长期形成条带轮作,可减少土壤病原菌积累和初侵染。云南农业大学研究团队于 2004~2006 年在宣威、会泽、富源和玉溪等地进行了魔芋与玉米、马铃薯与玉米、小麦与蚕豆等作物条带轮作田间小区试验。试验结果表明,条带轮作与不轮作对照相比,魔芋软腐病和玉米大斑病病情指数分别平均降低 26.74% 和 7.15%,玉米大斑病和马铃薯晚疫病病情指数分别平均降低 8.06% 和 11.66%,小麦条锈病和蚕豆褐斑病病情指数分别平均降低 5.23% 和 6.12%。这说明条带轮作可有效降低病情指数,减轻病害危害。

第五节　农业生物多样性控制作物病害的化学生态基础

植物化感作用(allelopathy)又称为相生相克、异株克生、他感作用,其最开始的定义是指植物通过向环境释放特定的次生物质从而对邻近的其他植物(含微生物及其自身)生长发育产生有益或有害的影响(Rice,1984)。作物释放的挥发性有机化合物能抑制非寄主病原菌,而其根系分泌的化感物质能改善根际微生态系统平衡,干扰病原菌对寄主的识别并抑制病原菌的生长。本节将探讨利用多样性种植控制病害系统中植物与病原菌之间的化感作用来控制病害的原理。

一、植物挥发物对非寄主病原菌的作用

植物释放的挥发性有机化合物(volatile organic compound,VOC)可作为介导植物与其他生物之间短距离或长距离互作的理想信号分子(Kanchiswamy et al.,2015),其具有多种生态功能,包括影响植物生长、吸引授粉者帮助植物繁衍、抵御逆境胁迫、直接抑菌或诱导抗性、驱避或毒杀昆虫、吸引天敌、帮助自身或邻近作物抵御病害等(Baldwin et al.,2006;Heil and Karban,2010;Kanchiswamy et al.,2015)。例如,拟南芥的花可以通过释放(E)-β-石竹烯直接抑制丁香假单胞菌的生长来保护自身不受侵染

（Huang et al.，2012）；韭菜产生的 VOC 可以抑制香蕉枯萎病病原菌尖孢镰刀菌古巴专化型（*Fusarium oxysporum* f. sp. *cubense*）的生长（Zhang et al.，2013）；番茄叶片释放的 C6 醛类物质能抑制烟草赤星病菌（*Alternaria alternata*）和灰霉病菌（*Botrytis cinerea*）孢子的萌发（Scala et al.，2013）；万寿菊与番茄间作，万寿菊释放的 VOC 可降低番茄早疫病菌（*Alternaria solani*）孢子萌发率（Gómez-Rodríguez et al.，2003）。因此，利用作物释放的 VOC 抑菌活性来减轻邻近作物的病害是一种重要的防御策略，但 VOC 释放后其在田间的浓度受环境的影响很大，VOC 在自然状态下的定量测定及功能评价一直是化学生态学研究领域的难点。

二、植物根际化感物质及其对根际微生物的作用

土壤是各种植物赖以生存的环境，又是微生物良好的生活场所。土壤中的微生物以有机异养型为主，虽然土壤不能为微生物生长提供足够的营养，但是植物的根系可以不断地分泌各种代谢产物，为微生物提供营养（Hooper et al.，2000）。根际微生物（rhizospheric microorganism）是指聚集于根际（植物根系与土壤交界的狭窄区域，一般包围根表面几毫米范围内的区域）、与植物发生相互作用而形成的与根际相关的微生物（钟丽伟等，2022）。根际微生物被认为是植物的第二基因组，在帮助植物获取养分、促进生长及抵御生物胁迫和非生物胁迫过程中发挥着重要作用（Berendsen et al.，2012），尤其是根际有益微生物在帮助植物抵御病害方面起着至关重要的作用，根际有益微生物既能通过产生抗菌化合物、竞争病原菌养分、产生溶菌酶等众多机制直接抑制病原菌的生长，也可以通过诱导植物产生诱导系统抗性（induced systemic resistance，ISR）来增强寄主植物的免疫能力（Lugtenberg et al.，2009；Shoresh et al.，2010；Berendsen et al.，2012）。

自然生态系统中植物种群结构多样性会影响土壤微生物群落的多样性和功能。目前，除了对植物种群结构多样性影响土壤微生物进行植物残体降解和养分循环的功能进行了较为深入的研究（Fei et al.，2022；Lange et al.，2015），还对植物种群结构多样性影响土壤微生物控制病害进行了研究。例如，Latz 等（2012）发现草地植物生物多样性程度增加会使土壤中抑制病原菌生长的拮抗细菌数量增多。在农田生态系统中，作物合理间作或混作均能增加土壤微生物的多样性，减轻病害（Abdel-Monaim and Abo-Elyousr，2012；徐强等，2013；Wu et al.，2014）。

（一）根际微生物结构和功能受到植物根系分泌物的调控

根际和根系表面微生物种群的数量和种类与根系分泌物有直接或间接的相关性。植物根系分泌物（root exudate）是植物在生长过程中通过根的不同部位向基质（土壤、营养液等）、根系环境中释放或分泌的组分复杂的有机物质的总称（吕卫光等，2012）。作物可以通过调节根系分泌物的种类和数量来影响根际微生物的种类、数量、分布、代谢、生长发育等（Marschner et al.，1997；涂书新等，2000）。根系分泌物既能提供微生物生长所需的养分，又能作为信号激活或募集微生物（Huang et al.，2014）。不同的

植物种类、基因型、生长阶段甚至生物胁迫或非生物胁迫均会影响根系分泌物的种类和数量，从而影响微生物个体和群体水平，调控微生物群落结构和功能（Turner et al.，2013；Peiffer et al.，2013）。主要研究进展如下。

1）碳水化合物和氨基酸。植物根系分泌的碳水化合物和氨基酸类物质既能提供微生物生长所需的养分，又能作为信号物质影响微生物向根际聚集。例如，根系分泌的一些糖（果糖、葡萄糖、半乳糖等）和氨基酸类（谷氨酸、色氨酸、鸟氨酸等）能提供微生物生长所需的养分，有的也对根际微生物具有趋化性（Bais et al.，2004；Huang et al.，2014）。根系分泌物中的糖类和碳水化合物吸引菌根真菌与植物建立共生关系（Kiers et al.，2011）。根尖分泌的阿拉伯半乳聚糖蛋白能吸引有益微生物但排斥病原菌向根际聚集（Xie et al.，2012）。

2）酚酸类。植物根系分泌的一些酚酸类物质除了抑制病原菌的生长（Hao et al.，2010；Ling et al.，2011；Gao et al.，2014），还能募集有益微生物在根际定殖。例如，番茄、黄瓜、西瓜等植物根系分泌的苹果酸和柠檬酸对土壤中的枯草芽孢杆菌（*Bacillus subtilis*）、解淀粉芽孢杆菌（*B. amyloliquefaciens*）、多黏类芽孢杆菌（*Paenibacillus polymyxa*）等植物促生根际菌（plant growth promoting rhizobacteria，PGPR）具有明显的趋化活性，并能干扰细菌的群体感应，增强其在根际的定殖能力（Ling et al.，2011；Zhang et al.，2014）。

3）黄酮类。大豆根系分泌的黄酮类化合物（染料木素和大豆苷元）作为信号物质能吸引根瘤菌与豆科植物建立共生关系（Bais et al.，2004）。豆科植物根系分泌物中的黄酮类物质能够诱导根瘤菌对其根的识别、侵染、定殖和结瘤（张琴和张磊，2005）。

4）芳香族化合物。根系分泌物中的芳香族化合物，如香豆素、水杨酸和 4-羟基苯甲酸既能为根际细菌提供养分，又能调节恶臭假单胞菌（*Pseudomonas putida*）在根际的聚集（Rudrappa et al.，2008）。有研究者也观察到植物根系分泌的芳香有机酸（烟酸、莽草酸、水杨酸、肉桂酸和吲哚-3-乙酸）对根际细菌具有趋化作用（Cai et al.，2009）。

5）激素类物质。根系分泌物中的激素类物质也会调控植物与微生物的互作。例如，独脚金内酯能促进菌根菌菌丝的分枝扩展，介导植物与菌根菌共生关系的形成（Besserer et al.，2009）。茉莉酸无论是外源添加还是植株合成均能显著改变土壤微生物的群落结构（Carvalhais et al.，2015）。

6）其他化合物。根系分泌物中的很多其他化合物也能激发或募集微生物，调控根际微生物的群落结构。例如，玉米根系分泌的丁布（DIMBOA）能吸引植物促生根际菌恶臭假单胞菌（*Pseudomonas putida*）和解淀粉芽孢杆菌（*Bacillus amyloliquefaciens*）在其根际定殖（Neal et al.，2012；Fan et al.，2012）。苜蓿、水稻、大豆、花生、番茄等植物根系分泌的与 *N*-酰基高丝氨酸内酯活性类似的化合物能调控细菌的群体感应（Gao et al.，2003；Huang et al.，2014）。上述大量研究表明，不同的植物具有通过根系分泌物募集特定微生物的特性，根系分泌物的特征也影响根际病原菌的种类和数量。研究表明，一些植物根系分泌物可以通过改变根际微生物区系组成，而间接影响病原菌的种类和数量。棉花对黄萎病的抗性与根际真菌和放线菌的数量呈正相关关系，且抗病品种根际微生物多于感病品种，区系组成更为复杂（李洪连等，1999）。一些植物能分泌特定的根系分泌物促进其自身病原菌的定殖和生长，如桑苗根系分泌的氨基酸尤其是精氨酸、赖氨酸、组氨酸等必需氨基酸，可促进真菌孢子的萌发、菌丝的生长和游动孢子的积聚（Liljeroth et al.，1990）。十字花科植物根系分泌的烯丙基异硫氰酸酯能刺激土壤中根肿病菌休眠孢子萌发（Hwang et al.，2015）。近年来，许多研究发现增加作物多样性能通过根系分泌物增加有益拮抗微生物的种类和数量来打破作物单一种植对病原菌的定向选择，降低土壤中病原菌的数量。

（二）非寄主植物间作通过根系分泌物调控根际微生物从而减少病害发生

有研究发现，草地植物生物多样性增加会使土壤中抑制病原菌生长的拮抗细菌数量增多（Latz et al.，2012）。在农田生态系统中，在木薯和花生间作系统中，木薯产生的氰化物可以引发花生根部产生乙烯，并由此改变以放线菌门为核心的花生根际微生物的组成，进而为花生提供更多的养分，促进结种（Chen et al.，2020）。单作和间作栽培模式也会对土壤微生物群落变化产生影响（王明贵等，2022）。玉米和花生间作可增加两种作物根际微生物群落多样性，并且改变革兰氏阳性菌和革兰氏阴性菌在两种作物土壤中所占的比例（Li et al.，2016）。玉米与大豆间作可以增加玉米根际土壤微生物数量，与马铃薯间作能增加玉米根际微生物群落多样性（刘均霞等，2007；覃潇敏等，2015）。大蒜与辣椒轮作使辣椒根际微生物组成由真菌型向细菌型转变（董宇飞等，2019）。

越来越多的研究表明，非寄主植物的根系分泌物在抑制病原菌方面发挥着重要的作用。西瓜和旱稻间作可以缓解西瓜枯萎病的发生，旱稻的根系分泌物对引起西瓜枯萎病的尖孢镰刀菌（*Fusarium oxysporum*）具有抑制孢子萌发和降低产孢量的作用（Hao et al.，2010）。Ding 等（2015）研究表明，玉米和辣椒间作体系中，玉米根系形成特有的"根墙"可以阻隔辣椒疫霉在田间行间的传播，且玉米根系分泌物苯并噁嗪类（benzoxazinoids，Bxs）化合物丁布（DIMBOA）及其降解产物门布（MBOA）能抑制辣椒疫霉游动孢子的释放、游动、休止、萌发等侵染过程，并能裂解休止孢。与化感物质直接抑制病原菌不同的是，间作涉及的某些机制需要植物免疫应答的参与。有研究表明，在小麦和西瓜间作体系中，小麦根系分泌物和土壤微生物在诱导西瓜对尖孢镰刀菌的抗性方面发挥了关键作用（Li et al.，2019）。此外，在玉米和辣椒间作体系中，源自辣椒的物质（如辣椒疫霉、健康和感病的辣椒根系分泌物）均能诱导玉米根系和叶部 Bxs 类防御物质的合成及激素代谢途径相关基因的表达，并增强玉米叶部对小斑病的抵抗能力（Yang et al.，2014；Ding et al.，2015）。

（三）作物受到胁迫会通过改变根系分泌物来募集有益微生物帮助自身抵御危害

植物根系分泌物的种类和含量受到生物因子（植物、根际微生物、病原菌、昆虫等）和非生物因子（养分、水分、干旱、高温等）的调控（Berendsen et al.，2012；Zhu et al.，2016）。植物遭受非生物逆境胁迫后根系分泌物会发生改变（Sasse et al.，2018）。例如，玉米在缺磷、缺铁、缺氮或缺钾的条件下，玉米根系分泌的氨基酸、糖类和有机酸的含量会发生变化（Carvalhais et al.，2013）。在氮肥过量使用的情况下会通过调控根系分泌物来改变根际固氮相关微生物的组成，影响植物对氮肥的利用率（Zhu et al.，2016）。在缺磷情况下，拟南芥根系会增加香豆素和低聚木素的分泌（Ziegler et al.，2016）。这些改变的根系分泌物会进一步影响根际微生物的结构和功能（Zhalnina et al.，2018；Stringlis et al.，2018）。在高温条件下，植物碳能更快地分配到根系，对丛枝菌根真菌的菌丝生长和定殖产生积极影响（Compant et al.，2010）。植物受到病原菌侵染或害虫危害后会通过改变根系分泌物来募集有益微生物来帮助自己抵御危害。例如，当小麦、甜菜等作物受到根部病原菌的侵染后会从土壤中募集有益微生物形成抑菌土壤使病害自然消退（Sanguin et al.，2009；Mendes et al.，2011）。拟南芥叶部受到丁香假单胞杆菌番茄致病变种（*Pseudomonas syringae* pv. *tomato*）（Pst DC3000）侵染后能诱导根部分泌更多的苹果酸来促进生防菌枯草芽孢杆菌（*Bacillus subtilis*）在根际的定殖并诱发植物的 ISR（Rudrappa et al.，2008）。柑橘受到黄龙病菌、棉花受到黄萎病菌侵染后，植株根际微生物的结构发生显著改变，植物抗病能力增强（Zhang et al.，2011；Trivedi et al.，2012）。辣椒被粉虱或蚜虫取食后，其能积累更多根际有益微生物来抑制根部病原菌 *Ralstonia solanacearum*（Yang et al.，2011；Lee et al.，2012）。根系分泌物除了能募集有益微生物，还能促进微生物中抗菌物质的合成。例如，荧光假单胞菌（*Pseudomonas fluorescens*）中抗菌化合物 2,4-二乙酰基间苯三酚和藤黄绿脓菌素的合成关键基因 *phlA* 和 *pltA* 的表达能被来源于植物的 40 多种物质诱导（de Werra et al.，2011）。大麦受到 *Pythium ultimum* 或 *Fusarium graminearum* 侵染后能通过根系分泌更多的酚酸类物质来募集更多的荧光假单胞菌 CHA0 在根际定殖，并诱导菌株中抗菌化合物合成基因 *phlA* 和 *pltA* 的表达（Jousset et al.，2011）。上述研究表明，无论植物受到病原菌的侵染还是昆虫的取食，均能通过根系分泌物的变化来募集或激活有益微生物，帮助自身抵御病害。

因此，不同植物都能利用其自身独特的根系分泌物特征，影响根际有益微生物和病原菌的区系组成和比例。长期单一种植一种作物，前茬根系分泌物和植株残茬为病原菌提供了丰富的养分、寄主条件和良好的生长繁殖条件，使得病原菌数量不断增加，拮抗菌不断减少，病害发生日益加重。合理地增加作物多样性，进行作物的轮作或间作，甚至逆境胁迫，均可以通过根系分泌物的变化，改善根际微生物群落结构，增加根际有益微生物的种类和数量，稳定土壤微生物群落结构并提高其功能，改善作物根系微生态系统平衡，从而抑制病原菌的生长和繁殖（Kennedy and Smith，1995；Janvier et al.，2007）。

三、作物多样性种植通过根系分泌物干扰病原菌对寄主的识别

作物根系分泌的化感物质可改善根际微生态系统平衡，干扰病原菌对寄主的识别并抑制病原菌的生长，这也是控制病害的主要原因。植物生存的环境中存在着大量影响其生长和繁殖的病原菌。从病害三角来看，植物病原菌一般具有特定的寄主范围，对不同的寄主有不同的致病性。同时，植物对病原菌的抗性主要分为寄主抗性和非寄主抗性两种。植物仅对个别病原菌产生感病反应，而对绝大多数的其他病原菌具有抗性，这就是所谓的非寄主抗性（non-host resistance）（隋新霞等，2014），非寄主抗性能使植物免

受绝大多数潜在病原菌的危害。同时，病原菌不仅会被寄主植物根系及根系分泌物吸引，对很多非寄主植物也会表现出趋化性。如果将寄主和非寄主搭配种植，即作物多样性种植，则非寄主植物根系可以吸引疫霉的游动孢子，促使其快速休止，抑制休止孢的萌发甚至使其裂解丧失侵染能力，这种互作现象被命名为"吸引-杀死"模式，许多互作（大蒜/玉米/茴香/油菜-辣椒疫霉/烟草疫霉/大豆疫霉）都是此种模式，这可能是多样性种植控制土传病害的重要机制（Yang et al.，2014，2022；Fang et al.，2016；Zhang et al.，2020）。

根际微环境是植物与土壤交流沟通的桥梁，植物根系是根际的主要调控者，根构型和根系分泌物种类、数量的改变均可对根际微生物及其结构产生影响（陈智裕等，2017）。根系分泌物是作物在生长过程中通过根的不同部位向生长基质中释放的一组种类繁多、可为根际土壤微生物和土传病原菌提供营养源的物质（吴林坤等，2014）。在复杂的土壤环境中，微生物能否感应特殊的植物信号是其识别寄主随后定殖的关键（Bais et al.，2006）。病原菌对植物根系分泌物的趋化性是识别寄主的重要方式（Lugtenberg et al.，2001，2002；de Weert et al.，2002；Bais et al.，2004）。例如，主要靠游动孢子随水流传播的疫霉通常对植物根系分泌的乙醇、一系列糖和氨基酸具有趋化效应（Morris et al.，1998）。一些疫霉还对特殊的植物信号分子具有趋化性。大豆疫霉（*Phytophthora sojae*）的游动孢子能够特异地趋向于大豆根系分泌的大豆苷元异黄酮和三羟基异黄酮（Morris et al.，1998）。

Morris 和 Ward（1992）曾提出一个设想，由于大豆疫霉将大豆苷元异黄酮和三羟基异黄酮作为信号识别大豆寄主，若改造或新鉴定出能将大豆苷元异黄酮或三羟基异黄酮释放到土壤中的非寄主豆类植物，就可将其作为诱饵作物，大大减少大豆疫霉的土壤种群数量。目前的研究已经发现，很多非寄主植物也能分泌相同的趋化物质吸引疫霉游动孢子的聚集（Morris et al.，1998）。利用玉米和辣椒间作能限制辣椒疫病在行间的扩展（孙雁等，2006）。更加细致的玉米根系与辣椒疫霉（*P. capsici*）游动孢子互作的试验表明，辣椒疫霉游动孢子除了能完成对辣椒根系的识别和侵染，对玉米根系分泌物也具有强烈的趋化效应。玉米和辣椒间作后，玉米根系吸引了大量的辣椒疫霉游动孢子，从而稀释了辣椒根际游动孢子的数量，并能阻隔游动孢子在辣椒间的传播，因此有效地控制了辣椒疫病的传播（Yang et al.，2014）。类似的现象在玉米根系-大豆疫霉（Zhang et al.，2020）、油菜根系-烟草疫霉（Fang et al.，2016）、茴香根系-辣椒疫霉（Yang et al.，2022）中也有发现。

除了卵菌外，在其他类型的病原菌中也发现了能够与非寄主植物分泌的趋化物质互作的现象（Lugtenberg et al.，2002；Bais et al.，2004）。王从丽等（2019）研究了大豆胞囊线虫（窄寄主）和根结线虫（广寄主）对三种不同寄主特性的植物（大豆、辣椒和万寿菊）的三种组织材料（植物活体根尖、根的提取液及根的渗出液）的趋化性，结果表明三种植物的活体根尖能够吸引广寄主的根结线虫，而只有大豆吸引窄寄主的大豆胞囊线虫，说明了线虫对寄主的特异性识别；然而根的提取物和渗出液对大豆胞囊线虫有很强的吸引能力，但对根结线虫是排斥的，说明植物根的提取物和渗出液的组分与活体根相比已经发生了改变。

根系分泌物成分很复杂，除了病原菌趋化的信号物质外，其还有很多重要的成分，这些成分同样对病原菌的侵染有极大的影响。'云麦42'和'云麦47'两个小麦品种与蚕豆间作通过增加有机酸含量，从而提高了根际微生物活性和多样性，促进了根际微生物利用更多的碳源，同时'云麦42'和'云麦47'与蚕豆间作抑制了蚕豆根系氨基酸和总糖的分泌，最终控制了蚕豆枯萎病的发生（杨智仙等，2014）。还有研究发现，豆科植物可以作为陷阱植物防治芸薹根肿菌（*Plasmodiophora brassicae*）。其中的一个机制就是非寄主植物（大豆、豌豆和三叶草）的根系分泌物可以刺激根肿菌休眠孢子萌发，消耗休眠孢子，当轮作陷阱植物后可以减少土壤中根肿菌含量（唐林，2016）。万寿菊是公认的抗线虫的良好材料。万寿菊的根系分泌物对土壤线虫有较为广谱的抑制作用，万寿菊与烟草轮作可以通过降低土壤中优势的植物线虫数量来减轻烟草线虫病害，提高烟草产量（吴文涛等，2019）。

选用根系对病原菌同时具备趋化和杀菌活性的植物来进行间作、套作和轮作能够有效抑制田间病害尤其是土传病害的发生和传播，同时还能够减少农药的使用，这可能是一条极具潜力的绿色防病道路。深入研究非寄主植物根系分泌物的抑菌功能，对合理选择搭配作物、充分利用不同作物的化感效应差异、减少病害发生、提高作物产量、减少农药使用、实现农业可持续发展具有重要的理论价值与实践指导意义。

四、作物多样性种植通过根系分泌物抑制非寄主病原菌

植物在生长过程中会持续地接触不同的病原菌。在植物与病原菌的长期协同进化过程中，植物已建立起一系列抗病防御屏障。植物产生次生代谢物质抵御微生物的侵染是植物抗病防卫屏障中的重要部分（Bais et al.，2006；Iriti and Faoro，2009；Bednarek and Osbourn，2009）。根据产生时期不同，植物产生的抗菌次生代谢产物可以分为植物组成型表达的天然抗菌物质（phytoanticipin）和生物因素或非生物因素诱导表达的植保素（phytoalexin）两大类（Van Etten et al.，2001）。植物根系能在病原菌长期持续侵袭下生存也依赖于根系分泌的抗菌物质来进行"地下化学防卫战"（Bais et al.，2004，2006）。已有的研究表明，很多植物根系具有分泌抗菌物质抵御根际病原菌侵染的特性。例如，罗勒多毛状根分泌的迷迭香酸对多种土壤微生物有抑制活性（Walker et al.，2004）。紫草毛状根分泌的萘醌对土壤中多种微生物有抑制活性（Brigham et al.，1999）。常见作物番茄、黄瓜、菜豆、豌豆、鹰嘴豆、大麦、烟草、玉米和辣椒等根系分泌物中也含有具有抑菌活性的酚类、黄酮类及其他化合物（Steinberg et al.，1999；Park et al.，2004；Steinkellner et al.，2005）。利用作物分泌抗菌物质的特性进行作物多样性间作或轮作也是控制作物土传病害的有效措施。Gómez-Rodríguez等（2003）报道万寿菊与番茄间作后万寿菊释放的化感物质可降低番茄枯萎病菌孢子萌发率。Ren等（2008）研究表明，水稻和西瓜间作，水稻根系分泌物可以抑制西瓜枯萎病菌孢子萌发和菌丝生长。Park等（2004）研究表明，玉米根系可以分泌两种抗菌化合物(6*R*)-7,8-二氢-3-氧代-α-紫罗兰酮和(6*R*,9*R*)-7,8-二氢-3-氧代-α-紫罗兰醇而抑制茄子枯萎病菌的生长。玉米根系组织中产生和分泌的门布和苯并噻唑能显著抑制辣椒疫霉和大豆疫霉游动孢子的游动、休止孢的萌发和菌丝的生长（Yang et al.，2014；张贺等，2019）。玉米根系分泌物中的肉桂酸对

大豆疫霉游动孢子具有明显的趋化和抑制活性（Zhang et al.，2020）。另有研究表明，大蒜和辣椒间作可以限制辣椒疫病跨过大蒜进行传播，其原理是大蒜根系分泌物中的抗菌物质能使靠近大蒜根际的辣椒疫霉游动孢子迅速休止并裂解，使其失去侵染能力，从而有效地控制辣椒疫病。生产实践也表明，葱属作物（蒜、葱、韭菜等）与其他作物间作或轮作对镰刀菌、丝核菌、根肿菌、疫霉等土传病原菌引起的根部病害具有较好的防治效果。例如，栽培葱、蒜类后，种植大白菜可以减轻白菜软腐病。前茬是洋葱、蒜、葱等作物，马铃薯晚疫病和辣椒疫病的发生较轻（Nazir et al.，2002；金扬秀等，2003；Kassa and Sommartya，2006；Zewde et al.，2007）。

间作系统中非寄主作物的根系分泌物一方面直接抑制非寄主病原菌，另一方面能通过提高寄主作物的抗性而抵御病原菌的侵染。Gao 等（2014）研究发现，玉米和大豆间作，除了玉米和大豆分泌的肉桂酸能显著抑制大豆红冠腐病病原菌的生长，还提高了大豆重要防御相关基因的表达和相应酶的活性。小麦或水稻与西瓜间作降低了西瓜枯萎病的发病率，除水稻根系分泌的对香豆酸和小麦根系分泌的香豆酸可显著抑制病原菌孢子的萌发、病原菌产孢和生长外，还可使西瓜根中抗病应答基因的表达上调（Ren et al.，2016；Lv et al.，2018）。茼蒿根系分泌的月桂酸通过改变线虫 *Mi-flp-18* 基因的表达而干扰线虫对番茄的趋化和侵染，低浓度时可以吸引并杀死线虫，高浓度时可以驱逐线虫（Dong et al.，2014）。洋葱与番茄间作，除洋葱的根系分泌物可抑制番茄黄萎病菌的生长外，番茄中病程相关蛋白、木质素生物合成、激素代谢和信号转导相关的抗病基因的表达量也明显提高（Fu et al.，2015）。综上所述，合理地利用不同作物根系分泌的化感物质对根际微生物群落、病原菌识别和定殖的影响及抑菌作用等进行多样性种植，改善作物根系微生态系统平衡，是减少土传病害的有效措施。

五、作物多样性种植通过残体降解物抑制非寄主病原菌

利用一种作物的残体降解物控制另外一种作物的土传病害是一种重要的生物防治策略。早期 Angus 等（1994）将甘蓝和芥末等植物的粉碎物残体施入土壤中，用于防治小麦全蚀病，并将这种方法称为生物熏蒸。Weerakoon 等（2012）用芥菜种子糠改良土壤，建立了一种"生物介导"的长期抑制病原菌积累的策略，该策略能有效控制作物根腐病的发生。Civieta-Bermejo 等（2021）将甘蓝残余叶和茎施入土壤中可有效降低番茄枯萎病的发生率。将西蓝花残体施入土壤能有效降低土壤中大丽轮枝菌（*Verticillium dahliae*）和立枯丝核菌（*Rhizoctonia solani*）的数量（Guerrero et al.，2019；赵卫松等，2019）。在高度感染香蕉枯萎病菌的土壤中添加菠萝残体可显著减少土壤中病原体的数量（Yuan et al.，2021）。此外，萝卜和水稻的植物残体、大蒜和月桂叶残体对根结线虫表现出较好的抑制效果（Peiris，2021），其主要机制是植物残体释放的降解产物对病原菌有抑制活性（Raaijmakers et al.，2009）。以十字花科植物为例，植物液泡中存在硫代葡萄糖苷，组织损伤会触发存在于韧皮部薄壁组织或气孔中的芥子酶水解硫代葡萄糖苷，释放出具有防御活性的异硫氰酸盐（isothiocyanate，ITC）来抵御昆虫、病原菌的侵袭（Bednarek et al.，2009；Chen et al.，2020）。ITC 具有很强的抑菌活性，可通过降

低细胞内谷胱甘肽含量使细胞活性氧过量积累（Li et al.，2020；Liu et al.，2021），从而造成 DNA 损伤（Murata et al.，2000），破坏蛋白质的二硫键而影响蛋白质的结构（Kawakishi and Kaneko，1987），进而抑制病原菌的生长。由于 ITC 具有很强的挥发性和抑菌特性，以 ITC 为主要成分的土壤熏蒸剂产品已在国内外进行登记，主要用于防治线虫及根腐病等病害（李迎宾等，2018）。因此，利用作物轮作或间作中残体降解释放的抗菌物质减轻病害也是多样性种植控病的重要手段。

第六节　农业生物多样性调控作物营养抑制病害发生的原理

作物养分状况决定了植物健康状况，从而影响作物对病原菌侵染的抵御能力，最终决定作物的抗病能力。间作套种等多样性种植能够改善作物对养分的吸收利用状况，改善作物矿质养分的状况，从而提高作物抗病能力（Boudreau，2013；Gaba et al.，2015；Zhou et al.，2015；朱锦惠等，2017）。

一、作物多样性种植通过改善作物大量元素吸收防控病害

作物多样性种植可通过强化作物地下部种间补偿效应及充分发挥豆科作物固氮特性增加作物地上部对氮的高效吸收与利用，进而显著改善作物的氮营养，对病害产生防控效应。蚕豆、玉米间作，禾本科作物玉米可通过根系分泌物刺激强化与其相邻生长的豆科作物蚕豆根系进一步结瘤固氮，促进间作体系氮利用（Li et al.，2016）。高施氮情况下，单作小麦叶片中氮含量过高而显著增加条锈病的发病率和严重度，而小麦与蚕豆间作则缓解了小麦条锈病的发生及危害（肖靖秀等，2006；陈远学等，2013）。在低氮处理下，防控效果最佳（Luo et al.，2021）。已有研究显示，植物体氮含量与专性寄生菌对寄主的侵染程度也呈正相关关系（Dordas，2008），过多地施用氮肥提高了作物茎叶中的氮含量，作物更容易被病原菌侵染（Chen et al.，2007），而间作在提高小麦氮吸收利用率的同时还加快了对氮素的同化，降低了高氮条件下小麦叶片中低分子量的游离氨基酸及可溶性糖含量，减少了对病原菌的营养供应，从而实现了对病害的有效防控（苏海鹏等，2006）。

磷是构成植物体内核糖核酸（RNA）的重要物质，是植物体能量传递、蛋白质代谢等生理生化过程顺利进行的必需元素（Prabhu et al.，2007）。小麦立枯病、蚕豆根腐病、马铃薯赤霉病、花生锈病、水稻白叶枯病及大豆茎枯病等均是由缺磷引起的（Kirkegaard et al.，1999；Mousa and El-Sayed，2016；Gupta et al.，2017）。磷对作物病害影响的可能机制是：①直接影响病原菌的增殖、发育和生存；②直接影响植物代谢，进而影响病原菌的食物供应；③通过影响植物防御和气孔的功能进而影响病原菌在植物体中的繁殖和传播（Walters and Bingham，2007）。间作套种等作物多样性体系，磷活化能力强的作物物种能促进作物体系对土壤磷的高效利用，改善作物的磷营养。例如，蚕豆、玉米间作，蚕豆根系通过分泌有机酸、质子或酸性磷酸酶活化土壤中的难溶性磷，改善相邻玉米的磷营养状况（Li et al.，2007）。豆科作物与禾本科作物轮作则能够增加土壤磷的

生物有效性,提高作物体系的磷获取效率,改善后茬作物磷营养状况(胡怡凡等,2021)。因此,在多样性种植体系中,不同作物根系互作,改善了磷获取能力较弱作物的磷营养状况,在很大程度上有利于缓解由作物磷缺乏所导致的作物病害。

钾含量高低会影响植株对非生物胁迫和生物胁迫的抗性。作物体内适当的钾浓度可以提高作物的产量,增强作物对病原体的抗性(Marschner,1995;Wang et al.,2013;Verma et al.,2017),促进蛋白质、糖和淀粉的合成及运输,减少病原菌所需的碳源和氮源来提高作物抗病性(张福锁,1993),提高作物组织中酚类物质的含量和多酚氧化酶(PPO)的活性,抑制病原菌产生的细胞壁降解酶的活性(Boustani,2001;Wang et al.,2013;朱锦惠等,2017)。缺钾则会导致植物细胞壁变薄,加速叶片中糖分与氮过度积累(Graham,1983),导致植物气孔调节出现障碍(Zörb et al.,2014),大幅度增加植物感病风险。Perrenoud(1990)对以往 2449 篇参考文献进行综合分析发现,添加钾可显著降低植物真菌病害发生率约 70%,细菌病害发生率约 69%,病毒病害发生率约41%,昆虫和螨虫发生率约 63%。适量施钾可以有效抑制马铃薯晚疫病、干腐病、白粉病和早疫病(Marschner,1995)。作物多样性种植可通过作物种间的促进作用改善钾营养状况。例如,将小麦与蚕豆间作可显著提高小麦的钾吸收量,有利于缓解小麦白粉病的发生(肖靖秀等,2006),同时提高与小麦间作的蚕豆叶片钾含量,降低蚕豆赤斑病病情指数(周桂凤等,2005)。另外,相比于单作,合理的钾肥用量可促使玉米与大豆间作体系生产力显著提升,玉米光合能力增强,起到改善植物健康的作用(Ahmed et al.,2021)。

二、作物多样性种植通过改善作物微量元素吸收防控病害

多样性种植可通过某些根际过程强烈的根系分泌物活化根际土壤中难溶性的微量元素,改善作物组织中锌(Zn)、锰(Mn)、铁(Fe)和铜(Cu)等微量元素的浓度(Li et al.,2014),从而控制作物病害。

一项连续 4 年针对玉米与豆科作物(豌豆、蚕豆、鹰嘴豆和大豆)间作及玉米与非豆科作物(小麦和油菜)间作的研究表明,玉米与豆科作物间作相比于玉米与非豆科作物间作,可显著降低玉米叶锈病病情指数,且玉米与豆科作物间作后,玉米叶片锌浓度显著高于玉米与非豆科作物间作(武进普,2020)。锌可对植株体内的病原体产生毒性作用,进而增强作物的抗病性(Dordas,2008;Cabot et al.,2019)。锌参与了植株体内蛋白质和淀粉的合成,低锌浓度会引起植物组织中氨基酸和还原糖的合成受阻(Horst,1992),适当的锌浓度可提高小麦植株体内各种生理酶的活性,有效控制小麦叶锈病的发生(Tohamey and Ebrahim,2015)。

研究发现,间作套种系统中作物种间及种内根系互作有助于活化土壤中难溶性的锰氧化物而提高土壤中有效锰含量,促进作物对锰的吸收利用。小麦与蚕豆间作系统中,小麦根系通过分泌麦根酸来螯合锰离子而提高蚕豆根际土壤中锰的有效性,促进蚕豆对锰的吸收,提高蚕豆叶片中锰的浓度,进而降低蚕豆赤斑病病情指数(鲁耀等,2010)。也有研究表明,锰一方面通过本身的毒性来直接调控植物病原菌生长;另一方面通过促

进植物木质素和酚类物质的生物合成、抑制氨肽酶（为真菌生长提供氨基酸）及果胶酯酶（降解寄主细胞壁）的活性，进而在病害防控中发挥重要作用（Dordas，2008）。

铁（Fe）是大多数生物体和病原体所需的基本微量元素（Kieu et al.，2012；Aznar and Dellagi，2015），宿主可能利用铁增加局部氧化应激来抵御病原体（Dordas，2008）。研究发现，禾本科作物与豆科作物间作后，禾本科作物对土壤中铁的吸收利用由于种间促进作用显著优于单作禾本科作物（Xue et al.，2016）。而植物体内的铁可以控制或抑制小麦叶锈病及黑穗病等多种病害的发生（Graham，1983）。

铜（Cu）是植物体中许多酶（如多酚氧化酶、吲哚乙酸氧化酶、细胞色素氧化酶等）的组成元素，对植物体内木质素的合成具有重要作用，木质素可赋予细胞壁一定的强度和韧性（Martin and Marschner，1988；Marschner，1995；Broadley et al.，2012）。如果植株体铜营养匮乏，则会造成木质化程度降低，导致发病率增加（Gupta et al.，2017）。铜缺乏还会改变植物细胞膜的脂质结构，而这对抵抗生物胁迫至关重要（Broadley et al.，2012）。毛竹（*Phyllostachys edulis*）、伴矿景天（*Sedum plumbizincicola*）间作能够显著提升间作体系植株地上部对铜的积累量（Liu et al.，2017）。

综上，间作体系的种间促进作用通过提升作物对微量元素的吸收利用，而对改善作物的抗病性产生了积极影响。

小　结

植物病害的发生是寄主与病原菌相互识别和选择的复杂过程，了解生物多样性控制病害的遗传学基础，能够合理地进行田间作物品种优化布局，增加寄主、病原菌群体的遗传多样性，从而实现群体抗性的提高。

其一，从遗传学角度解释农业生物多样性控制病害的原理，"基因对基因假说"是植物抵御病原菌的遗传学特点，利用寄主和病原菌遗传多样性的特点，作物多样性种植有效地减少了病害的发生和流行。其中寄主与病原菌之间的非亲和性关系是主要原因，并且随着病原菌的变异和进化，植物的抗病基因也在协同进化过程中不断变异和进化，根据遗传基础深入解析寄主和病原菌之间的互作关系，有利于在遗传水平上更好地利用生物多样性控制病害，为田间生产提供理论支持。

其二，农业生物多样性利用植物诱导抗性，是使植物潜在的抗病反应迅速激发，并通过生理、生化等手段迅速增强抗性的一种策略。从种内和种间两个角度阐述了植物诱导抗性的原理与机制，通过利用生物或者非生物的诱导因子预先处理植物，使得植物产生局部或系统的抗性，增强植物对病原菌的抵抗能力，不仅可以长时间激活植物的抗病能力，而且不会残留有毒物质，可作为一种新型的绿色的植物抗病策略加以推广。

其三，农业生物多样性防控病害还通过时空优化配置不同作物增加农田物种多样性指数，发挥物种间互作效应，降低病害发生程度。从生态角度提出了增加农田生物多样性绿色防控作物病害的方式，并从作物病害流行特点、作物多样性和生境多样性3个层次系统研究了利用生物多样性绿色防控作物病害的机制，已经成为国内外农业生物多样性绿色防控病害的成功范例。

其四，农业生物多样性能够有效增加田间作物多样性，丰富的遗传多样性和更稳定且多样的群落结构能够有效阻止病原菌孢子的发生和传播，从而有效抑制病害在田间的发生和为害。生产中应合理搭配具有不同遗传多样性的作物品种，丰富田间作物遗传多样性和群落结构，实现对病原菌孢子的有效控制，从而有效防止病害的发生、传播及为害。

其五，作物间作释放的挥发性有机化合物能抑制非寄主病原菌，而其根系分泌的化感物质能改善根际微生态系统平衡，干扰病原菌对寄主的识别并抑制病原菌的生长。作物多样性种植能够通过根系的种间促进作用，改善和促进作物对大量元素（氮、磷、钾）及微量元素（锌、锰、铁、铜）的吸收和高效利用，改善作物地上部营养状况，增强植株免疫能力与健康状况，从而控制病害（图 3-1）。

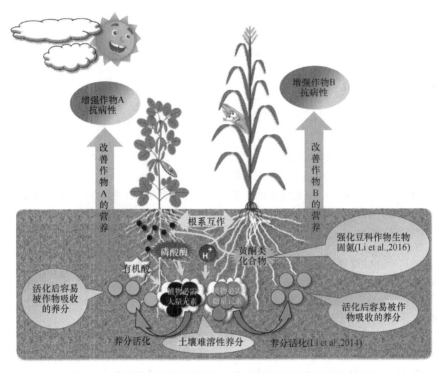

图 3-1　多样性种植通过改善作物营养防控作物病害的机制

思　考　题

1. 如何筛选和验证病原菌和植物识别过程中的重要基因？
2. 当植物受到病原菌侵染后，植物组织及生理生化过程会发生哪些变化？
3. 当植物诱导抗性发生时，会激发哪些信号转导过程？
4. 水稻品种混栽田间诱导抗性的作用机制是什么？
5. 物种间化感互作诱导抗性的途径是什么？
6. 试述遗传多样性对田间小气候的影响及其控病机制。

7. 试述物种多样性调控田间小气候影响病害发生的机制。

8. 什么是生境？如何利用生境控制病害？

9. 试述提前、推后种植避病的原理及优劣势。

10. 试述利用水稻遗传多样性控制稻瘟病菌孢子传播的原理。

11. 试述合理条带搭配种植稀释、阻隔病原菌的原理。

12. 植物如何调控土壤微生物的结构和功能？

13. 根系分泌物介导的植物与土壤微生物互作如何应用在农业病害生态防控中？

14. 作物多样性种植体系中，根系分泌物对非寄主病原菌产生的影响及其机制是什么？

15. 根系分泌物抑制非寄主病原菌的作用机制有哪些？

16. 请说明大量元素在植物生长过程中的功能。

17. 举例说明作物多样性通过何种方式影响植物微量元素吸收进而防控病害。

参 考 文 献

鲍文. 2011. 干旱气候变化对西南干旱河谷农业的影响及适应性对策研究. 农业科学与技术, 39(23): 14197-14199.

常玉明, 张正坤, 赵宇, 等. 2021. 玉米大豆间作对玉米主要病虫害发生及其产量的影响. 植物保护学报, 48(2): 332-339.

陈功友, 徐梅, 刘春元, 等. 2002. 植物非寄主抗性. 生物工程进展, 22(2): 23-28.

陈雪芬. 2022. 我国茶树病害的发生趋势与绿色防控. 中国茶叶, 44(6): 7-14.

陈远学, 李隆, 汤利, 等. 2013. 小麦/蚕豆间作系统中施氮对小麦氮营养及条锈病发生的影响. 核农学报, 27(7): 1020-1028.

陈智裕, 马静, 赖华燕, 等. 2017. 植物根系对根际微环境扰动机制研究进展. 生态学杂志, 36(2): 524-529.

程中元, 崔印勇. 2014. 气象对植物病害的影响及防治. 农家参谋(种业大观), (4): 51.

褚嘉祐, 李绍武, 张亚平. 2012. 努力推动中国的遗传多样性研究. 遗传, 34(11): 1349-1350.

邓琳梅, 杨蕾, 张俊星, 等. 2020. 云南省不同森林土壤中三七促生拮抗细菌的分离筛选. 南方农业学报, 51(1): 8.

邓维萍, 杨敏, 何霞红, 等. 2017. 避雨栽培对葡萄霜霉病发生的影响与葡萄冠层微气象因子的关系. 植物保护, 43(3): 76-82.

董宇飞, 吕相漳, 张自坤, 等. 2019. 不同栽培模式对辣椒根际连作土壤微生物区系和酶活性的影响. 浙江农业学报, 31(9): 1485-1492.

杜飞, 邓维萍, 梅馨月, 等. 2012. 避雨栽培对葡萄果腐病的防治效果及其微气象原理. 经济林研究, 30(3): 43-50, 65.

杜飞, 朱书生, 陈尧, 等. 2011. 避雨栽培对葡萄白粉病发生的影响及其微气象学原理初探. 经济林研究, 29(1): 52-60.

范静华, 周惠萍, 陈建斌, 等. 2002. 稻瘟病诱导抗性研究初报. 云南农业大学学报, (4): 325-327.

范静华, 周惠萍, 王洪海, 等. 2005. 稻瘟病菌生理小种及其毒性. 植物保护, (6): 29-31.

范静华, 周惠萍, 王洪珍, 等. 2004. 稻瘟菌诱导的广谱抗性. 石河子大学学报(自然科学版), 22(S1): 30.

高东, 何霞红, 朱有勇. 2010. 农业生物多样性持续控制有害生物的机理研究进展. 植物生态学报, 34(9): 1107-1116.

巩晨, 张红骥, 许永超, 等. 2017. 云南省马铃薯冬季种植生态避病增产效果研究. 中国马铃薯, 31(6): 346-352.

郭凤领, 戴照义, 汪盛松, 李金泉. 2009. 甜瓜避雨栽培的初步研究. 湖北农业科学, 48(9): 2175-2177.

郭增鹏, 董坤, 朱锦惠, 等. 2019. 施氮和间作对蚕豆锈病发生及田间微气候的影响. 核农学报, 33(11): 2294-2302.

贺佳, 安曈昕, 韩学坤, 等. 2011. 间作群体生态生理研究进展. 作物杂志, (4): 7-11.

胡怡凡, 刘佳坪, 王子楷, 等. 2021. 轮作提高土壤磷生物有效性改善后茬作物磷素营养. 植物营养与肥料学报, 27(8): 1305-1310.

胡余楚, 徐红霞, 陈俊伟, 等. 2010. 避雨栽培对'东魁杨梅'果实品质的影响研究初报. 中国园艺文摘, 26(2): 28-29.

霍恒志, 糜林, 李金凤, 等. 2009. 设施避雨育苗对红颊草莓炭疽病的防治效果. 江西农业学报, 21(9): 93-94.

焦念元, 宁堂原, 赵春, 等. 2006. 玉米花生间作复合体系光合特性的研究. 作物学报, 32(6): 917-923.

金扬秀, 谢关林, 孙祥良, 等. 2003. 大蒜轮作与瓜类枯萎病发病的关系. 上海交通大学学报(农业科学版), 21(1): 9-12.

孔垂华. 2003. 新千年的挑战: 第三届世界植物化感作用大会综述. 应用生态学报, 14(5): 837-838.

孔垂华, 胡飞. 2002. 植物化感作用(相生相克)及其应用. 北京: 中国农业出版社.

郎杰, 韩光煜, 徐俊采, 等. 2015. 遗传分化对多样性种植下主栽和间栽水稻品种抗稻瘟病效率的影响. 云南农业大学学报(自然科学), 30(3): 338-345.

李洪连, 袁红霞, 王烨, 等. 1999. 根际微生物多样性与棉花品种对黄萎病抗性的关系研究. II.不同抗性品种根际真菌区系分析及其对棉花黄萎病菌的抑制作用. 植物病理学报, 29(3): 242-246.

李林, 沙国栋, 陆景淮, 等. 1989. 汕优 63 群体的光合生产特性研究. II.群体的光合与同化特性. 江苏农业科学, 17(8): 7-9.

李其晟. 2018. 云南省冬季农业开发的调查研究. 农村经济与科技, 29(21): 203-204.

李卫国, 任永玲. 2001. 氮、磷、钾、硅肥配施对水稻产量及其构成因素的影响. 山西农业科学, 29(1): 53-58.

李迎宾, 曹永松, 罗来鑫, 等. 2018. 异硫氰酸烯丙酯的农用活性与应用研究进展. 植物保护, 44(5): 108-119.

李张, 潘晓华, 魏赛金. 2019. 植物诱导抗病及机制的研究进展. 生物灾害科学, 42(1): 1-6.

刘晨, 郭佳, 赵敏, 等. 2017. 毛竹幼苗与伴矿景天间作对铜镉锌转运积累的影响. 浙江大学学报(农业与生命科学版), 43: 615-622.

刘海娇, 方岚, 苏应威, 等. 2020. 茴香挥发物对三七根腐病菌的抑制活性及抑菌物质鉴定. 南方农业学报, 51(9): 2145-2151.

刘海娇, 苏应威, 方岚, 等. 2021. 茴香轮作调控土壤细菌群落缓解三七连作障碍的效应及机制. 中国生物防治学报, 37(1): 139-149.

刘均霞, 陆引罡, 远红伟, 等. 2007. 玉米、大豆间作对根际土壤微生物数量和酶活性的影响. 贵州农业科学, 35(2): 60-61, 64.

刘屹湘. 2011. 大蒜辣椒间作控制辣椒疫病的效果及大蒜根系与辣椒疫霉菌的化感互作研究. 昆明: 云南农业大学硕士学位论文.

鲁荣定主, 培布, 毛如志. 2017. 香格里拉干旱河谷区酿酒葡萄栽培管理措施的研究. 食品安全导刊, (9): 127-128.

鲁耀, 郑毅, 汤利, 等. 2010. 施氮水平对间作蚕豆锰营养及叶赤斑病发生的影响. 植物营养与肥料学报, 16(2): 425-431.

罗冰. 2007. 红壤旱地的间作生态系统小气候特征分析. 江西农业大学学报, 29(4): 634-637, 643.

吕卫光, 杨广超, 刘玲, 等. 2012. 西瓜植株残体腐解过程中酚酸化合物的动态变化. 华北农学报, 27(增刊): 154-157.

彭磊, 卢俊, 何云松, 等. 2006. 农业综合措施防治魔芋软腐病. 北方园艺, 30(4): 176.

全怡吉, 郭存武, 张义杰, 等. 2018. 不同温度处理对三七生理生化特性的影响及黑斑病敏感性测定. 分子植物育种, 16(1): 262-267.

沈明晨, 陈镭, 李春阳, 等. 2021. 玉米-白首乌间作对双方病害发生、活性成分及产量的影响. 大麦与谷类科学, 38(5): 52-56.

沈瑛, 黄大年, 范在丰. 1990. 稻瘟菌非致病性和弱致病性菌株对稻株诱导抗性的初步研究. 中国水稻科学, 4(2): 95-96.

苏海鹏, 汤利, 刘自红, 等. 2006. 小麦蚕豆间作系统中小麦的氮同化物动态变化特征. 麦类作物学报, 26(6): 140-144.

隋新霞, 郭栋, 尤升波. 2014. 植物非寄主抗性的遗传与机理研究进展. 山东农业科学, 46(8): 142-145, 149.

孙林, 耿其芳. 2014. 珍稀濒危植物遗传多样性研究方法及影响因素. 安徽农业科学, 42(13): 3793-3798.

孙雁, 周天富, 王云月, 等. 2006. 辣椒玉米间作对病害的控制作用及其增产效应. 园艺学报, 33(5): 995-1000.

覃潇敏, 郑毅, 汤利, 等. 2015. 玉米与马铃薯间作对根际微生物群落结构和多样性的影响. 作物学报, 41(6): 919-928.

谭仁祥. 2003. 植物成分功能. 北京: 科学出版社.

唐林. 2016. 大豆作为陷阱植物防治根肿病的效果评价及机制研究. 武汉: 华中农业大学硕士学位论文.

涂书新, 孙锦荷, 郭智芬, 等. 2000. 植物根系分泌物与根际营养关系评述. 土壤与环境, 9(1): 64-67.

万芳. 2003. 稻瘟病非致病菌株对水稻诱导抗性的初步研究. 昆明: 云南农业大学硕士学位论文.

王从丽, 李春杰, 胡岩峰, 等. 2019. 大豆孢囊线虫对预寄生阶段寄主的信号识别机制. 哈尔滨: 中国科学院东北地理与农业生态研究所农业技术中心.

王明贵, 周婷婷, 高浩浩, 等. 2022. 枣首间作对土壤养分及微生物的影响. 现代农业科技, 2022(22): 58-63, 66.

王一. 2020. 滨海及岛屿植物大叶胡颓子遗传多样性与群体遗传结构分析. 泰安: 山东农业大学硕士学位论文.

王子迎, 吴芳芳, 檀根甲. 2000. 生态位理论及其在植物病害研究中的应用前景. 安徽农业大学学报, 27(3): 250-253.

吴家庆, 马琳娜, 张贺, 等. 2019. 大蒜与黄瓜轮作控制黄瓜疫病及其化感作用初探. 植物保护, 45(6): 114-123.

吴林坤, 林向民, 林文雄. 2014. 根系分泌物介导下植物-土壤-微生物互作关系研究进展与展望. 植物生态学报, 38(3): 298-310.

吴文涛, 董莹, 王晓强, 等. 2019. 万寿菊-烟草轮作对土壤线虫群落的影响. 西南农业学报, 32(2): 342-348.

武进普. 2020. 作物种间互作影响土壤碳储量、资源利用效率、抗病性及生产力稳定性的机制. 北京: 中国农业大学博士学位论文.

肖靖秀, 周桂凤, 汤利, 等. 2006. 小麦/蚕豆间作条件下小麦的氮、钾营养对小麦白粉病的影响. 植物营养与肥料学报, 12(4): 517-522.

徐强, 刘艳君, 陶鸿. 2013. 间套作玉米对线辣椒根际土壤微生物生态特征的影响. 中国生态农业学报, 21(9): 1078-1087.

杨静, 施竹凤, 高东, 等. 2012. 生物多样性控制作物病害研究进展. 遗传, 34(11): 1390-1398.

杨友琼, 吴伯志. 2007. 作物间套作种植方式间作效应研究. 中国农学通报, 23(11): 192-196.

杨智仙, 汤利, 郑毅, 等. 2014. 不同品种小麦与蚕豆间作对蚕豆枯萎病发生、根系分泌物和根际微生物群落功能多样性的影响. 植物营养与肥料学报, 20(3): 570-579.

叶庆. 2019. 涡流闪光柱式反应器促进微藻固定烟气 CO_2 和净化废水研究. 杭州: 浙江大学博士学位论文.

曾芳, 王志强, 要国旗. 2011. 气象要素对植物病害流行的影响. 现代农业, (1): 36.

张福锁. 1993. 环境胁迫与植物营养. 北京: 北京农业出版社.

张贺. 2020. 酚酸类物质在玉米根系 "attract-kill" 控大豆疫病模式中的功能研究. 昆明: 云南农业大学硕士学位论文.

张贺, 何依依, 吴家庆, 等. 2019. 玉米根系分泌物中关键抑菌物质对大豆疫霉的抑菌活性. 植物保护, 45(6): 124-130.

张俊平, 蔺合华, 贾利英. 2004. 小麦/玉米/玉米间套作的光合变化研究. 张家口农专学报, 20(2): 1-3.

张琴, 张磊. 2005. 豆科植物根瘤菌结瘤因子的感知与信号转导. 中国农学通报, 21(7): 233-238.

章家恩. 2000. 作物群体结构的生态环境效应及其优化探讨. 生态科学, 19(1): 30-35.

赵卫松, 李社增, 鹿秀云, 等. 2019. 西兰花植株残体还田对棉花黄萎病的防治效果及其安全性评价. 中国生物防治学报, 35(3): 449-455.

钟丽伟, 谭鸿升, 陈泽斌, 等. 2022. 根际微生物防治土传病害的研究进展. 昆明学院学报, 44(3): 75-82.

周桂凤, 肖靖秀, 郑毅, 等. 2005. 小麦蚕豆间作条件下蚕豆对钾的吸收及对蚕豆赤斑病的影响. 云南农业大学学报, 20(6): 779-782.

朱锦惠, 董坤, 杨智仙, 等. 2017. 间套作控制作物病害的机理研究进展. 生态学杂志, 36(4): 1117-1126.

朱书生, 黄惠川, 刘屹湘, 等. 2022. 农业生物多样性防控作物病害的研究进展. 植物保护学报, 49(1): 42-57.

朱有勇. 2007. 遗传多样性与作物病害持续控制. 北京: 科学出版社.

朱有勇. 2013. 农业生物多样性与作物病虫害控制. 北京: 科学出版社.

朱有勇, 陈海如, 范静华, 等. 2003. 利用水稻品种多样性控制稻瘟病研究. 中国农业科学, (5): 521-527.

宗兆峰, 康振生. 2002. 植物病理学原理. 北京: 中国农业出版社: 249-251.

Abdel-Monaim M F, Abo-Elyousr K A M. 2012. Effect of preceding and intercropping crops on suppression of lentil damping-off and root rot disease in New Valleye Egypt. Crop Protection, 32: 41-46.

Ahmed A, Din A M U, Aftab S, et al. 2021. Physiological and nutritional significance of potassium application under sole and intercropped maize (*Zea mays* L.). Italian Journal of Agronomy, 16(1), DOI: 10.4081/ija.2021.1737.

Angus J F, Gardner P A, Kirkegaard J A, et al. 1994. Biofumigation: Isothiocyanates released from brassica roots inhibit growth of the take-all fungus. Plant and Soil, 162(1): 107-112.

Anikster Y. 1989. Host specificity versus plurivority in barley leaf rusts and their microcyclic relatives. Mycological Research, 93(2): 175-181.

Aroca R, Porcel R, Ruiz-Lozano J M. 2007. How does arbuscular mycorrhizal symbiosis regulate root hydraulic properties and plasma membrane aquaporins in Phaseolus vulgaris under drought, cold or salinity stresses? New Phytologist, 173(4): 808-816.

Aung K, Jiang Y J, He S Y. 2018. The role of water in plant-microbe interactions. The Plant Journal: for Cell and Molecular Biology, 93(4): 771-780.

Aznar A, Dellagi A. 2015. New insights into the role of siderophores as triggers of plant immunity: what can we learn from animals? Journal of Experimental Botany, 66(11): 3001-3010.

Bais H P, Park S W, Weir T L, et al. 2004. How plants communicate using the underground information superhighway. Trends in Plant Science, 9(1): 26-32.

Bais H P, Weir T L, Perry L G, et al. 2006. The role of root exudates in rhizosphere interactions with plants and other organism. Annual Review of Plant Biology, 57(1): 233-266.

Baldwin I T, Halitschke R, Paschold A, et al. 2006. Volatile signaling in plant-plant interactions: "Talking trees" in the genomics era. Science, 311(5762): 812-815.

Bednarek P, Osbourn A. 2009. Plant-microbe interactions: chemical diversity in plant defense. Science, 324(5928): 746-748.

Bednarek P, Pislewska-Bednarek M, Svatos A, et al. 2009. A glucosinolate metabolism pathway in living plant cells mediates broad-spectrum antifungal defense. Science, 323(5910): 101-106.

Berendsen R L, Pieterse C M J, Bakker P A H M. 2012. The rhizosphere microbiome and plant health. Trends Plant Sci, 17(8): 478-486.

Berg B, McClaugherty C. 2014. Chemical constituents as rate regulating: initial variation and changes during decomposition. In: Berg B, McClaugherty C. Plant Litter. Berlin, Heidelberg: Springer: 109-142.

Berg B, McClaugherty C. 2008. Plant litter: decomposition, humus formation, carbon sequestration. Berlin, Heidelberg: Springer.

Besserer A, Bécard G, Roux C, et al. 2009. Role of mitochondria in the response of arbuscular mycorrhizal fungi to strigolactones. Plant Signaling & Behavior, 4(1): 75-77.

Booy G, Hendriks R J J, Smulders M J M, et al. 2000. Genetic diversity and the survival of populations. Plant Biology, 2(4): 379-395.

Boudreau M A. 2013. Diseases in intercropping systems. Annual Review of Phytopathol, 51: 499-519.

Boustani C E M E. 2001. Cell wall-bound phenolic acid and lignin contents in date palm as related to its resistance to *Fusarium oxysporum*. Biologia Plantarum, 44: 125-130.

Brigham L A, Michaels P J, Flores H E. 1999. Cell-specific production and antimicrobial activity of naphthoquinones in roots of *Lithospermum erythrorhizon*. Plant Physiology, 119(2): 417-428.

Brilli F, Loreto F, Baccelli I. 2019. Exploiting plant volatile organic compounds (vocs) in agriculture to improve sustainable defense strategies and productivity of crops. Frontiers in Plant Science, 10: 264.

Broadley M, Brown P, Cakmak I, et al. 2012. Chapter 7-Function of Nutrients: Micronutrients. In: Marschner P. Mineral Nutrition of Higher Plants. 3rd. New York: Academic Press.

Brophy L S, Mundt C C. 1991. Influence of plant spatial patterns on disease dynamics, plant competition and grain yield in genetically diverse wheat populations. Agriculture, Ecosystems & Environment, 35(1): 1-12.

Cabot C, Martos S, Llugany M, et al. 2019. A role for zinc in plant defense against pathogens and herbivores. Frontiers in Plant Science, 10: 1171.

Cai T, Cai W, Zhang J, et al. 2009. Host legume-exuded antimetabolites optimize the symbiotic rhizosphere. Molecular Microbiology, 73(3): 507-517.

Cameron D D, Coats A M, Seel W E. 2006. Differential resistance among host and non-host species underlies the variable success of the hemi-parasitic plant *Rhinanthus* minor. Annals of Botany, 98(6): 1289-1299.

Carvalhais L C, Dennis P G, Badri D V, et al. 2015. Linking jasmonic acid signaling, root exudates, and rhizosphere microbiomes. Molecular Plant-Microbe Interaction, 28(9): 1049-1058.

Carvalhais L C, Dennis P G, Fedoseyenko D, et al. 2013. Root exudation of sugars, amino acids, and organic acids by maize as affected by nitrogen, phosphorus, potassium, and iron deficiency. Journal of Plant Nutrition and Soil Science, 176(4): 641.

Chen J, Ullah C, Reichelt M, et al. 2020. The phytopathogenic fungus *Sclerotinia sclerotiorum* detoxifies plant glucosinolate hydrolysis products via an isothiocyanate hydrolase. Nature Communications, 11: 3090.

Chen Y, Zhang F, Tang L, et al. 2007. Wheat powdery mildew and foliar N concentrations as influenced by N fertilization and belowground interactions with intercropped faba bean. Plant and Soil, 291(1): 1-13.

Civieta-Bermejo B F, Cabrera-De la Fuente M, González-Morales S, et al. 2021. Residuos de repollo Para biocontrol de *Fusarium* spp. en el cultivo de tomate. Revista Mexicana De Ciencias Agrícolas, (26): 95-104.

Compant S, van der Heijden M, Sessitsch A. 2010. Climate change effects on beneficial plant-microorganism interactions. FEMS Microbiology Ecology, 73: 197-214.

Conrath U, Beckers G J M, Langenbach C J G, et al. 2015. Priming for enhanced defense. Annual Review of Phytopathology, 53: 97-119.

de Ilarduya O M, Nombela G, Hwang C F, et al. 2004. Rme1 is necessary for Mi-1-mediated resistance and acts early in the resistance pathway. Molecular Plant-Microbe Interactions, 17(1): 55-61.

de Weert S, Vermeiren H, Mulders I H. 2002. Flagella-driven chemotaxis towards exudate components is an important trait for tomato root colonization by *Pseudomonas fluorescens*. Molecular Plant-Microbe

Interactions, 15: 1173-1180.

de Werra P, Huser A, Tabacchi R, et al. 2011. Plant- and microbe-derived compounds affect the expression of genes encoding antifungal compounds in a pseudomonad with biocontrol activity. Applied Environmental Microbiology, 77(8): 2807-2812.

Dinesh-Kumar S P, Baker B J. 2000. Alternatively spliced n resistance gene transcripts: their possible role in tobacco mosaic virus resistance. Proceedings of the National Academy of Sciences of the United States of America, 97(4): 1908-1913.

Ding X P, Yang M, Huang H C, et al. 2015. Priming maize resistance by its neighbors: activating 1, 4-benzoxazine-3-ones synthesis and defense gene expression to alleviate leaf disease. Frontier in Plant Science, 6: 830.

Doke N. 1983. Involvement of superoxide anion generation in the hypersensitive response of potato tuber tissues to infection with an incompatible race of *Phytophthora infestans* and to the hyphal wall components. Physiol Plant Pathol, 23(3): 345-357.

Dong L, Li X, Huang L, et al. 2014. Lauric acid in crown daisy root exudate potently regulates root-knot nematode chemotaxis and disrupts *Mi-flp-18* expression to block infection. Journal of Experimental Botany, 65(1): 131-141.

Dordas C. 2008. Role of nutrients in controlling plant diseases in sustainable agriculture. A review. Agronomy for Sustainable Development, 28: 33-46.

Du F, Deng W P, Yang M, et al. 2015. Protecting grapevines from rainfall in rainy conditions reduces disease severity and enhances profitability. Crop Protection, 67: 261-268.

Dybzinski R, Fargione J E, Zak D R, et al. 2008. Soil fertility increases with plant species diversity in a long-term biodiversity experiment. Oecologia, 158(1): 85-93.

Ellis J G, Lawrence G J, Luck J E, et al. 1999. Identification of regions in alleles of the flax rust resistance gene l that determine differences in gene-for-gene specificity. Plant Cell, 11(3): 495-506.

Erb M. 2018. Volatiles as inducers and suppressors of plant defense and immunity—origins, specificity, perception and signaling. Current Opinion in Plant Biology, 44: 117-121.

Erb M, Veyrat N, Robert C A M, et al. 2015. Indole is an essential herbivore-induced volatile priming signal in maize. Nature Communications, 6: 6273.

Fan B, Carvalhais L C, Becker A, et al. 2012. Transcriptomic profiling of *Bacillus amyloliquefaciens* FZB42 in response to maize root exudates. BMC Microbiology, 12(1): 116.

Fang Y, Zhang L, Jiao Y, et al. 2016. Tobacco rotated with rapeseed for soil-borne Phytophthora pathogen biocontrol: mediated by rapeseed root exudates. Frontiers in Microbiology, 7: 894.

Fei S, Kivlin S N, Domke G M, et al. 2022. Coupling of plant and mycorrhizal fungal diversity: its occurrence, relevance, and possible implications under global change. The New Phytologist, 234(6): 1960-1966.

Fernández-Tornero C, López R, García E, et al. 2002. A novel solenoid fold in the cell wall anchoring domain of the pneumococcal virulence factor LytA. Nature Structural Biology, 8(12): 1020-1024.

Feys B J, Moisan L J, Newman M A, et al. 2001. Direct interaction between the *Arabidopsis* disease resistance signaling proteins, EDS1 and PAD4. The EMBO Journal, 20(19): 5400-5411.

Flor H H. 1971. Current status of gene-for-gene concept. Annu Rev Phytopathol, 9: 275-296.

Franche C, Lindström K, Elmerich C. 2009. Nitrogen-fixing bacteria associated with leguminous and non-leguminous plants. Plant and Soil, 321(1): 35-59.

Frost C J, Appel H M, Carlson J E, et al. 2007. Within-plant signalling via volatiles overcomes vascular constraints on systemic signalling and primes responses against herbivores. Ecology Letters, 10(6): 490-498.

Fu X P, Wu X, Zhou X G, et al. 2015. Companion cropping with potato onion enhances the disease resistance of tomato against *Verticillium dahliae*. Frontiers in Plant Science, 6: 726.

Gaba S, Lescourret F O, Boudsocq S, et al. 2015. Multiple cropping systems as drivers for providing multiple ecosystem services: from concepts to design. Agronomy for Sustainable Development, 35(2): 607-623.

Gallet R, Fontaine C, Bonnot F, et al. 2016. Evolution of compatibility range in the Rice-*Magnaporthe oryzae* system: An uneven distribution of R genes between rice subspecies. Phytopathology, 106(4): 348-354.

Gao M, Teplitski M, Robinson J B, et al. 2003. Production of substances by *Medicago truncatula* that affect bacterial quorum sensing. Molecular Plant-Microbe Interaction, 16(9): 827-834.

Gao X, Wu M, Xu R, et al. 2014. Root interactions in a maize/soybean intercropping system control soybean soil-borne disease, red crown rot. PLoS One, 9(5): e95031.

Gómez-Rodríguez O, Zavaleta-Mejía E, González-Hernández V A, et al. 2003. Allelopathy and microclimatic modification of intercropping with marigold on tomato early blight disease development. Field Crops Research, 83(1): 27-34.

Görlach J, Volrath S, Knauf-Beiter G, et al. 1996. Benzothiadiazole, a novel class of inducers of systemic acquired resistance, activates gene expression and disease resistance in wheat. The Plant Cell, 8(4): 629-643.

Graham R D. 1983. Effects of nutrient stress on susceptibility of plants to disease with particular reference to the trace elements. Advances in Botanical Research, 10: 221-276.

Granke L L, Morrice J J, Hausbeck M K. 2014. Relationships between airborne *Pseudoperonospora cubensis* sporangia, environmental conditions, and cucumber downy mildew severity. Plant Disease, 98(5): 674-681.

Guerrero M M, Lacasa C M, Martínez V, et al. 2019. Soil biosolarization for *Verticillium dahliae* and *Rhizoctonia solani* control in artichoke crops in southeastern Spain. Spanish Journal of Agricultural Research, 17(1): e1002.

Gupta N, Debnath S, Sharma S, et al. 2017. Role of nutrients in controlling the plant diseases in sustainable agriculture. In: Meena V S, Mishra P K, Bisht J K, et al. Agriculturally Important Microbes for Sustainable Agriculture. Singapore: Springer: 217-262.

Hamiduzzaman M M, Jakab G, Barnavon L, et al. 2005. β-aminobutyric acid-induced resistance against downy mildew in grapevine acts through the potentiation of callose formation and jasmonic acid signaling. Molecular Plant-Microbe Interactions, 18(8): 819-829.

Han G Y, Lang J, Sun Y, et al. 2016. Intercropping of rice varieties increases the efficiency of blast control through reduced disease occurrence and variability. Journal of Integrative Agriculture, 15(4): 795-802.

Hao W, Ren L, Ran W, et al. 2010. Allelopathic effects of root exudates from watermelon and rice plants on *Fusarium oxysporum* f. sp. *niveum*. Plant and Soil, 336: 485-497.

Haq F, Xu X, Ma W, et al. 2022. A Xanthomonas transcription activator-like effector is trapped in nonhost plants for immunity. Plant Communications, 3(1): 100249.

Hassani M, Durán P, Hacquard S. 2018. Microbial interactions within the plant holobiont. Microbiome, 6(1): 1-17.

He X X, Zhu S S, Wang H N, et al. 2010. Crop diversity for ecological disease control in potato and maize. Journal of Resource and Ecology, 1(1): 45-50.

Heil M, Karban R. 2010. Explaining evolution of plant communication by airborne signals. Trends in Ecology & Evolution, 25(3): 137-144.

Hooper D U, Bignell D E, Brown V K, et al. 2000. Interactions between aboveground and belowground biodiversity in terrestrial ecosystems: patterns, mechanisms, and feedbacks. Bioscience, 50(2): 1049-1061.

Horst W J. 1992. Micronutrients in agriculture. Soil Science Society of America, 155: 355-356.

Huang M S, Sanchez-Moreiras A M, Abel C, et al. 2012. The major volatile organic compound emitted from *Arabidopsis thaliana* flowers, the sesquiterpene (E)-β-caryophyllene, is a defense against a bacterial pathogen. New Phytologist, 193(4): 997-1008.

Huang X F, Chaparro J M, Reardon F K, et al. 2014. Rhizosphere interactions: root exudates, microbes, and microbial communities. Botany-Botanique, 92(92): 281-289.

Hwang S F, Ahmed H U, Zhou Q, et al. 2015. Effect of host and non-host crops on *Plasmodiophora brassicae* resting spore concentrations and clubroot of canola. Plant Pathol, 64(5): 1198-1206.

Iriti M, Faoro F. 2009. Chemical diversity and defence metabolism: How plants cope with pathogens and ozone pollution. International Journal of Molecular Sciences, 10(8): 3371-3399.

Janvier C, Villeneuve F, Alabouvette C, et al. 2007. Soil health through soil disease suppression: which strategy from descriptors to indicators. Soil Biol Biochem, 39(1): 1-23.

Jia Y, McAdams S A, Bryan G T, et al. 2000. Direct interaction of resistance gene and avirulence gene products confers rice blast resistance. The EMBO Journal, 19(5): 4004-4014.

Joly F X, Fromin N, Kiikkilä O, et al. 2016. Diversity of leaf litter leachates from temperate forest trees and its consequences for soil microbial activity. Biogeochemistry, 129(3): 373-388.

Jousset A, Rochat L, Lanoue A, et al. 2011. Plants respond to pathogen infection by enhancing the antifungal gene expression of root-associated bacteria. Mol Plant-Microbe Interact, 24(3): 352-358.

Junker R R, Loewel C, Gross R, et al. 2011. Composition of epiphytic bacterial communities differs on petals and leaves. Plant Biology, 13(6): 918-924.

Kanchiswamy C N, Malnoy M, Maffei M E. 2015. Chemical diversity of microbial volatiles and their potential for plant growth and productivity. Frontiers in Plant Science, 6: 151.

Kassa B, Sommartya T. 2006. Effect of Intercropping on potato late blight, *Phytophthora infestans* (Mont.) de Bary development and potato tuber yield in Ethiopia. Kasetsart Journal - Natural Sciences, 40: 914-924.

Kawaguchi K, Yurimoto H, Oku M, et al. 2011. Yeast methylotrophy and autophagy in a methanol-oscillating environment on growing arabidopsis thaliana leaves. PLoS One, 6(9): e25257.

Kawakishi S, Kaneko T. 1987. Interaction of proteins with allyl isothiocyanate. Journal of Agricultural and Food Chemistry, 35(1): 85-88.

Kennedy A C, Smith K L. 1995. Soil microbial diversity and the sustainability of agricultural soils. Plant and Soil, 170(1): 75-86.

Kiers E T, Duhamel M, Beesetty Y, et al. 2011. Reciprocal rewards stabilize cooperation in the mycorrhizal symbiosis. Science, 333(6044): 880-882.

Kieu N P, Aznar A, Segond D, et al. 2012. Iron deficiency affects plant defence responses and confers resistance to *Dickeya dadantii* and *Botrytis cinerea*. Molecular Plant Pathology, 13(8): 816-827.

Kim S S, Yoo S S. 2002. Comparative toxicity of some acaricides to the predatory mite, *Phytoseiulus persimilis* and the two spotted spider mite, *Tetranychus urticae*. Bio Control, 47(5): 563-573.

Kirkegaard J A, Munns R, James R A, et al. 1999. Does water and phosphorus uptake limit leaf growth of Rhizoctonia-infected wheat seedlings? Plant Soil, 209(2): 157-166.

Kuć J. 1982. Induced immunity to plant disease. BioScience, 32(11): 854-860.

Lange M, Eisenhauer N, Sierra C A, et al. 2015. Plant diversity increases soil microbial activity and soil carbon storage. Nature Communications, 6: 6707.

Latz E, Eisenhauer N, Rall B C, et al. 2012. Plant diversity improves protection against soil-borne pathogens by fostering antagonistic bacterial communities. Journal of Ecology, 100(3): 597-604.

Laurent Z, Monica S, Volker L, et al. 2004. Host and non-host pathogens elicit different jasmonate/ ethylene responses in *Arabidopsis*, The Plant Journal, 40(5): 633-646.

Lee B, Lee S, Ryu C M. 2012. Foliar aphid feeding recruits rhizosphere bacteria and primes plant immunity against pathogenic and non-pathogenic bacteria in pepper. Annals of Botany, 110(2): 281-290.

Li B, Li Y Y, Wu H M, et al. 2016. Root exudates drive interspecific facilitation by enhancing nodulation and N2 fixation. Proceedings of the National Academy of Sciences of the United States of America, 113(23): 6496-6501.

Li C, Fu X, Zhou X, et al. 2019. Treatment with wheat root exudates and soil microorganisms from wheat/watermelon companion cropping can induce watermelon disease resistance against *Fusarium oxysporum* f. sp. *niveum*. Plant Disease, 103(7): 1693-1702.

Li C Y, He X H, Zhu S S, et al. 2009. Crop diversity for yield increase. PLoS One, 4(11): e8049.

Li L, Li S M, Sun J H, et al. 2007. Diversity enhances agricultural productivity via rhizosphere phosphorus facilitation on phosphorus-deficient soils. Proceedings of the National Academy of Sciences of the United States of America, 104(27): 11192-11196.

Li L, Tilman D, Lambers H, et al. 2014. Plant diversity and overyielding: insights from belowground facilitation of intercropping in agriculture. New Phytologist, 203(4): 63-69.

Li Q S, Wu L K, Chen J, et al. 2016. Biochemical and microbial properties of rhizospheres under maize/peanut intercropping. Journal of Integrative Agriculture, 15(1): 101-110.

Li W, Deng Y, Ning Y, et al. 2020. Exploiting broad-spectrum disease resistance in crops: from molecular dissection to breeding. Annual Review of Plant Biology, 71(1): 575-603.

Liao J, Huang H, Meusnier I, et al. 2016. Pathogen effectors and plant immunity determine specialization of the blast fungus to rice subspecies. eLife, 5: e19377.

Liljeroth E, Baathe E, Mathiasson I. 1990. Root exudation and rhizoplane bacterial abundance of barley (*Hordeum vulgare* L.) in relation to nitrogen fertilization and root growth. Plant Soil, 127(1): 81-89.

Ling N, Huang Q W, Guo S W, et al. 2011. *Paenibacillus polymyxa* SQR-21 systemically affects root exudates of watermelon to decrease the conidial germination of *Fusarium oxysporum* f. sp. *niveum*. Plant Soil, 341(1): 485-493.

Liu C, Guo J, Zhao M, et al. 2017. Effects of moso bamboo and Sedum plumbizincicola intercropping on transport and accumulation of Cu, Cd and Zn in soil-plant system. Journal of Zhejiang University (Agriculture and Life Sciences), 43(5): 615-622.

Liu H J, Wu J Q, Su Y W, et al. 2021. Allyl isothiocyanate in the volatiles of *Brassica juncea* inhibits the growth of root rot pathogens of *Panax notoginseng* by inducing the accumulation of ROS. Journal of Agricultural and Food Chemistry, 69(46): 13713-13723.

Lugtenberg B J, Chin-A-Woeng T F, Bloemberg G V. 2002. Microbe-plant interactions: principles and mechanisms. Antonie Van Leeuwenhoek, 81(1): 373-383.

Lugtenberg B J, Dekkers L, Bloemberg G V. 2001. Molecular determinants of rhizosphere colonization by *Pseudomonas*. Annual Review of Phytopathology, 39: 461-490.

Lugtenberg B, Kamilova F. 2009. Plant-growth-promoting rhizobacteria. Annual Review of Microbiology, 63(1): 541-556.

Luo C, Ma L, Zhu J, et al. 2021. Effects of nitrogen and intercropping on the occurrence of wheat powdery mildew and stripe rust and the relationship with crop yield. Frontiers in Plant Science, 12: 637393.

Lv H, Cao H, Nawaz M A, et al. 2018. Wheat intercropping enhances the resistance of watermelon to *Fusarium* wilt. Frontiers in Plant Science, 9: 696.

Mann C J, Wetzel R G. 1996. Loading and utilization of dissolved organic carbon from emergent macrophytes. Aquatic Botany, 53(1-2): 61-72.

Marschner H. 1995. Functions of Mineral Nutrients: Macronutrients-ScienceDirect. In: Marschner H. Mineral Nutrition of Higher Plants. 2nd ed. Amsterdam: Elsevier: 229-312.

Marschner P, Crowley D E, Higashi R M. 1997. Root exudation and physiological status of a root-colonizing fluorescent pseudomonad in mycorrhizal and non-mycorrhizal pepper (*Capsicum annuum* L.). Plant Soil, 189(1): 11-20.

Martin G B, Bogdanove A J, Sessa G. 2003. Understanding the functions of plant disease resistance proteins. Annual Review of Plant Biology, 54: 23-61.

Martin M H, Marschner H. 1988. Mineral nutrition of higher plants. Journal of Ecology, 76(4): 1250.

Mehdy M C. 1994. Active oxygen species in plant defense against pathogens. Plant Physiology, 105(2): 467-472.

Mendes R, Kruijt M, de Bruijn B I, et al. 2011. Deciphering the rhizosphere microbiome for disease-suppressive bacteria. Science, 332(6033): 1097-1100.

Morris P F, Bone E, Tyler B M. 1998. Chemotropic and contact responses of *Phytophthora sojae* hyphae to soybean isoflavonoids and artiflcial substrates. Plant Physiology, 117(4): 1171-1178.

Morris P F, Ward E W B. 1992. Chemoattraction of zoospores of the soybean pathogen, *Phytophthora sojae*, by isoflavones. Physiological and Molecular Plant Pathology, 40(1): 17-22.

Morrissey John P, Osbourn Anne E. 1999. Fungal resistance to plant antibiotics as a mechanism of pathogenesis. Microbiology and Molecular Biology Reviews, 63(3): 708-724.

Mousa A, El-Sayed S. 2016. Effect of intercropping and phosphorus fertilizer treatments on incidence of rhizoctonia root-rot disease of faba bean. International Journal of Current Microbiology and Applied Sciences, 5(4): 850-863.

Murata M, Yamashita N, Inoue S, et al. 2000. Mechanism of oxidative DNA damage induced by carcinogenic allyl isothiocyanate. Free Radical Biology and Medicine, 28(5): 797-805.

Nazir M S, Jabbar A, Ahmad I, et al. 2002. Production potential and economic of intercropping in autumn-planted sugarcane. International Journal Agriculture and Biology, 4: 139-142.

Neal A L, Ahmad S A, Gordon-Weeks R, et al. 2012. Benzoxazinoids in root exudates of maize attract *Pseudomonas putida* to the rhizosphere. PLoS One, 7(4): e35498.

Niks R E, Marcel T C. 2009. Nonhost and basal resistance: how to explain specificity? New Phytologist, 182(4): 817-828 .

Nimchuk Z, Marois E, Kjemtrup S, et al. 2000. Eukaryotic fatty acylation drives plasma membrane targeting and enhances function of several type III effector proteins from *Pseudomonas syringae*. Cell, 101(4): 353-363.

Osbourn A E. 1996. Preformed antimicrobial compounds and plant defense against fungal attack. The Plant Cell, 8(10): 1821-1831.

Park S, Takano Y, Matsuura H, et al. 2004. Antifungal compounds from the root and root exudate of *Zea mays*. Biosci Biotechnol Biochem, 68(6): 1366-1368.

Peiffer J, Spor A, Koren O, et al. 2013. Diversity and heritability of the maize rhizosphere microbiome under field conditions. Proceedings of the National Academy of Sciences of the United States of America, 110(16): 6548-6553.

Peiris P U S. 2021. Use of botanicals in root-knot nematode control: a meta-analysis. Journal of Plant Diseases and Protection, 128(4): 913-922.

Perrenoud S. 1990. Potassium and plant health. 2nd ed. Basel: International Potash Institute.

Prabhu A S, Fageria N D, Berni R F, et al. 2007. Phosphorous and plant disease. In: Datnoff L E, Elmer W H, Huber D M. Mineral Nutrition and Plant Disease. St Paul: APS Press: 45-55.

Qu X H, Wang J G. 2008. Effect of amendments with different phenolic acids on soil microbial biomass, activity, and community diversity. Applied Soil Ecology, 39(2): 172-179.

Raaijmakers J M, Paulitz T C, Steinberg C, et al. 2009. The rhizosphere: a playground and battlefield for soilborne pathogens and beneficial microorganisms. Plant and Soil, 321(1-2): 341-361.

Ren L, Huo H, Zhang F, et al. 2016. The components of rice and watermelon root exudates and their effects on pathogenic fungus and watermelon defense. Plant Signaling & Behavior, 11(6): e1187357.

Ren L, Su S, Yang X, et al. 2008. Intercropping with aerobic rice suppressed *Fusarium* wilt in watermelon. Soil Biology and Biochemistry, 40(3): 834-844.

Ren T, Feng Q. 2000. HRT gene function requires interaction between a NAC protein and viral capsid protein to confer resistance to turnip crinkle virus. Plant Cell, 12(10): 1917-1925.

Rice E L. 1984. Allelopathy. 2nd ed. New York: Academic Press.

Riedlmeier M, Ghirardo A, Wenig M, et al. 2017. Monoterpenes support systemic acquired resistance within and between plants. The Plant Cell, 29(6): 1440-1459.

Ritpitakphong U, Falquet L, Vimoltust A, et al. 2016. The microbiome of the leaf surface of arabidopsis protects against a fungal pathogen. New Phytologist, 210(3): 1033-1043.

Rosenkranz E, Metz C H D, Maywald M, et al. 2016. Zinc supplementation induces regulatory T cells by inhibition of Sirt-1 deacetylase in mixed lymphocyte cultures. Molecular Nutrition & Food Research, 60(3): 661-671.

Rudrappa T, Czymmek K J, Paré P W, et al. 2008. Root-secreted malic acid recruits beneficial soil bacteria. Plant Physiology, 148(3): 1547-1556.

Rui L, Martin-Hernandez A M, Peart J R, et al. 2003. Virus-induced gene silencing in solanum species. Methods, 30(4): 296-303.

Salmerion J M, Oldroyd G E D, Rommens C M T, et al. 1996. Tomato *Prf* is a member of the leucine-rich-repeat class of plant disease resistance genes and lies embedded within the *pto* kinase gene cluster. Cell, 86(1): 123-133.

Sangeetha C, Baskar P. 2015. Allelopathy in weed management: A critical review. African Journal of Agricultural Research, 10(9): 1004-1015.

Sanguin H, Sarniguer A, Gazengel K, et al. 2009. Rhizosphere bacterial communities associated with disease suppressiveness stages of take-all decline in wheat monoculture. New Phytologist, 184(3): 694-707.

Sasse J, Martinoia E, Northen T. 2018. Feed Your Friends: Do plant exudates shape the root microbiome? Trends in Plant Science, 23(1): 25-41.

Scala A, Allmann S, Mirabella R, et al. 2013. Green leaf volatiles: a plant's multifunctional weapon against herbivores and pathogens. International Journal of Molecular Sciences, 14(9): 17781-17811.

Schulz-Bohm K, Gerards S, Hundscheid M, et al. 2018. Calling from distance: Attraction of soil bacteria by plant root volatiles. The ISME Journal, 12(5): 1252-1262.

Sharma R C, Dubin H J. 1996. Effect of wheat cultivar mixtures on spot blotch (*Bipolaris sorokiniana*) and grain yield. Field Crops Research, 48(2): 95-101.

Shoresh M, Harman G E, Mastouri F. 2010. Induced systemic resistance and plant responses to fungal biocontrol agents. Annual Review of Phytopathology, 48: 21-43.

Song W Y, Pi L Y, Wang G L. 1997. Evolution of the rice Xa21 disease resistance gene family. The Plant Cell, 9(8): 1279-1287.

Staskawicz B J, Ausubel F M, Baker B J, et al. 1995, Molecular genetics of plant disease resistance. Science, 268(5211): 661-667

Steinberg C, Whipps J M, Wood D, et al. 1999. Mycelial development of *Fusarium oxysporum* in the vicinity of tomato roots. Mycological Research, 103(6): 769-778.

Steinkellner S, Mammerler R, Vierheilig H. 2005. Microconidia germination of the tomato pathogen *Fusarium oxysporum* in the presence of root exudates. Journal of Plant Interactions, 1(1): 23-30.

Stringlis I, Yu K, Feussner K, et al. 2018. MYB72-dependent coumarin exudation shapes root microbiome assembly to promote plant health. Proceedings of the National Academy of Sciences of the United States of America, 115(22): E5213-E5222.

Sun Y, Zeng X R, Wenger L, et al. 2004. P53 down-regulates matrix metalloproteinase-1 by targeting the communications between AP-1 and the basal transcription complex. Journal of Cellular Biochemistry, 92(2): 258-269.

Tilman D, Reich P B, Knops J M H. 2006. Biodiversity and ecosystem stability in a decade-long grassland experiment. Nature, 441(7093): 629-632.

Tilman D, Reich P B, Knops J, et al. 2001. Diversity and productivity in a long-term grassland experiment. Science, 294(5543): 843-845.

Tohamey S, Ebrahim S A. 2015. Inducing resistance against leaf rust disease of wheat by some micro-elements and tilt fungicide. Plant Pathology Journal, 14(4): 175-181.

Tornero P, Chao R A, Luthin W N, et al. 2002. Large-scale structure-function analysis of the *Arabidopsis* RMP$_1$ disease resistance protein. The Plant Cell, 14(2): 435-450.

Trivedi P, He Z, Van Nostrand J D, et al. 2012. Huanglongbing alters the structure and functional diversity of microbial communities associated with citrus rhizosphere. The ISME Journal, 6(2): 363-383.

Turner T, Ramakrishnan K, Walshaw J, et al. 2013. Comparative metatranscriptomics reveals kingdom level changes in the rhizosphere microbiome of plants. The ISME Journal, 7(12): 2248-2258.

Van Etten H, Temporini E, Wasmann C. 2001. Phytoalexin (and phytoanticipin) tolerance as a virulence trait: Why is it not required by all pathogens? Physiological and Molecular Plant Pathology, 59(2): 83-93.

Verma P, Yadav A N, Khannam K S, et al. 2017. Potassium-solubilizing microbes: diversity, distribution, and role in plant growth promotion. In: Panpatte D, Jhala Y, Vyas R, et al. Microorganisms for Green Revolution. Microorganisms for Sustainability. vol 6. Berlin, Heidelberg: Springer: 125-149.

Walker T S, Bais H P, Déziel E, et al. 2004. *Pseudomonas aeruginosa*-plant root interactions. Pathogenicity, biofilm formation, and root exudation. Plant Physiology, 134(1): 320-331.

Walters D R, Bingham I J. 2007. Influence of nutrition on disease development caused by fungal pathogens: implications for plant disease control. Annals of Applied Biology, 151(3): 307-324.

Wang J, Li X, Zhang J, et al. 2012. Effect of root exudates on beneficial microorganisms—evidence from a continuous soybean monoculture. Plant Ecology, 213(12): 1883-1892.

Wang M, Zheng Q, Shen Q, et al. 2013. The critical role of potassium in plant stress response. International

Journal of Molecular Sciences, 14(4): 7370-7390.

Weerakoon D M N, Reardon C L, Paulitz T C, et al. 2012. Long-term suppression of *Pythium abappressorium* induced by *Brassica juncea* seed meal amendment is biologically mediated. Soil Biology and Biochemistry, 51: 44-52.

Wei Z, Gu Y, Friman V P, et al. 2019. Initial soil microbiome composition and functioning predetermine future plant health. Science Advances, 5(9): eaaw0759.

Wu J, Lin H, Meng C, et al. 2014. Effects of intercropping grasses on soil organic carbon and microbial community functional diversity under Chinese hickory (*Carya cathayensis* Sarg.) stands. Soil Research, 52(6): 575-583.

Xie F, Williams A, Edwards A, et al. 2012. A plant arabinogalactan-like glycoprotein promotes a novel type of polar surface attachment by *Rhizobium leguminosarum*. Molecular Plant-Microbe Interactions, 25(2): 250-258.

Xu C, He C. 2007. The rice *OsLOL2* gene encodes a zinc finger protein involved in rice growth and disease resistance. Molecular Genetics and Genomics, 278(1): 85-94.

Xue Y, Xia H, Christie P, et al. 2016. Crop acquisition of phosphorus, iron and zinc from soil in cereal/legume intercropping systems: a critical review. Annals of Botany, 117(3): 363-377.

Yang J W, Yi H S, Kim H, et al. 2011. Whitefly infestation of pepper plants elicits defence responses against bacterial pathogens in leaves and roots and changes the below-ground microflora. Journal of Ecology, 99(1): 46-56.

Yang M, Zhang Y, et al. 2014. Plant-plant-microbe mechanisms involved in soil-borne disease suppression on a maize and pepper intercropping system. PLoS One, 9(12): e115052.

Yang Y, Li Y, Mei X, et al. 2022. Antimicrobial terpenes suppressed the infection process of phytophthora in fennel-pepper intercropping system. Frontiers in Plant Science, 13: 890534.

Ye C, Fang H Y, Liu H J, et al. 2019. Current status of soil sickness research on *Panax notoginseng* in Yunnan, China. Allelopathy Journal, 47(1): 1-14.

Yuan X F, Hong S, Xiong W, et al. 2021. Development of fungal-mediated soil suppressiveness against *Fusarium* wilt disease via plant residue manipulation. Microbiome, 9(1): 200.

Zewde T, Fininsa C, Sakhuja P K, et al. 2007. Association of white rot (*Sclerotium cepivorum*) of garlic with environmental factors and cultural practices in the North Shewa Highlands of Ethiopia. Crop Protection, 26(10): 1566-1573.

Zhalnina K, Louie K, Hao Z, et al. 2018. Dynamic root exudate chemistry and microbial substrate preferences drive patterns in rhizosphere microbial community assembly. Nature Microbiology, 3(4): 470-480.

Zhang H, Mallik A, Zeng R S. 2013. Control of Panama disease of banana by rotating and intercropping with Chinese chive (*Allium tuberosum* Rottler): role of plant volatiles. Journal of Chemical Ecology, 39(2): 243-252.

Zhang H, Yang Y, Mei X, et al. 2020. Phenolic acids released in maize rhizosphere during maize-soybean intercropping inhibit *Phytophthora* blight of soybean. Frontiers in Plant Science, 11: 886.

Zhang N, Wang D, Liu Y, et al. 2014. Effects of different plant root exudates and their organic acid components on chemotaxis, biofilm formation and colonization by beneficial rhizosphere-associated bacterial strains. Plant Soil, 374(1): 689-700.

Zhang Y, Du B H, Jin Z G, et al. 2011. Analysis of bacterial communities in rhizosphere soil of healthy and diseased cotton (*Gossypium* sp.) at different plant growth stages. Plant Soil, 339(1): 447-455.

Zhou G, Yin X, Li Y, et al. 2015. Optimal planting timing for corn relay intercropped with flue-cured tobacco. Crop Science, 55(6): 2852-2862.

Zhu S, Vivanco J, Manter D. 2016. Nitrogen fertilizer rate affects root exudation, the rhizosphere microbiome and nitrogen-use-efficiency of maize. Applied Soil Ecology, 107: 324-333.

Zhu Y, Chen H, Fan J, et al. 2000. Genetic diversity and disease control in rice. Nature, 406(6797): 718-722.

Ziegler J, Schmidt S, Chutia R, et al. 2016. Non-targeted profiling of semi-polar metabolites in *Arabidopsis* root exudates uncovers a role for coumarin secretion and lignification during the local response to phosphate limitation. Journal of Experimental Botany, 67(5): 1421-1432.

Zimmerli L, Stein M, Lipka V, et al. 2004. Host and non-host pathogens elicit different jasmonate/ethylene responses in *Arabidopsis*. The Plant Journal, 40(5): 633-646.

Zörb C, Senbayram M, Peiter E. 2014. Potassium in agriculture-Status and perspectives. Journal Plant physiology, 171(9): 656-669.

第四章　农业生物多样性控制害虫的效应

关　键　词

第一节　引诱作用、驱避作用、替代寄主、替代猎物、干扰作用、阻隔作用

第二节　农业集约化、植物挥发物、定向行为、间作、套种、混种

第三节　农田生态系统、农田周边环境、非作物生境

第一节　作物多样性种植控制害虫的效应

农业集约化生产致使农业生态系统生物多样性锐减，引起害虫猖獗，严重影响农业生产的可持续性。通过农作物的多样性种植，合理地间作、套种、邻作或混种，可以增加田间捕食性和寄生性天敌种群数量、降低害虫繁殖率、驱避害虫、阻止害虫迁移或妨碍害虫的活动等，有效控制害虫的种群数量，减轻作物的受害程度。

一、作物多样性种植控制害虫的原理

（一）作物多样性种植影响害虫的迁移行为

1. 对害虫在不同田块间转移的影响

在多样性种植田中，一些植食性昆虫的迁出率增加，迁入率降低。这可能是由于单作田中寄主植物相连，能够为其提供更适宜的产卵场所、更丰富的食物来源，并且可以缩短雄成虫寻找到雌成虫的时间。在田间人工释放蔬菜黄条跳甲（*Phyllotreta cruciferae*）后，蔬菜黄条跳甲在花椰菜（*Brassica oleracea*）单作的田块中停留的时间比较长，而在花椰菜与救荒野豌豆（*Vicia sativa*）或者蚕豆（*Vicia faba*）混种的田块中停留的时间短，迁移速度快（Garcia and Altieri，1992）。

2. 对害虫在不同植株间转移的影响

一些植食性昆虫具有转移植株危害的习性，多样性种植田中非适宜寄主作物的存在，给昆虫在不同植株之间的转移造成了障碍，减少了植食性昆虫在不同植株之间的迁移活动，进而影响了其种群数量。番茄与黄瓜或者西葫芦邻作，减少了烟粉虱在不同作物之间的转移行为，进而影响了不同作物上烟粉虱的种群数量，在一定程度上降低了主

栽作物番茄上烟粉虱的为害水平（羊绍武等，2021）。豆类作物（豌豆、鹰嘴豆）与玉米、甘蔗间作，玉米蛀茎类害虫（玉米禾螟、玉米蛀茎夜蛾）数量减少的原因之一就是迁移的幼虫数量减少（Dissemond and Hindorf，1990）。

（二）作物多样性种植影响害虫的定向行为

植食性昆虫对寄主植物的危害都是从探测和识别的选择定向过程开始的，通常通过嗅觉和视觉对寄主定向。在多样性种植模式中，其他植物的存在必然会干扰其对寄主植物的定向行为。

1. 植物气味的引诱作用对害虫定向行为的影响

有些间作套种植物释放的挥发物对某些害虫具有引诱作用，引诱害虫不去危害主栽作物，从而对主栽作物起到保护作用（Shelton and Badenes-Perez，2006）。

2. 植物气味的驱避作用对害虫定向行为的影响

一些间作套种植物释放的挥发物对植食性昆虫具有驱避作用，从而干扰植食性昆虫寻找寄主的行为，导致其向寄主植物定向的数量减少。例如，大蒜气味对白蚁具有驱避作用，因此，大蒜与甘蔗间作后甘蔗芽受白蚁危害率显著低于单作甘蔗（Ahmed et al.，2008）。又如，胡萝卜与洋葱混种能减轻胡萝卜茎潜蝇（*Psila rosae*）对胡萝卜的危害，这是由于洋葱挥发物干扰了胡萝卜茎潜蝇寻找寄主的行为，导致其对胡萝卜的危害降低，特别是在未生成鳞茎时洋葱的这种作用更为明显（Uvah and Coaker，1984）。

3. 植物气味的掩盖作用对害虫定向行为的影响

有些植物对植食性昆虫既没有引诱作用，也没有驱避作用，但其释放的挥发物能够掩盖寄主植物的气味，使其失去对植食性昆虫的引诱作用。这是由于植食性昆虫具有识别寄主植物气味的化学指纹图谱的能力，非寄主植物气味的加入，破坏了寄主植物气味各组分的浓度比例，使其难以识别。例如，芫荽（*Coriandrum sativum*）释放的挥发物对 B 型烟粉虱（*Bemisia tabaci*）没有驱避作用，但能够降低番茄植株挥发物对 B 型烟粉虱的引诱效果（Togni et al.，2010）。野生番茄和甘蓝的气味会掩盖马铃薯的气味，使其失去对马铃薯甲虫（*Leptinotarsa decemlineata*）的引诱作用，而野生番茄和甘蓝本身对马铃薯甲虫既没有引诱作用，也没有驱避作用。

4. 植物的机械阻隔作用对害虫寻找寄主行为的影响

间作高秆非寄主植物可将寄主植物遮挡掩盖，从而干扰植食性昆虫对寄主植物的视觉定向。对棉蚜敏感或者具有中等抗性的小麦品种与转 *Bt*（*Bacillus thuringiensis*）基因棉花（*Bt* 棉）套种，可以有效降低棉蚜数量，原因之一就是小麦与棉苗相比属于"高秆"作物，对于棉蚜的定向可起到机械阻隔作用（Ma et al.，2006）。不同种植模式能够显著降低棉花上烟粉虱的种群数量，间作模式所起到的物理屏障作用比围种模式能更高效地控制住棉花上的烟粉虱种群密度（Zhang et al.，2020a）。间作套种植物的机械阻隔作用与气味掩盖共同作用，导致植食性昆虫向寄主植物的定向受到干扰。甘蔗与豌豆间作能降低玉米禾螟（*Chilo partellus*）和非洲豆蓟马（*Megalurothrips sjostedti*）的数量（Ampong-Nyarko et al.，1994）；豌豆与玉米间作，豌豆上蜡类害虫的数量显著减少，这是由于玉米植株较高，可将豌豆的豆荚和花遮挡住，玉米释放的挥发物也会掩盖豌豆释放的气味，使蜡类难以向其定位（Pitan and Odebiyi，2001）。

（三）作物多样性种植影响的害虫产卵行为

作物多样性种植模式中，其他植物有可能干扰成虫的求偶和交配行为，并影响害虫的产卵行为。

1. 植物气味的干扰作用对害虫产卵行为的影响

许多昆虫利用寄主植物释放的特殊气味来寻找产卵场所，以保证其后代的生长发育。间作植物释放的挥发物会通过驱避、引诱、掩盖等作用干扰已交配的雌成虫寻找产卵场所。洋葱与其他蔬菜间作，洋葱含有的烯丙基二硫醚是百合科葱属植物特有的化合物，能够干扰小菜蛾（*Plutella xylostella*）的产卵行为，因而对小菜蛾具有较好的控制效果。

2. 植物的物理阻隔作用对害虫产卵行为的影响

植食性昆虫对在寄主植物上产卵的部位具有选择性，通常选择最适宜后代生存的部位产卵，非寄主植物或者非适宜寄主植物的存在会从视觉上干扰其对产卵部位的选择。燕麦苗基部通常是瑞典秆蝇（*Oscinella frit*）雌蝇最喜欢产卵的部位，燕麦田间作三叶草，会在燕麦苗基部形成覆盖层，形成视觉阻隔而干扰瑞典秆蝇的产卵，减少落卵量。当瑞典秆蝇无法在燕麦苗基部产卵时，就会在燕麦苗的较高部位产卵，但产在较高部位的卵的存活率很低。

（四）作物多样性种植能保护害虫的天敌

作物间作套种或混种等多样性种植环境中，植物种类丰富，加上较少使用化学农药，使天敌获得了较好的生存条件，有利于提高天敌种群密度，使天敌更好地发挥其对害虫的捕食、寄生作用。主要表现在以下几个方面。

1. 提供替代寄主和替代猎物

植被多样性增加的农田生态系统能为天敌提供丰富的替代食物、中间寄主，当害虫数量较少，或天敌处于不适生存的时期时，替代寄主就可有效补充天敌的食物，维持天敌的生存和繁衍。多样性作物也可作为多种昆虫的寄主，使其中一些昆虫成为天敌的替代猎物。例如，玉米与咖啡等作物邻作时，增加了作物多样性，主栽作物玉米与单作玉米相比具有更高的昆虫多样性，使天敌有更多的食物来源，增加了天敌昆虫的控害能力（张金龙等，2021）。

2. 提供良好的生存环境

合理的间作套种能通过不同作物的合理组合、搭配，构成多作物、多层次、多功能的作物复合群体，这种群体具有密植效应、时空效应、异质效应、边际效应和补偿效应（叶修祺和罗继春，1993），使作物的光照条件和光能利用率（武岩岩等，2021）、田间风速（Zuo et al.，2000）、作物根系性状及养分吸收状况（Li et al.，2007；谢晋等，2021）发生变化，这种变化会影响到生活在其中的各种昆虫的生长繁殖，从而可能引起昆虫种群的变化。

3. 虫害诱导的植物挥发物对天敌的引诱作用

植物受到植食性昆虫的攻击后，受伤植株与植食性昆虫的口腔分泌物共同作用，能诱导植物释放更多的挥发性化合物引诱植食性昆虫的天敌。作物地上茎叶和地下根系受到昆虫危害都可释放化学挥发物。在主栽作物田间间作或套种能够大量释放对天敌有引诱作用的植物挥发物的植物，可吸引大量天敌昆虫，从而有效保护主栽作物免受较大损失（Hare，2011；黄未未等，2021）。

二、作物多样性种植对害虫的控制效果

（一）作物多样性种植对害虫迁移行为的控制

有些作物的间作套种影响了一些害虫迁入与迁出田间的行为，从而减少了田间害虫种群数量。甘蓝地种蝇（*Delia radicum*）对混种植物释放的挥发物反应更为敏感，迁出率也更高，导致其在寄主植物上的产卵量减少（Tukahirwa and Coaker，1982）。木薯与豌豆间作，能够降低粉虱的产卵量，导致粉虱的种群数量显著降低，并且这种效果在豌豆种植后第 6 周就出现，一直持续到第 28 周豌豆收获之后，这是由于粉虱喜欢在高大的木薯植株上聚集产卵，而与豌豆间作的木薯植株比单作木薯植株小，导致迁入间作木薯上的粉虱成虫数量减少，而迁出的数量增多（Gold et al.，1991）。

此外，一些矮秆作物与高秆作物间作或套种后也阻碍了害虫在不同植株之间的迁移行为，进而影响了其种群数量。例如，玉米禾螟和玉米蛀茎夜蛾的 1 龄幼虫在整块田中的玉米或者甘蔗上迁移，通过降落的方式扩散到其他植株上，非寄主植物的存在导致幼虫扩散时难以停留在适宜的寄主上，幼虫死亡率增加（Chabi-Olaye et al.，2005）。在玉米、甘蔗、豌豆的间作田中，有 30%的玉米禾螟的卵产在非寄主植物豌豆上，其幼虫离寄主植物距离越远，能够转移到寄主植物上的数量越少（Ampong-Nyarko et al.，1994）。Holmes 和 Barret（1997）利用诱捕器和直接观察法研究了大豆间作与单作田中日本弧丽金龟（*Popillia japonica*）种群，结果表明与单作田相比，大豆与甘蔗间作田中日本弧丽金龟的虫口密度显著降低，这是由于间作田中日本弧丽金龟的田间扩散率显著降低。

（二）作物多样性种植对害虫寄主定向行为的控制

有些间作套种植物对害虫具有引诱作用，对主栽作物起保护作用（Takayuki et al.，

2021）。例如，花椒园中间作的大豆对桑白盾蚧（*Pseudaulacaspis pentagona*）若虫有显著的诱集作用，随着间作大豆植株距离花椒树体距离的增加，平均单株大豆上桑白盾蚧种群数量逐渐增加，在 120 cm 处达到高峰，之后随着大豆植株距离花椒树体距离的增加而减少。间作大豆的花椒树上的桑白盾蚧大部分转移到大豆上为害，与单一种植花椒树相比，间作大豆防治桑白盾蚧的效果可达 90% 以上（李正跃等，2009）。在一品红（*Euphorbia pulcherrima*）田中间作茄子，一品红上的温室白粉虱（*Trialeurodes vaporariorum*）数量显著减少，这是由于茄子对温室白粉虱具有显著的引诱作用（Lee et al.，2010）。甘蓝与苜蓿间作，苜蓿能够将甘蓝 'Trocadero' 品种上的长毛草盲蝽（*Lygus rugulipennis*）引诱过来，而对于甘蓝 'Romana' 品种上的长毛草盲蝽的引诱效果则不明显（Accinelli et al.，2005）。棉花分别与诱集作物黄秋葵、蓖麻、向日葵间作，棉叶蝉（*Amrasca biguttula*）的数量显著低于单作棉花（Hormchan et al.，2009）。茶园周围的常见木本杂草迷迭香对茶小绿叶蝉具有引诱作用，可减少茶树上的茶小绿叶蝉种群数量（钮羽群等，2014）。

此外，一些间作套种植物释放的挥发物对害虫还具有驱避作用，从而干扰害虫寻找寄主的行为，导致其向寄主植物定向的数量减少。洋葱与羽衣甘蓝（*Brassica oleracea* var. *acephala*）间作，甘蓝蚜（*Brevicoryne brassicae*）的种群密度显著降低，羽衣甘蓝的产量增加（Mutiga et al.，2010）。田间试验表明蚕豆与罗勒（*Ocimum basilicum*）或者夏季香薄荷（*Satureja hortensis*）间作，罗勒对黑豆蚜（*Aphis fabae*）的驱避作用强于夏季香薄荷，能显著降低黑豆蚜对蚕豆的危害（Basedow et al.，2006）。非寄主植物迷迭香（*Rosmarinus officinalis*）对葱蚜（*Neotoxoptera formosana*）具有驱避作用，当迷迭香和洋葱气味并存时，葱蚜不再被洋葱气味吸引（Hori and Komatsu，1997）。非寄主植物薰衣草（*Lavandula angustifolia*）释放的挥发物对油菜花露尾甲（*Meligethes aeneus*）具有很强的驱避作用，使其不向油菜花定位（Mauchline et al.，2005）。羽衣甘蓝与番茄（*Lycopersicon esculentum*）间作，番茄释放的挥发物会干扰蔬菜黄条跳甲（*Phyllotreta cruciferae*）对羽衣甘蓝的定向行为。间作 30% 和 50% 的番茄显著降低了花椰菜（*Brassica oleracea*）上黄曲条跳甲（*Phyllotreta striolata*）和菜蚜（*Lipaphis erysimi*）的个体数量，而间作 10% 的番茄对黄曲条跳甲无明显控制作用（夏咛等，2015）。茶园周围的草本植物万寿菊（*Tagetes erecta*）（钮羽群等，2014）、小飞蓬（*Conyza canadensis*）（张辉等，2018）、胜红蓟（*Ageratum conyzoides*）（王奇志等，2017）对茶小绿叶蝉具有驱避作用。

（三）作物多样性种植阻隔了害虫对寄主的寻找行为

间作高秆非寄主植物可将寄主植物遮盖住，从而干扰植食性昆虫对寄主植物的视觉定向。四季豆与高秆玉米间作能降低黑豆蚜（*Aphis fabae*）、墨西哥豆瓢虫（*Epilachna varivestis*）的种群数量，而四季豆与低秆玉米间作则不能减少其数量（Coll and Bottrell，1996）。Finch 等（2003）利用田间笼罩试验测定了 24 种非寄主植物（包括花坛植物、杂草、芳香植物、伴生植物、蔬菜）对甘蓝地种蝇（*Delia radicum*）和葱蝇（*Delia antiqua*）寻找各自寄主行为的影响，发现具有芳香气味的植物对这两种蝇类寻找寄主行为的干扰效果并不好，这两种蝇类降落到寄主植物上时会不停地搜索叶面，降落到非寄主植物上时几乎静止不动。在再次起飞之前，它们在非寄主植物上停留的时间是在寄主植物上的2～5倍。他们认为这两种蝇类寻找寄主的行为受到周围非寄主植物的大小的影响，干扰的作用来自植物的绿色叶片，而与植物的气味或者味道无关。还有一些情况是间作套种植物的机械阻隔作用与气味掩盖的共同作用，导致植食性昆虫对寄主植物的定向受到干扰。甘蔗与豌豆间作能降低玉米禾螟（*Chilo partellus*）和非洲豆蓟马（*Megalurothrips sjostedti*）的数量（Ampong-Nyarko et al.，1994）；甘蔗套种绿豆、印度麻或者大豆，蛀茎蛾的发生率显著低于甘蔗单作（Thirumurugan and Koodalingam，2005）。这些都是间作套种植物通过干扰害虫嗅觉、视觉而影响其寄主定位的结果。

（四）作物多样性种植影响了害虫的求偶与交配行为

多样性种植模式中，有些间作套种的植物能干扰害虫的求偶和交配行为。例如，寄主植物芥菜（*Brassica juncea*）存在时，小菜蛾低日龄雌蛾就表现求偶行为，在暗期求偶活动较早，求偶时间也比较长。如果在第一头雌蛾求偶活动结束后，去除寄主植物，则求偶雌蛾总数明显减少（Pittendrigh and Pivnick，1993）。在寄主植物棉花存在的情况下，粉纹夜蛾（*Trichoplusia ni*）在暗期的求偶活动较早（Landolt et al.，1994）。

（五）作物多样性种植影响了害虫的产卵行为

有些间作植物释放的挥发物会通过驱避、引诱、掩盖等作用干扰已交配的雌成虫寻找产卵场所。甘蓝（*Brassica oleracea*）与孔雀草（*Tagetes patula*）、蒿子杆（*Chrysanthemum carinatum*）、蝶花鼠尾草（*Salvia horminum*）套种，大菜粉蝶（*Pieris brassicae*）在甘蓝上的落卵量大大减少（Metspalu et al.，2003）。这些都是间作套种植物释放的挥发物干扰害虫的产卵行为造成的。

此外，间作套种的非寄主植物或者非适宜寄主植物会从视觉上干扰害虫对产卵部位的选择能力。棉田间作玉米，由于棉铃虫（*Helicoverpa armigera*）成虫有趋于高秆作物产卵的生活习性，棉铃虫会将大部分卵产在玉米植株上，从而减少了棉花上棉铃虫的落卵量、减轻了棉铃虫对棉花的危害。与此类似，高粱与棉花间作，也能减少美洲棉铃虫（*Helicoverpa zea*）在棉花上的产卵量（Tillman and Mullinix，2004）。甘蓝与红三叶草间作，萝卜根蝇（*Delia floralis*）的落卵量减少42%～55%（Björkman 2007）；欧洲油菜（*Brassica napus*）与小麦（*Triticum aestivum*）间作能够减少根蝇（*Delia* spp.）的产卵量（Hummel et al.，2009）。大豆、玉米、大麦带状间作，由于大豆、大麦植株的机械阻隔，北方玉米根虫（*Diabrotica barberi*）、西方玉米根虫（*Diabrotica virgifera*）的产卵量显著减少（Ellsbury et al.，1999）。

（六）作物多样性种植提高了天敌对害虫的控制作用

间作套种作物受到害虫危害后大量释放的化学挥发物可吸引天敌昆虫，从而有效保护主栽作物免受害虫危害（李新岗等，2008；Hare，2011）。例如，在害虫的取食诱导作用下，利马豆、玉米、黄瓜等13属20多种作物释放出的挥发性异戊二烯及莽草酸等次生代谢物质对捕食者或寄生蜂等天敌具有吸引作用（娄永根和程家安，1997）。在不同的种植模式下，释放寄生蜂防治主栽作物棉花上的烟粉虱时，间作模式与围种模式相比能显著增加寄生蜂在主栽作物棉花上的寄生量，从而提高对烟粉虱的控制效果（Zhang et al.，2020b）。棉花与绿豆间作能提高螟黄赤眼蜂和玉米螟赤眼蜂对棉铃虫卵的寄生率（郑礼等，2003）。玉米与马铃薯或向日葵间作均能显著提高玉米田天敌昆虫的多样性及总种群数量（贾永超等，2019）。夏咛等（2015）研究发现，花椰菜间作番茄显著提高了菜蛾绒茧蜂（*Cotesia plutellae*）的个体数量和蜂蛾比，但对蜘蛛的数量无显著影响。梁远发等（2002）发现，相比于单作茶园，与茶树间作或在茶园周围种植果树、药材、桑树等乔木，茶树下地表和地下分别种植食用菌和天麻（*Gastrodia elata*）等资源物种，茶园天敌种类增加37.53%～55.41%，数量增加40.63%～62.72%，叶蝉、螨类、蚧类数量减少40%～80%。陈亦根等（2004）在常年种植长耳节草（*Hedyotis uncinella*）的复合茶园中调查到了更多样和更稳定的昆虫群落与节肢动物群落。许丽艳（2013）发现间作白车轴草（*Trifolium repens*）或印度豇豆（*Vigna sinensis*）的茶园寄生蜂的物种数、个体数和多样性指数显著高于单作茶园。刘双弟（2012）发现在茶园间作胜红蓟（*Ageratum conyzoides*）能够为天敌提供丰富的花粉及啮虫幼虫，有利于圆果大赤螨（*Anystis baccarnm*）的生长繁殖，可充分发挥茶园以螨治虫的生态控制效应，有效地控制了茶小绿叶蝉种群的发展；同时，还可以增强茶尺蠖绒茧蜂（*Apanteles* sp.）对茶尺蠖的控制作用。陈李林等（2011）和Chen等（2019）发现将茶与百喜草（*Paspalum notatum*）或圆叶决明（*Chamaecrista rotundifolia*）间作可以显著提高茶树上叶蝉天敌捕食螨的种群数量。间作适合的绿肥植物，有利于增加茶园的圆果大赤螨的个体数，圆果大赤螨对茶小绿叶蝉有一定的控制效应。间作绿肥的茶园圆果大赤螨控制茶小绿叶蝉的效应随着时间延长而增大。张正群等（2016）研究表明，与单作茶园相比，茶园间作罗勒（*Ocimum basilicum*）、紫苏（*Perilla frutescens*）等芳香植物可以增加天敌种群数量，减少茶小绿叶蝉等害虫的种群数量，推测芳香植物可以大量开花，在给天敌提供转换寄主和庇护所的同时，也可以引诱天敌并为其种群发展提供所需的花蜜等食物，从而促进各种天敌种群的发展，进而间接调控茶园害虫的发展和扩散。

农田杂草能为天敌提供补充营养，有些杂草具有诱集或化学驱避和屏蔽作用，从而提高了天敌的存活率和繁殖率及天敌在田间的定殖成功率，提高了田间天敌的种群密度，为害虫控制奠定了基础。此外，有些杂草还对害虫的生存繁殖有一定的影响。姚凤銮和尤民生（2017）研究发现，非作物生境如草地、林地等蕴含着丰富的天敌资源，并且这些天敌资源可在作物生境与非作物生境间双向移动，从而显著提高了生境间移动的天敌物种丰富度；而作物生境植被种类少，农事活动干扰频繁，可能不利于维持多种天敌，从而限制了不同作物生境间移动的天敌物种丰富度。在茶园生态系统中，周围常见的非作物生境通常有林地、休耕地、草地、道路、田块边缘区和河流等，其中茶园周围杂草地对茶小绿叶蝉种群具有积极的促进作用，而林地对茶小绿叶蝉种群具有消极作用（李金玉等，2020）；也有研究报道茶园周围的林地对茶园天敌种群具有良好的支持作用（黎健龙等，2014；叶火香等，2016）。杂草地是茶园周围常见的自然生境类型，杂草地生境通常被认为可能栖息着大量可作为生物防治资源的天敌昆虫（Tscharntke et al.，2012；Gurr et al.，2017）。但是，也有研究认为，杂草地生境对茶园主要害虫茶小绿叶蝉种群具有促进作用。例如，崔林等（2017）对 13 类茶园的研究结果表明，茶-杂草茶园和茶-林-杂草茶园的茶小绿叶蝉种群密度显著高于其他类型茶园，推测杂草可能是茶小绿叶蝉重要的转主寄主，促进了茶小绿叶蝉种群的繁衍，从而促进了茶小绿叶蝉的发生危害。

果园种植覆盖植物对保护天敌、成功控制害虫的研究报道较多，苹果园和葡萄园合理种植覆盖植物能增加天敌种类和数量，减少害虫的数量。苹果园种植白香草木樨（*Melilotus albus*），可明显增加害虫天敌拟长毛钝绥螨（*Amblyseius pseudolongispinosus*）和中华草蛉（*Chrysoperla sinica*）种群数量，降低山楂叶螨（*Tetranychus viennensis*）种群数量。

第二节　作物轮作控制害虫的效应

轮作不仅有利于均衡利用土壤养分，而且有助于改善土壤理化性状、提高土壤肥力、控制杂草，还可以切断害虫的生活史、改变害虫的生存环境（Mohler et al.，2009），从而抑制害虫的种群数量，减轻害虫的危害。

一、作物轮作控制害虫的原理

（一）直接杀灭害虫

轮作需要对土壤进行翻耕等处理，因此对土壤中越冬的虫体具有机械损伤或杀灭作用；水旱轮作也可以通过水淹直接使害虫窒息而亡，从而压低在土壤中越冬的害虫虫口基数。

（二）切断害虫的生活史或降低害虫生存的适宜性

轮作作为控制害虫的一种手段，其对害虫种群数量控制的有效性主要与害虫的生活史策略相关（Mohler et al.，2009）。只有当目标害虫具有特定或狭小的寄主范围、在从上一茬作物的末期到下一茬作物的初期这一阶段具有弱的移动能力以及不能长久（通常 1～2 年）离开寄主而存活时，轮作才能有效控制害虫（Mohler et al.，2009）。选择抗虫、害虫非嗜好的寄主植物进行轮作，可以降低害虫的虫口密度、虫体的体重和繁殖率，提高害虫死亡率。而种植害虫的非寄主植物或对害虫有致死、驱避作用的植物可以有效降低害虫的虫口密度。另外，如果种植的植物根系在土壤浅层，那么在土壤深层活动的地下害虫则可能由于取食不到食物而面临饥饿死亡的风险。

另外，有些害虫如金针虫和蛴螬等可以在土壤中存活多年，因此，轮作的年限也是影响害虫控制的重要因素。例如，连年一年两熟或四年七熟，晚秋种植玉米、绿豆和红薯的小麦田块沟金针虫（*Pleonomus canaliculatus*）的虫口密度大，而三年五熟及一年一熟且晚秋种植芝麻和黄豆的小麦田块沟金针虫的虫口密度小。随着轮作年限的增加，控制害虫的效果不断增强。

很显然，如果选择轮作的植物都是害虫嗜好的寄主植物，那么轮作就不能控制害虫。

但是，如果轮作的植物并非害虫嗜好的植物，甚至是抗虫品种或品系，那么轮作就可以抑制害虫的发展，减轻害虫的取食。因此，认识害虫的寄主范围，筛选抗虫或不适宜害虫取食的植物是轮作控虫的关键步骤。

然而，需要注意的是，尽管轮作可以控制一些重要的害虫如玉米根虫（*Diabrotica* spp.）、马铃薯甲虫（*Leptinotarsa decemlineata*）、金针虫（*Melanotus communis*）、地老虎（*Agrotis* spp.）、蛴螬（Mohler et al.，2009），但如果目标害虫的寄主范围大，那么轮作除了翻动土壤可能造成害虫的死亡外，轮作本身并不能有效抑制害虫种群的暴发。另外，许多害虫在成虫阶段具有一定的移动能力，它们从越冬虫态羽化后便可以轻易飞越整个农场。因此，年度间的轮作措施不能起效（Mohler et al.，2009）。还有一些害虫如棉铃虫、粉纹夜蛾和马铃薯叶蝉在美国东北地区不越冬，它们可以飞行上千公里来寻找寄主以重新定殖。对于这些具备长距离迁移能力的害虫，轮作就不能起到积极的控制作用了（Mohler et al.，2009）。

（三）促进对天敌资源的保护和利用

轮作减少了杂草等害虫的寄主植物，不仅降低了害虫的越冬虫口基数，还有利于保护和利用天敌，充分发挥天敌对害虫的控制作用，减轻害虫的取食。

二、作物轮作控制害虫的效果

（一）轮作对玉米根虫的控制效果

玉米根虫主要包括西方玉米根虫（*Diabrotica virgifera*）和北方玉米根虫（*Diabrotica barberi*），是最严重威胁北美玉米生产的重要害虫，西方玉米根虫和北方玉米根虫的成虫于 8 月和 9 月取食玉米穗和其他植物的花朵，并产卵于靠近玉米植株的土壤中。卵越冬后于翌年春天孵化，幼虫不能在小粒谷物、高粱以及阔叶作物上存活，在禾本科杂草上的存活率极低，因此，玉米根虫只有通过取食玉米根丝才能保持一定的种群数量（Mohler et al.，2009）。轮作使得玉米根虫的食物来源中断，防止了玉米根虫向其他地区扩散。玉米和小粒谷物、甘草、三叶草、苜蓿以及大豆轮作曾很好地控制了玉米根虫（Levine and Oloumi-Sadeghi，1991）。但是北方玉米根虫和西方玉米根虫分别于 20 世纪 80 年代中期和 20 世纪 90 年代中期对传统的轮作措施产生了适应性（Levine et al.，2002）。这两种害虫适应轮作的机制不一样，前者通过延长卵滞育的时间，即由原先的 1 年滞育期延长到 2 年，并因此度过第二年轮作的非寄主作物；后者则是通过改变产卵行为，即由只在玉米田中产卵转变成到即将轮作为玉米田的作物田（通常是大豆田）中产卵，以保持后代种群的虫口基数（Levine et al.，2002）。

（二）轮作对马铃薯甲虫的控制效果

马铃薯甲虫（*Leptinotarsa decemlineata*）是一种重要的检疫性害虫，分布在北美和欧亚大陆，可对马铃薯造成毁灭性的危害（Szendrei et al.，2009）。马铃薯连作常造成马铃薯甲虫的大暴发，而采取轮作的耕作措施有利于控制该害虫。马铃薯甲虫通常于夏末羽化，以成虫在田埂和土壤中越冬。越冬的成虫于翌年春天从土壤中苏醒后便向周边的寄主植物爬去。此时，马铃薯甲虫还不能飞行，离它恢复具备飞行的能力还有一段时间（Mohler et al.，2009）。因此，可以通过大面积的轮作或在一定区域内将马铃薯种植到距离上一年马铃薯田块较远的地方，来达到延迟或减少春季马铃薯甲虫侵染的目的（Weisz et al.，1994；Sexson and Wyman，2005）。Weisz 等（1994）发现马铃薯甲虫的种群密度和取食指数均随着轮作田之间距离的增加而降低。Sexson 和 Wyman（2005）发现当轮作田之间的距离大于 400 m 时，方圆 18 200 hm^2 的马铃薯生产用地内马铃薯甲虫的为害情况显著减轻。如果更大区域内的农户可以协作安排上述轮作的距离和一定的年限，那么轮作措施就可以成为控制春季马铃薯甲虫的有效农艺耕作措施。

当然，还可以通过设置各种障碍阻挡或进一步延缓马铃薯甲虫向马铃薯田块靠近，如密植谷类作物（Mohler et al.，2009）、农田边界种植冬黑麦或干草等（Weisz et al.，1994）、设置塑料壕沟（Misener et al.，1993；Boiteau et al.，1994；Mohler et al.，2009）和塑料陷阱（Boiteau and Osborn，1999）等。由于冬小麦对马铃薯甲虫迁移的阻挡作用，轮作冬小麦后，马铃薯田中马铃薯甲虫的产卵日期延迟，这种产卵日期的延迟可以直接推迟 F$_1$ 代种群的出现日期。另外，由于后期滞育的发生，F$_1$ 代产卵量减少。但是，由于在仲夏羽化的马铃薯甲虫有一个长距离飞行的生活史阶段，因此，轮作措施仅对马铃薯生长前期马铃薯甲虫种群的发展起到积极有效的抑制作用（Mohler et al.，2009）。

（三）轮作对金针虫的控制效果

金针虫是叩头虫的幼虫，在土壤中可存活 3～5 年（Andrews et al.，2008）。金针虫是一种世界性的害虫，其寄主范围广泛，包括马铃薯、小麦、大麦、甜三叶、红三叶、玉米、洋葱、胡萝卜、甜菜、甜瓜、豌豆和黄豆等，其中对马铃薯和草坪的取食尤为明显（Parker and Howard，2001；Andrews et al.，2008）。长期种植草地的田块以及种植小粒谷物的田块极易发生金针虫危害问题（Parker and Howard 2001；Andrews et al.，2008）。在连续种植 15 年以下的草地中，金针虫的虫口数量可以持续增长；在连续种植 15 年或更长时间的草地中，金针虫的虫口数量则较为稳定，发生严重时，每英亩[①]草地中金针虫的虫口数量可以超过 100 万头。所以，应该避免在上述田块后作块根作物、甜菜、玉米和瓜类等易感金针虫的作物（Mohler et al.，2009）。如果草地更换成耕地，初始虫量达每英亩 50 万头的田块 1 年后金针虫虫口数量可下降 25%，2 年后可下降到原来的 50%。如果草地轮作成其他耐金针虫的作物，5 年后金针虫的虫口密度可以下降90%（Andrews et al.，2008）。

不同的轮作作物和轮作作物组合对金针虫种群数量的发展影响不一致。小麦与玉米、绿豆和红薯轮作能促进金针虫的发展，而芝麻和绿豆轮作则有利于减轻金针虫的取食。在英国，人们认为亚麻籽、大麦、豌豆和黄豆耐金针虫的为害，所以常选择它们与马铃薯和草地等进行轮作。在澳大利亚，冬小麦被认为可以减少后作马铃薯的金针虫种群数量，而高粱、向日葵、大豆、鹰嘴豆和绿豆则可能加重金针虫的为害（Roberston，

---

① 1 英亩≈0.004 047 km^2。

1993）。在美国，2~4 年的苜蓿轮作致使金针虫，主要是 *Limonius cannus* 和 *Limonius californicus* 的数量持续下降；在 2 年的轮作中，金针虫的数量在小麦-马铃薯轮作的处理中最多，在甜菜-玉米轮作的处理中最少，位于中间的金针虫数量从多到少的处理分别是小麦-玉米轮作、马铃薯-玉米轮作和甜菜-马铃薯轮作。Baumler（2008）发现前作玉米、棉花、大豆和烟草对后作甘薯地中金针虫的虫口数量有显著影响且影响效应不一致，其中前作大豆的甘薯地中金针虫最多，前作棉花的甘薯地中金针虫最少，居中的依次为前作玉米和烟草。

轮作对金针虫的控制作用还受轮作年限和作物轮作顺序的影响。随着轮作年限的增加，金针虫的虫口数量不断下降，如在 4 年的轮作中，耕种 2 年甜三叶之后的马铃薯-玉米轮作比玉米-马铃薯轮作更有利于控制金针虫的虫口数量，耕种 2 年甜三叶之后的甜菜-马铃薯轮作较马铃薯-甜菜轮作更有利于控制金针虫的虫口数量；在 5 年的轮作中，耕种 3 年苜蓿之后的马铃薯-玉米轮作比玉米-马铃薯轮作更有利于控制金针虫的虫口数量；在 7 的轮作中，耕种 4 年苜蓿之后进行 3 年的马铃薯、玉米、甜菜的 6 种轮作组配，其中以马铃薯-玉米-甜菜轮作的金针虫虫口数量最少，而玉米-马铃薯-甜菜轮作的最多。

水旱轮作也有利于控制金针虫。淹水可以杀死金针虫。另外，轮作过程中需要对土壤进行反复地翻耕，一方面可以直接损伤虫体，另一方面会致使土壤干燥不利于金针虫生存，或者使虫体暴露而被鸟类取食。

（四）轮作对蛴螬的控制效果

蛴螬是鞘翅目金龟子科昆虫的幼虫，是重要的地下害虫，喜食须根系发达的植物，寄主范围包括许多农作物，如玉米、小米、甘蔗、高粱、花生、大豆、草莓、马铃薯、大麦、小麦、燕麦、黑麦、菜豆和萝卜，以及各种牧草、草坪草、树木和花卉。

齿爪鳃金龟属的重要害虫如暗黑鳃金龟（*Holotrichia parallela*）和华北大黑鳃金龟（*Holotrichia oblita*）的幼虫是为害花生的主要害虫。花生连作容易导致蛴螬虫害逐年加重，而实行 2 年的花生-水稻的水旱轮作模式可有效控制蛴螬（蒋洪良，1995）。刘永丰（2005）认为实行花生-甘薯轮作可以减轻蛴螬的为害；在福建莆田，也有实行花生-甘薯轮作、套种的传统。但是，王永祥等（1998）发现甘薯和花生田中的蛴螬数量均较多。因此，是否可以实行花生-甘薯轮作一方面要根据当地的实际情况，另一方面需要进一步设计试验来验证。

鳃金龟属蛴螬可以在土壤中存活 3~4 年，夏末秋初的土地翻耕可机械损伤鳃金龟属蛴螬或使其暴露给捕食者（Mohler et al.，2009）。如果结合轮作不适宜蛴螬取食的植物，可以更加有效地控制鳃金龟属蛴螬（Oliveira et al.，2007）。通过比较巴西一种重要的鳃金龟属害虫 *Phyllophaga cuyabana* 对木豆、大麻、大叶猪屎豆、狭叶猪屎豆、大豆、棉花、向日葵、藜豆和玉米的取食与产卵选择性，Oliveira 等（2007）发现，在非选择性条件下，*P. cuyabana* 在向日葵、大麻和大豆上的产卵量显著高于棉花上的产卵量；当有大豆和大叶猪屎豆两种植物供选择的情况下，*P. cuyabana* 在大豆上的产卵比例和叶片取食比例均显著高于大叶猪屎豆；在多作田中，*P. cuyabana* 在大豆、玉米、向日葵和黎豆种植田块中的数量显著高于棉花和大麻的种植田块。因此，应该避免大豆、玉米的连作和轮作，避免大豆和/或玉米与向日葵和黎豆的轮作，但可以采取大豆或玉米与棉花和大麻进行混种或轮作（Oliveira et al.，2007）。不仅不同作物对蛴螬的抗性不同，同一作物不同品系间对蛴螬的抗性也有差异（Crocker et al.，1990）。Crocker 等（1990）研究发现，选择小麦（*Triticum aestivum*）、燕麦（*Avena sativa*）和大麦（*Hordeum vulgare*）各 4 个对蛴螬 *P. congrua* 的抗感品种进行混栽，大麦的两个品种受害程度最重，而燕麦的两个品种受害程度最轻。除了大麦的抗虫品系受害程度相当外，燕麦和小麦均以感虫品系受害较重。

Mohler 等（2009）研究发现，尽管一些蛴螬种类，如欧洲金龟子（*Rhizotrogus majalis*）、东方丽金龟（*Anomala orientalis*）、日本弧丽金龟（*Popillia japonica*）和栗玛绒金龟（*Maladera castanea*）寿命短，但其成虫活动能力强，因此轮作对这些蛴螬没有控制作用。但是，LaMondia 等（2002）发现，与草莓连作相比，轮作高粱、两个品种的燕麦均对上述 4 种蛴螬起到显著的控制作用。

第三节　农田周边环境对害虫的控制效应

农田生态系统是一种开放、不稳定的人工生态系统，由单纯的农田以及农田周边的环境构成。农田周边环境是农田生态系统中的非耕作区，或称为非作物生境，主要包括林地、灌木篱墙、田埂、水渠、休耕地、抛荒地和杂草地等。在传统的有害生物综合治理过程中，人们往往只关注农田中农作物上有害生物的为害情况，常常忽视农田周边环境对农田中有害生物发生和为害的影响，因此采取了仅针对单纯农田的系列防治措施。然而，农田周边环境与农田之间存在生物、物质及能量的交换（Reagan et al.，1978），农田中有害生物能否发生、发生早晚和危害程度与农田周边环境中的植被、有害生物种类等有着密切的联系。在害虫防治方面，农田周边环境被认为是害虫及其天敌寻求替代寄主或补充营养以及在空间上躲避不良环境条件的主要场所（尤民生等，2004，刘宗勇等，2016），因此，重视农田周边环境的保护、设计和管理对农田害虫的防控具有十分重要的作用（李正跃等，2009）。

一、农田周边环境对害虫的影响

由于受气候和人为栽培耕种等农事活动的干扰和影响，农田作物生境处于经常的和季节性的变动之中，当食物短缺或生境恶化时，害虫便可能逃往农田邻近的非作物生境中，依靠取食杂草或其他植被维持生命，当农田中种植作物或干扰消退后，这些害虫便迁回农田进行取食为害。农田周边的部分杂草是一些害虫的重要替代寄主。例如，白背飞虱（*Sogatella furcifera*）能在稻田田埂上一些常见的禾本科杂草如稗（*Echinochloa crusgalli*）、千金子（*Leptochloa chinensis*）、马唐（*Digitaria sanguinalis*）、狗牙根（*Cynodon dactylon*）和莎草（*Cyperus* spp.）等上正常生长和发育（俞晓平等，1996a）。俞晓平等（1996a）发现在稗、千金子、马唐和狗牙根上栖息着少量的褐飞虱（*Nilaparvata lugens*）

和二点黑尾叶蝉（*Nephotettix virescens*），以及数量更多的白背飞虱、二条黑尾叶蝉（*Nephotettix apicalis*）和电光叶蝉（*Deltocephalus dorsalis*）。稻田周围的一些常见杂草如稗、鸭跖草（*Paspalum scrobiculatum*）和狼尾草（*Pennisetum* spp.）是大稻缘蝽（*Leptocorisa oratoria*）的替代寄主。大豆、棉花以及其他一些作物和果树上的蝽类害虫经常在杂草和一些野生植物上度过生活史的一个阶段（Panizzi，1997）。苹果园中常见的杂草——长叶车前（*Plantago lanceolata*）是苹果园重要害虫车前圆尾蚜（*Dysaphis plantaginea*）的替代寄主（Blommers et al.，2004）。

　　农田周边的植被生境尤其是杂草地，是许多害虫特别是多食性害虫的重要滋生地，与农田作物虫害的发生和危害程度有密切的联系（Norris and Kogan，2000；Capinera，2005）。在加拿大，赛氏蝽（*Chlorochroa sayi*）可以在抛荒地的杂草刺沙蓬（*Kali tragus*）上生存并扩散到邻近的小麦田，其对小麦的为害程度与杂草刺沙蓬上赛氏蝽的种群数量以及两个田块之间的距离有关。在棉田周围的 20 余种杂草上均发现了棉蚜（*Aphis gossypii*），这些棉蚜可能是棉田棉蚜的早期虫源（李正跃等，2009）。Hradetzky 和 Kromp（1997）发现在树篱和林地中聚集了大量可能危害邻近黑麦（*Secale cereale*）的蚜虫。萝卜田周围的异株荨麻（*Urtica dioica*）是胡萝卜茎潜蝇（*Psila rosae*）的重要寄主，该杂草的出现与否以及数量多寡与萝卜田中胡萝卜茎潜蝇发生轻重有直接的联系。红足巨顶叶蜂（*Ametastegia glabrata*）通常在酸模（*Rumex* spp.）和蓼（*Polygonum* spp.）上生活，但是每年的最后一代其转移至苹果树上，幼虫蛀食苹果果实或者嫩梢（Altieri and Nicholls，2004）。在北美，原切根虫（*Euxoa auxiliaris*）常聚集取食一年生杂草羽叶播娘蒿（*Descurainia pinnata*），待将该杂草和其他杂草啃光之后，原切根虫幼虫便转而取食小麦（*Triticum aestivum*）（Capinera，2005）。

　　农田周边植被生境为一些害虫提供了休眠和滞育的场所。车前圆尾蚜通常在车前草上越夏，夏末秋初转移到苹果树上继续为害（Altieri and Nicholls，2004）。小麦的重要害虫麦长管蚜（*Macrosiphum avenae*）在盛夏季节可从稻田迁飞到海拔 500 m 以上的禾本科杂草如马唐（*Digitaria sanguinalis*）和鹅观草（*Roegneria kamoji*）上越夏（俞晓平等，1996b）。在美国得克萨斯州北部的平原地区，给当地棉花造成严重危害的棉铃象甲（*Anthonomus grandis*）在棉田周围防风林的矮丛栎（*Quercus havardii*）落叶层中越冬（Carroll et al.，1993），而在得克萨斯州高地平原地区，该害虫则可能在田埂上的弯叶画眉草（*Eragrostis curvula*）和一些本地杂草丛，如垂穗草（*Bouteloua curtipendula*）、格兰马草（*Bouteloua gracilis*）、野牛草（*Buchloe dactyloides*）和 *Leptochloa dubia* 中度过严寒（Carroll et al.，1993）。灰飞虱（*Laodelphax striatellus*）可以以卵或 2 龄若虫在田埂、荒地、沟渠边及路边的杂草上越冬（俞晓平等，1996b；刘向东等，2006）。取食牧草的淡红缺翅蓟马（*Aptinothrips rufus*）和袖指蓟马（*Chirothrips manicatus*）在树篱的落叶层中越冬，谷泥蓟马（*Limothrips cerealium*）在树皮中越冬，蓟马（*Limothrips denticornis*）可以在树篱的落叶层和树皮中越冬，但更倾向于前者。在我国，二化螟（*Chilo suppressalis*）幼虫可以在稻田附近的菰（*Zizania latifolia*）上越冬，黑尾叶蝉（*Nephotettix cincticeps*）能以 4 龄若虫在田埂及水渠边的禾本科杂草上越冬。小麦上的重要害虫悬钩子长管蚜（*Sitobion fragariae*）喜欢在灌木悬钩子（*Rubus* spp.）上越冬，少量的羊茅无网蚜（*Metopolophium festucae*）可以在田间杂草上越冬，为害蚕豆（*Vicia faba*）和甜菜（*Beta vulgaris*）的黑豆蚜（*Aphis fabae*）可以在落叶灌木欧洲卫矛（*Euonymus europaeus*）上越冬（Leather，1993）。

农田周边环境影响害虫的分布格局。典型的例子就是树林对昆虫分布的影响。防风林可以影响风力和微气候，从而影响昆虫的运动和分布。无翅以及小型的昆虫主要受气流影响，此类昆虫更喜欢待在风小的地方，有翅类昆虫虽然能自由移动，但是也倾向于聚集在风速减弱的区域，以便更好地自主飞翔。

农田周边环境中的植被对特定害虫具有引诱或驱避的作用，从而影响害虫的运动行为、分布以及对作物的危害程度（尤民生等，2004；李正跃等，2009）。防风林中的植被除了通过影响风，干扰害虫的扩散分布外，其对害虫视觉和嗅觉的刺激也会进一步影响害虫的分布格局。十字花科杂草[主要是野生油菜（*Brassica campestris*）]可能含有某些特殊的化学物质，这些物质可引诱羽衣甘蓝（*Brassica oleracea* var. *acephala*）上的蔬菜黄条跳甲（*Phyllotreta cruciferae*）。多样化的稻田生境不利于稻飞虱发生（Lin et al.，2011）。水稻田埂和沟渠边常见的水莎草（*Cyperus serotinus*）可作为大螟（*Sesamia inferens*）的致死性诱集植物（dead-end trap crop）（Liu et al.，2011）。在喀麦隆，象草（*Pennisetum purpureum*）是一种路边常见的杂草，其可以作为玉米楷夜蛾（*Busseola fusca*）、非洲大螟（*Sesamia calamistis*）、非洲茎螟（*Eldana saccharina*）以及可可黑脉螟（*Mussidia nigrivenella*）高效的引诱或致死性诱集植物，从而提高玉米的产量（Ndemah et al.，2002）。

农田周边环境中的植被与农田中害虫的发生、分布以及取食为害有紧密的联系，而且前者对后者的影响形式多样（尤民生等，2004）。这种多方面和多样化的影响与非作物植被对微气候的影响以及植被本身的特性对害虫视觉和嗅觉的影响有关。因此，可以通过改变农田周边环境中植被的组成、结构和覆盖度等，来营造不利于害虫生存的环境或有利于集中杀灭的条件，实现对作物害虫的持续控制。

二、农田周边环境对天敌的影响

大量研究已经证实，农田周边环境对农田中天敌的发生发展有促进作用，从而增强天敌对害虫的控制作用。在作物种植前，农田周边环境是天敌的桥梁生境，为移居农田的天敌提供种库；在作物生长期，农田周边环境成为天敌更好维系生存的临时避难所（娄永根等，1999）。农田周边环境对天敌的重要作用还体现在其中的植被可以为天敌提供农田作物生境中没有或比农田作物生境更优质的生存资源，如丰富的食物与水分，以及适宜的微气候、避难所、越冬场所和交配场地等（Dennis and Fry，1992）。

多食性的步甲 *Harpalus pensylvanicus* 和 *Anisodactylus ovularis* 可以取食草畦上的野生植被如草地早熟禾（*Poa pratensis*）的种子和黑腹果蝇（*Drosophila melanogaster*）的蛹（Frank et al.，2011）。许多寄生蜂需要取食花蜜和花粉以保证繁殖发育以及延长寿命（Landis et al.，2000）。小菜蛾的重要寄生性天敌岛弯尾姬蜂（*Diadegma insulare*）可以取食野生开花植物如芥菜（*Brassica juncea*）、欧洲山芥（*Barbarea vulgaris*）、野

胡萝卜（*Daucus carota*）、小花糖芥（*Erysimum cheiranthoides*）和菥蓂（*Thlaspi arvense*）的花蜜，尽管岛弯尾姬蜂成虫不能吸食藜（*Chenopodium album*）和苣荬菜（*Sonchus arvensis*）的花蜜，但是可以利用它们被黑豆蚜取食后分泌的蜜露（Idris and Grafius，1995）。

在英国南部，当果园中苹果全爪螨（*Panonychus ulmi*）的数量不足时，其重要的捕食性天敌棱角毛翅盲蝽（*Blepharidopterus angulatus*）就会迁移到附近的桤木（*Alnus* spp.）上取食蚜虫和叶蝉（Solomon，1981）。梨园附近的灌木狭叶白蜡（*Fraxinus angustifolia*）上的木虱主要是 *Psyllopsis fraxini*，其是梨木虱（*Cacopsylla pyri*）天敌的替代猎物（Rieux et al.，1999）。多年生杂草异株荨麻（*Urtica dioica*）上的荨麻小无网蚜（*Microlophium carnosum*）是许多捕食者、寄生者和虫生真菌的替代猎物或寄主。

在耕种田中越冬的节肢动物在数量和种类上均明显少于在播种的野花条带、树篱和草地等半自然生境中越冬的节肢动物，而且这些节肢动物以捕食性的天敌如隐翅甲、步甲和蜘蛛等为主（Andersen，1997；Pfiffner and Luka，2000；Geiger et al.，2009）。因此，未受干扰的半自然生境（semi-natural habitat）和广阔的农田边缘地带是农田捕食性天敌越冬的主要场所。苹果园附近的森林能为瓢虫提供良好的越冬场所，当苹果园四周被落叶林包围时，五斑瓢虫（*Coccinella quinquepunctata*）的数量要增加 10 倍以上。Geiger 等（2009）发现在以农田为主的地区，越冬的捕食性天敌显著多于以森林为主的景观地带，在草本植被生境中越冬的捕食性天敌密度最大，为 400 头/m²，而在森林中的最低，为 10 头/m²。Dennis 和 Fry（1992）发现在农田边界中越冬的蚜虫捕食性天敌数量丰富，节肢动物群落多样性高。生长在向阳坡和河流附近的益母草（*Leonurus heterophyllus*）上栖息着一种不知名的蚜虫，它是棉蚜茧蜂（*Lysiphlebia japonica*）的替代寄主。棉蚜茧蜂的高龄幼虫在该蚜虫体内度过寒冷的冬天（Wu et al.，2004）。

虽然农田边界的开花植物并不多，但是其拥有比田间更高的食蚜蝇数量（Sutherland et al.，2001）。农田边界环境可能为食蚜蝇提供了其他的食物资源、逃避猎物捕杀的避难所、交配场所以及适宜飞行线路。树篱是步甲 *Nebria brevicollis* 季节性的避难所（Thomas et al.，2001）。在夏天，树林中栖息着比农田生境中更多的瓢虫和姬蜂，这可能是由于这些天敌在树林中可以找到更适宜的微气候（Dix et al.，1997）。Dyer 和 Landis（1997）发现玉米田中寄生蜂的分布可能与毗邻树林提供的食物资源以及适宜的微气候有关。瓢虫 *Coleomegilla maculata* 倾向于在杂草 *Acalypha ostryaefolia* 上产卵，尽管这种杂草上基本没有可供瓢虫食用的替代猎物（Cottrell and Yeargan，1999）。

农田周边环境可以影响天敌的运动和分布。步甲 *Nebria brevicollis* 可以利用树篱作为廊道扩散到附近的农田（Joyce et al.，1999），然而，树篱也可以阻止飞行性昆虫在田块之间的扩散（Wratten et al.，2003）。地面爬行的捕食性天敌的数量和种类在农田中的分布呈现从田埂边向田中央递减的趋势（Dennis and Fry，1992；Saska et al.，2007），这可能是由于这些天敌在田埂等周边环境中越冬后迁入作物田中，其移动的距离和种群密度成反比。Saska 等（2007）还发现作物田旁边的草地中的步甲科昆虫数量并不多，少于农田边界中的步甲数量。一方面，作物田中害虫数量增多，吸引步甲离开草地，迁往作物田；另一方面，步甲对不同生境的嗜好也影响它们的运动和分布。但是，Sutherland

等（2001）发现食蚜蝇在田间的分布并不受田块大小、形状以及与野花条带距离的影响，可能是由于食蚜蝇具有很强的飞行移动能力。刘云慧等（2004）发现林地和农田边界中的步甲数量和种类均比农田生境中多，而与林地毗邻的农田其步甲数量和种类也要比远处的农田高。尽管在树篱边界发现的地面爬行蜘蛛少于森林和河边的，但是其与农田中的蜘蛛有最高的相似性，说明这些蜘蛛可以在两个生境间迁移（Buddle et al.，2004）。吴琼梅等（2011a，2011b）研究发现，与稻田相邻的烟田能够为稻田提供更为丰盛和多样的蜘蛛功能团，有效降低了白背飞虱的种群数量。

三、农田边界的设计与管理

在生产实践中，可以通过改变大田周围非作物生境的植被组成及其他特征来改变农业生态系统中害虫与天敌的相互关系，提高天敌对害虫的控制效能（尤民生等，2004）。因此，可通过以下措施加强生境管理来提高天敌的数量及效能。

（一）人为创建非靶标作物的适宜生境，为天敌提供越冬和避难场所（种库）

在新创建的庇护场所播种一些草本植物，如黑麦草（*Lolium perenne*）、鸭茅（*Dactylis glomerata*）、普通剪股颖（*Agrostis canina*）、绒毛草（*Holcus lanatus*），在作物栽培及生长期间，停止使用除草剂，这种做法可有效地为迁入的天敌提供种库。这样的庇护场所也可以种上一些蜜源植物，以吸引膜翅目和食蚜蝇科（Syrphidae）天敌。例如，Gámez-Virués 等（2009）就发现在树篱中播种显花植物后，寄生蜂的个体数量和物种数均大幅提高，其对害虫的寄生率也增加。在水稻田周边种植芝麻（*Sesamum indicum*）可以显著增加天敌稻螟赤眼蜂（*Trichogramma japonicum*）的数量，提高其寄生和扩散能力，降低害虫造成的危害（Zhu et al.，2015；田俊策等，2018）。提高半自然生境和景观多样性有助于增加天敌多样性，降低害虫数量，其中森林和草地对天敌的物种多样性和功能多样性有促进作用。因此在设计农业景观时，需要因地制宜，同时考虑生境条件和空间尺度的影响（Saqib et al.，2020；Zhang et al.，2021）。

（二）增加生境的潜能

在现有大田周围栖境（如围篱）的基础上，增加新的天敌庇护场所，测定这些庇护场所的小气候变化及其与越冬捕食者数量的相互关系。例如，在玉米田与周围树篱之间的空地上种水稻、麦类，可以创建具有良好微气候的栖境；也可以在这种新创建的天敌庇护场所种草，以改善围篱的质量。通过研究和阐明大田周围非作物生境在为天敌提供越冬场所、花蜜和花粉、替代猎物，以及为某些捕食者提供栖境等方面所起的作用，有利于农田设计和创建合理的围篱，促进自然天敌的种群繁衍，提高天敌的控制效能。荞麦（*Fagopyrum esculentum*）、香雪球（*Lobularia maritima*）、菊蒿叶沙铃花（*Phacelia tanacetifolia*）和芫荽（*Coriandrum sativum*）是几类较常用于验证对寄生蜂有促进作用的显花杂草。在利用天敌防治麦田蚜虫时，菊蒿叶沙铃花因花期较长的特点一直是田间供食蚜蝇取食补充营养的重要来源之一，在麦田边条播新疆白芥（*Sinapis arvensis*）和菊蒿叶沙铃花后，可招来大量捕食性天敌如食蚜蝇等，使麦田边缘植株的天敌数量大大增加。

Thomas 等（1991）建议在农田中创建岛屿生境，保护捕食性天敌。Le Coeur 等（2002）建议保护农田周边的树篱，Griffiths 等（2008）认为这些树篱在生物防治上具有很大的潜力。在温带地区，越来越多的人选择在果园周围种植单一树种的护篱，白杨（*Populus* spp.）、柳树（*Salix* spp.）、某些针叶松都可以作为护篱的树种，但用得最多的是桤木。这些护篱树都不能为取食苹果的多食性昆虫或螨类提供食物资源，因此，它们对果园害虫综合治理构不成威胁。另外，黄花柳（*Salix caprea*）上有数量众多的捕食性天敌欧原花蝽（*Anthocoris nemorum*）和林地花蝽（*Anthocoris nemoralis*），它们可以在 4 月初转移到苹果树上取食数量大且刚刚羽化的蚜虫和木虱。

目前，在欧洲各国均已推广了系列农业环境计划（agri-environment scheme），这些计划通过改造农田周边环境成功达到了保护生物多样性的目的，取得了良好的经济和社会效益（Knop et al.，2006；Albrecht et al.，2007；Carvell et al.，2007）。该计划也在实践中得到不断完善和改进（Whittingham，2007；Merckx et al.，2009；Whittingham，2011）。1997 年，国际水稻研究所启动了由中国、越南、泰国、菲律宾等国参加的为期 5 年的"利用生物多样性稳定控制水稻病虫害"的研究项目，研究内容之一是通过在数块稻田四周建立一定宽度（1 m 以上）的"绿色走廊"，在走廊中有选择地种植一些杂草和低矮植物，这些杂草和低矮植物将作为天敌生存、过冬和繁衍的栖息地，各种天敌在水稻生长季节可随时迁移到稻田中，从而有效控制水稻害虫初始群体数量和增殖速度（汤圣祥等，1999；刘慧，2019）。这些成功的经验和积极的探索，为农田周边环境的设计和管理积累了丰富的知识，为充分保护和利用生物多样性、增强害虫的生态治理奠定了坚实的理论和实践基础。

小　结

农业生物多样性控制害虫是指利用不同作物间作、轮作以及农田周边环境对害虫的控制效应。利用农业生物多样性控制害虫主要包括对害虫的迁移行为、定向行为、求偶与交配行为、产卵行为的影响，并在一定程度上保护害虫的天敌。

农作物合理间作、套种、轮作或混种，可以增加田间捕食性和寄生性天敌种群数量、降低害虫繁殖率、驱避害虫、阻止害虫迁移或妨碍害虫的活动等。此外，轮作还有利于均衡利用土壤养分，不仅有助于改善土壤理化性状、提高土壤肥力、控制杂草，而且可以切断害虫的生活史、改变害虫的生存环境。农田周边环境被认为是害虫及其天敌寻求替代寄主或补充营养以及在空间上躲避不良环境条件的主要场所。因此，合理地间作、套种、轮作、混种及改善农田周边环境能够达到有效控制害虫种群数量的目的。

思　考　题

1. 作物多样性影响害虫迁移行为的原因是什么？

2. 作物多样性对害虫定向行为的影响包括哪几个方面？

3. 作物多样性如何影响害虫的求偶与交配行为？

4. 为什么作物多样性能起到保护害虫天敌的作用？

参 考 文 献

陈李林, 林胜, 尤民生, 等. 2011. 间作牧草对茶园螨类群落多样性的影响. 生物多样性, 19(3): 353-362.

陈亦根, 熊锦君, 黄明度, 等. 2004. 复合茶园昆虫类群多样性和稳定性研究. 华南农业大学学报, 25(1): 59-61.

程昉, 张雨蔚, 邵明凯, 等. 2019. 5种蒿属植物挥发油对烟草甲和嗜卷书虱的趋避活性分析. 烟草科技, 52(11): 17-22.

崔林, 俞鹏飞, 韩善捷, 等. 2017. 茶园环境和管理技术及茶树品种对假眼小绿叶蝉密度的影响. 安徽农业大学学报, 44(6): 963-967.

窦文珺, 羊绍武, 柳青, 等. 2020. 不同农业种植环境番茄地烟粉虱种群动态及空间分布. 南方农业学报, 51(10): 2470-2479.

黄未末, 周晓静, 李超, 等. 2021. 间作玉米对马铃薯甲虫种群及天敌昆虫的影响. 环境昆虫学报, 43(3): 723-730.

贾永超, 禹田, 张晓明, 等. 2019. 不同间作模式玉米田天敌节肢动物群落特征. 南方农业学报, 50(7): 1496-1504.

蒋洪良. 1995. 花生蛴螬发生规律及防治技术. 湖北植保, (2): 15.

黎健龙, 唐劲驰, 黎秀娣, 等. 2014. 周边不同生境条件对茶园蜘蛛群落及叶蝉种群时空结构的影响. 生态学报, 34(9): 2216-2227.

李金玉, 牛东升, 陈杰, 等. 2020. 茶园周边景观格局对茶小绿叶蝉种群遗传结构的影响. 昆虫学报, 63(10): 1242-1259.

李新岗, 刘惠霞, 黄建. 2008. 虫害诱导植物防御的分子机理研究进展. 应用生态学报, 19(4): 893-900.

李正跃, Altieri M A, 朱有勇. 2009. 生物多样性与害虫综合治理. 北京: 科学出版社.

梁远发, 田永辉, 王国华, 等. 2002. 乌江流域复合生态茶园生态效益及调控研究. 中国农学通报, (1): 76-77, 119.

刘慧. 2019. 农牧复合循环模式对水稻害虫及天敌多样性的调查研究. 长沙: 湖南农业大学硕士学位论文.

刘双弟. 2012. 不同间作模式对台刈茶园小绿叶蝉及其天敌种群数量的影响. 中国园艺文摘, 28(6): 32-36.

刘向东, 翟保平, 刘慈明. 2006. 灰飞虱种群暴发成灾原因剖析. 昆虫知识, 43(2): 141-146.

刘永丰. 2005. 绿色食品花生生产技术操作规程. 农业环境与发展, 22(4): 16-18.

刘云慧, 宇振荣, 刘云. 2004. 北京东北旺农田景步甲群落结构的时空动态比较. 应用生态学报, 15(1): 85-90.

刘宗勇, 李家慧, 卢庭启, 等. 2016. 农业生态区昆虫群落特点与害虫生态控制策略. 耕作与栽培, (5): 55-56.

娄永根, 程家安. 1997. 植物的诱导抗虫性. 昆虫学报, 40(30): 320-331.

娄永根, 程家安, 庞保平, 等. 1999. 增强稻田天敌作用的途径探讨. 浙江农业学报, 11(6): 333-338.

钮羽群, 潘铖, 王梦馨, 等. 2014. 显著调控假眼小绿叶蝉行为的迷迭香挥发物鉴定. 生态学报, 34(19): 5477-5483.

汤圣祥, 丁立, 王中秋. 1999. 利用生物多样性稳定控制水稻病虫害. 世界农业, (1): 28.

田俊策, 王国荣, 郑许松, 等. 2018. 芝麻花对稻螟赤眼蜂寄生和扩散能力的影响. 中国生物防治学报,

34(6): 807-812.

王奇志, 刘育梅, 李书明. 2017. 入侵植物胜红蓟精油对小贯小绿叶蝉的忌避和熏蒸活性研究. 茶叶科学, 37(5): 442-448.

王永祥, 杨彦杰, 柯汉英. 1998. 冀中平原区蛴螬种类及综合防治技术. 河北师范大学学报, (2): 124-126.

吴琼梅, 林胜, 尤民生, 等. 2011a. 烟稻邻作对白背飞虱及其天敌功能团的影响. 中国农学通报, 27(5): 362-366.

吴琼梅, 林胜, 尤民生, 等. 2011b. 烟稻邻作对稻田蜘蛛功能团的影响. 福建农林大学学报(自然科学版), 20(4): 337-340.

武岩岩, 汪江涛, 李雪, 等. 2021. 花生与玉米和芝麻间作的产量及经济效益分析. 中国生态农业学报, 29(8): 1285-1295.

夏咛, 杨广, 尤民生. 2015. 间作番茄对花椰菜田主要害虫和天敌的调控作用. 昆虫学报, 58(4): 391-399.

谢晋, 黄浩, 袁文彬, 等. 2021. 养分水平对烤烟根系性状及养分吸收的影响. 贵州农业科学, 49(6): 41-48.

许丽艳. 2013. 茶园间作不同绿肥对假眼小绿叶蝉和主要茶虫天敌的影响. 福州: 福建农林大学硕士学位论文.

羊绍武, 吕建文, 窦文珺, 等. 2021. 不同邻作作物对番茄田间烟粉虱种群动态的影响. 生态学杂志, 40(1): 163-170.

姚凤銮, 尤民生. 2017. 多样化种植调控稻田天敌功能团在生境间的移动. 植物保护学报, 44(6): 958-967.

叶火香, 韩善捷, 韩宝瑜. 2016. 四种不同种植模式茶园节肢动物的群落组成. 植物保护学报, 43(3): 377-383.

叶修祺, 罗继春. 1993. 马铃薯玉米立体种植的小气候效应. 中国农业气象, (3): 23-26.

尤民生, 侯有明, 刘雨芳, 等. 2004. 农田非作物生境调控与害虫综合治理. 昆虫学报, 47(2): 260-268.

俞晓平, 胡萃, Heong K L. 1996a. 稻飞虱和叶蝉的寄主范围以及与非稻田生境的关系. 浙江农业学报, 8(3): 158-162.

俞晓平, 胡萃, Heong K L. 1996b. 非作物生境对农业害虫及其天敌的影响. 中国生物防治, 12(3): 130-133.

张辉, 李慧玲, 张应根, 等. 2018. 茶园杂草小飞蓬挥发物对茶小绿叶蝉行为的反应. 茶叶学报, 59(4): 223-228.

张金龙, 赵丽媛, 陈强, 等. 2021. 不同邻作作物对玉米田节肢动物多样性的影响. 环境昆虫学报, 43(1): 104-113.

张正群, 田月月, 高树文, 等. 2016. 茶园间作芳香植物罗勒和紫苏对茶园生态系统影响的研究. 茶叶科学, 36(4): 389-395.

郑礼, 郑书宏, 宋凯. 2003. 螟黄赤眼蜂与绿豆和棉花植株间协同素研究. 华北农学报, (S1): 108-111.

Accinelli G, Lanzoni A, Ramilli F, et al. 2005. Trap crop: an agroecological approach to the management of *Lygus rugulipennis* on lettuce. Bulletin of Insectology, 58(1): 9-14.

Ahmed S, Khan R R, Hussain G, et al. 2008. Effect of intercropping and organic matters on the subterranean termites population in sugarcane field. International Journal of Agriculture and Biology, 10: 581-584.

Albrecht M, Duelli P, Muller C, et al. 2007. The Swiss agri-environment scheme enhances pollinator diversity and plant reproductive success in nearby intensively managed farmland. Journal of Applied Ecology, 44(4): 813-822.

Altieri M A, Nicholls C I. 2004. Biodiversity and Pest Management in Agroecosystems. 2nd ed. New York: The Haworth Press.

Ampong-Nyarko K, Reddy K V S, Nyang'or R A, et al. 1994. Reduction of insect pest attack on sorghum and cowpea by intercropping. Entomologia Experimentalis et Applicata, 70(2): 179-184.

Andersen A. 1997. Densities of overwintering carabids and staphylinids (Col., Carabidae and Staphylinidae) in cereal and grass fields and their boundaries. Journal of Applied Entomology, 121: 77-80.

Andrews N, Ambrosino M D, Fisher G C, et al. 2008. Wireworm: biology and nonchemical management in potatoes in the Pacific Northwest. Covallis: Oregon State University Extension Service Publication.

Badenes-Perez F R, Shelton A M, Nault B A. 2004. Evaluating trap crops for diamondback moth, *Plutella xylostella* (Lepidoptera: Plutellidae). Journal of Economic Entomology, 97(4): 1365-1372.

Basedow T, Hua L, Aggarwal N. 2006. The infestation of *Vicia faba* L. (Fabaceae) by *Aphis fabae* (Scop.) (Homoptera: Aphididae) under the influence of Lamiaceae (*Ocimum basilicum* L. and *Satureja hortensis* L.). Journal of Pest Science, 79(3): 149.

Baumler R. 2008. Effects of crop rotation on wireworm (Coleoptera: Elateridae) populations in North Carolina Sweetpotato fields. Master of Science, North Carolina State University.

Belay D, Schulthess F, Omwega C. 2009. The profitability of maize-haricot bean intercropping techniques to control maize stem borers under low pest densities in Ethiopia. Phytoparasitica, 37(1): 43-50.

Björkman M, Hambäck P A, Rämert B. 2007. Neighbouring monocultures enhance the effect of intercropping on the turnip root fly (*Delia floralis*). Entomologia Experimentalis Et Applicata, 124(3): 319-326.

Blommers L H M, Helsen H H M, Vaal F W N M. 2004. Life history data of the rosy apple aphid *Dysaphis plantaginea* (Pass.) (Homopt: Aphididae) on plantain and as migrant to apple. Journal of Pest Science, 77(3): 155-163.

Boiteau G, Osborn W P L. 1999. Comparison of plastic-lined trenches and extruded plastic traps for controlling *Leptinotarsa decemlineata* (Coleoptera: Chrysomelidae). The Canadian Entomologist, 131(4): 567-572.

Boiteau G, Pelletier Y, Misener G C, et al. 1994. Development and evaluation of a plastic trench barrier for protection of potato from walking adult Colorado potato beetles (Coleoptera: Chrysomelidae). Journal of Economic Entomology, 87(5): 1325-1331.

Buddle C M, Higgins S, Rypstra A L. 2004. Ground-dwelling spider assemblages inhabiting riparian forests and hedgerows in an agricultural landscape. The American Midland Naturalist, 151(1): 15-26.

Capinera J L. 2005. Relationships between insect pests and weeds: an evolutionary perspective. Weed Science, 53(6): 892-901.

Carroll S C, Rummel D R, Segarra E. 1993. Overwintering by the boll weevil (Coleoptera: Curculionidae) conservation reserve program grasses on the Texas high plains. Journal of Economic Entomology, 86(2): 382-393.

Carvell C, Meek W R, Pywell R F, et al. 2007. Comparing the efficacy of agri-environment schemes to enhance bumble bee abundance and diversity on arable field margins. Journal of Applied Ecology, 44(1): 29-40.

Chabi-Olaye A, Nolte C, Schulthess F, et al. 2005. Effects of grain legumes and cover crops on maize yield and plant damage by *Busseola fusca* (Fuller) (Lepidoptera: Noctuidae) in the humid forest of southern Cameroon. Agriculture, Ecosystems & Environment, 108(1): 17-28.

Chen L L, Yuan P, Pozsgai G, et al. 2019. The impact of cover crops on the predatory mite *Anystis baccarum* (Acari, Anystidae) and the leafhopper pest *Empoasca onukii* (Hemiptera, Cicadellidae) in a tea plantation. Pest Management Science, 75(12): 3371-3380.

Coll M. 1998. Parasitoid activity and plant species composition in intercropped systems. In: Pickett C, Bugg R. Enhancing Biological Control. Berkeley: University of California Press.

Coll M, Bottrell D G. 1996. Movement of an insect parasitoid in simple and diverse plant assemblages. Ecological Entomology, 21(2): 141-149.

Cottrell T E, Yeargan K V. 1999. Factors influencing dispersal of larval *Coleomegilla maculata* from the weed *Acalypha ostryaefolia* to sweet corn. Entomologia Experimentalis et Applicata, 90(3): 313-322.

Crocker R L, Marshall D, Kubicabreier J S. 1990. Oat, Wheat, and Barley Resistance to White Grubs of *Phyllophaga congrua* (Coleoptera: Scarabaeidae). Journal of Economic Entomology, 83(4): 1558-1562.

Dennis P, Fry G L A. 1992. Field margins: can they enhance natural enemy population densities and general arthropod diversity on farmland? Agriculture, Ecosystems & Environment, 40: 95-115.

Dissemond A, Hindorf H. 1990. Influence of sorghum/maize/cowpea intercropping on the insect situation at Mbita/Kenya. Journal of Applied Entomology, 109(1-5): 144-150.

Dix M E, Hodges L, Brandle J R, et al. 1997. Effects of shelterbelts on the aerial distribution of insect pests in muskmelon. Journal of Sustainable Agriculture, 9(2/3): 5-24.

Dyer L E, Landis D A. 1997. Influence of noncrop habitats on the distribution of *Eriborus terebrans* (Hymenoptera: Ichneumonidae) in cornfields. Environmental Entomology, 26(4): 924-932.

Ellsbury M M, Exner D N, Cruse R M. 1999. Movement of corn rootworm larvae (Coleoptera: Chrysomelidae) between border rows of soybean and corn in a strip intercropping system. Journal of Economic Entomology, 92(1): 207-214.

Finch S, Billiald H, Collier R H. 2003. Companion planting - do aromatic plants disrupt host-plant finding by the cabbage root fly and the onion fly more effectively than non-aromatic plants? Entomologia Experimentalis et Applicata, 109(3): 183-195.

Francis C A, Flor C A, Temple S R. 1976. Adapting varieties for intercropped systems in the tropics. In: Sanchez P A, Papendick R I, Triplett G B. Multiple Cropping. Madson, WI: ASA Special Publication: 235-254.

Frank S D, Shrewsbury P M, Denno R F. 2011. Plant versus prey resources: Influence on omnivore behavior and herbivore suppression. Biological Control, 57(3): 229-235.

Gámez-Virués S, Gurr G, Raman A, et al. 2009. Effects of flowering groundcover vegetation on diversity and activity of wasps in a farm shelterbelt in temperate Australia. BioControl, 54(2): 211-218.

Garcia M A, Altieri M A. 1992. Explaining differences in flea beetle *Phyllotreta cruciferae* Goeze densities in simple and mixed broccoli cropping systems as a function of individual behavior. Entomologia Experimentalis et Applicata, 62(3): 201-209.

Geiger F, Wäckers F L, Bianchi F J J A. 2009. Hibernation of predatory arthropods in semi-natural habitats. BioControl, 54(4): 529-535.

Gold C S, Altieri M A, Bellotti A C. 1991.Survivorship of the cassava whiteflies *Aleurotrachelus socialis* and *Trialeurodes variabilis* (Homoptera: Aleyrodidae) under different cropping systems in Colombia. Crop Protection, 10(4): 305-309.

Griffiths G J K, Holland J M, Bailey A, et al. 2008. Efficacy and economics of shelter habitats for conservation biological control. Biological Control, 45(2): 200-209.

Gurr G M, Wratten S D, Landis D A, et al. 2017. Habitat management to suppress pest populations: progress and prospects. Annual Review of Entomology, 62(1): 91-109.

Hare J D. 2011. Ecological Role of Volatiles Produced by Plants in Response to Damage by Herbivorous Insects. Annual Review of Entomology, 56: 161-180.

Holmes D M, Barrett G W. 1997. Japanese beetle (*Popillia japonica*) dispersal behavior in intercropped vs. monoculture soybean agroecosystems. American Midland Naturalist, 137: 312-319.

Hori M, Komatsu H. 1997. Repellency of rosemary oil and its components against the onion aphid, *Neotoxoptera formosana* (Takahashi) (Homoptera, Aphididae). Applied Entomology and Zoology, 32(2): 303-310.

Hormchan P, Wongpiyasatid A, Prajimpum W. 2009. Influence of trap crop on yield and cotton leafhopper population and its oviposition preference on leaves of different cotton varieties/lines. Kasetsart Journal: Natural Sciences, 43: 662-668.

Hradetzky R, Kromp B. 1997. Spatial distribution of flying insects in an organic rye field and an adjacent hedge and forest edge. Biological Agriculture & Horticulture, 15(1/2/3/4): 353-357.

Hummel J D, Dosdall L M, Clayton G W, et al. 2009. Effects of canola-wheat intercrops on *Delia* spp. (Diptera: Anthomyiidae) oviposition, larval feeding damage, and adult abundance. Journal of Economic Entomology, 102(1): 219-228.

Idris A B, Grafius E. 1995. Wildflowers as Nectar Sources for *Diadegma insulare* (Hymenoptera: Ichneumonidae), a Parasitoid of Diamondback Moth (Lepidoptera: Yponomeutidae). Environmental Entomology, (6): 1726-1735.

Joyce K A, Holland J M, Doncaster C P. 1999. Influences of hedgerow intersections and gaps on the movement of carabid beetles. Bulletin of Entomological Research, 89(6): 523-531.

Kard B M R, Hain F P. 1988. Influence of ground covers on white grub (Coleoptera: Scarabaeidae) populations and their feeding damage to roots of Fraser fir Christmas trees in the southern Appalachians. Environmental Entomology, 17(1): 63-66.

Knop E, Kleijn D, Herzog F, et al. 2006. Effectiveness of the Swiss agri-environment scheme in promoting biodiversity. Journal of Applied Ecology, 43(1): 120-127.

LaMondia J A, Elmer W H, Mervosh T L, et al. 2002. Integrated management of strawberry pests by rotation and intercropping. Crop Protection, 21(9): 837-846.

Landis D A, Wratten S D, Gurr G M. 2000. Habitat Management to Conserve Natural Enemies of Arthropod Pests in Agriculture. Annual Review of Entomology, 45: 175-201.

Landolt P J, Heath R R, Millar J G, et al. 1994. Effects of host plant, *Gossypium hirsutum* L., on sexual attraction of cabbage looper moths, *Trichoplusia ni* (Hubner) (Lepidoptera: Noctuidae). Journal of Chemical Ecology, 20(11): 2959-2974.

Le Coeur D, Baudry J, Burel F, et al. 2002. Why and how we should study field boundary biodiversity in an agrarian landscape context. Agriculture, Ecosystems & Environment, 89(1/2): 23-40.

Leather S. 1993. Overwintering in six arable aphid pests: a review with particular relevance to pest management. Journal of Applied Entomology, 116: 217-233.

Lee D H, Nyrop J P, Sanderson J P. 2010. Effect of host experience of the greenhouse whitefly, *Trialeurodes vaporariorum*, on trap cropping effectiveness. Entomologia Experimentalis et Applicata, 137(2): 193-203.

Levine E, Oloumi-Sadeghi H. 1991. Management of diabroticite rootworms in corn. Annual Review of Entomology, 36: 229-255.

Levine E, Spencer J L, Isard S A, et al. 2002. Adaptation of the western corn rootworm to crop rotation: evolution of a new strain in response to a management practice. American Entomologist, 48(2): 94-107.

Li L, Li S M, Sun J H, et al. 2007. Diversity enhances agricultural productivity via rhizosphere phosphorus facilitation on phosphorus-deficient soils. Proceedings of the National Academy of Sciences, 104(27): 11192-11196.

Lin S, You M M, Yang G, et al. 2011. Can polycultural manipulation effectively control rice planthoppers in rice-based ecosystems? Crop Protection, 30(3): 279-284.

Liu Z, Gao Y, Luo J, et al. 2011. Evaluating the Non-Rice Host Plant Species of *Sesamia inferens* (Lepidoptera: Noctuidae) as Natural Refuges: Resistance Management of Bt Rice. Environmental Entomology, 40(3): 749-754.

Ma X M, Liu X X, Zhang Q W, et al. 2006. Assessment of cotton aphids, *Aphis gossypii*, and their natural enemies on aphid-resistant and aphid-susceptible wheat varieties in a wheat-cotton relay intercropping system. Entomologia Experimentalis et Applicata, 121(3): 235-241.

Mauchline A L, Osborne J L, Martin A P, et al. 2005. The effects of non-host plant essential oil volatiles on the behaviour of the pollen beetle *Meligethes aeneus*. Entomologia Experimentalis et Applicata, 114(3): 181-188.

Merckx T, Feber R E, Riordan P, et al. 2009. Optimizing the biodiversity gain from agri-environment schemes. Agriculture, Ecosystems & Environment, 130(3/4): 177-182.

Metspalu L, Hiiessar K, Jõgar K. 2003. Plants influencing the behaviour of Large White Butterfly (*Pieris brassicae* L.). Agronomy Research, 1(2): 211-220.

Misener G, Boiteau G, McMillan L. 1993. A plastic-lining trenching device for the control of Colorado potato beetle: beetle excluder. American Potato Journal, 70(12): 903-908.

Mohler C L, Johnson S E, Resource N. 2009. Crop Rotation on Organic Farms: A Planning Manual. Natural Resource, Agriculture, and Engineering Service (NRAES) Cooperative Extension.

Mutiga S K, Gohole L S, Auma El O. 2010. Effects of integrating companion cropping and nitrogen application on the performance and infestation of collards by *Brevicoryne brassicae*. Entomologia Experimentalis et Applicata, 134(3): 234-244.

Ndemah R, Gounou S, Schulthess F. 2002. The role of wild grasses in the management of lepidopterous stem-borers on maize in the humid tropics of western Africa. Bulletin of Entomological Research, 92(6): 507-520.

Norris R F, Kogan M. 2000. Interactions between weeds, arthropod pests, and their natural enemies in managed ecosystems. Weed Science, 48(1): 94-158.

Oliveira L J, Garcia M A, Hoffmann-Campo C B, et al. 2007. Feeding and oviposition preference of *Phyllophaga cuyabana* (Moser) (Coleoptera: Melolonthidae) on several crops. Neotropical Entomology, 36(5): 759-764.

Panizzi A R. 1997. Wild hosts of pentatomids: ecological significance and role in their pest status on crops. Annual Review of Entomology, 42: 99-122.

Parker W E, Howard J J. 2001. The biology and management of wireworms (*Agriotes* spp.) on potato with particular reference to the UK. Agricultural and Forest Entomology, 3(2): 85-98.

Pfiffner L, Luka H. 2000. Overwintering of arthropods in soils of arable fields and adjacent semi-natural habitats. Agriculture, Ecosystems & Environment, 78(3): 215-222.

Pitan O O R, Odebiyi J A. 2001. The effect of intercropping with maize on the level of infestation and damage by pod-sucking bugs in cowpea. Crop Protection, 20(5): 367-372.

Pittendrigh B R, Pivnick K A. 1993. Effects of a host plant, *Brassica juncea*, on calling behaviour and egg maturation in the diamondback moth, *Plutella xylostella*. Entomologia Experimentalis et Applicata, 68(2): 117-126.

Ramert B, Lennartsson M, Davies G. 2002. The use of mixed species cropping to manage pests and diseases-theory and practice. Aberystwyth: UK Organic Research: Proceedings of the COR Conference.

Reagan T E, Rabb R L, Collins W K. 1978. Selected Cultural Practices as Affecting Production of Tobacco Hornworms on Tobacco. Journal of Economic Entomology, 71(1): 79-82.

Rieux R, Simon S, Defrance H. 1999. Role of hedgerows and ground cover management on arthropod populations in pear orchards. Agriculture, Ecosystems &Environment, 73(2): 119-127.

Roberston L N. 1993. Population dynamics of false wireworms (*Gonocephalum macleayi*, *Pterohelaeus alternatus*, *P. darlingensis*) and development of an integrated pest management program in central Queensland field crops: a review. Australian Journal of Experimental Agriculture, 33(7): 953-962.

Saqib H S A, Chen J H, Chen W, et al. 2020. Local management and landscape structure determine the assemblage patterns of spiders in vegetable fields. Scientific Reports, 10: 15130.

Saska P, Vodde M, Heijerman T, et al. 2007. The significance of a grassy field boundary for the spatial distribution of carabids within two cereal fields. Agriculture, Ecosystems & Environment, 122(4): 427-434.

Sexson D L, Wyman J A. 2005. Effect of Crop Rotation Distance on Populations of Colorado Potato Beetle (Coleoptera: Chrysomelidae): Development of Areawide Colorado Potato Beetle Pest Management Strategies. Journal of Economic Entomology, 98(3): 716-724.

Shelton A M, Badenes-Perez F R. 2006. Concepts and applications of trap cropping in pest management. Annu Rev Entomol, 51: 285-308.

Solomon M G. 1981. Windbreaks as a source of orchard pests and predators. In: Thresh J M. Pests, pathogens and vegetation: the role of weeds and wild plants in the ecology of crop pests and diseases. London: Pitman Books Ltd.: 273-283.

Sutherland J P, Sullivan M S, Poppy G M. 2001. Distribution and abundance of *Aphidophagous hoverflies* (Diptera: Syrphidae) in wildflower patches and field margin habitats. Agricultural and Forest Entomology, 3: 57-64.

Szendrei Z, Kramer M, Weber D C. 2009. Habitat manipulation in potato affects Colorado potato beetle dispersal. Journal of Applied Entomology, 133(9/10): 711-719.

Takayuki S, Kenji K, Shota I, et al. 2021. Insect pest management by intercropping with leafy daikon (*Raphanus sativus*) in cabbage fields. Arthropod-Plant Interactions, 15(5): 669-681.

Thirumurugan A, Koodalingam K. 2005. Management of borer complex in sugarcane through companion cropping under drought condition of palar river basin area. Sugar Technology, 7(4): 163-164.

Thomas C, Parkinson L, Griffiths G, et al. 2001. Aggregation and temporal stability of carabid beetle distributions in field and hedgerow habitats. Journal of Applied Ecology, 38(1): 100-116.

Thomas M, Wratten S, Sotherton N. 1991. Creation of 'island' habitats in farmland to manipulate populations of beneficial arthropods: predator densities and emigration. Journal of Applied Ecology, 29: 906-917.

Tillman P G, Mullinix B G Jr. 2004. Grain *Sorghum* as a trap crop for corn earworm (Lepidoptera: Noctuidae) in cotton. Environmental Entomology, 33(5): 1371-1380.

Togni P H B, Laumann R A, Medeiros M A, et al. 2010. Odour masking of tomato volatiles by coriander volatiles in host plant selection of *Bemisia tabaci* biotype B. Entomologia Experimentalis et Applicata, 136(2): 164-173.

Tscharntke T, Tylianakis J M, Rand T A, et al. 2012. Landscape moderation of biodiversity patterns and processes-eight hypotheses. Biological Reviews, 87(3): 661-685.

Tukahirwa E M, Coaker T H. 1982. Effect of mixed cropping on some insect pests of brassicas; reduced *Brevicoryne brassicae* infestations and influences on epigeal predators and the disturbance of oviposition behaviour in *Delia brassicae*. Entomologia Experimentalis et Applicata, 32(2): 129-140.

Uvah I I I, Coaker T H. 1984. Effect of mixed cropping on some insect pests of carrots and onions. Entomologia Experimentalis et Applicata, 36(2): 159-167.

Weisz R, Smilowitz Z, Christ B. 1994. Distance, rotation, and border crops affect Colorado potato beetle (Coleoptera: Chrysomelidae) colonization and population density and early blight (*Alternaria solani*) severity in rotated potato fields. Journal of Economic Entomology, 87(3): 723-729.

Whittingham M J. 2007. Will agri-environment schemes deliver substantial biodiversity gain, and if not why not? Journal of Applied Ecology, 44(1): 1-5.

Whittingham M J. 2011. The future of agri-environment schemes: biodiversity gains and ecosystem service delivery? Journal of Applied Ecology, 48(3): 509-513.

Wratten S D, Bowie M H, Hickman J M, et al. 2003. Field boundaries as barriers to movement of hover flies (Diptera: Syrphidae) in cultivated land. Oecologia, 134(4): 605-611.

Wu Z, Schenk-Hamlin D, Zhan W, et al. 2004. The soybean aphid in China: a historical review. Annals of the Entomological Society of America, 97(2): 209-218.

Zhang J, You S, Niu D, et al. 2021. Landscape composition mediates suppression of major pests by natural enemies in conventional cruciferous vegetables. Agriculture, Ecosystems & Environment, 316: 107455.

Zhang X M, Ferrante M, Wan F H, et al. 2020b. The parasitoid *Eretmocerus hayati* is compatible with barrier cropping to decrease whitefly (*Bemisia tabaci* MED) densities on cotton in China. Insects, 11(1): 57.

Zhang X M, Lövei G L, Ferrante M, et al. 2020a. The potential of trap and barrier cropping to decrease densities of the whitefly *Bemisia tabaci* MED on cotton in China. Pest Management Science, 76(1): 366-374.

Zhu P, Wang G, Zheng X, et al. 2015. Selective enhancement of parasitoids of rice Lepidoptera pests by sesame (*Sesamum indicum*) flowers. BioControl, 60(2): 157-167.

Zuo Y M, Zhang F S, Li X L, et al. 2000. Studies on the improvement in iron nutrition of peanut by intercropping with maize on a calcareous soil. Plant and Soil, 220(1-2): 13-25.

第五章 农业生物多样性控制害虫的原理

生物多样性与害虫生态控制是目前国际上研究和探讨的热点问题，利用农业生物多样性控制害虫是国内外害虫生态控制研究的重要内容，同时也已成为许多农林重要害虫生态控制的重要途径。关于农业生态系统中生物多样性与害虫发生及天敌保护的研究在理论和实践上都取得了较大进展，学者们提出了不同的生态学假说来解释生物多样性控制害虫的机制，世界各国均做了大量的理论研究和应用实践。本章主要围绕农业生物多样性与害虫、天敌及寄主植物间相互关系的研究，结合化学生态学原理，综合国内外研究报道，分别从生态学、生物学、遗传学、物理学及化学方面阐述农业生物多样性控制害虫的原理。同时，本章还对生物多样性控制害虫的"推拉策略"的内容及特点进行介绍，进一步为利用农业生物多样性优化种植防治害虫实践及其机制研究提供依据。

第一节　农业生物多样性控制害虫的生态学基础

一、农田小气候

农田生态系统是一个以四周田埂为边界、相对独立的小型生态系统，其边缘区具有微生境的异质性和由此增加的物种多样性等特点。与单作相比，合理的间作套种能增加作物的边缘效应，加强植株间的气流交换，从而改善通风条件，保证二氧化碳的供应。间作套种也会引起农田温度和湿度的改变。当高秆作物对矮秆作物产生显著的遮阴作用时，矮秆作物带、行中的温度偏低而湿度偏高，并会随带、行间距的缩小而加剧，因此间作套种系统小气候与单一作物明显不同，受光结构、通风条件、湿度、温度等都发生了变化，如玉米与马铃薯、高粱与大豆搭配等可改善玉米、高粱田的通风透光条件。与大气候相比，由于小气候易于选择、调节和控制，因此，可以通过不同作物之间的间作套种搭配来达到恶化害虫生存环境的目的。

（一）农田小气候的概念

农田小气候（microclimate）是指近地面大气层约 1.5 m、土层与作物群体之间的物理过程和生物过程相互作用所形成的小范围气候环境。常以农田贴地气层中的辐射、空气温度和湿度、风、二氧化碳浓度以及土壤温度和湿度等农业气象要素的量值表示。农田小气候是影响农作物生长发育和产量形成的重要环境条件。小气候因子包括下垫面附近的气候因子，如空气、温度、湿度、气流运动、二氧化碳浓度、太阳短波辐射和地面长波辐射等（罗冰，2007；张俊平等，2004；焦念元等，2006；杨友琼和吴伯志，2007）。间作套种系统不同作物的株高、株型、叶型均不同，形成高低搭配、疏密相间的群体结构，扩大了光合面积。

（二）农田小气候对害虫的控制作用

土壤温湿度是影响昆虫生存、生长发育和繁殖的重要因子。土壤温度主要取决于太阳辐射，间作套种构成了不同于单作的作物群体，改变了冠层内的光分布，使土壤温度、养分、水分、抗风蚀性、理化性质较单作发生了变化（向万胜等，2001；陈玉香和周道玮，2003；宋同清等，2006；高阳和段爱旺，2006；Suman et al.，2006；Ghosh et al.，2006）。

每种昆虫生活史的部分甚至全部与土壤环境有关，在土壤内产卵的昆虫，产卵时对土壤含水量也有一定要求。例如，东亚飞蝗（*Locusta migratoria*）产卵时对土壤含水量的要求不同，要求砂土为 10%～20%，壤土为 15%～18%。黏土为 18%～20%（陈永林，2005）。因此，通过作物间作套种控制土壤含水量，可降低土壤中飞蝗卵的密度。此外，土壤湿度过大，往往使土壤昆虫易于罹病死亡。从外观上来看，蛹是一个不食不动的虫态，多数昆虫在土中化蛹，如果能利用作物的间作套种创造不利于害虫化蛹的土壤环境，自然就能够减少大量成虫的发生。

二、边缘效应

（一）边缘效应的概念

边缘效应（edge effect）是指异质群落交错区结构趋繁，种群数量趋增、密度趋大、行为趋活、生产力趋高的现象（Beecher，1942）。

作物间作套种种植是利用边缘效应的原理，构建一个多层配置、多种共生的垂直多边缘区，以此实现各边缘区对资源的划分和各生态位的"谐振"，提高产量和生产效率。如在我国南方茶树-橡胶套种的种植结构中，橡胶与茶树在地上和地下形成边缘区，避免了两者对光照和水肥的竞争，实现了资源的合理配置与充分利用（何妍和周青，2007）。

（二）边缘效应对害虫的控制作用

农田边缘区微生境的异质性和由此增加的物种多样性特征明显，因而边缘处（田边）作物的虫害发生率低于中心部位（田内）。同样，与单作相比，间作套种形成的大量边缘区可以改变田间小气候与物种多样性，减少病虫害的发生环境，从而使生态可塑性较小的农田生态系统病虫害减轻（何妍和周青，2007）。例如，戈峰等（2004）比较了棉田中间棉株与边缘棉株上害虫、天敌种类及种群动态，发现棉田边缘棉株上苗蚜发生量比棉田中间要高出 1.09 倍，伏蚜和秋蚜的数量比棉田中间分别低 97.73% 和 37.70%。

第二节　农业生物多样性控制害虫的生物学基础

生物多样性对害虫的生态控制作用及其机制一直是害虫综合治理研究中的重要内容之一，已形成了许多有效控制害虫的作物多样性种植模式，也有不同学者对农业生物多样性控制害虫的机制提出了不同的假说和原理。长期以来，较为公认的就是根据害虫与天敌及植物间的相互关系等提出的几种假说，包括天敌假说、资源集中假说、联合抗性假说、干扰作物假说和适当/不适当着陆假说等。

一、天敌假说

（一）概念

天敌假说（natural enemy hypothesis）认为，多样化的复杂环境能为天敌提供一系列的替代猎物和微栖境，为昆虫交配、筑巢等提供场所，减小了天敌迁出或绝灭的可能性，为天敌提供避难所而使得猎物能够逃避大规模的残杀。同时，植物多样性的田块比单一作物田具有更大的化学多样性，因而对寄生性天敌更适合、更有吸引力（Russell，1989；Khan et al.，1997）。因此，多样化的农田生态系统比单一系统具有更为丰富和多样的害虫天敌，具有更强的控害能力。例如，甘蔗、辣椒间作能有效提高斑潜蝇寄生蜂对斑潜蝇的寄生率而有效控制斑潜蝇的危害（Chen et al.，2011）。

（二）农业生物多样性在天敌资源保护中的作用

农业生态系统中植被多样性可增加捕食性天敌和寄生性天敌所需的食物（特别是花蜜和花粉）、避难所和替代寄主等基本生存资源，使得天敌在害虫种群附近便可得到一切生存所需，而不需要到很远的地方去寻觅。增加生物多样性可使天敌替代猎物的种群密度增加，亦可使其他可利用资源的数量增加。与此同时，还可增加替代猎物在作物系统中的存在时间和增加替代猎物昆虫种群的空间均匀度，从而使天敌能够在较长时间内留于田地中。然而，在天敌寻找猎物时，生物多样性也会造成天敌定向困难。农田杂草能为天敌提供补充营养，有些杂草具有诱集或化学驱避和屏蔽作用，从而提高了天敌的存活率和繁殖率及天敌在田间的定殖成功率，提高了田间天敌的种群密度，为发挥控制害虫的作用奠定了基础。此外，有些杂草还对害虫的生长发育和繁殖有一定的影响。

1. 作物生物多样性对天敌的影响

（1）为天敌提供良好的生存环境

合理的间作套种通过不同作物的合理组合、搭配，构成了多作物、多层次、多功能的作物复合群体，使作物光照条件和光能利用率（左元梅等，1998）、田间风速（Zuo et al.，2000）、土壤温湿度（Ramert et al.，2002）、作物根系性状及养分吸收状况（Altieri and Nicholls，2002；Li et al.，2007）发生变化，以及单位土地面积作物产量提高（Trenbath，1999；He et al.，2010；Li et al.，2009；刘玉华和张立峰，2005）。这种变化会影响到生活在其中的各种昆虫的生长繁殖，从而可能引起昆虫种群的变化。有些小气候的变化不利于害虫种群的增长，但能为有些天敌的生存、繁衍提供有利的生长发育环境条件。

（2）对天敌的引诱作用

作物地上茎叶和地下根系受到昆虫危害都可释放化学挥发物。间作或套种作物在受到害虫危害后能够大量释放虫害诱导的植物挥发物（herbivore-induced volatile，HIV），可吸引大量天敌昆虫，从而有效保护主栽作物免受较大损失（李新岗等，2008；Hare，2011）。夏玉米田间作匍匐型绿豆对玉米螟赤眼蜂有显著增诱作用，可明显提高其对玉米螟卵的寄生率（周大荣等，1997a，1997b，1997c）。棉花与绿豆间作能提高螟黄赤眼蜂和玉米螟赤眼蜂对棉铃虫卵的寄生率（郑礼等，2003）。此外，不同植物甚至同种植物的不同部位释放的化学物质对天敌的定位和产卵行为的影响也不同。例如，Ballal 和 Singh（1999）对印度境内 3 种草蛉的研究发现，不同种的草蛉在向日葵和棉花上的定位行为和产卵行为不同，而且植株的不同部位含有的化学成分及其对天敌的吸引作用也不同，受害虫危害的植株所产生的挥发性化学物质在成分上比健康植株含有更多的可以引诱某些天敌的成分。

（3）为天敌提供花蜜

农田、果园中的野生植物的花能为许多害虫的天敌提供花蜜，这些花蜜可为天敌提供活动和交配的能量。例如，有野花存在的果园中欧洲松梢小卷蛾（*Rhyacionia buoliana*）的寄生蜂的产卵率和寿命都明显延长。蔗田种植飞扬草（*Euphorbia hirta*）能为寄蝇（*Lixophaga spenophori*）提供花蜜、种植丰花草（*Borreria stricta*）能为天敌泥蜂提供花蜜，种植飞扬草或丰花草具有控制波多黎各蝼蛄（*Scapteriscus vicinus*）的作用（Andow，1991）。

（4）为天敌提供栖息场所

间作和杂草产生的地表覆盖使生境复杂性发生变化，导致广食性捕食天敌和寡食性寄生天敌的数量增加。如在地表覆盖丰富的间作系统里，加大了蜘蛛的邻域性保护（territorial defense）能力，从而提高了蜘蛛种群的密度和稳定性。当田地中有杂草时可加快花蝽扩散到被蚜虫为害植株的速度。

（5）为天敌提供产卵场所

田间有些杂草可为害虫的天敌提供适宜的产卵场所，如抱子甘蓝田中的一些杂草为食蚜蝇和瓢虫提供了合适的产卵场所，提高了对蚜虫的控制效果，从而在一定程度上解释了田中杂草与蚜虫密度较小的关系。

（6）为天敌提供替代寄主和替代猎物

植被多样性的农田生态系统能为天敌提供丰富的替代性食物、中间寄主，当害虫数量稀少和天敌处于不适生活时期时，替代寄主的存在可有效增加天敌的食物，维持天敌的生存和繁衍。多样性作物也可为多种昆虫提供寄主，使其中一些昆虫成为天敌的替代猎物。葡萄园杂草石茅（*Sorghum halepense*）可作为植绥螨的替代寄主库，从而提高了对魏始叶螨（*Eotetranychus williamettei*）的控制作用。同时，杂草也有助于增加田间一些无害植食性昆虫（中性昆虫）的数量。这些昆虫可以作为天敌的替补食物/替代寄主，从而改善天敌昆虫的存活与生殖环境。例如，玉米螟厉寄蝇（*Lydella grisescens*）通常寄生于欧洲玉米螟（*Ostrinia nubilalis*）上，普通蛀茎夜蛾（*Papaipema nebris*）幼虫常在豚草（*Ambrosia artemisiifolia*）上蛀食，当田间有这种夜蛾存在时，其可为玉米螟厉寄蝇提供替代寄主，田间玉米螟厉寄蝇的种群数量增加，提高了玉米螟厉寄蝇对欧洲玉米螟的寄生率，从而提高了对欧洲玉米螟的防效。有些寄生天敌如 *Herogenes* sp.等主要以小菜蛾（*Plutella xylostella*）为寄主。但是，当它们从小菜蛾幼虫中羽化后，则寄生于一种生活在山楂（*Crataegus* sp.）上的巢蛾（*Swammerdamia lutarea*）幼虫中并完成越冬。缨小蜂（*Anagrus epos*）寄生于葡萄叶星斑叶蝉（*Erythroneura elegantula*）上，当葡萄园中有黑莓（*Rubus mesogaeus*）存在时，则可以显著提高缨小蜂对该叶蝉的寄生率，因为黑莓上可以繁殖缨小蜂的一种替代寄主——小蝉（*Dikrella cruentata*）。

（7）为天敌提供补充营养

杂草具有较好的生态功能，野生开花植物能为许多捕食性天敌提供补充营养，花粉就是许多捕食性天敌如瓢虫的补充营养源。大多数寄生蜂都需要取食花蜜和花粉以保证其生殖系统的正常发育及延长寿命，如菱室姬蜂（*Mesochorus* spp.）必须取食花蜜才能完成其卵的发育，而获取伞形科花蜜中的碳水化合物是部分姬蜂种类完成生殖系统发育所必需的。环境中有开花杂草出现时，寄生于欧洲松梢小卷蛾（*Rhyacionia buoliana*）上的一种爱姬蜂（*Exeristes comstockii*）的繁殖力增强、寿命显著延长。

（8）释放化学物质吸引天敌/影响天敌的行为

有些杂草释放出一些特殊的气味对许多天敌昆虫都有很强的吸引力。例如，一种寄生蝇（*Eucelatoria* sp.）对黄秋葵的喜好胜过棉花，一种茧蜂（*Peristenus pseudopallipes*）

对飞蓬（*Erigeron acer*）的喜好程度远胜于其他杂草，菜蚜茧蜂（*Diaeretiella rapae*）对甘蓝上的桃蚜（*Myzus persicae*）的寄生率远胜于甜菜上的菜蚜，原因在于甜菜缺乏引诱这种蚜茧蜂的芥子油气味。当美洲棉铃虫（*Helicoverpa zea*）将卵产在山蚂蝗（*Desmodium* sp.）等杂草或者肉桂（*Cinnamomum cassia*）、巴豆（*Croton* sp.）附近的大豆植株上时，可以显著提高赤眼蜂（*Trichogramma* sp.）的寄生率，而仅有大豆时则寄生率要低得多。在大豆和一些杂草上放置同样数量的棉铃虫卵时，杂草上的卵粒很少被寄生。这说明赤眼蜂不会主动搜寻这些植物。但是如果将大豆和这些杂草放在一起时却能提高赤眼蜂对卵粒的寄生率。这可能是由于大豆释放了利它素。当把这些杂草（尤其是苋菜 *Amaranthus* sp.）的水溶性提取物喷到大豆或者其他植物上时，则能显著提高赤眼蜂对棉铃虫卵粒的寄生率。产生这种现象的主要原因是赤眼蜂受利它素的强烈引诱以及长时间接触利它素。

2. 农田周围非作物生境与天敌

农田边界（field margin）即农田过渡带，由自然生长的各种植物和种植的作物构成，通常包括草带、篱笆、树、沟渠、堤等景观要素（Critchley et al.，2006）。农田周边环境可以为节肢动物如步甲、蜘蛛、隐翅虫等天敌提供丰富的食物、水分、遮蔽物、小气候、越冬场所、交配场地等，从而提高天敌的寄生能力或捕食效能。周围长有野生黑莓的葡萄园中，缨小蜂（*Anagrus epos*）对葡萄叶星斑叶蝉（*Erythroneura elegantula*）的控制效能远远高于周围没有黑莓的葡萄园，而周围种有洋李树的葡萄园，缨小蜂比周围没有种植洋李树的葡萄园提前 1 个月对葡萄叶星斑叶蝉起控制作用。

（1）非作物生境为天敌提供越冬休眠场所

许多天敌都会在灌木丛中的枯枝落叶上越冬。林区边缘或者灌木丛生地为瓢虫的休眠提供了合适的场所。在四周有落叶林的苹果园中，七星瓢虫（*Coccinella septempunctata*）的数量是四周没有落叶林的苹果园的 10 倍以上，因为附近的落叶林为这种瓢虫提供了良好的越冬场所。棉田防护林树上老翘皮下是棉田害虫天敌越冬的重要部位，不同的天敌喜欢在不同的树种上越冬，但老翘皮多的树上天敌种类多，不管是在同一种树上还是在不同树种上都有相似结果。我国许多稻区开展了以保留田埂杂草保护天敌的越冬场所，以发挥天敌作用为主的水稻害虫综合防治研究，效益十分显著。

（2）非作物生境为天敌提供交配、产卵的场所

昆虫为寻求稳定的交配、产卵场所，往往趋向于周围相对稳定的非作物生境。天敌的产卵量与周围非作物生境中植物的种类有很大的关系。南方小花蝽对不同产卵植物具有显著的选择差异性，对辣椒嫩枝选择性最强，但产在迎春花嫩茎上的卵的孵化率最高（张士昶等，2008）。郭建英和万方浩（2001）测试了东亚小花蝽对黄豆芽、寿星花等的产卵选择性，发现寿星花是较好的产卵基质。

果园覆盖作物，尤其是开花植物能够增加天敌数量、提高天敌的捕食率和寄生率、降低虫害的发生率。果园种植覆盖作物增加天敌种群数量来控制害虫一直是害虫综合治理研究的重要内容（Hanna et al.，2003；李正跃等，2009）。例如，苹果园种植白香草木樨（*Melilotus albus*）可明显增加天敌拟长毛钝绥螨（*Amblyseius pseudolongispinosus*）和中华草蛉（*Chrysoperla sinica*）的种群数量，降低山楂叶螨（*Tetranychus viennensis*）

的种群数量；种植黑麦草、三叶草和苜蓿后，提高了苹果绵蚜的主要天敌如草蛉、瓢虫、食蚜蝇和日光蜂的种群数量。麦秀慧等（1984）研究报道，在柑橘园种植胜红蓟（*Ageratum conyzoides*）可明显增加柑橘全爪螨（*Panonychus citri*）天敌纽氏钝绥螨（*Amblyseius newsami*）的种群数量，提高对害虫柑橘全爪螨的控制效果。栗园种植黑麦草提高了多异瓢虫（*Hippodamia variegata*）、异色瓢虫（*Harmonia axyridis*）、七星瓢虫（*Coccinella septempunctata*）、龟纹瓢虫（*Propylea japonica*）和草蛉等捕食性天敌昆虫的种群密度，保护了栗钝绥螨（*Amblyseius castaneae*），增强了对针叶小爪螨（*Oligonychus ununguis*）的持续控制作用。桃园保留豚草（*Ambrosia* sp.）、蓼（*Polygonum* sp.）、藜（*Chenopodium album*）和一枝黄花（*Solidago* sp.）等为小绒茧蜂（*Macrocentrus ancylivorus*）（梨小食心虫的重要寄生性天敌）提供了丰富的猎物，可防止梨小食心虫的发生。椰林中种植覆盖作物可提高黄猄蚁（*Oecophylla smaragdina*）对缘螨的防治效果，椰林中种植可可，提高了可可树上织叶蚁（*Oecophylla longinoda*）的种群数量，从而使可可免受盲蝽的为害。柑橘园种植藿香蓟（又名胜红蓟）（*Ageratum conyzoides*）、一年蓬（*Erigeron annuus*）、紫菀（*Aster tataricus*）等覆盖植物对钝绥螨（*Amblyseius* spp.）的控制效果尤其显著。田间种植蜜源植物叶芹或刺芹能为苹果绵蚜蚜小蜂（*Aphelinus mali*）和赤眼蜂（*Trichogramma* spp.）等天敌提供了食物花蜜，从而提高了对寄主的寄生率。

3. 立体种养系统控制害虫

立体种养模式是对一个多样化系统结构的优化过程，也是对系统结构组分的合理分配过程。稻田立体种养是当前许多地方采取的一种立体种养模式，稻田养鸭能有效控制稻飞虱（杨治平等，2004；戴志明等，2004）、稻纵卷叶螟（朱克明等，2001）；稻田养鱼能有效控制稻纵卷叶螟（官贵德，2001；Vromant et al.，2002）、稻飞虱（杨河清，1999；肖筱成等，2001；官贵德，2001）和三化螟（赵连胜，1996）；稻田养蟹能有效控制稻飞虱（薛智华等，2001）。稻田立体种养模式对控制水稻害虫的机制是稻田立体种养系统中鸭、鱼、蟹等可直接捕食稻飞虱、稻纵卷叶螟、三化螟等害虫，从而达到直接控制这些害虫种群的作用。

二、资源集中假说

资源集中假说（resource concentration hypothesis）认为，植食性昆虫更容易找到并停留在密植和几乎单一的寄主植物上（Root，1973），植物多样性可能干扰害虫赖以寻找寄主的视觉或嗅觉刺激，影响了害虫对寄主植物的侵染；或者改变生境内的微环境和害虫的运动行为，致使害虫从寄主植物中迁出，导致寄主植物上的害虫减少。在该理论的基础上，Trenbath（1993）提出了多样性农田系统中"捕蝇纸效应"（fly-paper effect），即害虫在搜索和刺探靶标寄主的过程中，由于非靶标寄主的干扰，害虫在非靶标寄主表面将会"迷失方向"，增加了害虫到达靶标植物前的死亡率。

寄主植物的空间分布格局或者集中程度可以直接影响昆虫种群。植物种类的不同也可直接影响昆虫寻找与利用植物的能力。许多植食性昆虫，尤其是寡食性昆虫更容易找到高密度种植的寄主植物，并在上面逗留（Root，1973）。高密度种植模式使寄主资源相对集中，而且物理因素单一。

对许多害虫而言，诱集源的强度决定了资源集中的程度。这种情形也会受诸如寄主植物的密度与空间格局以及非寄主植物等因素的影响。所以，寄主植物集中程度越低，昆虫越难找到它们。相对集中的资源也增加了这种可能性，即一旦到达某种环境后，害虫就会迅速离开，如害虫降落到非寄主植物上后会很快飞走，这就使害虫在复合种植模式下有较高的迁移率（Andow，1991）。这种迁移与3个因素有关：①错误降落到非寄主植物上；②飞离非寄主植物较飞离寄主植物更加频繁；③飞行过程中有可能飞过作物。

三、联合抗性假说

联合抗性假说（combined resistance hypothesis）认为每种植物都对有害生物有自己独特的抗性，但是在生态系统中，当多种植物混合后会表现出一种对有害生物的群体抗性（组合抗性）（Root，1975）。Tahvanainen 和 Root（1972）曾指出，除了分类上的差异外，复合种植模式还有复杂的结构、化学环境以及综合小气候，这些因素会形成一种抵抗有害生物的"组合抗性"。在层次分明的植被中，如果小气候出现高度分化，则昆虫难以寻找适合的小区环境，也难以在其中逗留。因此，作物多样性增加了植食性害虫在作物系统中的生存压力。联合抗性假说的核心是农田多样性系统中，物种多样性和小气候的耦合作用，导致植食性害虫数量减少。

昆虫的寄主寻找行为通常与嗅觉机制有关，当寄主植物与其他非寄主植物混合种植时可能有利于加强对害虫的抵抗力，因为非寄主植物气味存在会扰乱昆虫的嗅觉。这主要是因为非寄主植物产生的气味遮蔽了寄主气味，如番茄和烟草间作时对蔬菜黄条跳甲（*Phyllotreta cruciferae*）、小菜蛾（*Plutella xylostella*）就有这种效果。萝卜与葱间作时也能对种蝇产生类似的效果，但这种效果只有在葱叶展开期才有，而在葱结球期则失去效用。

四、干扰作物假说

干扰作物假说（disruptive crop hypothesis）是指特定作物的间作或套种，能干扰破坏害虫对靶标作物的危害。在农田系统中种植一定比例的其他作物，这种作物对害虫有强烈的诱集作用，能推迟害虫进入靶标作物田的时间，并能在该作物上集中消灭害虫。

诱集植物是一类通过吸引、转移、拦截或保留靶标昆虫来减少其对主栽作物危害的植物（Shelton and Badenes-Perez，2006）。诱集植物对害虫的引诱作用明显高于主栽作物或果树（Boueher，2003；Hokkanen，1991；许向利等，2005）。诱集植物能提高农田系统的生物多样性，如棉田种植玉米诱集带，棉田的物种数量明显增加，昆虫群落和害虫亚群落的多样性与稳定性也增加，减小了害虫大发生的频率（崔金杰等，2001）。诱集植物还可以作为天敌的培育圃，诱集植物能够吸引害虫天敌，提高田间天敌的种群数量，增强天敌的生物控制作用（Hokkanen，1991）。

利用诱集植物防治害虫的历史由来已久，早在1860年，英国的 Curtis 就推荐种植欧洲防风来诱集胡萝卜上的伞形花织蛾（*Depressaria depressella*），Sanderson 提出在棉田四周种植玉米可诱集棉铃虫（*Helicoverpa armigera*）。利用诱集植物防治棉花、大豆、花椰菜、马铃薯、玉米等作物的害虫上取得了较好的效益（Boueher，2003；Hokkanen，1991；Ree，1999；李正跃等，2009）。应用诱集植物的效果好坏与诱集植物的作用类型、种植方式等因素有关。在实际应用时，应该考虑以下方面来提高诱集效果。

1. 诱集植物的作用类型

（1）传统诱集植物

传统诱集植物是指对害虫具有较强的吸引作用，种植于主栽作物邻近，能吸引害虫取食或产卵，进而减少害虫对主栽作物的危害的植物（Hokkanen，1991）。例如，利用苜蓿作为诱集植物防治棉花上的绿盲蝽（*Apolygus lucorum*）（Godfrey and Leigh，1994）、利用高粱控制棉花上的棉铃虫（*Helicoverpa armigera*）（Tillman and Mullinix，2004）、利用印度芥菜防治十字花科蔬菜上的小菜蛾（*Plutella xylostella*）（Charleston and Kfir，2000）、利用油菜和白芥等防治甘蓝上的卷心菜斑色蝽（*Murgantia histrionica*）等（Bohinc and Trdan，2012）。

（2）致死型诱集植物

致死型诱集植物是指对害虫具有较强的吸引作用，能使靶标害虫死亡，或使靶标害虫不能正常繁殖后代，种植后能减少靶标害虫种群数量，进而保护主栽作物的植物（Veromann et al.，2014；Shelton and Nault，2004）。致死型诱集植物通常具有较为鲜艳的色彩、独特的气味，但营养物质较少且有一定的毒性，能影响害虫的生长发育。例如，二化螟（*Chilo suppressalis*）雌虫喜欢选择在香根草（*Vetiveria zizanioides*）上产卵，在香根草上的产卵量是水稻上的 4 倍，在水稻田间种植香根草可使水稻的枯心率较对照区降低 50% 以上（陈先茂等，2007；郑许松等，2009）。香根草中的有毒物质抑制了二化螟体内羧酸酯酶（CarE）和细胞色素 P450 酶的活性。此外，香根草内单宁含量较高，影响了二化螟体内消化酶的活性，从而影响二化螟的生长和发育，最终导致其死亡（鲁艳辉等，2017）。

（3）基因工程型诱集植物

基因工程型诱集植物是指将某种特定的基因转入寄主植物，使其具有一定的特征能够通过吸引靶标害虫，或形成植物屏障，或能够行使传统诱集植物功能或致死型诱集植物功能，从而减少害虫数量的植物（Shelton and Badenes-Perez，2006）。基因工程型诱集植物的作用原理一般是将此类转基因作物种植在非转基因作物旁边，用于诱集并减少害虫，如转 Bt 毒蛋白 Cry1Ac 的羽衣甘蓝可大量诱集鳞翅目昆虫并使其数量减少（Cao et al.，2005）。

2. 诱集植物的常用种植方式

种植方式是影响诱集植物对害虫诱集效果的重要因素。诱集植物的常用种植方式有以下几种。

（1）围种诱集

围种诱集是指在靶标作物周围或是在靶标作物田四周种植对害虫具有引诱作用的

植物，截留或阻止昆虫进入主栽作物，或通过为靶标害虫提供食物，致使靶标害虫中毒死亡，或截留某些传播病毒病害的昆虫，使其在取食诱集植物的同时清洁其口器，从而阻止病毒的传播，达到保护主栽作物的目的（Blaauw et al.，2017；Mathews et al.，2017；Sarkar，2018）。围种诱集不但能增加天敌种类及数量（赵建周等，1991；文绍贵等，1995；张润志等，1999；Castle，2006；努尔比亚·托木尔等，2010；王伟等，2011），而且能直接诱杀害虫（王林霞等，2004；向龙成和康发柱，1999；陈恒铨和詹岚，1989；李亚哲和王多礼，1989；赵建周等，1989）等，提高对棉花主要害虫的控制效果。例如，在黄瓜地围种南瓜可有效地阻止条纹黄瓜甲虫（*Acalymma vittatum*）对黄瓜的危害（Cavanagh et al.，2009），在辣椒田四周围种高粱或向日葵，能诱集茶翅蝽（*Halyomorpha halys*），从而减轻茶翅蝽对辣椒的危害（Blaauw et al.，2017；Mathews et al.，2017）；卷心菜田周围种诱集植物欧洲油菜（*Brassica napus*）能有效减轻油菜豆荚象（*Ceutorhynchus obstrictus*）对卷心菜的危害（Cárcamo et al.，2007）。

（2）间种诱集

间种诱集是指在主栽作物田间作诱集植物，以诱集害虫取食或产卵，从而减轻主要害虫对主栽作物的危害。例如，糖蜜草（*Melinis minutiflora*）和银叶藤（*Desmodium uncinatum*）能够释放信息素诱集玉米螟等害虫（Khan et al.，1997；Khan and Pickett，2003），因此可将糖蜜草或银叶藤与玉米间作，控制玉米螟等害虫的发生和对玉米的危害。

（3）连作诱集

连作诱集是指在主栽作物的整个生育期内连续多次种植（连作）诱集植物（Charleston and Kfir，2000）。诱集植物的连续种植可以增加对靶标害虫的持续诱集效果。例如，绿豆对绿盲蝽具有较强的吸引作用，且绿豆的生育期较棉花短，因此在棉田可分期播种绿豆，对棉田绿盲蝽具有良好的防治作用（王春义等，2010）。又如，连续在棉田种植2～3次芥菜，可以起到有效控制小菜蛾的作用。

五、适当/不适当着陆假说

Finch 和 Collier（2000）提出了适当/不适当着陆假说（appropriate/inappropriate landing hypothesis），该假说认为当植食性昆虫飞过裸露土地上的植株时，大多数植食性昆虫都避免着陆在裸露的地表，而更偏重着陆在寄主植物上，农田生态系统多样性在某个时期可以避免出现裸地，积累一定量的植食性昆虫，保证了天敌的食物来源，随着天敌的增多，可以控制作物另一时期的植食性昆虫的暴发。

第三节　农业生物多样性控制害虫的遗传学基础

作物品种的合理配置种植，丰富了农田作物的遗传背景，增强了作物对有害生物的遗传防御机制，提高了植食性昆虫方向性的选择。掌握抗虫性的遗传机制对鉴定抗源品种种质、指导杂交育种、选择抗性后代，以及研究抗虫性机制、抗性变异和生物型等问题均有重要意义。

一、作物抗虫机制

（一）作物抗虫性

作物抗虫性是指作物品种能够阻止害虫侵害、生长、发育和为害的能力，是作物同害虫在长期抗衡、协同进化过程中形成的具有抵御害虫侵袭及寄生危害的一种特性，这种特性广泛存在于农作物的品种（系）、野生种和野生近缘种之中。植物对害虫的抗性包括生态抗性和遗传抗性。抗性品种的选用是农业防治措施中最主要的，也是最有效的措施。

作物抗虫机制包括 3 层含义。①不选择性（nonpreference），即作物品种以其本身所固有的形态解剖形状、生物化学特性、物候或植物生长特性所形成的小生态条件对害虫具有拒降落、拒产卵、拒取食的效应。不少棉花品种由于叶面多茸毛，对棉蚜、棉叶蝉具有抗性，而对棉铃虫则易感。花椰菜具有正常蜡质的叶片比光叶变异体更抗黄条跳甲（*Phyllotreta albionica*）的侵袭。水稻螟虫产卵或取食对植物的生育期表现有明显的选择性，水稻易受螟害的生育期是分蘖期和孕穗期。②抗生性（antibiosis），即某作物品种含有对某种害虫有毒的物质或者害虫所需的营养物质含量很低，或由于害虫危害诱导产生不利于害虫生长发育的物质等，引起害虫死亡率增高、繁殖率降低、生长受到抑制而不能完成发育或延迟发育、寿命缩短等现象。例如，玉米螟（*Ostrinia* sp.）幼虫在玉米心叶前期死亡率高，原因是玉米植株中含有一种有毒的化学物质——氧肟酸（简称"丁布"），其能抑制玉米螟幼虫取食和生长发育，并促使其死亡。含有 1.2% 以上棉籽酚（gossypol）的棉花品种对棉铃虫有抗性。还有一些害虫在抗虫植物上虽然能取食并完成发育，但成活的个体体躯小、体重轻、生殖力低，如豆长管蚜（*Macrosiphum onobrychis*）在抗蚜豌豆品种上，生殖力较在感蚜品种上显著降低。稻株中含有的水杨酸和苯甲酸对二化螟幼虫生长有抑制作用。③耐害性（tolerance），有的作物品种被害虫取食后能够表现出很强的增殖或补偿能力，可以忍受虫害而产量不受影响或不受显著影响。

植物抗虫性也和任何其他性状一样，是由遗传基因控制的。

（二）作物抗虫基因

植物自身为抵抗昆虫等的危害，在长期进化过程中形成了复杂的化学防御体系，该系统中包含了各种抗虫蛋白、多肽及各种小分子物质。

种植抗性品种是防治害虫经济、有效的措施（Jeon et al.，1999，王建军等，1999；Murata et al.，1998），而抗性遗传背景的研究则是进行抗虫育种及利用抗性控制害虫的基础。我国对抗螟虫水稻材料的筛选从 20 世纪 30 年代即已开始，至 70~80 年代，抗虫性筛选对象扩展到褐飞虱、白背飞虱、稻纵卷叶螟、稻瘿蚊、稻蓟马等各主要水稻害虫，仅对褐飞虱、白背飞虱的抗虫性评价就收集和鉴定了 10 万份次以上的水稻材料，筛选出中抗至高抗褐飞虱或白背飞虱的材料 6700 多份次（程式华和李建，2007）。

根据抗性的遗传基础，作物的抗虫性可分为单基因抗性（monogenic resistance）、寡基因抗性（oligogenic resistance）、多基因抗性（polygenic resistance）和细胞质抗性（cytoplasm resistance）4 种形式。单基因抗性是指作物品种对某种害虫及其生物型的抗性仅由 1 个基因控制；寡基因抗性是指由 2 个以上且为数不多的几个基因所支配的抗虫性；多基因抗性由许多基因支配，每个基因对总抗性的贡献很小，抗性程度多数为中等水平；细胞质抗性由细胞质控制，其表现为抗性随母本遗传。作物的抗虫性是可以遗传的，且其遗传方式复杂多样。不同的作物或品种、同种作物不同的抗虫性状、同一性状的不同抗性基因及基因数量、遗传背景等，表现各异。因此，在抗虫育种中，必须针对该种抗源或抗性品种的抗虫性状的遗传特点，采用合适的育种技术和方法，才能达到应有的抗虫效果。

中国野生稻资源含有丰富的褐飞虱、白背飞虱、稻瘿蚊、螟虫等抗性基因。我国对野生稻资源抗虫性的利用集中在对褐飞虱的抗性上（陈峰等，1989；杨长举等，1999）。由于褐飞虱为害的严重性，许多国家在水稻抗褐飞虱基因的发掘与定位方面进行了深入的研究。迄今为止，已先后发现和鉴定出 21 个抗稻褐飞虱的主效基因，其中 10 个来自栽培稻，11 个源自野生稻；还鉴定和命名了 8 个水稻抗白背飞虱的主效基因（余娇娇等，2011）。

此外，植物化学防御机制的研究还有助于通过植物遗传育种或基因工程进行抗性育种，培育出能产生更多虫害诱导的植物挥发物（HIV）的抗虫新品种，为害虫生态控制提供依据。

二、抗虫转基因作物

（一）转 *Bt* 基因抗虫作物

抗虫转基因植物（insect-resistant transgenic plant）是指通过基因工程技术将外源抗虫基因导入植物基因组来表达杀虫蛋白的转基因的植物品种（系）（摘自国家标准《转基因植物及其产品环境安全检测 抗虫棉花》）。

苏云金芽孢杆菌（*Bacillus thuringiensis*，*Bt*）体内含有 1 种结晶蛋白毒素——δ 内毒素，它以原毒素形式存在，在昆虫幼虫的中肠内溶解为原毒素，并在酶蛋白的作用下变为较小的、可溶解的、活化的毒素，再与昆虫中肠的上表皮细胞的特异受体作用，诱导细胞产生一些通道，打破细胞的渗透平衡，并引起细胞肿胀甚至裂解，使昆虫幼虫停止进食而死亡，起到杀死害虫的作用（喻子牛，1990）。苏云金芽孢杆菌可以杀死鳞翅目昆虫。应用于农业生产的主要是 δ 内毒素，不同的 δ 内毒素杀虫范围不同，Cry1 A 和 Cry1 C 对鳞翅目幼虫具有特异性，Cry3 A 对鞘翅目昆虫具有特异性。

自 1987 年美国将苏云金芽孢杆菌体内杀虫晶体蛋白基因成功导入植物细胞，产生了转基因植物以来，已获得的转 *Bt* 基因抗虫作物主要有棉花、玉米、水稻、大豆、烟草、番茄、油菜、茄子和马铃薯等。其中广泛种植的是转基因抗虫棉，对控制棉铃虫（*Helicoverpa armigera*）起到了重要作用。棉铃虫幼虫连续取食转 *Bt* 基因棉后，1~4 龄的幼虫经 2~4 天后均不能成活；成虫取食转基因棉花粉后，其产卵量和卵的孵化率显著下降，且成虫寿命会缩短（崔金杰和夏敬源，1999）。

（二）水稻抗性品种配置控制虫害

1. 水稻品种间的混植

将水稻特定的农艺性状（株高、抽穗期、熟期、株型等）基本一致并分别含有不同抗性基因的品种或品系（两个以上）的种子按一定比例混合种植对控制害虫具有良好作用（沈君辉等，2007）。刘光杰等（1995）将'Rathu Heenati'（简称'RHT'）的抗白背飞虱基因导入早籼稻品种'浙辐802'后，通过多次回交与自交获得与'浙辐802'成对的近等基因系（'浙抗'）。以2∶1比例混合'浙抗'与'浙辐802'种子构成抗-感白背飞虱混合水稻群体"浙混"。"浙混"上的成虫及若虫数量均与抗虫的'RHT'和"浙抗"上的相近，分别是感虫的'浙辐802'和'TN1'上的1/2和1/5～1/4。表明抗虫品种与感虫品种混植对白背飞虱具有明显的控制作用。

2. 水稻品种间的间作

Zhu等（2000）研究发现，高秆和矮秆的水稻品种在田间可形成空间上的差异，从而产生抗性植株的障碍效应，也可能减缓了病原菌孢子的运动和传播，从而减少了病害的发生。

（三）抗虫育种

抗虫育种（breeding for insect resistance）是利用作物不同种质对害虫的抗性差异，通过适宜的育种方法，选育出不易遭受虫害的新品种的技术。选育推广抗虫品种，可以少用或不用农药防治害虫，达到稳定产量、提高品质、降低生产成本、减少农药对蔬菜产品和环境的污染，并有利于保护害虫的天敌，维持生态平衡的目的。例如，大豆抗虫品种主要通过抑制大豆害虫的幼虫重、蛹重、发育速率、蛹存活率等，从而达到控制虫害的目的（Rector et al.，1999；Terry et al.，2000；Komatsu et al.，2005；付三雄等，2007）。

第四节　农业生物多样性控制害虫的物理学基础

一、物理阻隔作用

物理阻隔（physical obstruction）是指在植被多样性的农业景观生态系统下，将较大或较高的非寄主植物作为有效的隐藏寄主植物的屏障，从而增大害虫定殖的难度。

多作物种植系统中高大的植株可以阻碍害虫的活动。豇豆与高粱间作，豆象甲（*Alcidodesleu cogrammus*）在豇豆上的密度降低，主要是因为这种害虫在植株间的扩散受到浓密高粱的阻碍。对小米套种高粱的研究发现，小米的叶鞘上有少许的玉米蛀茎蛾的卵，认为是物理阻隔导致雌蛾未能将卵产在高粱上。Litsinger和Moddy（1976）认为高秆植株起到阻碍空气流动的作用，因此可以阻碍许多随风扩散的害虫的侵染。在芸薹周围混种三叶草，由于物理阻隔因素的存在，干扰了害虫搜寻芸薹寄主的行为。因此，非寄主植物的物理阻隔作用被认为是比较有效影响植食性昆虫侵入和定殖的一种机制。

二、视觉伪装效应

视觉是昆虫的基本感觉之一，是对光做出的一种反应，是昆虫在近距离处通信的基本方式。植被多样化种植的农业环境对害虫的视觉定向有明显的干扰作用，有些情况下，间作栽植的高大植物或浓密植物掩盖了害虫的主要寄主作物，可起到影响害虫视觉定向的作用，妨碍了害虫在田间的扩散能力，这就是视觉伪装（visual camouflage）效应。视觉伪装效应以两种类型的视觉刺激诱导低空飞行的昆虫降落到植株上为基础，第一种是对植物颜色的直接反应，在多数情况下是指对绿色的反应；第二种是视觉动力响应，即昆虫沿着飞行的路径飞行时，植物的"赫然出现"引起昆虫降落。例如，在蚜虫迁移过程中，如果寄主作物间的地表为裸露的，蚜虫就很容易完成移入作物的过程。但若寄主作物间的裸露地表长有杂草或被其他植被覆盖，则蚜虫的数量就会大大减少（Andow，1991）。花生与玉米间作，花生对亚洲玉米螟可产生视觉影响，因而明显减少了亚洲玉米螟的数量。非寄主作物的掩饰作用使得寄主植物在非寄主植物的背景中变得不太"明显"。

有研究表明，视觉刺激并不仅限于颜色。目标物的形状也会对害虫降落有强烈的影响。Harris 等（1993）实验证明垂直形状能吸引更多的雌性黑森瘿蚊。竖直轮廓的长度非常重要，只要目标物不是水平面上（如草面）的，模型的长度越长，高度越高，面积越大，昆虫产卵就越多。Finch 和 Kienegger（1997）研究发现，仅单独依赖物理阻隔这一机制不足以影响害虫对寄主植物的选择。他们用干燥的（棕色）三叶草代替鲜活的（绿色）三叶草与作物间作，甘蓝地种蝇（*Delia radicum*）、小菜蛾（*Plutella xylostella*）和大菜粉蝶（*Pieris brassicae*）在周围满是干燥的（棕色）三叶草的寄主植物上的产卵量与在裸露土表上生长的寄主植物上的产卵量无显著差异。因此，三叶草的物理性状本身并不足以减少害虫在寄主植物上的产卵量，仅当周围的三叶草为绿色时，在寄主植物上的产卵量才会减少（Finch and Kienegger，1997）。

第五节　农业生物多样性控制害虫的化学基础

植物为昆虫提供营养物质和庇护场所，昆虫为植物传粉，双方在营养、繁殖、保护、防卫和扩散等方面需要相互依存、相互作用、彼此影响，并通过变异和特化而相互适应。同时，植物能通过多种途径发出各种信息，向其周围的生物展示自己，其中最为重要的是以化学物质为媒介进行信息交流。植物能通过释放挥发性有机化合物（volatile organic compound，VOC）来表明它们的身份（Dudareva et al.，2006；Lou et al.，2006；Agbogba and Powell，2007；Moayeri et al.，2007；Rasmann and Turlings，2007；Snoeren et al.，2007；Silke and Baldwin，2010；Hare，2011），还可以通过改变挥发性有机化合物组成或浓度来展示它们的生理状态，以及它们所承受的生存压力，形成间接的防御作用（De Moraes et al.，1998；Kessler and Baldwin，2001；Takabayashi and Dicke，1996；D'Aessandro and Turlings，2006；Hare，2011）。研究植物与昆虫间的化学联系并用于害虫防治，是目前化学生态学研究的重要内容之一。

一、化学通信与化感作用

（一）化学通信

化学通信（chemical communication）是指以化学物质为媒介的信息交流方式。化学通信是生物普遍存在的相互作用方式，不同生物种类间，同种生物不同个体间都有化学联系的现象。从广义上讲，昆虫依靠探测环境中的化学物质来感知信息的传递。在生物间起通信作用的化学物质称为次生物质，一般为昆虫可利用嗅觉感受器进行感受的挥发性的小分子量物质，但也有些是需要昆虫利用味觉感受器进行感受的挥发性不强的大分子量物质。信息素是指昆虫体内所分泌的，能引起同种其他个体行为反应的化学信号物质，又称外激素。

根据昆虫的行为反应，将信息素分为 4 种。①性信息素（sex pheromone）：由性成熟的雌性或雄性昆虫分泌的微量化学物质，可引诱同种异性个体前来交配，如棉铃虫的性信息素。②追踪信息素（trail pheromone）：可指引同一种群中的其他个体找到食物源，如蚂蚁、蜜蜂的标记信息素。③报警信息素（alarm pheromone）：昆虫受到惊扰时，释放出信息素以作警告信号，如蚜虫的报警信息素。④聚集信息素（aggregation pheromone）：这类信息素可诱集同种个体到一定取食地点或交配的场所，危害树干的一些鞘翅目昆虫有这种信息素（Price，1997；戈峰等，2008）。

（二）植物化感作用

植物化感作用是指一个活体植物（供体植物）通过地上部分（茎、叶、花、果实或种子）挥发、淋溶和根系分泌等途径向环境中释放某些化学物质，从而影响周围植物（受体植物）的生长和发育。这种作用或是互相促进（相生），或是互相抑制（相克）。从广义上讲，植物化感作用也包括植物对周围微生物和以植物为食的昆虫等的作用，以及由于植物残体的腐解而带来的一系列影响。植物生态系统中共同生长的植物之间，除了对光照、水分、养分、生存空间等因子的竞争外，还可以通过分泌化学物质发生重要作用，这种作用在一定条件下可能会上升为主导作用。

（三）植物释放的化学挥发物

植物释放的化学挥发物属于次生性物质，一般相对分子质量为 100~200，包括烃、醇、醛、酯和有机酸等，其中在绿色植物中普遍存在的六碳醇、醛和衍生物酯类等化合物，包括叶醛（反-2-己烯醛）和叶醇（Z-3-hexen-1-01）等，是各种植物绿叶的特征性气味，称为绿叶挥发物（Whitman and Eller，1990）。每种植物都有各自的挥发性物质，并以一定的比例构成该种植物的化学指纹图谱（chemical fingerprint），害虫寻找寄主植物和对寄主植物的识别则是由于识别了植物气味的化学指纹图谱。植物挥发性气味组分可因植物的年龄、组织器官、生理状态等的不同而不同，从而引起昆虫行为的变化。

植物释放的化学物质有两类：一类是化学挥发物，另一类是非挥发性信息化合物，主要包括植物叶表的蜡质、腺体分泌物和植物组织中的各种营养物质或者毒素等。

1. 化学挥发物

植物释放的化学挥发物有两类：一类是天然化学挥发物，另一类是植食性昆虫诱导的化学挥发物。

（1）天然化学挥发物

植物本身在生长发育过程中会释放化学挥发物，这些物质对植食性昆虫对寄主植物的识别和定向起着重要的通信引导作用，能诱导昆虫产生寄主定向行为、逃避行为、产卵场所选择行为，同时对雌雄交配、取食、聚集和传粉行为表现出一定的刺激作用等。植食性昆虫在寻找寄主、取食、产卵的过程中，主要通过嗅觉感受器对寄主植物特异性的气味进行识别，这些特异性的气味主要是植物的化学挥发物。因此，植物释放的天然化学挥发物就成为植食性昆虫寻找寄主植物的指示信号。此外，也有研究表明，当寄主气味存在时，昆虫的交配成功率较高，还有些种类的昆虫则必须在寄主植物气味的存在下才能成功交配（杜家纬，2001）。

（2）植食性昆虫诱导的化学挥发物

虫害诱导的植物挥发物（herbivore-induced volatile，HIV）是植物受到害虫胁迫后释放的挥发性物质，是由植食性昆虫为害而诱导植物产生某种生理生化变化，从而整株植物都参与合成，并有规律地释放出来的、有一定植物种属特异性的挥发性物质。这些挥发物进入环境后，为植物、植食性昆虫及其天敌提供有价值的信息，招引捕食性天敌来防御外来害虫的攻击，起着互利素的作用。有些植物释放的一些气味物质还能作为同种植物个体间的告警化学信号，有些植物还能释放能抑制植食性昆虫幼虫取食的化学物质等（杜家纬，2001）。

植物遭受昆虫危害后释放的化学挥发物主要有萜类化合物和绿叶性气味，其中萜类化合物包括单萜、倍半萜及其衍生物，绿叶性气味是指植物挥发物中6个碳的醛、醇及其酯类。有些植物的地上和地下部分均能释放植食性昆虫诱导的化学挥发物，植物遭受植食性昆虫为害后释放的化学挥发物的组分因非生物因子，以及植物种类、植物基因型、植物叶龄、害虫为害时间、植食性昆虫的种类和虫态等生物因子的不同而存在差异（Dicke et al.，1999；Turlings et al.，1995；Kessler and Baldwin，2001）。

需注意的是，并不是植食性昆虫的所有取食危害都能引起植物释放化学挥发物，有些害虫的危害并未引起寄主植物化学挥发物的变化，如小麦瘿蚊的幼虫取食小麦后，并没有改变小麦释放的化学挥发物的组分（Tooker and De Moraes，2007）。

2. 植物挥发物对昆虫行为的影响

植物在与昆虫长期的协同进化过程中，为防御昆虫的取食危害，发展了一系列的防御机制，如种群的竞争、时间和空间上的躲避、防卫性的形态结构和生理生态机制，尤其是以次生物质为主的化学防御（康乐，1995；杜家纬，2001）。行为是昆虫生态学的中心，对昆虫行为的研究，不仅能提供防治害虫、利用天敌的新途径和新方法，还可以解释昆虫学的许多问题。这使昆虫行为学研究成为昆虫学领域中一个不可缺少的部分。

植物挥发物对昆虫选择寄主的行为有影响。昆虫与植物在长期的协同进化过程中形成了寄主选择行为，同时植物或寄主产生的化学信息物质在对天敌昆虫寄主生境的定位及寄主的定位中起着重要的作用。植物挥发物在植食性昆虫、天敌昆虫的寄主定位中起着化学通信媒介的作用，如果没有植物气味的存在，多数植食性昆虫不能顺利找到寄主植物，如十字花科植物释放的烯丙基异硫氰酸酯能诱集菜蚜茧蜂，从而有利于对菜蚜的自然控制。寄生蜂对斑潜蝇的选择性是通过受害叶片释放的化合物来定位寄主的（Kang et al.，2009）。

植物遭受植食性昆虫攻击后释放的化学挥发物在"植物-植食性昆虫-天敌"的相互作用中起着重要作用，并可进化成一种植物间接防御的功能。植食性昆虫诱导的化学挥发物不仅对同种植食性昆虫具有引诱或驱避效应，而且对异种植食性昆虫的行为也会产生引诱或驱避效应，如甜菜夜蛾（*Spodoptera exigua*）诱导马铃薯产生的马铃薯气味对马铃薯甲虫具有明显的引诱作用，而且该作用明显更强于对甜菜夜蛾的引诱。植食性昆虫诱导的化学挥发物对异种昆虫具有忌避作用，如西花蓟马（*Frankliniella occidentalis*）危害黄瓜苗后，二点叶螨就会不再趋向该黄瓜苗了（Pallini et al.，1997）。

3. 植物挥发物对昆虫交配行为的影响

有些寄主植物的挥发物对昆虫的交配行为具有影响，当寄主植物挥发物存在时，昆虫的交配成功率较高，而且有些种类的昆虫必须在寄主植物挥发物的存在下才能成功交配。例如，红橡树叶的挥发物叶醛可以通过多音天蚕（*Antheraea polyphemus*）雌蛾触角化感器刺激脑神经，并促使心侧体释放控制腹部神经系统和酶系统的激素，诱发信息素的生物合成并使腹部肌肉收缩，迫使腺体外伸而释放信息素来引诱雄蛾进行交配。

4. 植物挥发物对昆虫产卵行为的影响

有些植物表面的特殊化合物对某些昆虫成虫的产卵具有引诱作用，有些具有忌避产卵作用。例如，龙葵（*Solanum nigrum*）叶片释放的化合物可引诱马铃薯甲虫（*Leptinotarsa decemlineata*）在其上产卵。大花六道木、烟草、棉花蕾的挥发物中含有烟夜蛾的产卵刺激物，能引诱烟夜蛾成虫产卵（Mitchell et al.，1990）。印楝素（azadirachtin）对多种植食性昆虫具有拒食和产卵抑制作用。

5. 植物挥发物对昆虫取食行为的影响

昆虫的取食往往受植物化学组分的调节，有些化学组分具有引诱作用。例如，马利筋（*Asclepias curassavica*）含有较多的心甾内酯（cardenolide），能吸引黑脉金斑蝶（*Danaus plexippus*）在马利筋上取食和产卵。此外，植物体内的有些次生物质对昆虫的取食还具有抑制作用，使昆虫产生拒食反应，如印楝素能引起沙漠蝗（*Schistosera gregaria*）、褐飞虱（*Nilaparvata lugens*）、黏虫（*Pseudaletia separata*）等强烈的拒食反应。

6. 植物挥发物对昆虫生长发育的影响

有些植物的化学成分能抑制昆虫的生长发育，害虫取食这种植物后不能进行正常的生长发育。例如，何富刚和张广学（1992）研究发现，当高粱蚜（*Melanaphis sacchari*）取食一种抗性高粱后，其发育速度减慢、体重减轻、成虫寿命缩短、虫口密度下降；大麦中的香草酸、没食子酸、丁香酸、芥子酸等能影响麦二叉蚜（*Schizaphis graminum*）的生长和繁殖。另外，植物体产生的一些次生物质如单宁等能影响昆虫对食物的消化和吸收利用，从而阻碍其生长发育，降低其繁殖力。

7. 植物体表化学成分对植食性昆虫的影响

植物体表的各种分泌构造，包括腺表皮细胞、各种腺体、某些排水器和食虫植物的消化腺分泌构造分泌的化学物质（包括各种脂类、蜡、萜类和类黄酮等），均可影响昆虫的取食行为。

8. 植食性昆虫诱导的化学挥发物诱导植物释放更多的挥发物

植食性昆虫诱导的化学挥发物还可诱导植物形成更多的挥发物，以调节昆虫的行为，Dicke 等（1999）用茉莉酸（jasmonic acid，JA）处理利马豆，其释放的挥发物对智利小植绥螨（*Phytoseiulus persimilis*）有吸引作用。Ruther 和 Kleier（2005）在健康玉米周围喷施顺-3-己烯-1-醇及顺-3-己烯-1-醇与乙烯的混合物，能诱导玉米释放出吸引自然天敌的挥发物。

二、植物挥发物多样性控制害虫的机制

（一）植物气味屏蔽假说

寄主植物气味屏蔽（masking of host plant odour）假说认为寄主植物的气味与非寄主植物的气味混合后导致害虫在定位寄主的过程中产生紊乱、拮抗和排斥作用，从而干扰了害虫依靠寄主植物的气味搜寻寄主的行为。非寄主植物向空气中释放的气味屏蔽物质则对自身起到了良好的保护作用。这也是由 Tahvanainen 和 Root（1972）共同提出联合抗性假说的基础。

但也有研究发现，寄主植物的气味能够被非寄主植物的气味"屏蔽"的可能性很小（Thiery and Visser，1986），Tukahirwa 和 Coaker（1982）通过对甘蓝地种蝇的风洞试验研究，发现非寄主植物三叶草的气味并不能掩饰寄主植物的气味。

（二）驱避剂假说

驱避剂（repellent chemicals）假说认为由非寄主植物发出的气味实际上足以强烈地抵御搜索寄主的昆虫（Uvah and Coaher，1984）。有些植物含有的挥发油、生物碱等一些化学物质对害虫具有忌避作用，从而减少了害虫的取食危害。例如，除虫菊、烟草、薄荷、大蒜等对蚜虫都有较强的忌避作用，豚草（*Ambrosia artemisiifolia*）的气味可以驱避羽衣甘蓝（*Brassica oleracea* var. *acephala*）上的蔬菜黄条跳甲（*Phyllotreta cruciferae*）。

多作物系统比单作具有更大的化学多样性——刺激性气味，通过利用忌避作物与寄主作物间作、套作或混种，而影响害虫对寄主的搜寻。因此，有人提出化学信息物质（semiochemical）多样性假说，该假说认为作物多样性系统中化学信息物质的多样性，可能会影响寄主的发现和减小害虫暴发的可能性（Zhang and Schlyter，2004）。

然而，也有研究发现有些作物的多样性种植反而能导致特定害虫的大发生。例如，甘蔗与小麦间作就显著增加了甘蔗紫螟（鳞翅目夜蛾科）和黏虫（鳞翅目夜蛾科）的发生率。因此，在对不同作物进行间作套种前，还应就其对害虫的影响进行深入研究，以进行合理的搭配。

寄主植物的挥发性次生物质、背景、色彩、形状以及植物表面结构等对昆虫的取食、产卵、聚集及交配行为都会产生不同的影响，这些影响的大小及程度也因昆虫种类的不同而有差异。从寄主植物中寻找害虫在取食、产卵、聚集及交配等行为过程中起作用的感觉线索，不仅能够揭示害虫与寄主植物间的化学、物理通信联系，而且对指导害虫治理具有非常重要的理论意义和实践价值，将为害虫综合治理提供新理念。

三、植物挥发物的收集方法

植物挥发物的收集方法主要有三种，分别为吸附法、抽提法和综合法三类。

（一）吸附法

植物通常在常压或负压的条件下，会自动释放出其独特的挥发性物质，因此以干净的空气形成带有此种植物独特挥发性物质的气流，再由抽气泵将这种气流流经装有吸附剂的专用柱子，利用吸附剂将该气味化合物吸附，使该气味化合物得到浓缩，待其饱和后，利用沸点较低的有机溶剂将气味物质洗脱下来，再次浓缩，就能得到保留在溶剂中的挥发性物质了。

（二）抽提法

利用气味物质能溶于有机溶剂的特点，用乙醚、二氯甲烷等溶剂洗涤植物的器官，将洗脱液浓缩，即可得到挥发物。

（三）综合法

综合法是指利用吸附剂在常温或低温下吸附气味物质，而在高温下又释放出气味物质的原理，将吸附、洗脱及气相色谱进样一次完成，这样既减少了中间环节，使得收集效果更好，又大大减少了工作量。

四、昆虫对植物挥发物反应的测定方法

昆虫信息素的生物活性测定包括嗅觉仪测试、风洞试验，其为昆虫行为学的研究提

供了快速、准确的方法。随着现代化学技术及电生理技术在昆虫行为学研究中的应用和发展，触角电位仪（EAG）技术、气相色谱与触角电位仪联用（GC-EAG）、气相色谱与单细胞电位检测联用（GC-SCR）及气相色谱与质谱联用（GC-MS）技术也为分析研究控制害虫行为的它感信息化合物提供了先进的测试手段。

（一）嗅觉仪测试

嗅觉仪测试实际上是一种观察和记录昆虫等对信息素的行为反应，记录其行为特征的方法，原理是让样品的气味通过两通道或多通道的嗅觉仪，通过试虫对不同通道的嗅觉反应就可以确定哪些样品对昆虫有刺激作用。常用的是两通道的 Y 形嗅觉仪，其次是四臂嗅觉仪，目前通道最多的是八通道触角反应测试仪。这种方法由于空间较小，对昆虫的刺激作用大，效果较好。由于空间的限制，触角反应测试仪与田间的实际效果相差较远。

Y 形嗅觉仪可以测试昆虫对 2 种气味源的选择反应，其包括基部直管和 2 个 Y 形臂，Y 形管的一臂通过气流带入一种气味，另一臂带入对照气味（清洁的空气），供试昆虫放置于 Y 形管基部直管中。有人也将 Y 形嗅觉仪称为小型风洞，其应用广泛，可用于测试鳞翅目成虫、幼虫和害虫寄生蜂等多种昆虫对不同气味源的选择反应。

四臂嗅觉仪主要用于测试小型昆虫的行为反应，将测试昆虫置于嗅觉仪中心，可以同时测试昆虫对多种气味或一种气味不同浓度的反应。

（二）风洞试验

利用一个低风速的风洞来携带植物气味或其他特殊的气味物质，通过控制光照和使用录像设备定性分析昆虫飞行及定向机制。风洞目前不但应用于昆虫性信息素的鉴定和组分测定，还可用于诱捕器的设计、昆虫定向行为的研究等。

风洞的大小、形状有许多种，但多为长方形聚酯玻璃风洞。也有可同时产生垂直和水平气流的风洞，用于研究蚜虫对信息素的反应。可将摄像头安装在风洞的侧面和顶端，与计算机相连，在实验时自动记录昆虫的行为和三维飞行轨迹，以方便实验后做进一步分析。

（三）触角电位仪技术

触角电位仪（electroantennography，EAG）技术是检测昆虫对植物或昆虫信息素等化学信号反应的电生理技术。气味输送系统将植物挥发物吹到昆虫触角上，触角上的化学感受器受到刺激后，感受细胞产生动作电位。触角电位仪不仅可用于嗅觉机制的研究，也可用于信息素和寄主引诱物的活性鉴定。

（四）气相色谱与触角电位仪联用

气相色谱与触角电位仪联用（GC-EAG）的原理是收集来自昆虫试验体的微弱原始电信号，GC-EAG 是一个联用系统。从气相色谱柱分离的气体成分被分成均匀的两股，一股进入气相色谱检测器，另一股与清洁气体一起进入昆虫触角。这样气相色谱的波峰就和 EAG 的波峰对应起来，收集的气体混合物就被筛选，不必对每一个化学成分进行分析就知道哪个成分有生物活性，而没有 EAG 反应的成分将被排除。该技术将气相色谱和触角电位仪并用同时记录昆虫触角在施加不同刺激物时的变化，使得分析和鉴定对测试昆虫触角电位活性成分的工作进一步简化，结果更准确。

（五）单细胞电位检测（SCR）技术

该方法首先把感觉毛的末端切除，再将玻璃微电极的端部套在切口上，使感受器与感觉细胞发生良好的电接触，这样就可记录到单个感受细胞的神经脉冲和感受器电位。

（六）气相色谱与单细胞电位检测联用

气相色谱与单细胞电位检测联用（GC-SCR）的工作原理与 GC-EAG 技术相似，该技术使得检测单个感受细胞对混合气味中某种或几种化合物的电位反应成为可能。

植物次生代谢物和昆虫信息素是化学生态学中的重要研究内容，植物化学物质既是植物抵御昆虫的手段，是昆虫需要不断克服的化学屏障，也是植物与昆虫协同进化的纽带。对植物与植食性昆虫相关关系的研究和探索，促进了昆虫化学生态学的发展。昆虫化学生态学作为生态学和化学的交叉学科，主要以现代分析手段研究昆虫种内、种间及其与其他生物之间的化学信息联系、作用规律以及昆虫对各种化学因素的适应性等。昆虫、天敌、植物三者化学关系的揭示，有助于利用天敌对害虫进行生物控制。昆虫对寄主植物气味的趋向反应可被非寄主植物气味的加入打破，昆虫对某些非寄主植物可表现出驱避反应，这就为间作套种防治害虫提供了理论依据。

第六节　害虫防治的推拉策略

有些植物对昆虫具有明显的驱避效应，有些则具有引诱作用。因此，利用植物的驱避和引诱作用，可提高害虫对靶标作物的定向和危害，此即推拉策略。

一、推拉策略的概念

推拉策略（push-pull strategy）是利用植物对昆虫的拒食或引诱作用调控害虫或天敌的行为来达到控制害虫的方法（Samantha et al.，2007）。其中，使昆虫向信息源趋近的远距离作用的化合物称为"拉（pull）"成分，使昆虫远离信息源的化合物称为"推（push）"成分，前者用高度明显的引诱性刺激物，把害虫引诱到其他的区域（拉）；后者能驱避害虫或使害虫远离保护资源（推）。引诱性刺激物把害虫从保护资源转向诱饵或诱集作物（图 5-1）。该策略利用昆虫的感觉器官感受外界特定的物理、化学信号（主要包括视觉的和化学的线索或信号），从而做出反应，大多数昆虫可产生行为上的变化。目前，该策略已运用于害虫综合防治实践中（Samantha et al.，2007；吕蔷，2008）。

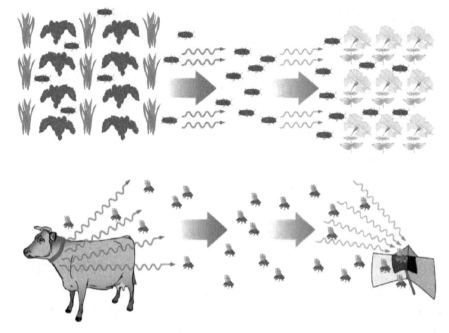

图 5-1　推拉策略的推拉模式示意图（仿 Samantha et al.，2007）

上图表示左边驱避植物释放的化学挥发物使害虫远离目标作物，而右边植物释放的化学挥发物对害虫起到引诱作用，从而对靶标作物害虫起到了防治作用。下图表示拴在牛脖子上能释放驱避苍蝇的挥发物的项链，这些挥发物使苍蝇远离牛，而右边诱集物释放的挥发物则对苍蝇起到引诱作用，从而使苍蝇远离了牛

二、推拉策略的组成

（一）推拉策略中"推"的成分

1. 非寄主植物挥发物

非寄主植物挥发物往往能掩盖寄主植物的气味，或驱赶害虫逃离非寄主植物。例如，桉树柠檬色的桉树油中含有驱蚊成分（Barnard and Xue，2004），被子植物的绿叶气味物质和树皮挥发物能减少小蠹虫的定殖（Barata et al.，2000；Zhang and Schlyter，2004），这些驱避性的挥发物就具有典型的"推"的作用。

2. 寄主的信息化合物

昆虫利用关键的、时常有特定比例的挥发物识别适合的寄主。如果提供能释放不适当比例挥发物的寄主，植食性昆虫诱导的植物挥发物可驱避害虫。例如，植物释放的水杨酸甲酯和茉莉酮对蚜虫有驱避作用（Michael et al.，2000）。

3. 迁散信息素

迁散信息素（dispersal pheromone）可用于调控昆虫的空间分布和降低昆虫种内竞争，小蠹科害虫的许多寄主植物种类能产生这种多功能的信息素（Borden，1997），其化学挥发物制剂或产品可用于推拉策略控制该类害虫。

4. 报警信息素

有些昆虫受到自然天敌攻击时，释放报警信息素（Teerling et al.，1993），在同种间引起逃避或驱散行为。很多蚜虫的报警信息素(反)-β-法尼烯对蚜虫天敌有"拉"的作用（Pickett and Glinwood，2007）。

5. 拒食剂

有些植物能产生对害虫具有驱避取食的物质，如苍耳等药用植物提取物对小菜蛾幼虫有拒食作用（周琼等，2006）。因此，农田和果园中种植对靶标害虫具有拒食作用的植物，靶标害虫就可能离开寄主植物而迁移，从而保护目标作物或使果树免受损害。

6. 产卵抑制剂和产卵忌避信息素

产卵抑制剂和产卵忌避信息素（ODP）能减少或阻止害虫卵的着落（Pyke et al.，1987；Zhang and Schlyter，2004），或避免在已被同种昆虫产卵的植株上产卵（Nufio and Papaj，2001）。许多植物的一些化学物质，如印楝种子的提取物具有产卵抑制作用。樱桃绕实蝇雌虫产卵后在樱桃上释放一种寄主识别信息素，阻止同种昆虫在同一樱桃上产卵（Aluja and Boller，1992）。

（二）推拉策略中"拉"的成分

1. 视觉刺激

昆虫主要依靠视觉感觉器接受光的刺激，因而可以通过模拟不同颜色或形状的物体来引诱昆虫，如利用模拟成熟果实的红色球体可以吸引成熟的苹果果蝇。

2. 寄主植物挥发物

寄主植物挥发物可用于监测、大量诱杀害虫。利用寄主特性和寄主偏好性，合成的寄主植物气味混合物的引诱力最高。一些植食性昆虫诱导的植物挥发物（如水杨酸甲酯和茉莉酮）对捕食者和寄生物有吸引力，并导致田间害虫丰度的减少，相当于"拉"的作用。虽然植食性昆虫诱导的植物挥发物可能对有些害虫，尤其对多食性害虫有排斥作用，但可能对一些植食性害虫，尤其是单食性害虫有引诱作用。寄主植物挥发物可用于诱捕昆虫或提高诱捕昆虫效果（Aldrich et al.，2003；Martel et al.，2005）。

3. 性信息素和聚集信息素

昆虫释放性信息素和聚集信息素以吸引同种个体交配和优化资源利用。用信息素防治柑橘巢蛾、舞毒蛾及一些仓储害虫效果较好。在桃李园用信息素干扰交配来防治梨小食心虫。寄主植物气味能促进植食性昆虫合成性信息素和聚集信息素（Lindgren and Borden，1993；Reddy and Guerrero，2004；Dickens，2006）。

4. 味觉刺激物

有些诱集作物含有天然味觉刺激物，能使昆虫在诱集作物区停留，如玉米、大豆的蛋白质经微生物发酵产生化学挥发物，对实蝇科害虫具有吸引作用。在美国，蛋白质水解物类毒性诱饵已用于防治地中海实蝇（Prokopy et al., 2000）。此外，还可以直接利用昆虫的味觉刺激物来促进昆虫的取食，如将蔗糖溶液喷于诱饵或诱集作物上，能促进害虫对杀虫剂诱饵或诱集作物的取食，从而提高杀虫效果。同时，将一些味觉刺激物作为添加剂加入昆虫食物中，也有利于引诱天敌或减少天敌的迁移扩散（Symondson et al., 2002）。

小　　结

利用农业生物多样性控制害虫是害虫生态控制的重要措施之一，农业生物多样性控制害虫的生态学机制有天敌假说、资源集中假说、联合抗性假说、干扰作物假说、适当/不适当着陆假说，各种假说都从不同程度阐释了农业生物多样性对害虫或天敌的影响，各种机制间都存在一定的交叉性和相互联系，有些农业生物多样性控制害虫的机制尚不十分明确。农业生物多样性控制害虫机制的研究将随着昆虫生态学、化学生态学、植物生理学及分子生物学等学科的发展而不断深入和明确，也将为辨识能够维持和加强生态系统功能的生物多样性类型、确定能够强化理想生物多样性的最佳农事操作技术、最大限度地依靠系统的自我调控能力把害虫的种群数量及危害程度降到最低水平奠定理论基础。

思　考　题

1. 农业生物多样性控制害虫的原理是什么？
2. 昆虫对植物气味信息物质的反应测定方法有哪些？
3. 如何利用推拉策略设计作物害虫的控制措施？

参　考　文　献

陈峰, 谭玉娟, 帅应垣. 1989. 广东野生稻种资源对褐飞虱的抗性鉴定. 植物保护学报, (1): 12, 26.

陈恒铨, 詹岚. 1989. 棉田种植诱集带诱杀棉铃虫的效果. 新疆农业科学, 26(6): 26-27.

陈先茂, 彭春瑞, 姚锋先, 等. 2007. 利用香根草诱杀水稻螟虫的技术及效果研究. 江西农业学报, 19(12): 51-52.

陈永林. 2005. 改治结合根除蝗害的关键因子是"水". 昆虫知识, 42(5): 506-509.

陈玉香, 周道玮. 2003. 玉米、苜蓿间作的生态效应. 生态环境, 12(4): 467-468.

程式华, 李建. 2007. 现代中国水稻. 北京: 金盾出版社.

崔金杰, 夏敬源. 1999. Bt基因棉对棉铃虫生长发育及繁殖的影响. 河南农业大学学报, 33(1): 20-24.

崔金杰, 夏敬源, 马艳. 2001. 种植玉米诱集带对棉田昆虫群落的影响. 中国棉花, 28(11): 9-10.

戴志明, 杨华松, 张曦, 等. 2004. 云南稻-鸭共生模式效益的研究及综合评价(三). 中国农学通报, 20(4): 265.

杜家纬. 2001. 植物-昆虫间的化学通讯及其行为控制. 植物生理学报, 27(3): 193-200.

付三雄, 王慧, 吴娟娟, 等. 2007. 应用重组自交系群体定位大豆抗虫 QTL. 遗传, 29(9): 1139-1143.

高阳, 段爱旺. 2006. 冬小麦间作春玉米土壤温度变化特征试验研究. 中国农村水利水电, (1): 1-3, 8.

戈峰, 陈法军, 陈洁君, 等. 2008. 昆虫生态学原理与方法. 北京: 高等教育出版社.

戈峰, 门兴元, 苏建伟, 等. 2004. 边缘效应对棉田害虫和天敌种群的影响. 应用生态学报, 15(1): 91-94.

官贵德. 2001. 低湿地垄稻沟鱼生态模式效益分析及配套技术. 江西农业科技, (5): 46-48.

郭建英, 万方浩. 2001. 一种适于繁殖东亚小花蝽的产卵植物: 寿星花. 中国生物防治, 17(2): 53-56.

何富刚, 张广学. 1992. 高粱蚜在不同品种高粱上的发育. 昆虫学报, 35(3): 3.

何妍, 周青. 2007. 边缘效应原理及其在农业生产实践中的应用. 中国生态农业学报, 15(5): 212-214.

焦念元, 宁堂原, 赵春, 等. 2006. 玉米花生间作复合体系光合特性的研究. 作物学报, 32(6): 917-923.

康乐. 1995. 植物对昆虫的化学防御. 植物学报, 30(4): 22-27.

李新岗, 刘惠霞, 黄建. 2008. 虫害诱导植物防御的分子机理研究进展. 应用生态学报, 19(4): 893-900.

李亚哲, 王多礼. 1989. 应用诱集带防治麦穗夜蛾示范初报. 甘肃农业科技, (7): 31-33.

李正跃, Aitieri M A, 朱有勇. 2009. 生物多样性与害虫综合治理. 北京: 科学出版社.

梁齐, 鲁艳辉, 何晓婵, 等. 2015. 诱集植物在害虫治理中的最新研究进展. 生物安全学报, 24(3): 184-193.

刘芳政. 1997. 论棉铃虫与新疆植棉业的持续发展. 新疆农业大学学报, 20(1): 1-6.

刘光杰. 1995. 白背飞虱对不同抗虫性稻株糖类物质的利用. 昆虫学报, 38(4): 421- 427.

刘玉华, 张立峰. 2005. 不同作物种植方式产出效果的定量评价. 中国农业科学, 38(4): 709-713.

卢雪凝, 章家恩, 向慧敏, 等. 2021. 诱集植物在农业中的应用研究进展与展望. 生态科学, 40(2): 196-203.

鲁艳辉, 高广春, 郑许松, 等. 2017. 诱集植物香根草对二化螟幼虫致死的作用机制. 中国农业科学, 50(3): 486-495.

罗冰. 2007. 红壤旱地的间作生态系统小气候特征分析. 江西农业大学学报, 29(4): 634-637, 643.

吕蔷. 2008. 推拉策略对昆虫的调控作用研究进展. 现代农业科技, (11): 177-179.

麦秀慧, 李树新, 熊锦君, 等. 1984. 生态因素与钝绥螨种群数量关系及应用于防治桔全爪螨的研究. 植物保护学报, 11(1): 29-34.

努尔比亚·托木尔, 王登元, 吴赵平, 等. 2010. 苏丹草诱集带对玉米田亚洲玉米螟的诱集效应. 新疆农业科学, 47(1): 2017-2022.

任雨霖, 沈抱生. 1944. 利用早熟玉米诱杀棉铃虫. 中国棉花, 21(5): 26.

沈君辉, 聂勤, 黄得润, 等. 2007. 作物混植和间作控制病虫害研究的新进展. 植物保护学报, 34(2): 209-216.

宋同清, 肖润林, 彭晚霞, 等. 2006. 亚热带丘陵茶园间作白三叶草的土壤环境调控效果. 生态学杂志, 25(3): 281-285.

王春义, 李春花, 雒珺瑜, 等. 2010. 棉田绿盲蝽诱集植物的筛选和作用效果比较. 中国棉花, 37(5): 15-17.

王建军, 俞晓平, 吕仲贤, 等. 1999. 籼型杂交水稻抗褐飞虱育种研究. 中国水稻科学, 13(4): 242-244.

王林霞, 田长彦, 马英杰, 等. 2004. 玉米诱集带对棉田天敌种群动态的影响. 干旱地区农业研究, 22(1): 86-89.

王伟, 姚举, 李号宾, 等. 2011. 棉田周缘种植不同品种油菜诱集带增益控害效果初步研究. 植物保护, 37(3): 142-145.

文绍贵, 崔金杰, 王春义. 1995. 不同立体种植对棉花主要害虫及其天敌种群消长的影响. 棉花学报, 7(4): 252-256.

向龙成, 康发柱. 1999. 玉米诱集带上二代棉铃虫着卵规律的研究. 新疆农业大学学报, 22(1): 77-80.

向万胜, 梁称福, 李卫红, 等. 2001. 三峡库区花岗岩坡耕地不同种植方式下水土流失定位研究. 应用生态学报, 12(1): 47-50.

肖筱成, 谌学珑, 刘永华, 等. 2001. 稻田主养彭泽鲫防治水稻病虫草害的效果观测. 江西农业科技, (4):

45- 46.

许向利, 花保祯, 张世泽. 2005. 诱集植物在农业害虫综合治理中的应用. 植物保护, 31(6): 126-131.

薛智华, 杨慕林, 任巧云, 等. 2001. 养蟹稻田稻飞虱发生规律研究. 植保技术与推广, 21(1): 5-7.

杨河清. 1999. 发展稻田养鱼, 保护生态环境. 江西农业经济, (1): 26.

杨长举, 杨志慧, 舒理慧, 等. 1999. 野生稻转育后代对褐飞虱抗性的研究. 植物保护学报, 26(3): 197-202.

杨友琼, 吴伯志. 2007. 作物间套作种植方式间作效应研究. 中国农学通报, 23(11): 192-196.

杨治平, 刘小燕, 黄璜, 等. 2004. 稻田养鸭对稻飞虱的控制作用. 湖南农业大学学报(自然科学版), 30(2): 4.

余娇娇, 段灿星, 李万昌, 等. 2011. 水稻抗稻飞虱基因遗传与定位研究进展. 植物遗传资源学报, 12(5): 750-756.

喻子牛. 1990. 苏云金杆菌. 北京: 科学出版社: 229-247.

张俊平, 蔺合华, 贾利英. 2004. 小麦/玉米/玉米间套作的光合变化研究. 张家口农专学报, 20(2): 1-3.

张润志, 梁宏斌, 田长彦, 等. 1999. 利用棉田边缘苜蓿带控制棉蚜的生物学机理. 科学通报, 44(20): 2175-2178.

张士昶, 周兴苗, 王小平, 等. 2008. 南方小花蝽对寄主植物的产卵选择性及其卵的保存条件. 昆虫知识, 45(4): 600-603.

赵建周, 杨奇华, 周明牂. 1991. 棉田种植诱集作物对天敌的保护及增殖作用. 植物保护学报, 18(4): 339-342.

赵建周, 杨奇华, 周明牂, 等. 1989. 棉田综合种植油菜与高粱诱集带控制棉花害虫的效果. 植物保护, 15(6): 13-14.

赵连胜. 1996. 稻田养鱼效益的生物学分析和评价. 福建水产, 18(1): 65-69.

郑礼, 郑书宏, 宋凯. 2003. 螟黄赤眼蜂与绿豆和棉花植株间协同素研究. 华北农学报, 18(院庆专辑): 108-111.

郑许松, 徐红星, 陈桂华, 等. 2009. 苏丹草和香根草作为诱虫植物对稻田二化螟种群的抑制作用评估. 中国生物防治, 25(4): 299-303.

周大荣, 宋彦英, 何康来, 等. 1997a. 玉米螟赤眼蜂适宜生境的研究和利用: I. 玉米螟赤眼蜂在不同生境中的分布与种群消长. 中国生物防治, 13(1): 1-5.

周大荣, 宋彦英, 王振营, 等. 1997b. 玉米螟赤眼蜂适宜生境的研究与利用: II. 夏玉米间作匍匐型绿豆对玉米螟赤眼蜂寄生率的影响.中国生物防治, 13(2): 49-52.

周大荣, 宋彦英, 王振营, 等. 1997c. 玉米螟赤眼蜂适宜生境的研究与利用: III. 夏玉米间作匍匐型绿豆对赤眼蜂的增诱作用及其在穗期玉米螟防治中的利用. 中国生物防治, 13(3): 97-100.

周琼, 刘炳荣, 舒迎花, 等. 2006. 苍耳等药用植物提取物对小菜蛾的拒食作用和产卵忌避效果. 中国蔬菜, (2): 17-20.

朱克明, 沈晓昆, 谢桐洲, 等. 2001. 稻鸭共作技术试验初报. 安徽农业科学, 29(2): 262-264.

左元梅, 王贺, 李晓林, 等. 1998. 石灰性土壤上玉米花生间作对花生根系形态变化和生理反应的影响. 作物学报, 24(5): 558-563.

Agbogba B C, Powell W. 2007. Effect of the presence of a nonhost herbivore on the response of the aphid parasitoid *Diaeretiella rapae* to host-infested cabbage plants. Journal of Chemical Ecology, 33(12): 2229-2235.

Aldrich J R, Bartelt R J, Dickens J C, et al. 2003. Insect chemical ecology research in the United States Department of Agriculture-Agricultural Research Service. Pest Management Science, 59(6-7): 777-787.

Altieri M A, Nicholls C I. 2002. Biodiversity and pest management in agroecosystems. 2nd edition. London, Oxford: Food Products Press: 118.

Altieri M A, Schmidt L L. 1986. Cover crops affect insect and spider populations in apple orchards. California Agriculture, 40(1-2): 15-17.

Aluja M, Boller E F. 1992. Host marking pheromone of *Rhagoletis cerasi*: field deployment of synthetic pheromone as a novel cherry fruit fly management strategy. Entomologia Experimentalis et Applicata, 65(2): 141-147.

Andow D A. 1991.Vegetational diversity and arthropod population response. Annual Review of Entomology, 36: 561-586.

Ballal C R, Singh S P. 1999. Host plant-mediated orientational and ovipositional behavior of three species of Chrysopids (Neuroptera: Chrysopidae). Biological Control, 16(1): 47-53.

Barata E N, Pickett J A, Wadhams L J, et al. 2000. Identification of host and nonhost semiochemicals of eucalyptus woodborer *Phoracantha semipunctata* by gas chromatography-electroantennography. Journal of Chemical Ecology, 26(8): 1877-1895.

Barnard D R, Xue R D. 2004. Laboratory evaluation of mosquito repellents against *Aedes albopictus*, *Culex nigripalpus*, and *Ochlerotatus triseriatus* (Diptera: Culicidae). Journal of Medical Entomology, 41(4): 726-730.

Beecher W J. 1942. Nesting Birds and the Vegetation Substrate. Chicago: Chicago Omithological Society.

Blaauw B R, Morrison W R III, Mathews C, et al. 2017. Measuring host plant selection and retention of *Halyomorpha halys* by a trap crop. Entomologia Experimentalis et Applicata, 163(2): 197-208.

Bohinc T, Trdan S. 2012. Trap crops for reducing damage caused by cabbage stink bugs (*Eurydema* spp.) and flea beetles (*Phyllotreta* spp.) on white cabbage: fact or fantasy. Journal of Food Agriculture & Environment, 10(2): 1365-1370.

Borden J H. 1997. Disruption of semiochemical-mediated aggregation in bark beetles. In: Cardé R T, Minks A K. Insect Pheromone Research. Boston, MA: Springer: 421-438.

Boueher T J. 2003. Why Perimeter trap cropping works. Proceedings of the 2003. New York: State Vegetable Conference: 131-132.

Cao J, Shelton A M, Earle E D. 2005. Development of transgenic collards (*Brassica oleracea* L. var. *acephala*) expressing a *cry1Ac* or *cry1C* Bt gene for control of the diamondback moth. Crop protection, 24(9): 804-813.

Cárcamo H A, Dunn R, Dosdall L M, et al. 2007. Managing cabbage seedpod weevil in canola using a trap crop-A commercial field scale study in western Canada. Crop Protection, 26(8): 1325-1334.

Castle S J. 2006. Concentration and management of *Bemisia tabaci* in cantaloupe as a trap crop for cotton. Crop Protection, 25(6): 574-584.

Cavanagh A, Hazzard R, Adler L S, et al. 2009. Using Trap Crops for Control of *Acalymma vittatum* (Coleoptera: Chrysomelidae) Reduces Insecticide Use in Butternut Squash. Journal of Economic Entomology, 102(3): 1101-1107.

Charleston D S, Kfir R. 2000. The possibility of using Indian mustard, *Brassica juncea*, as a trap crop for the diamondback moth, *Plutella xylostella*, in South Africa. Crop Protection, 19(7): 455-460.

Chen B, Wang J J, Zhang L M, et al. 2011. Effect of intercropping pepper with sugarcane on populations of *Liriomyza huidobrensis* (Diptera: Agromyzidae) and its parasitoids. Crop Protection, 30(3): 253-258.

Critchley C N R, Fowbert J A, Sherwood A J.2006. The effects of annual cultivation on plant community composition of uncropped arable field boundary strips.Agriculture Ecosystems and Environment, 13(1-4): 196-205.

D'Aessandro M, Turlings T C J. 2006. Advances and challenges in the identification of volatiles that mediate interactions among plants and arthropods. The Analyst: The Analytical Royal Society of Chemistry, 131(1): 24-32.

De Moraes C M, Lewis W J, Paré P W, et al. 1998. Herbivore- infested plants selectively attract parasitoids. Nature, 393(6685): 570-573.

Dicke M, Gols R, Ludeking D, et al. 1999. Jasmonic acid and herbivory differentially induce carnivore-attracting plant volatiles in lima bean plants. Journal of Chemical Ecology, 25(8): 1907-1922.

Dickens J C. 2006. Plant volatiles moderate response to aggregation pheromone in Colorado potato beetle. Journal of Applied Entomology, 130(1): 26-31.

Dudareva N, Negre F, Nagegowda D A, et al. 2006. Plant volatiles: recent advances and future perspectives. Critical Reviews in Plant Sciences, 25(5): 417-440.

Finch S, Collier R H. 2000. Host-plant selection by insects: a theory based on appropriate/inappropriate landings' by pest insects of cruciferous plants. Entomologia Experimentalis et Applicata, 96(2): 91-102.

Finch S, Kienegger M. 1997. A behavioural study to help clarify how undersowing with clover affects host plant selection by pest insects of brassica crops. Entomologia Experimentalis et Applicata, 84(2): 165-172.

Ghosh P K, Manna M C, Bandyopadhyay K K, et al. 2006. Interspecific interaction and nutrient use in Soybean/Sorghum intercropping system. Agronomy Journal, 98(4): 1097-1108.

Godfrey L D, leigh T F. 1994. Alfalfa harvest strategy effect on *Lygus bug* (Hemiptera: Miridae) and insect predator population density: Implications for use as trap crop in cotton. Environmental Entomology, 23(5): 1106-1118.

Hanna R, Zalom F G, Roltsch W J. 2003. Relative impact of spider predation and cover crop on population dynamics of *Erythroneura variabilis* in a raisin grape vineyard. Entomologia Experimentalis et Applicata, 107(3): 177-191.

Hare J D. 2011. Ecological role of volatiles produced by plants in response to damage by herbivorous insects. Annual Review of Entomology, 56: 161-180.

Harris M O, Rose S, Malsch P. 1993. The role of vision in the host plant-finding behaviour of the Hessian fly. Physiological Entomology, 18(1): 31-42.

He X H, Zhu S S, Wang H N, et al. 2010. Crop diversity for ecological disease control in potato and maize. Journal of Resources and Ecology, 1(1): 45-50.

Hokkanen H M T. 1991. Trap cropping in pest management. Annual Review of Entomology, 36: 119-138.

Jeon Y H, Ahn S N, Choi H C, et al. 1999. Identification of a RAPD marker linked to a brown planthopper resistance gene in rice. Euphytica, 107(1): 23-28.

Kang L, Chen B, Wei J N, et al. 2009. Roles of thermal adaptation and chemical ecology in liriomyza distribution and control. Annual Review of Entomology, 54: 127-145.

Kessler A, Baldwin I T. 2001. Defensive function of herbivore-induced plant volatile emissions in nature. Science, 291(5511): 2141-2144.

Khan Z R, Ampong-Nyarko K, Chiliswa P, et al. 1997. Intercropping increases parasitism of pests. Nature, 388(6643): 631-632.

Khan Z R, Pickett J A. 2003. The 'push-pull' strategy for stemborer management: a case study in exploiting biodiversity and chemical ecology. In: Ecological Engineering for Pest Management: Advances in Habitat Manipulation for Arthropods. Wallingford: CABI: 155-164.

Komatsu K, Okuda S, Takahashi M, et al. 2005. QTL mapping of antibiosis resistance to common cutworm (*Spodoptera litura* Fabricius) in soybean. Crop Science, 45(5): 2044-2048.

Li C Y, He X H, Zhu S S, et al. 2009. Crop Diversity for Yield Increase. PLoS One, 4(11): e8049

Li L, Li S M, Sun J H, et al. 2007. Diversity enhances agricultural productivity via rhizosphere phosphorus facilitation on phosphorus-deficient soils. Proceedings of the National Academy of Sciences of the United States of America, 104(27): 11192-11196.

Lindgren B S, Borden J H. 1993. Displacement and aggregation of mountain pine beetles, *Dendroctonus ponderosae* (Coleoptera: Scolytidae), in response to their antiaggregation and aggregation pheromones. Canadian Journal of Forest Research, 23(2): 286-290.

Litsinger J, Moddy K. 1976. Integrated pest management in multiple cropping systems. American Society of Agronomy Madison, 27: 293-316.

Lou Y, Hua X, Turlings T C J, et al. 2006. Differences in induced volatile emissions among rice varieties result in differential attraction and parasitism of *Nilaparvata lugens* eggs by the parasitoid *Anagrus nilaparvatae* in the field. J Chem Ecol, 32(11): 2375-2387.

Martel J W, Alford A R, Dickens J C. 2005. Synthetic host volatiles increase efficacy of trap cropping for management of Colorado potato beetle, *Leptinotarsa decemlineata* (Say). Agricultural and Forest Entomology, 7(1): 79-86.

Mathews C R, Blaauw B, Dively G, et al. 2017. Evaluating a polyculture trap crop for organic management of *Halyomorpha halys* and native stink bugs in peppers. Journal of Pest Science, 90(4): 1245-1255.

Michael A B, Colin A M C, Keith C, et al. 2000. New roles for cis-jasmone as an insect semiochemical and in plant defense. Proceedings of the National Academy of Sciences of the United States of America, 97(16): 9329-9334.

Mitchell E R, Tingle F C, Heath R R. 1990. Ovipositional response of three *Heliothis* species (Lepidoptera: Noctuidae) to allelochemicals from cultivated and wild host plants. Journal of Chemical Ecology, 16(6): 1817-1827.

Moayeri H R S, Ashouri A, Poll L, et al. 2007. Olfactory response of a predatory mirid to herbivore induced plant volatiles: multiple herbivory versus single herbivory. Journal of Applied Entomology, 131(5): 326-332.

Murata K, Fujiwara M, Kaneda C, et al.1998. RFLP mapping of a brown planthopper (*Nilaparvata lugens* Stál) resistance gene *bph2* of indica rice introgressed into a japonica breeding line 'Norin-PL4'. Genes and Genetic Systems, 73(6): 359-364.

Nufio C R, Papaj D R. 2001. Host marking behavior in phytophagous insects and parasitoids. Entomologia Experimentalis et Applicata, 99(3): 273-293.

Pallini A, Janssen A, Sabells M W. 1997. Odour-mediated responses of phytophagous mites to conspecific and heterospecific competitors. Oecologia, 110(2): 179-185.

Pickett J A, Glinwood R. 2007. Chemical ecology. In: van Emden H F, Harrington R. Aphids as Crop Pests. Wallington, Oxon: CABI.

Price P W. 1997. Insect Ecology. New York: Wiley & Sons.

Prokopy R J, Wright S E, Black J L, et al. 2000. Attracticidal spheres for controlling apple maggot flies: commercial-orchard trials. Entomologia Experimentalis et Applicata, 97(3): 293-299.

Pyke B, Rice M, Sabine B, et al. 1987. The push-pull strategy-behavioural control of Heliothis. Australian Cotton Grower, (5-7): 7-9.

Ramert B, Lennartsson M, Davies G. 2002. The use of mixed species cropping to manage pests and diseases-theory and practice. In: Powell et al. UK Organic Research. Aberystwyth: Proceedings of the COR Conference: 207-210.

Rasmann S, Turlings T C J. 2007. Simultaneous feeding by aboveground and belowground herbivores attenuates plant-mediated attraction of their respective natural enemies. Ecology Letters, 10(10): 926-936.

Rector B G, All J N, Parrott W A, et al. 1999.Quantitative trait loci for antixenosis resistance to corn earworm in soybean. Crop Science, 39(2): 531-538.

Reddy G V P, Guerrero A. 2004. Interactions of insect pheromones and plant semiochemicals. Trends in Plant Science, 9(5): 253-261.

Ree B. 1999. Texas pecan pest management newsletter. Texas Agricultural Extension Service, 99(4): 4-5.

Root R B. 1973. Organization of a plant-arthropod association in simple and diverse habitats: the fauna of collards (*Brassica oleracea*). Ecological Monographs, 43(1): 95-124.

Root R B. 1975. Some consequences of ecosystem texture. In: Ievin S A. Ecosystem Analysis and Prediction. Philadephia: Society for Industrial and Applied Mathematics: 83-97.

Russell E P. 1989. Enemies hypothesis: A review of the effect of vegetational diversity on predatory insects and parasitoids. Environmental Entomology, 18(4): 590-599.

Ruther J, Kleier S. 2005. Plant-plant signaling: Ethylene synergizes volatile emission in *Zea mays* induced by exposure to (Z)-3-hexen-1-ol. Journal of Chemical ecology, 31(9): 2217-2222.

Samantha M C, Zeyaur R K, John A P. 2007. The Use of Push-Pull Strategies in Integrated Pest Management. Annual Review of Entomology, 52: 375-400.

Sarkar S. 2018. Application of trap cropping as companion plants for the management of agricultural pests: a review. Insects, 9(4): 1-16.

Shelton A M, Badenes-Perez F R. 2006. Concepts and applications of trap cropping in pest management. Annual Review of Entomology, 51(5): 285-308.

Shelton A M, Nault B A. 2004. Dead-end trap cropping: a technique to improve management of the diamondback moth, *Plutella xylostella* (Lepidoptera: Plutellidae). Crop Protection, 23(6): 497-503.

Silke A, Baldwin I T. 2010. Insects betray themselves in nature to predators by rapid isomerization of green leaf volatiles. Science, 329(5995): 1075-1078.

Snoeren T A L, De Jong P W, Dicke M. 2007. Ecogenomic approach to the role of herbivore-induced plant volatiles in community ecology. Journal of Ecology, 95: 17-26.

Suman A, Lal M, Singh A K, et al. 2006. Microbial biomass turnover in indian subtropical soils under different sugarcane intercropping systems. Agronomy Journal, 98(3): 698-704.

Syme P D. 1975. The effects of flowers on the longevity and fecundity of two native parasites of the European pine shoot moth in Ontario. Environmental Entomology, 4(2): 337-346.

Symondson W O C, Sunderland K D, Greenstone M H. 2002. Can generalist predators be effective biocontrol agents? Annual Review of Entomology, 47: 561-594.

Tahvanainen J O, Root R B. 1972. The influence of vegetational diversity on the population ecology of a specialized herbivore, *Phyllotreta cruciferae* (Coleoptera: Chrysomelidae). Oecologia, 10(4): 321-346.

Takabayashi J, Dicke M. 1996. Plant-carnivore mutualism through herbivore-induced carnivore attractants. Trends in Plant Science, 1(4): 109-113.

Teerling C R, Pierce H D, Borden J H, et al. 1993. Identification and bioactivity of alarm pheromone in the western flower thrips, *Frankliniella occidentalis*. Journal of Chemical Ecology, 19(4): 681-697.

Terry L I, Chase K, Jarvik T, et al. 2000. Soybean quantitative trait loci for resistance to insects. Crop Science, 40(2): 375-382.

Thiery D, Visser J H. 1986. Masking of host plant odour in the olfactory orientation of the Colorado potato beetle. Entomologia Experimentalis et Applicata, 41(2): 165-172.

Tillman P G, Mullinix B G. 2004. Grain Sorghum as a Trap Crop for Corn Earworm (Lepidoptera: Noctuidae) in Cotton. Environmental Entomology, 33(5): 1371-1380.

Tooker J F, De Moraes C M. 2007. Feeding by Hessian fly [*Mayetiola destructor* (Say)] larvae does not induce plant indirect defences. Ecological Entomology, 32(2): 153-161.

Trenbath B R. 1993. Intercropping for the management of pests and diseases. Field Crops Research, 34(3-4): 381-405.

Trenbath B R. 1999. Multispecies cropping systems in India predictions of their productivity, stability, resilience and ecological sustainability. Agroforestry Systems, 45(1): 81-107.

Tukahirwa E M, Coaker T H. 1982. Effect of mixed cropping on some insect pests of brassicas; reduced *Brevicoryne brassicae* infestations and influences on epigeal predators and the disturbance of oviposition behaviour in *Delia brassicae*. Entomologia Experimentalis et Applicata, 32(2): 129-140.

Turlings T C J, Loughrin J H, McCall P J, et al. 1995. How caterpillar-damaged plants protect themselves by attracting parasitic wasps. Proceedings of the National Academy of Sciences of the United States of America, 92(10): 4169-4174.

Uvah I I I, Coaher T H. 1984. Effect of mixed cropping on some insect pests of carrots and onions. Entomologia Experimentalis et Applicata, 36(2): 159-167.

Veromann E, Kaasik R, Kovács G, et al. 2014. Fatal attraction: search for a dead-end trap crop for the pollen beetle (*Meligethes aeneus*). Arthropod-Plant Interactions, 8(5): 373-381.

Vromant N, Nhan D K, Chau N T H, et al. 2002. Can fish control planthopper and leafhopper populations in intensive rice culture? Biocontrol Science and Technology, 12(6): 695-703.

Whitman D W, Eller F J. 1990. Parasitic wasps orient to green leaf volatiles. Chemoecology, 1(2): 69-76.

Zhang Q H, Schlyter F. 2004. Olfactory recognition and behavioural avoidance of angiosperm nonhost volatiles by conifer-inhabiting bark beetles. Agricultural and Forest Entomology, 6(1): 1-20.

Zhu Y Y, Chen H R, Fan J H, et al. 2000. Genetic diversity and disease control in rice. Nature, 406(6797): 718-722.

Zuo Y M, Zhang F S, Li X L, et al. 2000. Studies on the improvement in iron nutrition of peanut by intercropping with maize on a calcareous soil. Plant and Soil, 220(1-2): 13-25.

第六章　农业生物多样性控制病虫害模式的构建
原则和方法

本章基于农业生物多样性种植控制病虫害的原理与技术，从作物品种多样性、物种多样性、生态系统多样性和景观多样性四个层次分别讲述了农业生物多样性控制病虫害模式的构建原则和方法。

第一节　作物品种多样性控制病虫害模式的构建原则和方法

一、作物品种多样性控制病虫害模式的构建原则

不同作物品种搭配控制病虫害模式的构建原则不尽相同，主要包括品种组合的合理搭配、种植模式的优化、适时育苗及田间的科学管理等原则。

（一）品种选择原则

合理的品种选择是利用作物遗传多样性控制病虫害成功的关键，需要综合考虑作物品种的抗性遗传背景、农艺性状、经济性状、栽培条件以及农户种植习惯等。例如，在抗稻瘟病遗传背景的选择方面，主要是集中在遗传背景差异较大的杂交稻和糯稻间作上，品种间抗性遗传背景[抗性基因同源序列（resistance gene analogue，RGA）技术分析]的选配标准参数为遗传相似性小于 75%。在农艺性状方面，对于杂交稻，一般选择品质优、丰产性好、抗性强、中熟或中晚熟的品种，对于糯稻，则突出"一高一短"的特点，选用比杂交稻株高高出 15～20 cm、生育期比杂交稻短 7～10 天、分蘖力强、抗倒伏、单株产量高的品种。品种的选择应充分体现经济效益互补。在实施中，根据各地的肥水条件、土壤地力、海拔等栽培条件选择本地糯稻与

高产杂交稻品种的搭配，同时根据本地农户的种植习惯，选用农民喜爱的品种搭配种植。

（二）品种搭配原则

1. 抗病品种的搭配原则

在抗病品种的选择上，应结合高产、矮秆、优质品种的需要进行。例如，目前云南省选配的水稻品种组合主要有两类：一类以高产、矮秆的杂交籼稻为主栽品种，以高秆、优质的本地传统品种为间栽品种；另一类以高产、矮秆的粳稻为主栽品种，以高秆、优质的本地传统品种为间栽品种。

云南省 1998～2003 年选用了 94 个传统水稻品种与 20 个现代水稻品种，形成 173 个品种组合进行推广。四川省 2002～2003 年选择了 23 个传统水稻品种与 38 个杂交稻品种，形成 112 个品种组合进行推广。这些推广品种都充分考虑了品种搭配原则，如 1998 年云南省选用了'黄壳糯'和'紫糯'两个传统水稻品种，与'汕优 63'和'汕优 22'两个现代水稻品种，形成 4 个品种组合进行示范推广；1999 年选用了'黄壳糯''白壳糯''紫糯'和'紫谷'4 个传统水稻品种，与'汕优 63''汕优 22'和'岗优 3'3 个现代水稻品种，形成 8 个品种组合进行示范推广；2002～2003 年四川省选择了'沱江糯1 号''竹丫谷''宜糯 931''高秆大洒谷''辐优 101'和'黄壳糯'等糯稻品种，与'II 优 7 号''D 优 527''宜香优 1577''岗优 3551''川香优 2 号'和'II 优 838'等杂交稻品种进行搭配组合。

2. 抗虫品种的搭配原则

在控制害虫的作物品种搭配中，应根据推拉策略，合理搭配具有引诱害虫（拉）和驱避害虫（推）作用的作物，从而减少目标作物上主要害虫的数量。在"推"效应和"拉"效应作物的选择上应遵循以下原则。

（1）选择能引诱目标害虫的植物

一些植物对害虫有引诱作用，利用这个特性可将害虫诱集，聚而歼之。例如，金龟子成虫有聚集在杨树、榆树、梨树和栗树等取食、活动的习性，在这些树上悬挂诱虫设备可减轻其危害。棉田中适当栽种一些玉米、高粱，能诱集棉铃虫产卵。当棉花和玉米以 10∶1（行比）间作时，陪作玉米的棉田，棉铃虫产卵量与单作棉田相比下降了 70.7%，这样就改变了棉铃虫卵的分布，减轻了目标作物的虫害，也便于集中杀灭害虫。胡萝卜花也可诱集棉铃虫成虫，玉米喇叭口也常诱集到大批棉铃虫成虫隐藏。

（2）选择对目标害虫具有明显驱避作用的植物

有些植物含有挥发油、生物碱和其他化学物质，害虫不但不取食，反而避而远之。例如，香茅油可以驱除柑橘吸果夜蛾（*Oraesia excavate*），除虫菊、烟草、薄荷、大蒜等对蚜虫等害虫具有较强的驱避作用。棉田套种的绿肥作物胡卢巴（*Trigonella foenum-graecum*）可散发香豆素气味，减少棉蚜的迁入量，同时抑制蚜虫的繁殖和危害。

（3）选择天敌的寄主植物

许多天敌昆虫需补充营养，特别是一些大型寄生性天敌，如姬蜂若缺少补充营养，就会影响卵巢发育，甚至失去寄生功能。小型寄生蜂，如有补充营养，也能延长寿命，增加产卵量。一些捕食性天敌如瓢虫和螨类，在缺少捕食对象时，则通过取食花粉和花蜜过渡。因此，在田边适当种植一些蜜源植物，能够引诱天敌，提高其寄生能力。柑橘园有一种菊科植物胜红蓟（*Ageratum conyzoides*），其花粉可供柑橘全爪螨（*Panonychus citri*）的天敌纽氏钝绥螨取食，为纽氏钝绥螨的数量增长创造了条件，从而使柑橘全爪螨得到控制。一些捕食性天敌在害虫发生早期也有滞后现象，即发生时间比害虫发生时间迟。为解决天敌和害虫发生时间的脱节问题，利用陪作植物以害繁益，可使主栽作物上的天敌得到大量补充，起到与害虫同步发展、防治害虫的作用。例如，在苹果园内陪作紫花苕，能大量繁殖食蚜蝇和异色瓢虫等天敌，对苹果树上的蚜虫和螨类等害虫具理想的防治效果（李正跃等，2009）。

（三）播种期调整原则

水稻同期收获是水稻生产中的重要问题，特别是在机械化作业中。为了使不同品种成熟期一致，便于田间收割，按主栽品种和间栽品种的不同生育期调节播种日期，实行分段育秧。根据品种生育期的长短确定播种时间，早熟的品种迟播，迟熟的品种早播，做到同一田块中不同品种能够同时成熟和同期收获。若选配的主栽品种和间栽品种生育期基本一致，则可同时播种。

（四）栽培管理原则

云南稻区单一品种的传统栽培方式为双行宽窄条栽，俗称"双龙出海"，即每两行秧苗为一组，行间距为 15 cm，株距 15 cm，组与组之间的距离为 30 cm，在田间形成了 15 cm × 15 cm × 30 cm × 15 cm × 15 cm × 30 cm 的宽窄条栽规格。水稻品种多样性优化种植是在单一品种传统栽培的基础上，在每隔 4～6 行秧苗（2～3 组）的宽行中间增加 1 行传统优质稻。矮秆、高产品种（杂交稻）单苗栽插，株距为 15 cm，高秆、优质传统品种丛栽，每丛 4～5 苗，丛距为 30 cm。移栽时，不同的品种可同时移栽，也可在主栽品种移栽后 1～3 天，补栽间栽品种。田间肥水管理按常规高产措施进行。

二、作物品种多样性控制病虫害模式的构建方法

作物品种多样性控制病虫害模式的构建方法可以分为品种空间布局法、品种时间布局法和品种时空布局法。

（一）品种空间布局法

从土地利用空间上看，品种空间布局包括品种单作、不同品种间作、不同品种混作、不同品种间套作。

1. 品种单作

在一块土地上只种植一种作物的种植方式，称为单作，其优点是便于种植和管理，

便于田间作业的机械化。世界上小麦、玉米、水稻、棉花等多数作物以单作为主。中国盛行间作、套作，但单作仍占较大比重。品种单作要达到控制病虫害的目标，必须使用抗病抗虫品种，而且尽量避免同一土地上连续单作同种作物。

2. 品种间作

品种间作是从传统的间作体系延伸出来的。传统间作定义为在一块土地上，同时期按一定行数的比例间隔种植两种以上的作物。品种间作涉及多个品种，而非多个作物。间作品种往往是高秆搭配矮秆。实行间作，高秆品种可以密植，充分利用边际效应获得高产，对矮秆品种的产量影响较小，总体来说，间作条件下，通风透光好，作物可充分利用光能和 CO_2，能提高 20%左右的产量。高秆品种行数少，矮秆品种行数多，间作效果好。一般多采用 2 行高秆品种间作 4 行矮秆品种，表示为 2∶4。通常采用 4∶6 或 4∶4（行比）间种模式。间种比例也可根据具体条件来定。

3. 品种混作

品种混作是从传统的间作体系延伸出来的一种多样性种植模式。传统混作定义为将两种或两种以上生长季节相近的作物按一定比例混合种在同一块田地上的种植方式。品种混作涉及多个品种，而非多个作物。混作系统一般不分行，或在同行内混播，或在整田混播。混作通过不同品种的恰当组合，还能减轻自然灾害和病虫害的影响，实现稳产保收。刘光杰等（2003）研究报道，以 2∶1 比例将'浙抗'与'浙辐 802'种子混合构成抗-感白背飞虱混合水稻群体'浙混'，'浙混'上的成虫及若虫数量均与抗虫的'RHT'和'浙抗'上的相近，分别是感虫的'浙辐 802'和'TN1'上的 1/2 和 1/5～1/4，表明抗虫品种与感虫品种混作对白背飞虱具有明显的控制作用。

4. 品种套作

品种套作是在品种间作模式的基础上，根据不同品种生育期的差异，而采取的一种套种方式，主要是为了调节播种期。

不同品种的间作套种是在空间上利用遗传多样性的种植模式，即在同一地区间作或套种多个品种，从空间上增加遗传多样性，减小对病原菌和不同生物型害虫的选择压力，降低病虫害发生流行的可能。北美洲曾经通过在燕麦冠锈病流行区系的不同关键地区种植具有不同抗病基因的品种，从而成功控制了该病的流行；我国在 20 世纪六七十年代用此法在西北、华北地区控制了小麦条锈病的流行和传播（李振岐，1995）。

（二）品种时间布局法

品种时间布局包括连作、轮作、休闲等，就是要确定品种的播种时间、不同品种的播种顺序、一年中的播种次数等。

1. 品种连作

连作是一年内或连年在同一块田地上连续种植同一个品种的种植方式。在一定条件下采用连作，有利于充分利用某地的气候、土壤等自然资源，大量种植生态上适应且具有较高经济效益的作物。生产者通过连续种植，也较易掌握某一特定作物的栽培技术。但连作往往会造成多种弊害：加重对作物有专一性危害的病原微生物、害虫和寄生性、伴生性杂草的滋生繁殖；影响土壤的理化性状，使肥效降低；加速消耗土壤中的某些营养元素，造成养分偏失；土壤中不断积累某些有毒的根系分泌物，引起连作作物自身"中毒"等。

不同作物连作后的反应各不相同。一般禾本科、十字花科、百合科的作物较耐连作，豆科、菊科、葫芦科作物不耐连作。连作对深根作物的危害大于浅根作物，对夏季作物的危害大于冬季作物。在同一块田地上重复种植同一种作物时，按需间隔的年限长短可分为3类：忌连作作物，即在同一块田地上种1年后需间隔2年以上才可再种，如芋、番茄、青椒等需间隔3年以上，西瓜、茄子、豌豆等需隔5年，亚麻则需隔10年后再种；耐短期连作作物，即连作1～2年后需隔1～2年再种，如豆类、薯类、花生、黄瓜等；较耐连作作物，即可连作3～4年甚至更长时间，如水稻、小麦、玉米、棉花、粟、甘蓝、花椰菜等，在采取合理的耕种措施、增施有机肥料和加强病虫害防治的情况下，连作的危害一般表现甚轻或不明显。

在一年多熟地区，同一田地上连年采用同一复种方式的复种连作时，一年中虽有不同类型的作物更替栽种，但仍会产生连作的种种害处，如排水不良、土壤理化性状恶化、病虫害日趋严重、有害化学物质积累等。为克服连作引起的弊害，可实行轮作（水旱轮作）或在复种轮作中轮换不耐连作的作物，扩大耐连作的作物在轮作中的比重或适当延长其在轮作周期中的连作年数，增施复合化肥、有机肥料等。

2. 品种轮作

轮作是在同一块田地上，有顺序地在季节间或年间轮换种植不同的品种或复种组合的种植方式。轮作是用地养地相结合的一种生物学措施。

合理的轮作可获得很高的生态效益和经济效益，有利于防治病、虫、草害。例如，将亲和小种水稻品种与非亲和小种水稻品种，或者抗性不同的水稻品种轮作，可减轻稻瘟病的发生发展。对为害作物根部的线虫，轮种不感虫的品种后，可使线虫在土壤中的虫卵减少，减轻危害。合理的轮作也是综合防除杂草的重要途径。

轮作因采用方式的不同，可分为定区轮作与非定区轮作（即换茬轮作）。定区轮作通常规定轮作田区的数目与轮作周期的年数相等，有较严格的作物轮作顺序，定时循环，同时进行时间和空间（田地）上的轮换。中国多采用非定区轮作或换茬轮作，即轮作中的作物组成、比例、轮换顺序、轮作周期年数，以及轮作田区数和面积大小均有一定的灵活性。

3. 休闲

《辞海》将"休闲"解释为"农田在一定时间内不种作物，借以休养地力的措施"。休闲的主要作用是积累水分，并促使土壤潜在养分转化为作物可利用的有效养分和消灭杂草，该措施的弊端是浪费了光、热、水、土等自然资源，并加剧了原有肥力的矿化和水土流失。

（三）品种时空布局法——多品种混合间栽

为了论述的方便，在空间和时间上利用遗传多样性分门别类论述，其实在实践中人们基本上是在时间与空间上同时利用遗传多样性的，如套种就是时间和空间同时利用的。而且科学家越来越重视时间与空间上同时利用遗传多样性的实践。

多品种混合间栽是在时间与空间上同时利用遗传多样性的种植模式，即在同一块田地上，把两个或两个以上的品种，调整播种期、成行相间种植。株高不同的两个品种间栽，充分利用了空间，可以改善通风透光条件，改变田间小气候，抑制病虫害的发生和蔓延；充分利用地力，发挥边际效应优势，增加产量；能满足农民和消费者对不同品种的需求；充分利用了时间，使不同成熟期的品种同田同期收获。

第二节 物种多样性控制病虫害模式的构建原则和方法

一、物种多样性控制病虫害模式的构建原则

（一）生态适应性原则

各种作物或品种均要求相应的生活环境。在复合群体中，作物间的相互关系极为复杂，为了发挥物种多样性控制病虫害模式复合群体内作物的互补作用，缓和其竞争矛盾，需要根据生态适应性来选择作物及其品种。生态适应性是生物对环境条件的适应能力，这是由生物的遗传特性所决定的。如果生物对环境条件不能适应，它就不能生存下去。一个地区的环境条件是客观存在的，有些虽然可以人为地进行适当改造，但是比较稳定的大范围的自然条件是不易改变的。因此，选择物种多样性控制病虫害模式的作物及其品种，首先要求它们对大范围的环境条件的适应性在共处期间大体相同，特别是生态类型区相差甚远而又对气候条件要求很严格的作物。东北的亚麻与南方的甘蔗，天南地北，对光热的适应性差异较大，不能种在一起。水浮莲、空心莲子草和绿萍等离不开水的水生作物与芝麻和甘薯等怕淹忌涝的旱生作物，喜恶不一，对水分的适应性大不相同，也不能生长在一起。其他如对土壤质地要求不同的花生、沙打旺与旱稻，也不能构建物种多样性控制病虫害模式。而且，不同的作物，虽然有生长在一起的可能，但不一定就适合物种多样性控制病虫害模式。因为生态位不同的物种可以共存于同一生态系统内，但生态位相似的各个物种之间存在着激烈的竞争。根据生态位完全相同的物种不能共存于一个生态系统内的高斯原理或竞争排除原理，合理地选择不同生态位的作物或人为提供不同生态位条件，是取得物种多样性控制病虫害模式全面增产的重要依据。也就是说，在生态适应性大同的前提下，还要生态适应性小异，譬如小麦与豌豆对于氮素，玉米与甘薯对于磷、钾肥，棉花与生姜对于光照，以及玉米与麦冬等草药对于温湿度，在需要的程度上都不相同，它们种在一起趋利避害，各取所需，能够较充分地利用生态条件（卫丽等，2004）。

（二）特征特性对应互补原则

特征特性对应互补是指所选择作物的形态特征和生育特性要相互适应，以有利于互

补地利用环境。例如，株高要高低搭配，株型要紧凑与松散对应，叶片要大小尖圆互补，根系要深浅疏密结合，生长期要长短前后交错，人们形象地总结为"一高一矮，一胖一瘦，一圆一尖，一深一浅，一长一短，一早一晚"。

物种多样性控制病虫害模式作物的特征特性对应，即生态位不同，它们才能充分利用空间和时间，利用光、热、水、肥、气等生态因素，增加生物产量和经济产量。植株高矮搭配，使群体结构由单层变为多层，高位作物增加侧面受光，可更充分地利用自然资源。并且在带状间套作田间，高、矮作物相间形成的"走廊"，便于空气流通交换，调节田间温度和湿度。株型和叶片在空间的对应，主要是增加群体密度和叶面积。叶片大小和形状互补的应用，在混作和隔行间作上的意义更大。根系深浅和疏密的结合，使土壤单位体积内的根量增多，提高了作物对土壤水分和养分的吸收能力，促进了生物产量增加，并且作物收获后，遗留给土壤较多的有机物，改善了土壤结构、理化性状和营养状况，对于作物的持续增产也有好处。根据江西省农业科学院提供的材料，大麦、小麦与豆类混作，根量分别增加 7.72% 和 34.7%。作物生长期的长短前后交错，不管是生长期靠前的和靠后的套作搭配，还是生长期长的和短的间作，都能充分利用时间，在一年的时间里增加作物产量。小麦套种夏玉米或者夏棉，比麦后直播多利用 20 天左右的时间。马铃薯或洋葱、绿豆，早种早熟，春棉或春玉米晚种晚收，它们间套种，既可增收一季作物，又不太影响棉花和玉米中后期生长。

在品种选择上要注意互相适应、互相照顾，以进一步加强组配作物生态位的有利差异。间混作时，矮秆作物光照条件差，发育延迟，要选择耐阴性强、适当早熟的品种。例如，玉米和大豆间混作，大豆宜选用分枝少或不分枝的亚有限结荚习性的较早熟品种，与玉米的高度差要适宜，玉米要选择株型紧凑，不太高，叶片较窄、短，叶倾角大，最好果穗以上的叶片分布较稀疏，抗倒伏的品种。这样，既有利于改善通风透光条件，又能够进一步削弱高矮作物之间对光和 CO_2 的竞争。

套作时两种作物既有共同生长的时期，又有单独生长的阶段，因此在品种选择上与间混作有相同的地方，也有不同之处。一方面要考虑尽量减少上茬同下茬之间的矛盾，另一方面要尽可能发挥套种作物的增产作用，不影响其正常播种。为减少上茬作物对套种作物的遮阴程度和遮阴时间，有利于套种作物早播和正常生长，对上茬作物品种的要求与间作中对高秆作物的要求相同。例如，麦田套种，小麦应选用株矮，抗倒伏，叶片较窄短、较直立的早（中）熟品种，麦田套种的下茬作物一般选用中熟或中晚熟的品种。在生产实践中，还要因地制宜，灵活运用。例如，在肥力较低的土壤上小麦生长不良，套种可以提前，可将中熟品种改为晚熟品种等。

在间套种一年多作多熟的情况下，品种的选择更要统筹兼顾。例如，小麦套种玉米，玉米可选用中熟甚至晚熟品种，但在小麦收获后，又要在玉米行间间作或套作蔬菜时，则要根据蔬菜与玉米是间作还是套作、间作的蔬菜耐遮阴程度等情况，最后决定玉米品种是早熟的好还是晚熟的好。混作时，复合群体中的作物，一般应选择成熟期一致的丰产品种（卫丽等，2004）。

（三）单子叶作物和双子叶作物结合原则

单子叶作物如玉米、高粱、麦类与双子叶作物如黄豆、花生、棉花、薯类等进行搭配，既可用地养地，又能因其根系深浅不一致而充分利用土壤各层次的各种营养物质，不会因某一元素奇缺而造成生理病害的发生，同时还可提高单位面积的整体效益（卫丽等，2004）。

（四）习性互补原则

大田作物中有的作物喜光性强（如棉花、麦类、水稻），而有的作物喜欢阴凉（如生姜、毛芋），有的作物耐旱怕湿（如芝麻、棉花），有的作物又喜欢湿润的环境（如水稻、豆科作物、叶菜类），因而应根据它们各自的特点特性，进行定向和有针对性的集约栽培，这样就可满足各自的适应需求，从而获得比单一种植更高的产量和单位面积总效益（卫丽等，2004）。

（五）生育期长短互补原则

将主作物生育期长一点和副作物生育期短一点的作物进行搭配种植，这样互相影响小，能充分利用当地的有效无霜期而实现全年高产丰收（卫丽等，2004）。

（六）趋利避害原则

在考虑根系分泌物时，要根据相关效应或异种克生原理，趋利避害。研究表明，小麦与豌豆、马铃薯与大麦、大蒜与棉花之间的化学作用是无害（或有利）的，因此，这些作物可以搭配；相反，黑麦与小麦、大麻与大豆、荞麦与玉米间则存在不利影响，它们就不能搭配在一起种植（卫丽等，2004）。

（七）病虫不重叠原则

物种多样性控制病虫害模式的构建中，所选取的作物间病虫害重叠要尽量少，甚至没有，这样就不利于其各自病虫害的发生、发展和流行。

（八）经济效益高于单作原则

选择的作物是否合适，在增产的情况下，也得看其经济效益比单作是高还是低。一般来说，经济效益高的组合才能在生产中大面积应用和推广，如我国当前种植面积较大的玉米间作大豆、麦棉套作和粮菜间作等。如果某种作物组合的经济效益较低，甚至还不如单作高，其应用面积就会逐渐减少，而被单作代替。例如，保加利亚豌豆或糙豇豆与棉花间作完全符合"大同小异"和"对应互补"的原则，在华北地区曾实行过一段时间，然而因产量低、产值不高，当前该种植模式已不多见。大麦与扁豆混作，玉米与小豆混作，也是同样原因，现在也很少了。相反，有些作物间、混、套作起来，生长不好，但它们有较好的效益，人们也会采取补救措施安排种植，如麦棉套作应用育苗移栽和地膜覆盖措施，水旱间作实行高低畦整地措施等。这也是栽培植物群体和自然植物群落不同之处。自然植物群落只有在生态条件适合的情况下才能生存下去。如果有些植物不能适应生态条件的变化，它就会被自然淘汰，发生群落的演替。而栽培植物群体，需要满足人们的需求，其存在和演替受人的支配（卫丽等，2004）。

以上八大原则，前七条属于自然规律，是基本原则，后一条属于经济规律，往往有决定性的作用。在实际应用时，必须从整体考虑，综合运用。

二、物种多样性控制病虫害模式的构建方法

作物种类、品种确定后，合理的田间结构是复合群体能否充分利用自然资源的优势、解决作物之间一系列矛盾的关键。只有田间结构恰当，才能增加群体密度，同时具有较好的通风透光条件，而发挥其他技术措施的作用。如果田间结构不合理，即使其他技术措施配合再好，往往也不能解决作物之间争水、争肥，特别是争光的矛盾。

作物群体在田间的组合、空间分布及其相互关系构成了作物的田间结构。物种多样性控制病虫害模式的田间结构是复合群体结构，既有垂直结构又有水平结构。垂直结构是群体在田间的垂直分布，是植物群落的成层现象在田间的表现，层次的多少与参与物种多样性控制病虫害模式的作物种类多少及作物、品种的选择密切相关。水平结构是作物群体在田间的横向排列，由于作物根系吸收一定范围内的水分、养料，且植株在田间的横向排列与田间垂直结构的形成密切相关，所以水平结构显得非常复杂和重要。这里着重说明间作、套作的水平结构的组成（卫丽等，2004）。

（一）确定密度

提高种植密度，增加叶面积指数和照光叶面积指数是间作、套作增产的中心环节。间作、套作时，一般高位作物在所种植的单位面积上的密度要高于单作，以充分利用改善了的通风透光条件，发挥密度的增产潜力，最大限度地提高产量。密度增加的程度应视肥力情况、行数多少和株型的松散与紧凑而定。水肥条件好，密度可较大。

不耐阴的矮位作物由于光照条件差，水肥条件也较差，一般在所种植单位面积上的密度较单作时略低一些或与单作时相同。

生产中，为了实现高位作物的密植增产和发挥边行优势，并能增加副作物的种植密度、提高总产量，通过对高位作物采用宽窄行、带状条播、宽行密株和一穴多株等种植形式，做到"挤中间，空两边"，即通过缩小高位作物的窄行距和株距（或较宽播幅）来保证要求的密度，以发挥密度的增产效应；用大行距创造良好的通风透光条件，充分发挥高位作物的边行优势，并减少矮位作物的边行劣势。

在实际生产中，各种作物密度还要结合生产的目的、土壤肥力等条件具体考虑。当作物有主次之分时，一般主作物（高位作物或矮位作物）的密度和田间结构不变，以基本上不影响主作物的产量为原则；副作物的多少根据水肥条件而定，水肥条件好，可多一些，反之，就少一些。从土壤肥力看，如甘肃等地小麦、扁豆混作，或大麦、豌豆混作，水肥条件较好的地上，小麦、大麦比例加大，相反，扁豆或豌豆比例加大。

套作时，各种作物的密度与单作时相同。当上、下茬作物有主次之分时，要保证主

要作物的密度与单作时相同，或占有足够的播种面积。

间套作情况下，各种作物的密度要统一考虑，全面安排，既要提高全年全田的种植总密度，又要协调各种作物之间利用生态因素的矛盾。

（二）确定行株距的幅宽

一般间套作作物的行数可用行比来表示，即作物实际行数相比，如 2 行玉米间作 2 行大豆，其行比为 2 : 2，6 行小麦与 2 行棉花套作，其行比为 6 : 2。行距和株距实际上也是密度问题，其配合的好坏，与各作物的产量和品质有关。

间作作物的行数，要根据计划作物产量（需有一定的播种面积予以保证）和边际效应来确定，一般高位作物不可多于而矮位作物不可少于边际效应所影响行数的 2 倍。例如，据调查，棉花与甘薯相邻，棉花边行优势可达 4 行，边 1~4 行分别比 5~10 行平均单株铃数依次增加 67.6%、22.6%、10.64% 和 10.71%，4 行以后结铃虽有多少之分，但相差不大。甘薯的边行劣势可达 3 行，边 1~3 行分别比 4~10 行平均单株产量依次减少 34.05%、10.81% 和 0.65%，甘薯的行数要在 6 行以上，行数愈多减产愈轻。麦棉套作中，小麦在行距 16.7~22.3 cm 的情况下，边行优势也达 3 行。这样，间作时，棉花的行数最多可达 8 行，小麦可达 6 行，行数愈少，边行优势愈显著。这个原则在实际运用时，可根据具体情况相应增减。另外，据沈阳农业大学调查，当玉米与矮位作物间作时，为了充分发挥玉米的边行优势，矮位作物行基本上等于玉米的株高，效果最好。

矮位作物的行数还与其耐阴程度、主次地位有关。矮位作物耐阴性强，行数可少；耐阴性差，行数宜多些。矮位作物为主要作物时，行数宜较多；为次要作物时，行数可少。例如，玉米与大豆间作，大豆较耐阴，配置 2~3 行，可获得一定产量。但在以大豆为主的情况下，大豆行数可增加到 10 行以上，这样有利于保证大豆获得较高产量。

套作时，如何确定上、下茬作物的行数仍与作物的主次密切相关。例如，小麦套种棉花，以春棉为主时，应按棉花丰产要求，确定平均行距、插入小麦；以小麦为主兼顾夏棉时，小麦应按丰产需要正常播种，麦收前晚套夏棉。

幅宽是指间套作中每种作物的两个边行相距的宽度。在混作和隔行间套作的情况下无所谓幅宽，只有带状间套作，作物成带种植才有幅宽可言。幅宽一般与作物行数呈正相关关系。高位作物带内的行距一般比单作时窄，所以在与单作相同行数的情况下，幅宽要小于相同行数行距的总和。矮位作物的行数较少，如在 2~3 行的情况下，矮位作物带内的行距宜小于单作的行距，即幅宽较小，密度可通过缩小株距加以保证，这样的好处是可以加大高位作物的间距，减轻边行劣势。

间套复合种植时，各季作物行数的确定，需前后、左右统筹安排，结合各方面的有关因素确定。生产中运用时，复合群体中各种作物行数、行距的确定，还需尽量与现代化条件配合起来。

（三）确定间距

间距是相邻两作物边行的距离，这里是间套作中作物边行争夺生存条件最激烈的地方。间距过大，作物行数减少，浪费土地；间距过小，则加剧作物间的矛盾。在水肥条件不足的情况下，两边行矛盾激化，甚至达到你死我活的地步。在光照条件差或都达到旺盛生长期的时候，两种作物互相争光，严重影响矮位作物的生长发育和产量。

各种组合的间距，在生产中一般都容易过小，很少过大。在充分利用土地的前提下，主要照顾到矮位作物，以不过多影响其生长发育为原则。可根据两个作物行距一半之和调整间距。在水肥和光照充足的情况下，间距可适当窄些；相反，在水肥和光照差的情况下可宽些，以保证作物的正常生长。

（四）确定带宽

带宽是间套作的各种作物顺序种植一遍所占地面的宽度，包括各个作物的幅宽和行距。用 W 表示带宽，S 表示行距，N 表示行数，n 表示作物数目，D 表示间距，即

$$W = \sum_{i=1}^{n} \left[S_i \left(N_i - 1 \right) + D_i \right]$$

带宽是间套作的基本单元，一方面各种作物和行数、行距、幅宽、间距决定带宽，另一方面上式各项又都是在带宽以内进行调整，彼此互相制约的。

各种类型的间套作，在不同条件下，都要有一个相对适宜的带宽，以更好地发挥其增产作用。带宽过窄，间套作作物互相影响，特别是造成矮秆作物减产；带宽过宽，减少了高秆作物的边行，增产不明显，或矮秆作物过多，又影响总产。间套作作物的带宽适宜与否，由多种因素决定。一般可根据作物品种、土壤肥力，以及农机具进行调整。高秆作物占种植计划的比例大而矮秆作物又不耐阴，两者都需要大的幅宽时，采用宽带种植。高秆作物比例小且矮秆作物耐阴时可以窄带种植。株型高大的作物品种或肥力高的土地，行距和间距都大，带宽要加宽；反之，带宽要缩小。此外，机械化程度高的地区一般采用宽带状间套作。使用中型农机具作业时，带宽要宽，小型农机具作业时可窄些。

（五）适时播种，保证全苗

间套作的播种时间与单作相比具有特殊意义，它不仅影响到一种作物，还会影响到复合群体内的其他种作物。套作时间是套种成败的关键之一，套种过早或前一作物迟播晚熟，就会延长共处期，抑制后一作物苗期生长；套种过晚，则增产效果不明显，因此要着重掌握适宜的套种时机。间作时，更需要考虑到不同间作作物的适宜播种期，以减少彼此的竞争，并尽量照顾到它们的各生长阶段都能处在适宜的时期。混作时，一般要考虑混作作物播种期和收获期的一致性。

间套作秋播作物的播种比单作要求更加严格，因为苗期要经过严寒的冬天，不能过早也不能过晚。在前作成熟过晚的情况下，要采取促进早熟的措施，不得已晚播时，要加强冬前管理，保全苗、促壮苗。春播作物一般在冬闲地上播种，除了保证直接播种质量外，为了全苗和提早成熟，还可采用育苗移栽或地膜覆盖措施。育苗移栽可以调整作物生长时间，培育壮苗，并缩短间套作作物的共处期，保证全苗。地膜覆盖能够提高地温，保蓄水分，对于壮苗早发有着良好的作用。夏播作物生长期短，播种期愈早愈好，并且要注意保持土壤墒情，防治地下害虫，以保证间套作作物的全苗。

（六）加强水肥管理

间（混）作、套作的作物由于竞争，需要加强管理，促进其生长发育。在间（混）作的田间，因为增加了植株密度，容易水肥不足，所以应加强追肥和灌水，强调按株数确定施肥量，避免按占有土地面积确定施肥量。为了解决共处作物需水肥的矛盾，可采用高低畦、打畦埂、挖丰产沟等便于分别管理的方法。在套作田，矮位作物生长受到抑制，长势弱，发育迟，容易形成弱苗或缺苗断垄。为了全苗、壮苗，要在套播之前施用基肥，播种时施用种肥，在共处期间做到"五早"，即早间苗、早补苗、早中耕除草、早追肥、早治虫，并注意土壤水分的管理，排渍或灌水。前作作物收获后，及早进行田间管理，水肥猛促，以补足共处期间所受亏损。

（七）综合防治病虫害

间（混）作、套作可以减少一些病虫害，也可以增添或加重某些病虫害，对所发生的病虫害，要对症下药，认真防治，特别要注意防重于治，不然病虫害的发生会比单作田更加严重。在用药上要选好农药，科学用药，特别是间套作直接食用的瓜、菜类作物等，用药要高度慎重，应选用高效、低毒、低残留农药。对于虫害，除物理和化学方法外，还要注意运用群落规律，利用植物诱集、繁衍天敌进行生物防治，以虫治虫，收到事半功倍的效果。例如，小麦、油菜、棉花间套作时，蚜虫的天敌，早春先以油菜上的蚜虫为食繁殖，油菜收获后，天敌转移到麦田，控制麦蚜为害，小麦收获后，全部迁移到棉田，这样在小生物圈内实现了良性循环。对于病害，注意选用共同病害少的或兼抗的品种，特别要强调轮作防病，以达经济有效。

（八）早熟早收

为了削弱复合群体内作物间的竞争关系，促进各季作物早熟、早收，特别是对高位作物，是不容忽视的。在间套作或多作多熟的情况下，更应注意。促早熟，除化学调控以外，还可提早收割，堆放后熟。改收老玉米为青玉米，改收大豆为青毛豆也不失为一种有效的方法。

第三节　生态系统多样性控制病虫害模式的构建原则和方法

农业生态系统多样性模式是在生态学原理的指导下，应用生态系统方法，不断优化农业生态结构，完善农业生态系统功能，使发展生产与合理高效利用资源相结合，追求经济效益与保护生态环境相结合的整体协调、持续发展、良性循环的农业生产体系。多样化的生态系统可以稳定害虫种群，避免害虫暴发，合适的多样性是解决生产和虫害控制问题的关键（刘玉振，2007）。

一、生态系统多样性控制病虫害模式的构建原则

生态系统多样性控制病虫害模式是以动物养殖、植物种植、产品加工为核心，运用

先进科技紧贴市场需求,围绕生态环保,将农、林、牧、副、渔等范畴中各层次、各环节,在产前精心统筹规划,产中科学指导,产后产品规模销售等活动有机融合在一起而形成的超大农业产业化的营销系统。

复合农业生态系统是由一定农业地域内相互作用的生物因素和社会、经济、自然环境等非生物因素构成的功能整体,是在人类生产活动干预下形成的人工生态系统。根据自然生态系统的运行规律,通过政策调控,扶持和发展符合人类需要的动物和植物,并积极开发防治害虫、病原菌、杂草等技术,使农业生态在一个充满生机和活力的动态系统中实现可持续发展。因此,它具有很强的社会性,受社会经济条件、社会制度、经济体制及科学技术发展水平等因素的影响,并为人类社会提供大量生产和生活资料。在结构上,复合农业生态系统由农业环境因素、生产者、消费者、分解者四大部分构成,各组成部分间通过物质循环和能量转化而密切联系、相互作用、相互依存、互为条件。这种动态结构在社会因素的干预下加入了选择和筛选及综合培植,相对于自然生态系统来说具有明显的高产性,能发挥更大的作用。

复合农业生态系统典型的社会性和人为性使它呈现出较强的波动性。只有符合人类经济发展要求的生物学性状,诸如高产、优质等才能被保留和发展,并且只有在特定的环境条件和管理措施下才能得到表现。一旦环境条件发生剧烈变化,或管理措施不能及时得到满足,作物的生长发育就会受到影响,导致产量和品质下降。基于我国目前的农业状况,在培育和发展复合农业生态系统时必须严格遵循农业系统的生态可持续性,积极探索农业循环经济的新途径。这就要求在农业现代化生产中认真贯彻科学发展观的基本原则,把农业发展放在整个社会和谐发展的大框架中,关注农业与社会其他领域的契合与贯通,让复合农业生态系统为和谐社会的构建发挥更大的基础性作用。

辽宁省推广的"四位一体"农村能源生态模式就是实施复合农业生态系统的典型。"四位一体"农村能源生态模式以庭院为基础,以太阳能为动力,把沼气技术、种植技术和养殖技术有机结合起来,沼气池、猪舍、厕所、日光温室四者相辅相成、相得益彰,形成一个高效、节能的生态系统。其结构大体是:一个日光温室内由一堵内墙隔成两部分,一部分建猪舍和厕所,另一部分用于作物栽培,且内墙上有两个换气孔,使动物释放出的二氧化碳和作物(蔬菜)光合作用释放的氧气互换。而一个位于地下的圆柱体的沼气池起着联结养殖与种植、生产与生活用能的纽带作用。当猪舍和厕所排放的粪便进入沼气池后,借助温室气温较高的有利条件,池内开始进行厌氧发酵,产生以甲烷为主要成分的沼气。沼气可用于生活(照明、炊事)和生产。发酵后沼气池内的沼液和沼渣是农作物栽培的优质有机肥。这样,"四位一体"农村能源生态模式实现了产气与积肥同步、种植与养殖并举的环保型生产机制,将猪舍、厕所、沼气池、日光温室融为一体,使栽培技术、高效饲养技术、厌氧发酵技术、太阳能高效利用技术在日光温室内实现有机结合,实现了低能耗、高产出。此外,全国各省都不同程度地展开了适合自身资源特点的农业生态系统模式的培育工作,取得了良好的收效。

由于区域资源与环境条件的千差万别,社会经济发展水平也各不相同,生态系统多样性控制病虫害模式也必然具有多样性和复杂性。但不管怎样,构建生态系统多样性控制病虫害模式必须遵循一些基本的标准和要求(章家恩和骆世明,2000;崔兆杰等,

2006）。一般来说，生态系统多样性控制病虫害模式构建必须遵循以下主要原则（刘玉振，2007）。

（一）区域适宜性原则

生态系统多样性控制病虫害模式是区域环境的一个有机统一体。任何一种模式总是与一定的区域环境背景、资源条件和社会经济状况相联系的。不同地区的气候类型多样、自然条件迥异，社会经济基础和人文背景也存在差异，在模式选择上应注意因地制宜。因此，所构建的生态系统多样性控制病虫害模式应当能够适应当地自然、社会、经济条件的变化，克服影响其发展的障碍因素，并具有一定的自我调控功能，可以充分利用当地资源，发挥最佳生产效率。任何脱离实际的生态系统多样性控制病虫害模式，都是没有生命力的。区域适宜性原则要求在进行生态系统多样性控制病虫害模式构建过程中，尽量做到按照本地域资源环境的特殊性、社会经济条件的可能性、生产技术的可行性，分清主次，寻求达到资源优化配置的生态系统多样性控制病虫害模式和具体实施途径（章家恩和骆世明，2000）。对于现有较差的生态系统多样性控制病虫害模式，一方面要改变其结构使之与环境相适应；另一方面，要改善和恢复环境条件，使之有利于生态系统多样性控制病虫害模式的实施。另外，在学习和引进其他地区的模式时，不能盲目地照抄照搬，而要在试验的基础上不断消化吸收，并进行适当改进，以获取适应本地区的优化模式。例如，在生态脆弱、危急区，应以生态系统恢复重建为重点，以生态效益为主导发展农业；而在生态适宜区，应以经济效益为主发展农业生产，兼顾生态环境建设。

从时间序列上说，要求在生态系统多样性控制病虫害模式开发过程中，从资源环境条件、社会经济与市场三维角度出发，审视自己的资源优势和开发条件，确定应遵循的开发类型，制定相应的开发战略。可以开发的及时开发，目前不可开发的待时机成熟时再开发，在开发过程中要把握好产业项目的开发时序，不要一哄而上。

（二）整体性与实用性原则

整体性原则要求在构建模式时，以大农业最优化为目的，立足系统整体性，重视系统内外各组分相互联系和相互作用，保持生态农业系统内部生产、经济、技术、生态各子系统之间的动态协调，使各子系统合理组配，有序发展（崔兆杰等，2006）。

实用性原则是易被忽视却十分重要的基本原则。我国由发展传统农业、"石油农业"转而发展生态农业，无论是思想认识，还是具体做法，都需要一个转变过程。有些人在进行模式构建时，奉行本本主义，从理论到理论、脱离实际、脱离实践（章家恩和骆世明，2000）。由于过分考虑物质和能量的充分利用，模式过于复杂的倾向较为普遍。虽然有些构建出来的模式从理论上讲，结构优化，功能精巧，生态上好像是合理的，但是往往忽视了农业生产的主体——农民自身的文化知识水平、风俗习惯（特别是饮食习惯、种植习惯、宗教信仰等），以及人力、物力、财力等因素的限制，结果构建出来的模式很难被农民接受，也很难具体实施，因可操作性差而被淘汰。

在生态系统多样性控制病虫害模式构建中，要注意模式内部的循环层次，随着循环层次的增加，其所截取的能量将与投入的辅助能相抵或呈负效应。因此，在模式构建时，一般从综合效益的角度决定循环层次的多少，不仅要考虑到模式对自然、社会、经济条件的适应性，还要考虑到模式对人（农民群体）的适宜性。也就是说，一定要从实际出发，构建出既切合实际，又适合农民的简便、实用、先进、成熟的生态系统多样性控制病虫害模式。

（三）市场与循环经济导向原则

效益最大化不仅充分体现了局部与整体、现在与未来、效益与效率、生存与发展、自然与社会，以及政府、企业、个人行为间复杂的生态冲突关系，而且对于协调人、自然、社会之间的关系有着很重要的作用。从经济学意义上说，作为"理性人"的农民和地方政府，总是以追求经济利益最大化为目的，因而肯于承担用于技术投入的成本，所以必须以市场需求为导向，适时确立农业发展模式。脱离经济发展与市场需求的生态系统多样性控制病虫害模式是没有活力、没有前途的模式。因为农产品只有通过市场交换，才能实现其价值，才能获得经济效益。然而市场变化具有很大的不确定性和风险性，所以在进行模式构建时，必须遵循市场经济规律，加强市场预测，在品种选择、资源配置上尽量以市场为导向，建立以短养长、长短结合、优势互补的生态系统多样性控制病虫害模式。同时要求以循环经济建设为导向，把清洁生产、资源综合利用、可再生能源开发、生态设计和生态消费等融为一体进行模式构建，要求构建出的模式有一定的弹性和应变性，切忌模式的单一化。

（四）可持续性原则

可持续性原则是模式构建中的一个基本原则。持续性原则要求人类发展必须实现生态效益、经济效益和社会效益三者完美的统一。也就是说，在追求经济效益和社会效益的同时，必须保护环境，增大环境容量，而且要保持适宜的经济发展速度，以保证人类向自然获取的物质与能量的总量不超过资源与环境的承载能力，对资源损耗速度不超过资源的更新速度，人类的干扰强度不能超过环境的自我维持与恢复能力。农业经营方式是生态环境恶化的诱因，而恶化的生态环境反过来又能够制约农业的可持续发展。如果农业效益不能提高，那么农民增收、农村富裕和农民经济实力增强等都将难以实现。因此，在选择农业生产模式时，把农业发展的目标确定为追求生态效益、经济效益和社会效益的综合效益，以提高农业生态效益为前提，以实现农业发展与生态环境改善为目标。依据生态学、经济学和系统科学原理，通过协调和区域农业相关的资源、环境、社会、经济等不同子系统之间的关系，促进各子系统之间物质、能量的良性循环，并把生物工程措施与农艺措施结合起来，多方并用，配套实施，以实现系统功能最大化。只有这样，才能实现农业的可持续发展。因此，在生态系统多样性控制病虫害模式构建过程中也必须遵循可持续性原则。

（五）科学性原则

科学性原则是模式构建的基本要求。生态系统多样性控制病虫害模式不是靠经验简单组装与拼凑，也不是对现有模式的修修补补，而是建立在科学基础之上的。一个优化的生态系统多样性控制病虫害模式必须遵循系统学原则、生态学原则、环境学原则、经济学原则以及理论联系实际原则。模式的科学构建要求对研究对象进行深入细致的调查研究与试验，以获取准确的基础数据与技术参数，采用定性与定量相结合的方法对模式的各个环节进行系统模拟、正确分析、综合评价与规划选优。

理想的农业生态系统既要满足人类的基本需求，又要维持环境的持续稳定性（动态），即实现人类生态整体性，并将长期维持这种人地和谐关系，这才是区域农业持续性的最终目标。农业生态系统的具体目标同样可归结为生态、经济和社会三个方面，主要包括：农民有适当的经济收入、自然资源的永续利用、最小的环境负效冲击、较小的非农产品投入、人类对食物和其他产出需求的满足、理想的农村社会环境等。

（六）循环利用原则

生态农业本身是包含农、林、牧、渔和农产品加工业的综合性大农业，要提高资源的利用效益就必须对自然资源进行综合利用。传统农业之所以效益低下，关键就在于没有对自然资源进行综合利用。因此，在农业生态系统的建设中，必须依据当地的资源和经济条件，调整生产结构，把农、林、牧、副、渔等各子部门依据生态系统物质循环的原理巧妙地联系起来，使某一部门所产生的副产品和废弃物能被另一部门有效地利用，从而尽可能地减少废物的排放，最大限度地提高光合作用的利用效率。

此外，在进行生态农业建设时，还要注意区域农业生态系统的稳定性和规模适度原则。生态农业包含农、林、牧、渔和农产品加工业，因此生态系统多样性控制病虫害模式的构建应在增加产出的同时注意保护资源的再生能力，将资源开发、利用和保护相结合，提倡保护性开发。重视农业生态、经济组分的多样性，力求系统生产能力最大、系统结构最稳定。一般所构建的生态系统多样性控制病虫害模式规模不宜太大，规模适度可以使土地获得较高的利用率。

二、生态系统多样性控制病虫害模式的构建方法

农业生态系统是由农业生态、农业经济、农业技术三个子系统相互联系、相互作用形成的复合系统，受自然、社会、经济、技术共同作用，由多层次、多要素、多因子、多变量相互作用、相互联系而构成，涉及的因素很多。所以生态系统多样性控制病虫害模式的构建是一个系统性工程，必须从系统的角度出发，进行全面规划，科学设计，使得所构建的模式能够高度稳定并且协调发展（章家恩和骆世明，2000；崔兆杰等，2006）。

（一）系统环境辨识与系统诊断

系统环境辨识是从系统与环境的整体出发，认识环境与系统的关系，揭示环境系统的构成及其内在运行规律与变化发展趋势，为系统设计提供科学依据。其任务是明确所设计的对象是什么系统，确定系统级别，弄清设计基本目标，并划清系统边界和设计时限。

系统诊断是指查明系统现实状态与功能和理想状态与功能之间的差距及原因，以及系统发展的优势，提出要解决的关键问题和问题的范围，并初步提出系统发展的目标，一方面是考察、收集、整理与对象系统有关的资料和数据，另一方面是分析与评价系统

的组成、结构、功能等，作为系统综合分析的依据。

（二）系统综合分析与方案设计

系统综合分析是指通过对获得的对象系统信息和资料进行综合加工，确定系统设计的优劣势条件和突破口，为完成系统设计方案提供理论支撑。

方案设计是模式构建的核心任务，是在系统综合分析的基础上，提出使原有系统结构优化、功能提升的一种或者几种方案，包括农业生态系统动态变化的模型分析和预测，设计目标的分析与指标，产业结构、时空结构、食物链结构、环境与生态形象等的确定，主要设计内容和设计方法的选择，进而设计出实现目标指标的各种方案。

（三）系统评价与优选

系统评价和选优是在前者的基础上，在各可控因素允许变动范围内对所设计的各种方案的生态合理性、经济可行性、技术可操作性和社会可接受性进行综合评价与比较分析，从中选择最佳实施方案，以供决策者或生产者参考使用。

（四）方案实施与反馈

方案实施与反馈是把入选方案付诸实践并进行动态监测，不断反馈信息，并逐步修改设计误差，从而进一步优化原有设计方案的过程。生态系统多样性控制病虫害模式构建方案的实施是一项十分复杂的任务，农业系统内、外部条件在不断变化，生产实践中也会不断出现新情况、新问题，因此要时刻关注系统运行中出现的问题，采取适当的控制和补救措施，以保证系统按预期目标发展。

随着社会经济的发展，农业的产业化特征日益凸显。因此，对生态系统多样性控制病虫害模式的构建不应仅局限在农业生产部门内，还应对产前、产中、产后进行全程构建，以优化产业结构，完善生态系统多样性控制病虫害模式的功能。

第四节　景观多样性控制病虫害模式的构建原则和方法

一、景观多样性控制病虫害模式的构建原则

农业景观规划是指运用景观生态原理，综合考虑地域或地段综合生态特点以及具体目标要求，以景观单元空间结构调整和重建为基本手段，提高农业景观生态系统的总体生产力和稳定性，构建空间结构和谐、生态稳定和社会经济效益理想的区域农业景观系统（肖笃宁，1999，王仰麟和韩荡，2000）。景观空间结构是景观中生态流的重要决定因素，格局通过影响过程而对系统各类功能产生较大影响。对持续农业景观而言，其功能显然对应持续农业的四大功能，即生物生产、经济产出、生态平衡和社会持续（王仰麟和韩荡，2000）。经济产出功能是农业生态经济系统的主导功能，要求整个农业景观具有较高的生产率以及容纳更大物质和能量流动的结构，因而需要在自然景观的基础上有机融入人工调控生态因子；生态平衡功能则要求农业景观具备较好的稳定性、较高的物

质/能量利用效率、较少的废弃物和多余能量排放，对人类环境具有正面生态贡献；社会持续功能要求农业景观能综合考虑社会习惯、人口就业、景观美学和户外教育价值等。针对上述功能目标，结合对生态农业景观特征的考察研究，提出景观多样性控制病虫害模式构建的 6 条原则（宁仁松，2011）。

（一）景观异质性原则

普通农业景观空间格局往往高度人工化，系统生态流简单而开放，自稳定性功能相当薄弱，很难持续、稳定地实现控制病虫害的功能，因而农业景观生态规划必然要求增加农业系统中物种、生态系统和景观等各层次多样性及空间异质性。异质性高的景观格局虽然可以提高农业生态系统的稳定性和持续性，但景观格局过分复杂会大大降低人工管理效率，且其产出往往不能达到令人满意的程度，因而农业景观生态规划追求的是适度空间复杂性，经济产出和生态稳定性最优，即在系统稳定性和生产力之间取得平衡。从物种组成来看，增加作物种类差异，特别是增加永久性植被覆盖（如牧场、草地、薪炭林等），可为增加整个系统稳定性提供更好的缓冲能力。从斑块面积和形状来看，主要作物类型机械化耕作规模效益已被证明只在 <5 hm^2 的农田中是递增的（肖笃宁，1991），且适宜的地块形状（长而窄）可减少机械转弯次数，比以减少农田边界为代价增加面积更为重要，同时狭长地块产投比较高，有利于提高机械效率、促进益虫扩散和减少水土养分流失。农田边界作为农田生物扩散的运动廊道，能连接嵌块体等有益昆虫的栖息地，提高个体扩散和稳定群体，保护农田中下降的益虫种群，对增加农田生物多样性极为重要（宇振荣等，1998）。许多害虫天敌如节肢动物有赖于农田边界作为生境和活动、扩散的廊道，故害虫天敌在农田中穿透和扩散的能力可能是优化农田边界格局的基本依据，适当宽度的边界有利于提供更多生物适宜生境，还能更有效地阻隔化肥、农药等的扩散。Forman（1995）在总结北美与西欧地区土地利用与生态规划经验的基础上，提出集中与分散相结合的格局，并指出在含有细粒区域的粗粒景观中，细粒景观以广适种占优势，而此时粗粒景观生态效益较好，这一格局具有多种生态学优越性，其核心是保护和增加景观中天然植被斑块。

（二）继承自然原则

保护自然景观资源（森林、湖泊、自然保留地等）和维持自然景观过程及功能，是保护生物多样性及合理开发利用资源的前提，也是景观资源持续利用的基础。目前人类对长时间、大范围自然控制仍无能为力，而无人工干扰下特定地域地带性生态景观的复杂性和稳定性是一般人工系统无法比拟的，如何合理继承这种原生景观，维持并修复景观整体生态功能是农业景观规划中必须要考虑的重要问题。在规划实践中应以环境持续性为基础，用保护、继承自然景观的方法建造稳定、优质、持续的生态系统，有利于维持系统内稳态，强化农业景观生态功能。

（三）关键点调控原则

农业土地利用过程中大多数土地对农业生产具有限制性环境因子，若能合理分析这些关键生态要素，选择合适的空间格局，建设人工景观，以制约不利生态因子，创造并放大有利生态因子，可起到防范控制灾害、增加基质产出、改善生态环境的作用。成功的景观规划应抓住对景观内生态流有控制意义的关键部位或战略性组分，通过对这些关键部位景观斑块的引入而改变生态流，对原有生态过程进行简化或创新，在保证整体生态功能的前提下提高效率，以最少用地和最佳格局维护景观生态过程的健康与安全（肖笃宁，1999）。

（四）因地制宜原则

农业景观生态规划必然要落实到具体区域，因此必须因地制宜地考虑景观格局设计，以便更好地实现农业景观各功能。生态农业模式建设实践表明，随气候、流域地形、经济发展、人口密度和社会发展水平的变化，农业景观格局呈规律性变化，如对农田防护林网建设而言，防护林区水量平衡是森林覆盖率的限制因子，考虑不同水分和风速等影响，半湿润平原区可采用宽带大网络，而干旱区宜采用窄带和小网络。坡地农业生态系统中营养物质和化肥、农药等物质因重力作用而顺坡流动并在坡底积累，易造成养分过度流失与富集，这时设计的斑块形状和边界结构应对这种生态过程具有阻碍作用。

（五）作物相生异害原则

自然界植物之间存在相生相克的普遍现象。在生产实践中，有些作物种植在一起可以提高产量，而有些作物间作则出现减产。例如，高粱等对杂草有化感作用，与其他作物间作时可有效地控制杂草生长，从而提高作物产量。有些植物的分泌物中生物活性物质有利于其他植物对营养元素的吸收，从而促进其生长。有些植物含有昆虫拒食剂，与其他植物混种时可减少虫害发生以提高产量。例如，将蔊菜（*Rorippa indica*）与甘蓝（*Brassica oleracea*）间作，甘蓝产量可提高 50%；小麦与大豆间作，小麦对大豆的磷吸收具有明显的促进作用，可显著提高大豆的生物学产量，实验证明这主要是根际效应的结果；农林混作苹果（*Malus pumila*）、杨树（*Populus* sp.）、桃（*Prunus persica*）的根系分泌物可抑制小麦生长，故不宜在这些树下种植小麦；番茄（*Solanum lycopersicum*）的根系分泌物及其植株挥发物对黄瓜（*Cucumis sativus*）生长有明显的化感作用，故不宜种在一起；芝麻（*Sesamum indicum*）根系分泌的化感物质能抑制棉花生长，故应避免在棉花田中种植芝麻，但可用来防止毛竹（*Phyllostachys edulis*）在农田中蔓延，抑制白茅（*Imperata cylindrica*）生长；杜鹃（*Rhododendron simsii*）释放的化感物质能明显改变土壤性质，杜鹃花科植物生长的土地若被用作农田，作物的生长将严重受到抑制；化感作用极强的胡桃（*Juglans regia*）树下很难生长其他植物，故其不能作为套种作物的对象；我国近年来大面积引种的桉树（*Eucalyptus* spp.）因含有多种化感物质，其林下植被光秃，与荔枝（*Litchi chinensis*）间作可引起荔枝大量死亡。所以在农业景观生态规划中，搭配作物必须遵循相生原则，杜绝相克。另外，作物的病虫害类型有的相近，甚至相同，所以在农业景观生态规划中，搭配作物必须遵循病虫害相异的原则，这样更有利于控制病虫害。

（六）社会满意原则

人是整个农业系统的主导成分，其能动性调动和负面影响控制是景观规划得以顺利实施的关键，因而人们对景观是否满意，景观的美学、生物多样性等综合生态功能和社会教育意义等都是规划中必须考虑的，如生态恢复区模拟自然顶极群落时应注意以用材林种、薪炭林种、果树、牧草种类与其他物种构成复合景观，并尽可能为更多物种的繁衍提供适宜栖息地。

二、景观多样性控制病虫害模式的构建方法

在我国的农业园区规划中，多突出产业发展和经济效益的重要性，而对于生态环境的保护和景观美化一体化构建的研究，尤其是利用生物多样性的保护和构建达到控制病虫害的研究相对较少。目前我国农业园区规划主要存在两条技术主线，即产业发展线和土地利用线。两条主线相互联系、相互影响，形成了农业园区的规划体系。在此基础上，有学者提出农业园区发展过程中应当注重生态环境的保护，引入农产品环境保障规划的内容，并提出了新的规划思路（吴人韦和杨建辉，2004）。现有的规划思路从土地利用、产业发展和农产品环境保障三个角度对农业园区展开规划，特别要重视景观多样性对病虫害的控制作用，生产绿色、安全的农产品。

总的来说，景观多样性控制病虫害模式的构建包括基础资料的收集与分析、构建目标的制定和规划策略的制定三个步骤（宁仁松，2011）。

（一）基础资料的收集与分析

生态景观规划策略的基础资料收集主要有 5 个方面：气候条件、植物适生情况、生物多样性水平、景观区域的空间格局现状和景观区域的植物景观现状。

1. 气候条件

气候是影响生态景观中植物等生物生长发育的重要因素，是决定生态景观持续性发展的基础。气候条件中，温度、湿度和水分尤为重要，应根据当地的温度、湿度和水资源状况，规划适生植物。同时，还要结合规划景观区的历史气候资料，掌握极端低温等极端气候因素。火灾、水灾也是影响生态景观的重要因素，在景观设计时需考虑相关风险。由此，要根据规划景观区的温度、湿度、水资源状况，选择对干旱、低温及水灾等极端条件耐受能力较强的植物，以减少气候对生态景观的不利影响，确保景观的可持续性和抗干扰能力。

2. 植物适生情况

提高景观区域生物多样性的方法主要以植被的构建为手段，通过提高景观区域的植物多样性改善景观区域的生态环境，为更多的生物营造合适的生存空间，进而提高包括动物物种多样性在内的生物多样性水平。植物的适生情况直接影响景观区域植被环境的构建，进而对生物多样性保护和构建的效果产生影响。因此，在景观区域生物

多样性保护和构建方法确定之前需要对适应景观区域环境的乡土树种加以了解，并根据景观区域特殊的土壤条件等对树种、草种进行筛选，务必做到因地制宜、适地适树适草。

3. 生物多样性水平

生物多样性水平直接决定着景观区域生物多样性构建方法的制定，在对景观区域生物多样性水平加以改善之前必须对景观区域原有生物多样性水平进行具有针对性的调查，并根据原有生物多样性水平的特殊性采取相应的措施，提高生物多样性保护和构建的效率。

4. 空间格局现状

景观区域的空间格局现状对于构建方法的制定具有重要影响，构建方法应从现场的用地情况出发，充分利用现有资源，降低构建的成本。空间格局现状主要分为以下几个方面：景观区域内用地构成、景观区域景观异质性、景观区域廊道分布情况以及景观区域环境资源斑块分布情况。

5. 植物景观现状

要对当地的景观加以改造必须对当地的景观现状有充分的了解，进而根据现有景观的优缺点进行有针对性的保护、改造甚至重建等活动。由于植物景观在景观多样性控制病虫害中所起到的作用，应当将景观区域的植物景观现状作为调查的重点。

（二）构建目标的制定

在对景观区域的现状有了深入了解的基础上，需要制定相应的构建目标作为构建方法的指引，使得构建方法对基地的具体现状和发展要求具有明确的针对性，以免构建方法脱离景观区域的实际情况。

（三）规划策略的制定

国内学者俞孔坚等（1998）通过分析国内外关于生物多样性保护的研究，总结得出生物多样性保护的两种景观规划途径，即以物种为出发点的景观规划途径和以景观元素为出发点的景观规划途径。因此，为了保护和构建景观区域的生物多样性进而达到控制作物病虫害的目的，应从两个层次入手，即空间格局梳理和景观区域物种选择。两者相互结合，分别从整体环境控制和具体环境处理的层次实现生物多样性的保护和构建，具有全面立体化的效果。两个层次之间具有相互补充的作用：一方面，空间格局层次可以从大处着眼，从整体上解决问题，以弥补物种选择层次局部解决问题、对整体环境改善效果不明显的不足，使得物种分布更加合理，增强物种选择的作用效果；另一方面，物种选择层次对景观区域生物多样性缺失的问题具有直接的作用效果，可以使空间格局的梳理在生物多样性提高方面的作用更加显著。因此，生物多样性构建的两个层次互为补充，缺一不可。

1. 空间格局梳理

空间格局梳理包括两个方面的内容，即景观区域间布局整理和景观元素构建，以此形成对生物多样性提高具有积极意义的空间格局。

（1）景观区域整体布局

根据斑块和廊道的空间布局以及景观异质性的要求，景观多样性保护与构建方法的空间整体布局梳理应从两个方面入手，即斑块策略和廊道策略。

（2）局部景观构建

在景观区域内部形成了较为完整的生态景观体系之后，需要对局部景观元素的营建进行控制，使得景观区域的整体结构能够发挥最大作用。

2. 物种选择

物种选择在很大程度上影响着景观多样性控制病虫害模式的构建。由于在景观区域建设中通常以植物种植为主要手段，因此在生物多样性构建中也同样通过增加园区植物种类对整体生物多样性的水平产生影响。物种选择主要从两个方面入手：景观植物种类和农作物种类。

（1）景观植物

这里的景观植物统称农业景观区域中除农作物之外的所有植物，在景观区域的植物种类中占有较大比重。景观植物是构成景观区域内景观元素的基本组成部分，对于景观元素功能的发挥具有巨大影响。因此，应当以景观元素的构建需要为出发点进行景观植物的物种选择。选择景观植物应遵循适宜性原则、美观性原则以及功能性原则。

（2）农作物

农作物是农业景观区域内最主要的植物类型，对于农业景观区域内的产业发展具有至关重要的作用。但是在传统的农业景观区域生产中农作物通常品种单一，并且同一种作物大面积种植，生物多样性水平低，容易造成病虫害的泛滥，也不利于园区游憩景观丰富性的提升。因此，着力提高景观区域农作物的多样性十分必要。

小　　结

科学合理的农业生物多样性种植模式能有效控制作物病虫害，不合理的多样性种植模式会促进病虫害的发生和危害。因此，应结合不同作物特性、病虫害种类，围绕能有效控制作物病虫害的目标，科学、合理地构建能有效控制作物病虫害的种植模式。根据生物多样性的组成层次，从作物品种多样性、物种多样性、生态系统多样性和景观多样性4个层次上，结合作物品种及其病虫害种类，按照农业生物多样性控制病虫害模式构建的原则，采用适合的方法构建能有效控制病虫害的农业生物多样性种植模式。

思　考　题

1. 构建作物品种多样性控制病虫害模式应遵循的原则有哪些？

2. 构建景观多样性控制病虫害模式应遵循的原则有哪些？

3. 试设计构建一套作物品种多样性控制玉米病虫害模式。

参 考 文 献

崔兆杰, 司维, 马新刚. 2006. 生态农业模式构建理论方法研究. 科学技术与工程, 6(13): 1854-1857.

李明宇, 李丽. 2009. 后现代农业: 科学发展观视域中的生态农业. 温州职业技术学院学报, 9(4): 49-52.

李振岐. 1995. 植物免疫学. 北京: 中国农业出版社.

李振岐. 1998. 我国小麦品种抗条锈性丧失原因及其控制策略. 大自然探索, (4): 22-25.

李正跃, 阿尔蒂尔瑞 M M, 朱有勇. 2009. 生物多样性与害虫综合治理. 北京: 科学出版社.

廖启荣, 汪廉敏, 杨茂发. 1999. 桃粉蚜发生规律及防治. 贵州师范大学学报(自然科学版), 17(2): 67-70.

刘光杰, 陈仕高, 王敬宇, 等. 2003. 混植水稻抗虫和感虫材料抑制白背飞虱发生的初步研究. 中国水稻科学, 17(增刊): 103-107.

刘玉振. 2007. 农业生态系统能值分析与模式构建: 以开封市为例. 郑州: 河南大学博士学位论文.

骆世明. 2010. 农业生物多样性利用的原理与技术. 北京: 化学工业出版社.

宁仁松. 2011. 都市型观光农业园区的生物多样性构建研究: 以上海浦东新区果园村生态果园为例. 上海: 上海交通大学博士学位论文.

王锐, 王仰麟, 景娟. 2004. 农业景观生态规划原则及其应用研究: 中国生态农业景观分析. 中国生态农业学报, 12(2): 1-4.

王仰麟, 韩荡. 2000. 农业景观的生态规划与设计. 应用生态学报, 11(2): 265-269.

王云月, 范金祥, 赵建甲, 等. 1998. 水稻品种布局和替换对稻瘟病流行控制示范试验. 中国农业大学学报, 3(S1): 12-16.

卫丽, 屈改枝, 李新美, 等. 2004. 作物群落栽培技术原则和现状. 中国农学通报, 20(1): 7-8, 24.

文丽华, 刘海清, 孙子凤. 2002. 桃蛀螟生活史及防治策略. 天津农林科技, (2): 20-22.

吴人韦, 杨建辉. 2004. 农业园区规划思路与方法研究. 城市规划汇刊, (1): 53-56, 96.

肖笃宁. 1991. 景观生态学——理论、方法及应用. 北京: 中国林业出版社.

肖笃宁. 1999. 持续农业与农村生态建设. 世界科技研究与发展, 21(2): 46-48.

俞孔坚, 李迪华, 段铁武. 1998. 生物多样性保护的景观规划途径. 生物多样性, 6(3): 205-212.

宇振荣, 胡敦孝, 王建武. 1998. 试论农田边界的景观生态功能. 生态学杂志, 17(3): 53-58.

章家恩, 骆世明. 2000. 农业生态系统模式研究的几个基本问题探讨. 热带地理, 20(2): 102-106.

朱有勇. 2007. 遗传多样性与作物病害持续控制. 北京: 科学出版社.

Forman R T T. 1995. Land mosaics: the Ecology of Landscapes and Regions. Cambridge: Cambridge University Press.

Manwan I, Sama S, Rizvi S A. 1985. Use of varietal rotation in the management of rice tungro disease in Indonesia. Indonesia Agricultural Research Development Journal, 7: 43-48.

第七章　农业生态系统立体种养与作物病虫害控制

第一节　立体种养的概念及其效应

一、立体种养概述

（一）立体种养的概念

立体种养是指在同一个用地单元中同时安排了植物和动物生产，形成了使植物有效光合作用主要部位和动物活动主要区域在垂直方向上形成群落差异分布的一种农业生态系统结构。

立体种养的用地单元可以是一片林地、一个坡地、一块农田，甚至是一处湿地。这片用地单元上可以利用的植物包括乔木、灌木、草本。乔木，可选择泡桐、枣树、橡胶、桉树、苹果、荔枝等用材林和经济林树种（包括果树）。灌木可选择茶树、胡枝子、柠条等。牧草、大田农作物和各种蔬菜大都可以按草本植物进行利用，如象草、苜蓿、小麦、水稻、玉米和白菜等。湿地植物包括挺水植物（莲藕、茭白、芦苇）、沉水植物（金鱼藻、小眼子菜）、浮水植物（水浮莲、浮萍、红萍）等。用地单元上可以利用的动物包括常见的家畜、家禽和家鱼，以及龟、鳖、蛙、蚯蚓、蜜蜂和蚕等特殊动物。

在同一用地单元上的植物和动物构成了一个农业生物群落。在群落中，植物光合作用部位通常在群落上部，动物活动区域通常在群落下部。不同组合形式还会产生其他形式的垂直差异分布。为此，可以用"立体种养"来概括这种农业生态系统结构。

根据用地单元的特点，立体种养分为山地立体种养、坡地立体种养、农田立体种养、庭院立体种养和湿地立体种养等。草原和草地的放牧原则上属于立体种养范畴，主要发生在牧区，而且畜牧产品是主产品，本章主要介绍农区以种植业产品为主的立体种养体系。广义的立体种养还包括在一个流域景观范围内，种养结构随海拔而发生的垂直变化。本章讨论的是小规模用地单元上的种养结合体系，未涉及流域范围的种养布局。

（二）立体种养模式

立体种养模式在我国不少地方都有实施。立体种养是我国农民群众精耕细作，提高用地效率和资源利用效率的一种创举。有不少模式已经流传数百年及上千年。例如，珠江三角洲的桑基鱼塘已经有 600 年以上的历史，浙江省青田县的稻田养鱼已经有 1200 年的历史。近年也有很多新创造的模式，如茭白田养鳖、稻田养蛙、茶园养蜂、茶园养鸡等。

1. 山坡地立体种养模式

山坡地立体种养模式可以根据主体植物的种类来分类，如林地立体种养、果园立体种养、茶园立体种养等。林地放牛羊、林地养鸡、果园养蚯蚓、果园养蜂、果园养鸡、茶园养鸡、茶园养蚯蚓都属于山坡地立体种养模式。

2. 农田立体种养模式

农田立体种养模式可以根据主要种植的作物来分类，如稻田立体种养、茭白田立体种养等。稻田养鸭、稻田养鱼、稻田养蟹、稻田养蛙、稻田养鳖、稻田养泥鳅、稻田养虾和茭白田养鳖等都属于农田立体种养模式。

3. 湿地立体种养模式

湿地立体种养模式可以根据主要种植的作物来分类，如鱼塘里因为种植莲藕、慈姑、马蹄（荸荠）等植物而成为不同类型的湿地立体种养模式。珠江三角洲的基塘系统是一种传统的湿地立体种养模式。传统的基塘系统是桑基鱼塘。鱼塘周围的塘基上种植桑树，桑叶喂蚕，蚕沙（含蚕粪和剩叶）喂塘鱼，塘泥可作为塘基上桑树的肥料。20 世纪 80 年代后，基塘系统多数成为草基鱼塘、花基鱼塘、果基鱼塘等形式。

4. 庭院立体种养模式

中国农村有在家里养猪、养鸡、养鸭的传统，也有在农舍附近栽桑、种果和种树的习惯。在庭院附近发展种养，可以利用空闲时间，适合老年人和儿童帮忙，有利于改善经济，改善生活，安排得当还可以产生很好的生态效应，改善居住环境。在很多发展中国家也有类似的传统，家庭花园就是这种模式。

5. 以沼气为核心的立体种养模式

沼气是一个连接种养业很好的纽带，养殖业的粪便下沼气池，经过发酵后，沼气可以作为燃料，沼气池的沼渣和沼液可以作为种植业的优质有机肥。围绕沼气形成的立体种养模式有南方果园的猪-沼-果模式、北方温室大棚的猪-沼-菜-棚"四位一体"模式、湿地的猪-沼-鱼模式等。

二、立体种养的趋利避害

立体种养之所以能够在不少地方得到发展，是由于其能够产生很好的社会效益、经济效益和生态效益。实现立体种养的效益需要相当的技术、人力和资金条件，如果处理不当，立体种养也会产生一些不良的效应。

（一）立体种养之利

立体种养模式可能产生的益处很多。归纳起来可以概括为以下 7 点。

1）植物利用动物粪便实现循环利用。动物排泄物以及喂饲动物的剩余饲料在同一地块中很容易成为植物的养分来源，就地实现养分循环利用。

2）动物取食行为直接减少害虫和杂草。稻田养的鸭会取食稻田中的稻飞虱和杂草，稻田养的鱼也会吃杂草，还会通过碰撞运动，抖落不少稻飞虱和叶面的害虫。

3）动物践踏改善水田土壤通气状况，减少温室气体排放。稻田养鸭、养鱼、养蟹、养蛙、养鳖等都有机会因为动物的运动而改善水田的土壤通气状况，从而减少因为厌氧环境而产生的甲烷数量。

4）动物机械触摸使露水停留时间缩短，减少病原菌入侵机会。动物行动过程中容易触动植物，这种机械作用可以使停留在叶面上的露珠下落，加上通气状况改善，叶片提早干燥，减少了依赖湿润环境入侵的病原菌入侵机会。动物的机械摩擦过程还有可能引起植物其他反应，如与常规稻区相比，稻田养鸭使水稻高度降低，增强了水稻基部节间的机械组织强度，增加了抗倒伏能力。

5）动物分泌物和排泄物的化学作用对病害的抑制和对害虫的驱赶。据报道，稻田养的鲤鱼表皮分泌物能够十分有效地抑制水稻纹枯病菌的萌发。有关动物分泌物和排泄物对病虫害的化学作用研究报道还很少。

6）植物的遮阴、挡风、增湿作用，使动物的生活环境更加稳定、舒适。主种植物形成的群落内部显然有一个区别于外部的更加稳定的农田小环境，这对于不少动物来说是一个更加合适的生境。

7）动物帮助植物传粉。果园养殖蜜蜂，有增加植物授粉机会的作用，这也是不少果树结果率增加、产量提高的重要因素。

（二）立体种养之弊

立体种养模式也并非有百利而无一害，处理不当，也会产生不少负效应。这些可能的负效应包括以下 5 点。

1）动物采食、践踏和伤害主种植物。当动物个体比较大、食欲旺盛的时候，特别容易发生采食、践踏和伤害植物的情况。以稻田养鸭为例，水稻抽穗后，鸭子喜欢采食稻穗，因此需要赶鸭出田。在苗期，鸭子也偶尔会因为践踏秧苗而造成缺株。

2）坡地的植被破坏后造成水土流失和养分流失。在坡地实施的立体种养模式，如果养殖密度大，而且没有采取必要的水保措施，很容易因动物采食植物过量而使地表植被覆盖急剧减少，从而导致表土暴露，若遇大雨冲刷，则很容易发生水土流失。同时在表土停留的动物排泄物也容易随水流失。果园养鸡、林下养鸡都容易发生这类情况。

3）水田的动物行为也容易造成水土流失和养分流失。在水田养殖动物，动物的活动也容易让本来沉积下来的泥土被掀起，田水变得浑浊。当遇到大雨需要排水的时候，泥土和养分就随水而流失了。

4）动物也会采食有益生物。田间养殖的动物在采食有害生物的同时，也会采食有益生物，如蜘蛛、瓢虫、草蛉、寄生蜂等。通常需要了解具体动物的食性，并通过实践，才能权衡其对主种植物的利弊大小。

5）对劳动力、资金和技术的投入增加。由于实施立体种养，显然需要的技术含量增加了，需要投入的资金和劳动力也会增加。在实现作物生产机械化的地方，还会遇到立体种养与机械化的矛盾。

（三）立体种养的趋利避害技术体系

构建一个成功的立体种养模式，通常不是简单地把植物和动物放在一起就可以实现，而是需要在种植方面和养殖方面都做出相应的技术调整，才能形成一套成功的技术体系。通常需要考虑进行技术调整的主要包括以下几方面。

1. 品种选择

选择适应立体种养模式的品种是很重要的。适应立体种养模式的品种除了具有一般的高产性、抗逆性等经济性状，还要具有种养共生的适应性。例如，在稻田养鸭中，需要选择食性广以及能够减小对水稻影响的瘦长体形的鸭品种。浙江青田有 1200 年历史的传统稻田养鱼，还通过长期共生筛选形成了适应专门在稻田生活的"田鱼"品种，该品种的鱼不会逆水逃跑，比较温顺，而且在温差变化比较大的稻田不容易得病。云南曲靖陆良适宜藕田放养的有鲫鱼、鲤鱼、草鱼、白鲢、花鲢、青鱼、武昌鱼等食性杂、耐低氧、易管理的鱼类。

2. 种养密度选择

植物的种植密度需要根据养殖的动物做出一定的调整，如稻田养鱼会留出比较深的鱼坑，以便排水时鱼可以集中存活。放养动物的密度更是需要根据养殖区域的容纳量考虑。例如，南方稻田养鸭，如果鸭子太多，容易吃不饱，而且使水稻被损坏的机会增加。如果养鸭太少，田间的拦网设施投入大，经济收入少，经济可行性下降。

3. 种植、养殖时间段选择

养殖动物和种植植物之间最合适的共生阶段需要根据各自的生长特点和气候特点来决定。例如，稻田养鸭，水稻抽穗灌浆期如果不把鸭子赶出田，鸭子就会吃掉稻谷，但是稻田养鱼却可以共生到水稻收获。在作物苗期，显然不能养殖体形已经比较大的动物，而应暂时不养动物或者养殖幼龄阶段的动物，以免动物走动或者采食而对植物造成伤害。

4. 饲料量控制

由于动物在田间已经有一些可以采食的植物和动物，因此人工投喂的饲料量要比单一养殖少一些。有意让动物处于适当的饥饿状态，还可能有利于动物更加积极地寻找田间食物源，从而加强共生依赖作用。

5. 施肥量控制

由于动物养殖中需要一定的饲料投入，漏吃的饲料或者动物进食后所产生的排泄物都可以成为植物的养分来源。因此植物生产中的肥料投入量一般需要适当减少。

6. 药物使用选择

使用的农药不能对养殖的动物产生毒害作用，因此农药的种类和使用方式需要特别注意。研究还表明，有些兽药可能在农田经过植物产生累积作用，因此有关兽药的品种选择和使用量也应当慎重考虑。

7. 绿色和有机生产体系的建立

由于立体种养模式中对于化肥、农药、兽药的要求比较严格，开展立体种养很适合采用绿色食品生产标准和有机生产标准。由于绿色食品和有机食品在市场有更高的价格，因此经过认证后的商品会获得更好的经济效益和生态效益。

三、衡量立体种养效益的指标

立体种养模式与作物间套作模式的最大不同是在植物生产体系中加入了动物，而且动物也是主要生产对象。因此立体种养模式与植物多样性利用模式相比会有一些不同的特点与衡量效益的指标。

（一）立体种养与单纯植物多样性利用的差异

植物间作套种会影响农田小气候。这种影响在立体种养体系中也会产生，因为动物活动及其推动的植物抖动会影响局部空气流通、露水滞留等，从而影响到农田小气候参数。植物可能通过化感作用而影响其他植物（如杂草）的生长和其他动物（如害虫）的行为。已有研究也显示动物本身以及动物排泄物会有类似的作用。然而，立体种养与间作套种对不同物种间相互作用的影响有很大差异。

1. 动物对植物生产群落的直接竞争压力小

在间作套种系统中，两种作物的种植时间、种植规格都需要做比较大的调整。在选择两种作物时尽量考虑到其高度、营养需求、光需求、根系深度等引起的生态位差异，但是毕竟植物都是利用光合作用的，而且植物是固定在一个地方不断生长发育的，因此必须通过种植规格和种植时间来尽量增加两种植物间的互补，减少两种植物间的竞争和资源冲突。在立体种养中，由于小型动物（蜜蜂、蚯蚓、鸭、鱼、蛙、鳖等）生活在作物群落中，或者中型和大型动物（猪、牛、羊、马）生长在高大乔木群落下，它们都不会对植物群落的光合作用和营养产生竞争，对整体的种植规格影响很小。事实上，在多数立体种养模式设计中，首先考虑的就是养殖动物不能对植物生产产生大的负面影响。

2. 动物行为的主动性强

两种植物之间的相互作用强弱由它们之间的距离决定，但是动物对于植物的影响则取决于动物活动范围和频率。由于大多数动物的活动范围远远超出两株植物之间的距离，因此一个动物通常会比一株植物作用于更多其他植物个体。例如，每公顷稻田养鸭数量在 300 只左右，平均每只鸭通过捕食昆虫、采食杂草、机械摩擦等，可以使 33 m^2 的水稻植株受益。

3. 食物链不同层级间能形成小型循环体系

间套作的两种植物是同一个营养级的两个物种，但是立体种养中的动物和植物属于食物链上两个不同营养级的物种，这往往造成了生态位的巨大差异，有利于资源的充分利用。动物通过取食有害生物获得营养，动物的排泄物和残体也可以成为植物的营养来源。因此在田间就形成了一个小型的能量多级利用和物质循环利用的体系。

（二）立体种养效益的量度方法

在作物多样性体系中，衡量间套作优势比较常用的一个指标是土地当量比（land equivalent ratio，LER）：

$$LER = \frac{A_{intercrop}}{A_{monoculture}} + \frac{B_{intercrop}}{B_{monoculture}} \tag{7-1}$$

式中，$A_{intercrop}$、$A_{monoculture}$、$B_{intercrop}$、$B_{monoculture}$ 分别表示 A 作物间作时的产量、A 作物单作时的产量、B 作物间作时的产量、B 作物单作时的产量。显然当 LER 小于 1 时间作没有优势，LER 大于 1 时间作有优势。当式（7-1）右边各项不是作物产量，而是单位面积产值的时候，得到的结果就是间套作产值的土地当量比；当式（7-1）右边各项是单位面积利润的时候，得到的结果就是间套作利润的土地当量比。

这个指标显然在立体种养模式中不适用，因为动物单独饲养占地面积相对较小，不好与种植业相比较。立体种养模式在产值的土地当量比和利润的土地当量比上却可以与单一作物种植做比较。因此可以用以下指标：

$$LER = \frac{CROP_{mix} + ANIMAL_{mix}}{CROP_{mono}} \tag{7-2}$$

式中，$CROP_{mix}$ 是作物立体种养条件下的产值；$ANIMAL_{mix}$ 是立体种养条件下的动物产值；$CROP_{mono}$ 是作物单一种植条件下的产值；LER 是产值的土地当量比。当 LER 大于 1 时，说明土地用于立体种养的产值大于单一作物种植，当 LER 小于 1 时，说明土地用于立体种养的产值小于单一作物种植。当式（7-2）右边是利润时，得到的 LER 将是利润的土地当量比。

其他可以供使用的指标是动物饲料有效性和植物养分有效性，可以分别用以下两个公式计算。

动物饲料有效性（animal feed efficiency，AFE）：

$$AFE = \frac{FEED_{mono}}{FEED_{mix}} \qquad (7\text{-}3)$$

式中，$FEED_{mix}$ 是立体种养中使用的饲料总量；$FEED_{mono}$ 是在单独饲养条件下，产出同量的动物需要的饲料量。

植物养分有效性（plant nutrition efficiency，PNE）：

$$PNE = \frac{NPK_{mono}}{NPK_{mix}} \qquad (7\text{-}4)$$

式中，NPK_{mix} 是立体种养体系中单位面积氮、磷或钾等某种养分的使用量；NPK_{mono} 是在单一种植体系中产出同量的作物需要投入的该养分的量。

AFE、PNF 都大于 1 显示立体种养有优势，小于 1 立体种养没有优势。

衡量模式的社会效益、经济效益和生态效益还有很多指标，如劳动生产率、资金占用率、投资回报率、病虫害发生指标、系统内的养分循环率、水土流失率、养分流失率、农药残留量等，这些指标在间套种中应用和在立体种养中应用差异不大。

第二节　稻田立体种养模式及其对病虫害的效应

一、稻田立体种养模式

稻田立体种养模式是利用水田种稻又养殖的生产方式，它将种植业与养殖业巧妙地结合在稻田中，充分利用了养殖之间的共生关系，使原来稻田生态系统中的物质循环和能量转换向有利的方向发展，达到种养双丰收的目的，是一种社会效益、经济效益和生态效益并重、高产高效的生态农业模式（周衍庆和夏玉兰，2002）。

目前，稻田立体种养模式主要有稻田养鸭、稻田养鱼、稻田养鳖、稻田养蟹、稻田养虾、稻田养蛙、稻田养螺和稻田养泥鳅等，已在我国很多地区得到推广。而且各地根据本地的实际情况，在原有模式的基础上因地制宜地发展衍生出很多稻田立体种养新模式，如稻-萍-鱼、稻-菇-鱼、稻-萍-鸭、稻-蔗-鱼-菇、稻-鱼-蟹、稻-虾-鱼、稻-蟹-鳅、稻-鳖-虾、稻-蛙-鱼、稻-蛙-鳅、稻-鸭-鱼、稻-鸭-菜、稻-麦-虾、稻-鸭-菌和虫-鱼-鸭-菜等。

（一）稻鸭共作

稻鸭共作起源于中国，至今已有 800 余年历史，最初主要是利用鸭子取食稻田中的落谷。直到 20 世纪 90 年代，为了满足无公害食品和绿色食品生产的需要，世界各地才重新开始建立和使用稻鸭共作生态种养模式。在应用稻鸭共作生态种养方面，亚洲国家一直比较活跃。日本在 1991 年开始将稻鸭共作技术应用于实践，韩国于 1992 年开始进行稻鸭共作试验与推广，越南也于 1993 年引入稻鸭共作技术。此后，缅甸、菲律宾、马来西亚等国家和地区也在纷纷推广应用。我国在 20 世纪 80 年代末 90 年代初逐步在南方稻区形成了稻鸭共作研究与推广应用的热潮（赵诚辉等，2009）。

稻鸭共作是指将雏鸭放入稻田，利用雏鸭的杂食性，吃掉稻田内的杂草和害虫；利用鸭不间断的活动刺激水稻生长，并产生中耕浑水的效果；同时鸭排出的粪便可作为肥料，因而可以从稻田里生产出无公害的大米和鸭肉。稻鸭共作模式与中国传统"早出晚归"式稻田养鸭的最大区别在于，其将雏鸭放入稻田后，直到水稻抽穗为止，无论白天还是夜晚，鸭一直生活在稻田里。该模式利用水稻与鸭之间的共生共长关系构建起一个立体种养生态系统，把水稻种植与动物养殖按照一定结构组合在一起，充分利用稻田的立体空间和光、热、气及生物资源，增加稻田生态系统的能量利用效率，实现稻、鸭双丰收，并可明显改善田间环境质量（全国明等，2005）。稻鸭共作生产的时间安排如图 7-1 所示。

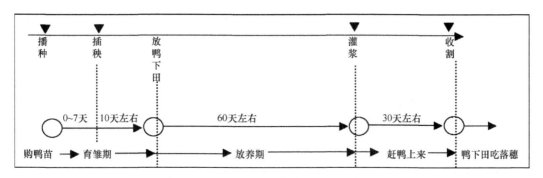

图 7-1　稻鸭共作生产的时间安排

1. 稻鸭共作关键技术

（1）稻鸭共作田的选择

应选择离工业园区和城镇较远、环境较安静、形状相对方正、靠近水源、水分充足、水质好、无污染、灌排比较方便、土壤较肥沃的田块作为稻鸭共作田。

（2）稻鸭品种选用

要选择株高中上、株型集散适中、茎粗叶挺、分蘖力强、抗逆性好的水稻品种。培育适龄壮苗（秧龄在 30 天左右、叶龄 6 叶左右）。鸭子要选择个体不大、穿行活动灵活、适宜稻田放养的地方鸭品种。雏鸭一般 25～26 天孵化出壳，再饲养 7～10 天，具有一定的生活能力，便可放入稻田饲养。

（3）施足基肥

在水稻移栽前一次性施足肥料，以腐熟长效的有机肥、复合肥为宜，施肥量视土质优劣而定，追肥以鸭排泄物为主，一般不施用化学肥料。

（4）搭建简易鸭舍

鸭舍搭建在稻鸭共作田旁，鸭舍材料为竹竿、石棉瓦，鸭舍靠田一边高、背田一边低，鸭舍长 3～4 m，宽 0.6～0.8 m，可容 100 只左右雏鸭栖息。

（5）围栏

在稻鸭共作田四周围网，网眼不宜过大。在天敌较少的情况下，可只用塑料网。

（6）水稻移栽、雏鸭放养时期

适时移栽水稻秧苗，待秧苗扎根返青后，就可放雏鸭到稻丛间生活。为使放养的雏鸭适龄、适应性强、成活率高、生长发育快，必须使雏鸭孵化期与水稻育秧期同步，一般水稻从播种到移栽约 30 天，移栽 5～7 天活棵。因此，在水稻移栽前 28 天，开始孵化鸭子，28 天后孵出雏鸭，在室内培育 7～10 天后，将经适水性锻炼的雏鸭放入稻田。

（7）水稻种植方式和密度

要求既有利于鸭在稻丛间活动而不伤害稻苗，又有利于水稻高产和栽秧习惯。因此移栽稻采用扩大株距的种植方式，一般行距为 24～27 cm，株距为 18～21 cm，每亩 1.0 万～1.2 万穴。

（8）鸭的放养密度

要求既考虑稻田间饲料能满足鸭的生长发育需要，又考虑取得较高的经济效益。一般每亩放鸭 20～30 只，并以 100～120 只为一群为宜。

（9）赶鸭出田

水稻抽穗后进入灌浆阶段，在稻田的鸭子就要啄食稻穗上的谷粒，故在灌浆初期需将鸭子从稻田中赶出来。

2. 稻鸭共作对病虫草害的控制效应

（1）对稻田杂草的控制作用

杨华松等（2002）调查显示，放鸭区内除部分稗草和牛毛草外其他杂草均被鸭子食完，而常规稻区则有牛毛草、鸭跖草、眼子菜、野慈姑等多种杂草。马国强等（2002）研究也表明，共作区只有极少量的稗草发生，杂草的控制率在 99.4%以上。刘小燕等（2004a）对稻田杂草的发生规律做了深入研究，发现稻鸭共作对杂草的控制效果达 98.5%～99.3%，比施用化学除草剂的效果高 6.9%～16.1%，无论杂草株数还是鲜重均低于常规稻区，不但对稻田常见的杂草有较高的防除效果，而且对一些化学除草剂难以防除的杂草如双穗雀稗、旱莲草、四叶萍、鸭舌草、稗草等也表现出良好的防除效果，能有效解决化学除草带来的杂草群落演替的恶性循环问题。朱凤姑等（2004）研究也显示，放鸭区的除草效果无论是在前期（放鸭 20 天）还是后期（放鸭 40 天）都明显优于化学除草田，前期的平均防除效果在 88.0%以上，而后期更是高达 97.3%，并且化学除草田的稗草、莎草、矮慈姑、空心莲子草等恶性杂草较多，表明以鸭除草完全可以取得化学除草剂的效果。李粉华等（2007）研究表明，稻鸭共作对禾本科杂草的株防效和鲜重防效分别可达 69.85%和 65.93%，对阔叶杂草的株防效和鲜重防效分别可达 92%和 95.33%。侯立刚等（2009）研究发现，当鸭群为 15 只/亩时，可以控制稻田杂草群体消长，且对水绵的防治效果最好，鲜重防效为 100%，对所有稻田杂草的总鲜重防效最高为 92.7%，显著高于化学除草防效。

（2）对水稻虫害的防效

戴志明等（2004）研究发现，在整个大田内，稻鸭共作区无虫害发生，但常规稻区则有黏虫、稻飞虱，后期有蝗虫发生。金千瑜等（2004）研究认为，稻鸭共作对稻飞虱和叶蝉有明显的防治作用，但对稻纵卷叶螟和螟虫的防效较差，达不到化学防除效果。朱克明等（2001）研究发现，稻鸭共作对稻飞虱的防效达到 79.9%，但对稻纵卷叶螟的防效仅为 23.8%，水稻生长前期螟虫为害造成的"枯心塘"不到常规栽培田的 30%，但后期为害严重，形成大量"白穗"，白穗率高达 9.3%～18.35%。杨治平等（2004b）对稻田稻飞虱的消长动态研究后指出，放鸭田稻飞虱虫量始终控制在防治指标范围附近，虫口数量波动小，而短翅型成虫量和个体产卵量均比常规稻区低，可明显减轻下一代虫害的发生程度。甄若宏等（2006）研究表明，稻鸭共作对稻飞虱的综合防效达到 65.49%，对稻纵卷叶螟和二化螟有一定的控制作用，但这种控制作用随着水稻株高的增加而逐渐下降。侯立刚等（2009）研究表明，稻鸭共作对负泥虫的防效最好，最高为 100%；其次为潜叶蝇，防效最高为 80.4%。

（3）对水稻病害的防效

童泽霞（2002）研究发现，在水稻分蘖期和孕穗期，与常规稻区相比，放鸭区的水稻纹枯病病蔸率分别下降 3.9% 和 9.1%，病株率则分别下降 1.8% 和 5.3%，防治效果极其显著。刘小燕等（2004b）研究表明，与常规稻区相比，稻鸭共作可使水稻纹枯病病蔸率、病株率、病情指数分别降低 56.0%、57.74% 和 26.46，基本上可以控制纹枯病的危害，并且鸭龄大的防治效果更好。戴志明等（2004）研究报道，田间放鸭能使稻瘟病、水稻白叶枯病得到有效控制，两种病的总发病率为 1%～2%，危害指数为 2～3 级，相比之下，常规稻区两种病的总发病率则高达 79.8%，危害指数为 4 级。甄若宏等（2007）也发现稻鸭共作对稻瘟病的综合防效达到 57.02%。但也有报道指出，稻鸭共作对稻瘟病无防控作用，放鸭区的稻瘟病危害重于常规稻区（童泽霞，2002）。甄若宏等（2006）研究表明，稻鸭共作对水稻条纹叶枯病的综合防效为 79.44%，略高于常规稻作农药78.82%的防效。目前对稻鸭共作对水稻其他病害如黄萎病、矮缩病等防效的研究极少。

3. 稻鸭共作的其他效益

（1）对稻田土壤的影响

鸭子在稻丛间频繁活动，中耕效果明显，能疏松表土，促进土壤气体交换，改善稻田土壤的通透性，并可培土增肥。1 只鸭子在稻鸭共作期间排泄物达 10 kg，相当于 N 47g、P 70g、K 31 g，可以起到很好的追肥效果。章家恩等（2002）的研究结果表明，稻田放鸭后土壤容重降低，收获时常规稻区土壤有机质及 N、P、K 的全量和有效量与播种前相比均出现不同程度的衰减，而共作区的有机质、全氮、有效氮等含量虽然减少，但减少的幅度较小，部分指标如 P、K 含量反而增加。王强盛等（2004）研究认为，共作区土壤速效养分在水稻抽穗期与移栽前基础肥力接近，但到成熟期，除速效氮含量略有增加外，速效磷、速效钾含量均减少，尤以速效钾减量最大。上述研究结果有些不一致，主要原因是基肥处理措施、放鸭密度大小以及栽培管理措施的差异使共作区的土壤肥力尤其是速效养分的变化较大（全国明等，2005）。禹盛苗等（2014）研究表明，鸭的粪便等排泄物可比不养鸭种稻模式和常规高产种稻模式分别提高土壤有机质 2.04 g/kg 和 1.36 g/kg，能有效改善土壤结构、提高土壤通透性与氧化还原电位、提升土壤肥力。

（2）对稻田土壤 CH₄ 排放的影响

相关研究表明，稻鸭共作能显著减少 CH_4 的排放通量与排放总量，早、晚稻区放鸭后 CH_4 排放总量与常规稻区相比分别降低 44.2% 和 40.7%，对 CH_4 排放高峰期的控制效果最为明显，早稻区排放高峰期的排放量减少 60.7%，而晚稻区排放高峰期的排放绝对量则下降 $6.11\ g/m^2$（黄璜等，2003；王华等，2003）。邓晓等（2004）进一步对早稻田产甲烷菌数量做了深入研究，发现稻鸭共作能减少稻田中的产甲烷菌数量，特别是减少了排放高峰期的产甲烷菌数量，在水稻分蘖盛期和孕穗期，产甲烷菌数量低于常规稻区 20.0%～98.1%，差异极显著。向平安等（2006）研究发现，晚稻整个生育期间，免耕养鸭稻田 CH_4 排放量比免耕不养鸭稻田、翻耕不养鸭稻田分别减少 $3.373\ g/m^2$ 和 $5.590\ g/m^2$。

（3）减轻环境污染的效果

常规稻作生产长期使用化肥、农药、除草剂等化学药物，使大气、水体、土壤受到污染，稻田环境日益恶化。稻鸭共作利用鸭子的捕食、中耕、排泄等活动来除草、除虫、防病和施肥，基本上少用或不用化肥、农药等人工合成物，从源头上减少了稻田污染物的排放，杜绝了新的污染源。鸭子田间活动的长期中耕作用，大大改善了土壤的通气性能，中和氧化了土壤中的铝离子、硫化氢等有毒物质。长期养鸭的稻田，随时间的延长，通过微生物的作用和化学氧化反应可以降低或消除土壤和水域的农药与化肥污染。

（4）经济效益

发展稻鸭共作，改常规稻作为有机稻作，生产有机稻米和鸭产品，可取得良好的经济效益。例如，杨治平等（2004a）研究表明，稻鸭共作能显著提高经济效益，稻鸭共作区与施药小区和对照小区相比，其增产率分别达到 6.31% 和 17.18%；同施药小区相比，每公顷增收 5095.5 元；同对照小区相比，每公顷增收 4590.0 元（表 7-1）。浙江省对 1.5 万 hm^2 稻鸭共作示范户的统计发现，由于养鸭收入与无公害大米的加价以及节省成本等，其纯收入比传统稻作模式可增加 3500 元/hm^2 以上。向平安等（2006）研究表明，采用稻-鸭生态种养技术的农户，其经济效益为 5000 元/hm^2，比采用免耕不养鸭技术和翻耕不养鸭技术的农户分别增收 2206 元/hm^2 和 4274 元/hm^2。可见，发展稻鸭共作模式的经济效益较好，有利于提高农业效益和农民收入。

表 7-1 稻鸭共作经济效益分析（杨治平等，2004a） （单位：元/hm^2）

处理	投入成本								产出效益			纯利
	施药工资	农药	鸭苗	尼龙网	畜力	种子	其他	小计	粮食	鸭子	小计	
稻鸭共作区	75	180	405	570	750	315	375	2 670.0	8 887.5	3 150	12 037.5	9 367.5
施药小区	375	727.5	—	—	750	315	—	2 167.5	6 439.5	—	6 439.5	4 272.0
对照小区	—	—	—	—	750	315	—	1 065.0	5 842.5	—	5 842.5	4 777.5

（二）稻田养鱼

稻田养鱼是我国的传统稻作技术，已有 2000 多年的历史，早在公元 220 年左右已有稻田养鱼的记载。2005 年 6 月，浙江省青田县方山乡龙现村的稻鱼共生系统被联合国粮食及农业组织列入首批"全球重要农业文化遗产（GIAHS）"。至 2005 年，全国 24

个省（区、市）发展稻田养成鱼面积 159 万 hm²，成鱼产量 102 万 t（黄太寿和宗民庆，2007）。随着种植业和养殖业技术的发展，稻田养鱼技术不断得到恢复和推广应用，逐渐形成了一套完整的稻田养鱼理论，而且生产技术也有了创新和发展，我国各省（区、市）都开展了稻田养鱼种养模式的探索和实践。

稻田养鱼是指利用稻田的浅水环境，辅以人工措施，既种稻又养鱼，实现稻鱼共生互利，使稻田生态系统从结构和功能上都得到了优化利用。实践证明，稻田养鱼不仅能充分利用稻田的水土资源，变"平面生产"为"立体生产"，变单一经营为综合经营，还能改善稻田的生态环境，减少病害、虫害和草害，提高地力，具有明显的生态效益。

1. 稻田养鱼关键技术

（1）养鱼稻田的选择

需选择水源充足、水质良好、保水能力较强、排灌方便、阳光充足、无污染的田块养鱼。

（2）稻田整治

①加固田埂：田埂的高度应超过水稻生长期要求的最高水位，一般高 1 m、宽 80 cm 以上。有条件的地区，田埂应砌上石板或条石，并用水泥砂浆勾缝，以防下雨时埂垮鱼逃。②挖凼、理沟：鱼凼面积为田面积的 8%左右，深 1.5 m，并用浆砌条石或砖砌做池壁；3 月中旬按流水方向或东西向理好宽 50 cm、深 40 cm 的鱼沟，沟与鱼凼相连。③进水口、排水口设置：进水口、排水口应开在稻田相对两角田埂上，排水口宽 1～1.5 m 为宜，并用条石或砖砌加固。④拦鱼栅的设置：进水口、排水口和溢洪口要设拦鱼栅。拦鱼栅用木制、条编、铁筛网或网片都可以。拦鱼栅的孔隙或网眼的大小，要根据所放养的鱼种来确定，必须保证不阻水和不跑鱼，拦鱼栅的高度和宽度要略大于进水口、排水口和溢洪口，宽度和高度均大于 15 cm。安置时，要把拦鱼栅的两边及下端插入泥土中整实，防止逃鱼，拦鱼栅设两层为好。

（3）水稻品种的选择

与一般稻田相比，养鱼稻田肥力较高，水稻可适当密植，尽可能少用或不用农药。因此，应选择生长期较长、耐肥力强、叶片直立、茎秆坚硬粗壮、耐深水、抗倒伏、抗病虫害能力强、适生性强的紧穗型高产优质水稻品种。

（4）稻田消毒

放鱼前，应选用药物消毒，常用生石灰、漂白粉等。每亩使用 25～40 kg 生石灰，不仅能杀死对养殖鱼类有害的病原菌及蚂蟥、青泥苔等有害生物，还能中和酸性，改良土质，对水稻和鱼都有好处。生石灰处理后 7 天左右可放入鱼苗。或每亩用含有效氯 30% 的漂白粉 3 kg，加水溶解后泼洒全田，随即耙田，隔 1～2 天注入清水，3～5 天可放入鱼苗。

（5）水稻栽插

在确保水稻生长良好、单产不受影响或相应有所提高的基础上，兼顾养殖鱼类的生长需要，养鱼稻田宜采用宽行窄株长方形东西行密植的栽插方式，以改善田间小气候，使稻丛行间透光性好、光照强、日照时数多、二氧化碳和氧气交换及时；保持较低的湿度，有利于减少病虫害的发生与危害。

（6）鱼种放养

①鱼种选择：稻田养鱼应以耐浅水、耐高温、耐低氧、抗病性强、杂食性的鲤鱼、鲫鱼等为主，适当搭配草鱼、鲢鱼、鳙鱼、罗非鱼等。②放养时间：小规格鱼苗在水稻播种时即可放养；大规格鱼种待秧苗返青后放养。鱼种放养前7～10天，需进行消毒处理。③鱼种消毒：鱼苗在放养前，要进行药物消毒，可用3%的食盐水、8 mg/kg的硫酸铜溶液、10 mg/kg的漂白粉溶液、20 mg/kg的高锰酸钾溶液等对鱼种进行洗浴。漂白粉与硫酸铜溶液混合使用，对大多数鱼体寄生虫和病原菌有较好的杀灭效果。洗浴时间则根据气温、鱼的数量而定，一般为10～15 min。洗浴时要注意观看鱼的活动情况。④放养规格与密度：一般放养尾重50 g以上的隔年鱼种。放养比例为鲤鱼、鲫鱼60%～80%，鲢鱼、鳙鱼、罗非鱼20%～40%。放养密度根据饲养水平和计划鱼产量确定。稻田养鱼一般放养大规格鱼苗（全长10～15 cm），每亩放养200～300尾；或者体重50～60 g，每亩放养350～400尾（赵君，2010）。

（7）合理施肥

稻田施肥应坚持以施用有机肥为主、尽量少施或不施化肥的原则，并做到少量多次。有机肥料必须充分腐熟后方可施入田中，一般每亩施粪肥500～750 kg或绿肥1000～1500 kg。以化肥作追肥时，施用量每亩控制尿素7～10 kg、磷酸钙5～10 kg、氯化钾5～7 kg，提倡施用生物肥料和复合肥料。施追肥时应保持较高的田水深度，一般以10 cm以上较为适宜，有利于缓解施肥对鱼类的不利影响。对面积较大的田块可以划片分施，即同一田块分成两部分间隔数天施肥。施肥时应避免高温天气，并尽可能地使鱼集中到鱼沟、鱼凼中。

（8）水分管理

要根据水稻在不同生长阶段的特点，调节水深，在不影响水稻生长的情况下，水越深越好。水稻苗期水深6～8 cm，幼穗分化期水深15～18 cm，抽穗灌浆成熟期保持水深12 cm左右。水稻收割后，关水至最高水位。

2. 稻田养鱼对病虫草害的控制效应

（1）对稻田杂草的控制

栾浩文和辛国芹（2003）研究报道，水稻生长前期草鱼比较喜食稗草，对稗草防效较好，而对慈姑、眼子菜、水马齿以及莎草科杂草的防效较差，因为此时鱼的个体较小、食量有限，所以只取食稗草，不取食其他种类的杂草，水稻生长后期，鱼对稗草、慈姑、眼子菜、水马齿和莎草科杂草的防效均较好，因为此时鱼的体重增加、食量加大，开始取食慈姑、眼子菜、水马齿和莎草科杂草等。杜汉斌和张林林（2000）报道，连年养鱼稻田不仅杂草鲜重减少，而且杂草种类及数量也明显减少，原生长于稻田中的草茨藻、水筛、牛毛毡等恶性杂草也基本消失。赵连胜（1996）研究表明，稻田养鱼可以去除有尾水筛、水车前、矮慈姑、金鱼藻等杂草；同时其研究还证实，鱼类的觅食活动一般可耗掉田间杂草的74%～87%，草鱼比例大时可基本抑制杂草生长。刘振家（2003）研究表明，水稻田按照鱼苗除草杀虫新技术的技术规程操作，稻田养鱼除草效果可达0.06

株/m²，优于农药除草。另外，据报道，由于鱼吃草，大大减轻了杂草对稻田养分的消耗，具有除草、保肥作用。在水稻齐穗期调查，养鱼田杂草量仅为 0.095 kg/m²，对照田则为 0.2725 kg/m²，每亩养鱼田比照田减少杂草 133.4 kg（余国良，2006）。卢升高和黄冲平（1988）等发现，草鱼抑制杂草生长的作用十分显著，在广东省的试验表明，养鱼稻田杂草减少了 37.1%～87.0%。

（2）对水稻虫害的防控效果

稻田养鱼可明显降低水稻害虫的危害。鱼群喜食落在水面或栖息在水稻上的稻叶蝉、稻飞虱和稻纵卷叶螟，以及稻蛀螟等危害水稻中下部的害虫（官贵德，2001）。鲤鱼对稻田中的害虫有明显的吞食能力，特别是对稻飞虱、稻苞虫有控制作用。肖筱成等（2001）报道，鱼的活动可以使水稻上的稻飞虱降落至水面，进而被鱼取食，减少稻飞虱的危害，如稻田主养的彭泽鲫可使稻飞虱虫口密度降低 34.56%～46.26%。鱼的存在还使三代二化螟的产卵空间受到限制，降低四代二化螟的发生基数，对二化螟的危害也有一定的抑制作用。杨河清（1999）研究发现，稻田养鱼杀虫效果较显著，稻飞虱、稻叶蝉、稻蛀螟、负泥虫等害虫都可以被鱼取食。赵连胜（1996）的调查表明，鱼能吃掉稻田中 50% 以上的害虫，养鱼稻田三化螟、稻纵卷叶螟、稻飞虱和稻叶蝉种群数量显著低于不养鱼稻田。沈君辉等（2004）于 1985～1987 年在浙江上虞、萧山和黄岩的试验表明，稻田放养草鱼、鲤鱼和罗非鱼后，早稻第 3 代白背飞虱虫口数减少 34.5%～74.3%。晚稻第 5 代褐飞虱虫口数减少 51.4%～55.5%，早稻第 2 代二化螟虫口数减少 44.3%～51.1%。

Vromant 等（2002）的研究显示，与对照田相比，稻田养殖鲤鱼和尼罗罗非鱼对稻纵卷叶螟幼虫数量的控制率为 93%，达显著差异，对成虫数量的控制率达 68%～83%，也达显著差异。Sin（2006）利用不同品种的鱼对稻田福寿螺进行控制的试验表明，鲤鱼可有效捕获稻田福寿螺，对其控制效果最好，控制率达 90%。Vromant 等（2002）报道，稻田养鱼对稻田轮虫有一定的控制作用，但对稻叶蝉的控制作用并不明显。

从目前各地的研究结果来看，稻田养鱼对稻飞虱和稻苞虫的控制作用显著，对稻纵卷叶螟、螟虫、稻叶蝉、轮虫和其他害虫的防治效果不一，尚有待进一步研究（赵诚辉等，2009）。

（3）对水稻病害的防控效果

在稻田养鱼的控病效应方面，除了对水稻纹枯病有少量研究之外，对其他水稻病害的研究甚少。据报道，稻田养鱼系统中，鱼可食用水田中水稻纹枯病菌的菌核和菌丝，从而减少了病原菌侵染来源；同时水稻纹枯病多从水稻基部叶鞘开始发病，鱼类争食带有病斑的易腐烂叶鞘，可及时清除病源，延缓病情的扩展；而鱼在田间窜行活动，不但可以改善田间通风透气状况，而且可增加水体的溶解氧，促进稻株的根茎生长，增加其抗病能力，养鱼田水稻纹枯病病情指数较未养鱼田平均小 1.87（肖筱成等，2001）。曹志强等（2001）的田间调查表明，稻鱼共生田水稻纹枯病发病率为 4.7%，明显低于对照田的 8.5%。沈君辉等（2004）报道，养鱼田的稻株枯心率和白穗率均较对照田明显降低。杨勇等（2004）研究表明，稻鱼共作的水稻纹枯病发生迟、上升慢、发生轻。稻鱼共作水稻 7 月 16 日始见病斑，见病后病情指数日上升 0.12%，8 月中旬病情稳定，病穴率最高，为 21.5%，病株率最高，为 2.2%。常规水稻 7 月初见病，见病后病情指数日上升 0.37%，8 月下旬病情稳定，病穴率最高，为 35.0%，病株率最高，为 4.3%。韩光煜等（2018）研究表明，养鱼稻田水稻纹枯病病情指数比不养鱼稻田下降 2.44。此外，养鱼稻田水稻赤枯病、稻瘟病和稻曲病等的发生也均轻于常规稻田。

3. 稻田养鱼的其他效益

（1）对土壤肥力的影响

稻田养鱼可以改善土壤养分、结构和通气条件，且对土壤肥力的影响较显著。鱼的翻土，打破了土壤胶泥层的覆盖封固，增大了土壤孔隙度，有利于肥料和氧气渗入土壤深层，起到了深施肥料提高肥效的作用。同时鱼在稻田中的活动起到了中耕松土的作用，减小了土壤容重，增大了土壤孔隙度（蒋艳萍等，2007；彭廷柏和肖庆元，1995）。研究表明，与对照田相比，稻田养鱼 2 年后土壤有机质含量增加 0.32%，全氮、全磷含量分别增加 0.05% 和 0.006%，速效氮、速效钾含量分别增加 0.70% 和 3.10%。李月梅（1999）的研究表明，鱼进食消化后的粪便回田起到了肥田作用，其中土壤有机质含量的增加最为显著，速效钾也有所增加，N、P 的变化不明显。廖庆民（2001）测定，养鱼稻田比对照田有机质含量高 0.112%，碱解氮高 6.81 mg/kg。余国良（2006）试验得出，养鱼稻田比不养鱼稻田有机质含量增加 0.4 倍，全氮含量增加 0.5 倍，速效钾含量增加 0.6 倍，速效磷含量增加 1.3 倍。Yang 等（2006）的研究还表明，稻田养鱼可以改善稻田耕作层土壤物理化学性质，与对照相比，养鱼田土壤容重减小 15.15%，总孔隙度增加 14.64%，有机碳、全氮、有效氮、速效磷和速效钾含量分别增加 4.8%、6.61%、20.93%、72.39% 和 36.67%。

（2）对稻田水体环境的影响

稻田养鱼后稻田水体溶解氧增加，N、P、K 含量增加，水温升高，pH 降低，氧化还原电位增加。例如，曹志强等（2001）研究表明，养鱼稻田水体中溶氧量明显高于一般水稻田，溶解氧增加，既有利于鱼本身的生长，又改善了田间土壤的通气状况，有利于水稻根系的生长发育。廖庆民（2001）、刘乃壮和周宁（1995）研究指出，由于鱼的活动，养鱼稻田水比一般的稻田水浑浊，田中上下层水对流增大，而在同样的光照下浑水比清水的温度高，因此提高了稻田水温，从而有利于水稻的生长。高洪生（2006）研究指出，稻田养鱼后，昼夜水日平均温度比对照田高 0.5℃，水中溶解氧也高于对照田，而 pH 呈下降趋势，氧化还原电位平均高于对照田 513 mV。

（3）经济效益

由于不同地区采用的田间水肥管理方法不同，稻田养鱼的经济效益也不尽相同。据报道，免耕养鱼稻田与非养鱼稻田相比，一般 1 hm² 养鱼稻田增产稻谷 225～450 kg，生产鱼产品 450～750 kg，增加收入 5250～10 200 元（武深树等，2009）。

（三）稻田养蟹

稻田养蟹利用稻蟹共生原理，在保证水稻生产的前提下进行河蟹养殖，是将种植业和养殖业进行有机结合的立体生态农业模式，在我国已有近 30 年的发展历程。稻田养蟹能够有效地改善农田生态环境、净化水质、消除杂草、消灭害虫、减少施肥，从而达到促进水稻生长的目的。稻田养蟹具有工程简易、投资少、见效快等特点，是实现立体种养、一地两用、一水两养、一季双收和农民增收致富的有效途径（姚成田等，2005）。稻蟹共生模式在我国辽宁、宁夏、河北、江苏、安徽、福建等地广泛存在。

1. 稻田养蟹关键技术

（1）养蟹稻田的选择

要选择土质肥沃、土层深厚、地势平坦、灌排方便、蓄水力强、水质优良、无污染和水涨不淹的田块养蟹。通常每个田块的面积以 2～10 亩为宜。

（2）稻田工程设施

稻田工程设施主要包括配套水沟和防逃设施。①开挖围沟、田间沟和暂养池。围沟就是沿田埂内侧开挖宽 3 m、深 0.6～1 m 的深沟，沟呈环形，是养蟹的主要场所；田间沟也称蟹沟，是在稻田内每隔 2.5 m 左右开挖、宽 0.6～0.1 m、深 0.5 m 的沟，与围沟相通，以供河蟹爬进稻田觅食、隐蔽之用；暂养池用于暂养蟹种和收获成蟹，在田块一边，面积为稻田总面积的 5%～7%，沟深 1 m。田面栽植水稻，沟内养蟹。用于蟹活动、栖息的水沟面积占稻田总面积的 15%～20%，不宜太大，以保证水稻的种植面积。②田埂设置成蟹防逃设施。一般在田埂上建成蟹防逃隔离墙。用水泥板或砖块砌成两面光滑的隔离墙，墙身高出田埂约 0.50 m，地下埋入深度为 0.20 m，这样可以防止蟹外逃、阻止敌害生物进田。隔离墙也可用塑料薄膜、木板、金属网或尼龙网、石棉瓦等材料，借助木杆、绳索而立于田埂坡面。

（3）稻田施肥

首先施足基肥，水稻插栽前翻地施入腐熟的堆肥或猪粪肥等 5000 kg/亩左右，对稻、蟹均有利。用化肥作基肥时，一般可在整田前按 20 kg/亩尿素和 25 kg/亩过磷酸钙的标准，将两种肥料混合放入田中，然后翻地耙平。移插秧苗活棵 5～8 天后放蟹，对蟹没有危害。养蟹追肥原则上施用基肥后，要少施化肥，适量追施分蘖肥和穗肥。通常用尿素，禁止用其他化肥。追肥时，稻田水要加深到 6～7 cm，追肥量尿素不宜超过 10 kg/亩。

（4）水稻品种的选择

应选择适宜在当地栽培的高产、优质、抗病、抗虫、耐深水、抗倒伏、抗早衰、耐瘠薄、生育期适中和产量高的优良水稻品种。

（5）栽足基本苗

养蟹稻田栽秧后，秧苗长期在深水层内，分蘖力较差，为了保证获得一定的穗数，必须栽足基本苗，实行宽行密植，适当增加沟侧的栽插密度，以发挥田边的边缘效应优势。

（6）幼蟹放养

移栽水稻活棵后 7～10 天或直播水稻三叶期就可放养幼蟹。幼蟹的放养密度与种源质量、水质调节、防逃除害和投饵管理等有关。一般个体体重 10～15 g 的幼蟹，每亩一次放养 700 只左右；体重 30 g 以上的幼蟹，每亩一次放养 300～350 只；每千克 40～100 只规格的幼蟹，每亩一次放养 500～800 只；每千克 80～150 只规格的幼蟹，每亩一次放养 1000～1200 只。放养时要均匀分散，切勿集中一处投放。

（7）幼蟹饲养

稻田养蟹投喂的饲料，开始投喂蛋黄、蚕蛹粉等，以后逐渐投喂米糠、谷粉、稻米、番薯、鱼粉、豆饼、虾、轧碎的螺、动物内脏等。投饵应定时、定位、定量。一般每天投饵两次，时间多为上午 8:00～9:00，下午 4:00～5:00，投饵量为蟹体重的 5%～8%，分 2 次投喂，上午第一次占日投量的 40%，下午第二次占日投量的 60%。一般投喂点应在稻田一侧或四周围沟水中的固定地方，多点投喂，投喂均匀，使之吃饱。

（8）水分管理

养蟹稻田应始终保持水层清新，稻田要维持水层 0.10～0.15 m，还要经常注入新鲜清洁水（王德生，2011）。

2. 稻田养蟹对草害和虫害的控制效应

（1）对稻田杂草的控制

河蟹在稻田里爬动，可觅食水稻根际周围的幼嫩小杂草和新芽，阻止稻田杂草生根和生长。河蟹能从茎部切断较粗壮的杂草，如水葱子和三棱草等，使其逐渐枯萎死亡，达到人工除草的目的，效果显著（任玉民，2000）。吕东锋等（2011）的研究结果也表明，养蟹投饵稻田中杂草的株防效和鲜重防效分别可达 26.43%～44.33%、17.72%～42.84%；养蟹不投饵稻田中杂草的株防效和鲜重防效均可达 50% 以上。赵旭等（2018）研究表明，水稻田多年养殖成蟹，放蟹早，对杂草防除效果良好，可与使用除草剂的效果相当或比其稍高，除草效果持久。说明稻蟹共生可利用河蟹控制杂草，少杂草与水稻的竞争，能基本控制杂草的危害。

（2）对水稻虫害的防控效果

薛智华等（2001）研究发现，养蟹稻田不用药防治稻飞虱也能收到较好的控制效果，但虫量高峰持续时间要比常规用药稻田延长 10 天左右。养蟹稻田与不用药稻田稻飞虱 3 代高峰期趋势一致，但在高峰期后养蟹稻田的田间虫量一直低于不施药田块。4 代稻飞虱若虫高峰期养蟹稻田出现在 9 月 18 日，比不用药的对照田推迟 5 天，田间虫量则显著低于不用药稻田，高峰期养蟹稻田百穴虫量为 3908 头，而不用药稻田百穴虫量高达 15 970 头，虫量相差 3 倍。

3. 稻田养蟹的其他效益

（1）对土壤肥力的影响

陈飞星和张增杰（2002）研究表明，稻田养蟹可明显改善土壤的养分状况，与对照相比，养蟹稻田土壤的养分含量均有不同程度的增加。其中，速效磷增加最多，达 11.7%，全氮增加 10.6%，有机质增加 10.5%，全钾基本不变，而碱解氮、全磷和速效钾则分别增加 3.3%、5.8% 和 3.5%。安辉等（2012）研究表明，稻蟹共生可显著提高土壤有机质的数量和质量，而且能增加土壤酶活性，提高土壤肥力。与单作水稻田相比，中量有机肥稻蟹模式的活性有机碳（LOC）和中活性有机碳（MLOC）含量增幅最高，分别达 10.11% 和 5.14%；低量有机肥稻蟹模式的脲酶和碱性磷酸酶活性增幅最为明显，分别达 80.25%

和 46.62%。

（2）控制环境污染

稻蟹共生系统，由于稻蟹的互利共生，减少了农药和化肥的使用量。单作稻田防治水稻纹枯病及杂草和害虫大约要使用 6 次农药，农药使用量为 14.55 kg/hm²，其中有效成分 3.18 kg/hm²，而养蟹稻田一般仅需施用 1 次除草剂或者再喷洒 1 次井冈霉素，农药使用量与有效成分分别为 4.28 kg/hm² 和 1.33 kg/hm²，二者相比，养蟹稻田农药使用量与有效成分分别减少 10.27 kg/hm² 和 1.85 kg/hm²。养蟹稻田一般比单作稻田要少用碳酸氢铵 375 kg/hm²，折合纯氮 63.75 kg/hm²，稻田氮肥的流失率为 10%，依此计算，养蟹稻田每年可削减非点源氮污染负荷 6.375 kg/hm²，在一定程度上减轻了农业污染对水体富营养化的影响（陈飞星和张增杰，2002）。范进凯（2014）研究表明，稻蟹共育模式下水稻在生长周期内化肥的使用量明显减少，在施足基肥的情况下一般只需追肥两次，即分蘖肥和穗肥，蟹所产生的排泄物及投放食料的残渣可以为土壤提供一定肥力。

（3）经济效益

陈飞星和张增杰（2002）研究表明，稻田养蟹模式的经济效益远远高于单作稻田模式。其中，土地纯收入净增 14 055 元/hm²，增幅达 382%，成本收益率增加 67.7%，劳动生产率即单个用工净收入增加 40.10 元，增幅达 295%。

（四）稻田养蛙

中国古代劳动人民早已认识到田间的蛙类与农作物生长的互利关系。宋代词人的词句"稻花香里说丰年，听取蛙声一片"，更是生动地描述了这种农田景观。稻田养蛙，即是利用稻与蛙之间的共生、互利关系，蛙是稻田中害虫的天敌，而害虫为蛙的天然饵料，把水稻种植与蛙类养殖有机结合起来，实现"以稻养蛙，以蛙护稻，以蛙促稻"，最终可达到增产增收、保护自然生态环境的目的。

1. 稻田养蛙关键技术

（1）养蛙稻田的选择

一般选择地域宽阔、水源充足且无污染的稻田。

（2）稻蛙品种的选择

选择耐肥、抗病力强、茎秆粗壮、不易倒伏、品质优的水稻品种。蛙苗选择生命力旺盛、适应性广、野性强的青蛙品种。

（3）设置防逃网

幼蛙投放前，要将田埂夯实加固，在稻田四周拉建防逃网。防逃网选用质量好的宽1.2 m 的 60 目的聚乙烯网片或纱窗制成，沿田埂四周内侧布设，每间隔 1 m 用细竹竿或木棍固定，防逃网下部埋入泥土深度 0.25 m，稻田进出水口安置密眼铁丝网。

（4）开蛙沟，设置饲料台

稻田秧苗返青后，根据田块大小在稻田四周开挖"口"字形、"田"字形蛙沟，蛙沟宽、深分别为 0.5 m 和 0.3 m，移出水稻秧苗往蛙沟两边移栽。在田埂四周的蛙沟放置 3～9 个 1.2 m×0.45 m 的饲料台，作为蛙的休息和投饵场所。饲料台高出蛙沟水面 3～

0.5 cm，饲料台可用竹板或木板制成，要求平整无缝隙。

（5）水稻插秧方式

采用宽行窄株插秧法，秧苗行穴距 26 cm×12 cm。

（6）蛙的放养

水稻秧苗返青后 10～15 天，可进行幼蛙投放。宜选择晴天的早晨进行放养。幼蛙要求体质壮、无病、无伤残、规格整齐。每亩投放 8～13 g 的蛙 3000～5000 只。投放前要用高锰酸钾或石灰水对蛙消毒。

（7）饲料投喂

幼蛙投喂人工配合饲料，做到定时、定量、定点。木板、竹排等保持清洁，每周用清水冲洗一次并晒干。蛙下田第 2 天开始投喂颗粒料，每次投喂量一般为蛙体重的 2%～3%。天气晴朗时多投喂，阴雨天少投喂或不投喂。

（8）田间管理

养蛙稻田基本上不用施药和除草剂，如确需防治，可以暂时隔离蛙苗。由于蛙粪的肥田作用，可减少稻田 10%的肥料用量。稻田灌水深度以蛙苗脚刚好接触泥土为宜，随着蛙苗的长大，灌水深度可适当增加（万志和李强，2004；黄志平，2010）。

2. 稻田养蛙对草害和虫害的控制效应

关于稻田养蛙种养模式的生物防治效应，朱炳全（2000）对稻田养殖美国青蛙在有害生物防治中的作用做了相关研究，稻田养蛙对草害和虫害的控制效应表现为以下方面。

（1）对稻田杂草的控制作用

由于美国青蛙的活动，稻田基部的泥土呈泥浆状，杂草无法生长，无须耕田。对照组中则杂草很多。

（2）对水稻虫害的防控效果

稻蛙共生区，美国青蛙对稻田常见的白背飞虱、褐飞虱、黑尾叶蝉、灰飞虱等害虫种群具有显著的控制效应，可达到防治要求。在移栽水稻秧苗后的半个月内，可根据虫害情况适当用药，幼蛙消毒入田后，由于美国青蛙捕捉害虫的效果非常理想，可不再使用农药。而对照组由于害虫较多，前后共施用农药 5 次才可达到防治要求。

3. 稻田养蛙的其他效益

（1）对土壤的作用

蛙在稻田中来回活动，使泥土翻松通气，既有利于土壤肥料分解，又有利于土壤的通透性，从而可促进水稻分蘖和根系发育。邱木清（2012）研究表明，在稻蛙共生系统中，土壤中 NH_4^+-N 浓度显著升高，可溶性有机氮含量显著降低。郭文啸等（2018）研究发现，稻田养蛙能够增加土壤中细菌、真菌和放线菌的数量，从而提高土壤有机质、全氮、有效钾含量，在整个稻季，其中有机蛙稻和绿色蛙稻土壤细菌数量较常规水稻田分别增加 20.7%和 16.1%，放线菌数量分别增加 6.4%和 1.4%，真菌数量分别增加 19.8%和 9.5%。

（2）对农业环境的影响

养蛙稻田可基本不施肥，蛙的粪便就可满足水稻生长需要，减少了化肥、农药等投入品的使用，避免了对环境造成污染。

（3）对常见捕食者的影响

稻田中的常见优势捕食者如黑肩绿盲蝽、狼蛛、微蛛及食虫沟瘤蛛等，在稻蛙共生系统中也被蛙捕食。同时，稻蛙共生系统中，几乎找不到结网类蜘蛛所结的蜘蛛网，对照组中则很多。此外，稻蛙共生区中性昆虫如摇蚊、蚊、蝇、弹尾虫等很少，对照组中则较多（朱炳全，2000）。

（4）经济效益

朱炳全（2000）的实验结果表明，在 900 m^2 稻蛙共生区（含水沟），共生产稻谷 550 kg，折合 6105 kg/ hm^2，共收青蛙 297.5 kg，青蛙成活率达 85%，且所产青蛙和稻谷均为无公害食品，这些食品销路好，总收入达 9915 元。幼蛙成本 2780 元，围墙平均每年的使用费为 350 元，其他费用为 280 元，总支出为 3410 元，纯收入为 6505 元。对照组水稻产量为 6225 kg/ hm^2，去除农药等额外费用，稻蛙共生区仅稻谷的净收入便可超过对照组。

二、稻田立体种养模式对病虫草害的防治机制与局限

（一）稻田立体种养模式对病虫草害的防治机制

稻田杂草和病虫害是制约水稻产量的重要因子。稻田立体种养可以利用鸭、鱼、蟹、蛙等动物在稻株间不断地觅食活动，达到捕虫、吃（踩）草、浑水且刺激水稻健壮生长等多功能效果，减轻水稻病虫害和杂草的危害。

1. 捕食机制

稻田立体种养系统中，鸭、鱼、蟹、蛙等在田间活动，可直接采食杂草或杂草种子，也可啄食部分水稻病原菌的菌核、菌丝，减少稻丛的菌源，并且通过除草、清理基部的病残叶片和减少无效分蘖等，提高田间通风透光性，降低田间湿度，恶化了病原菌的生长环境。此外，上述动物还可以通过捕食和控制一些媒介昆虫（即消除和切断传播途径）来间接防止病虫害的发生。例如，稻鸭种养可以有效控制灰飞虱和黑尾叶蝉，从而间接地减少由上述昆虫传播的条纹叶枯病、普通矮缩病、黄矮病、黄萎病等水稻病毒病的发生（章家恩等，2006）。

2. 践踏作用机制

人工或机械践踏是一项重要的传统农艺措施，但由于化学除草剂的使用，这项措施几乎已很少采用。践踏有利于去除田间杂草及其种子，耥平田面，疏松土壤表层，在一定程度上可防止土壤板结、改善土壤通透性、增加土壤和水体氧气含量，而且可以使肥料与土壤混合均匀、加速肥料分解、减少肥料流失（章家恩等，2006）。在稻田立体种养系统中，鸭、鱼、蟹或蛙等在稻田中昼夜不停地活动，起到了一个很好的践踏作用，

代替了人工践踏。

3. 浑水作用机制

鸭、鱼、蟹或蛙等在稻田中不停地活动,使稻田中的水变得浑浊,而浑水可抑制杂草种子发芽以及杂草的光合作用和呼吸作用,防止杂草生长。浑水搅动作用还可抑制某些病原菌(如水稻纹枯病菌的菌丝)的生长。

4. 刺激生长作用机制

鸭、鱼、蟹或蛙等在稻田中全天候、全方位活动,不仅对水稻地上部产生直接刺激作用,而且其不停地活动对水稻根系也会产生刺激作用。有关的模拟试验结果表明,水稻经人工触摸或鸭子刺激后,表现为分蘖多、开张角度大、茎秆粗壮、植株变矮、根系发达、穗形变大,这些变化有利于水稻抗病和高产(沈晓昆,2003)。

(二)稻田立体种养模式对病虫草害防治的局限及综合防治技术的运用

稻田立体种养模式在稻田杂草和水稻病虫害防治方面具有许多常规措施所无可替代的优势。尽管如此,但稻田立体种养模式在有害生物防治方面并不彻底,如稻田立体种养模式通常可以很好地防治水稻下层发生的害虫,如稻飞虱的发生,但对水稻上层的害虫,如稻纵卷叶螟的防治效果不够明显。因此,必须探索对一些综合防治技术进行配合使用,以获得更好的防除效果。

1. 释放天敌

自然界中天敌对害虫的发生具有重要的控制作用,利用自然天敌控制稻田有害生物发生危害是病虫害综合防治的重要措施。由于保护天敌一般不需要增加费用和投入很多人力,因此种植者更容易接受。为了充分发挥天敌对有害生物的自然控制作用,我国近年来开展了天敌的人工或机械化大量繁殖技术研究,并在蚜茧蜂、赤眼蜂、平腹小蜂、瓢虫、草蛉和捕食螨等寄生性和捕食性天敌的研究与应用上取得了重要成果。

2. 使用生物农药

生物农药是指利用生物活体(真菌、细菌或昆虫病毒等)或生物代谢产物(信息素、生长素、萘乙酸、2,4-D 等)针对农业有害生物进行控制或防治的制剂,主要包括以下几种。①微生物农药,如细菌、真菌、病毒和原生动物等制剂。②农用抗生素,是微生物新陈代谢过程中产生的活性物质,具有治病防虫的功效。农用抗生素可分为农抗杀虫剂、农抗杀菌剂和农抗除草剂。③生化农药(又称特异性农药),是指那些自然界存在的生物化学物质,经人工合成或从自然界的生物源中分离或派生出来的化合物,如昆虫信息素、昆虫生长调节剂等。生物农药具有超强的选择性,它们只对病虫害起作用,对人、畜及各种有益生物(包括动物天敌、昆虫天敌、蜜蜂、传粉昆虫,以及鱼、虾等水生生物)比较安全。生物农药控制有害生物的有效活性成分完全存在和来源于自然生态系统,其最大特点是极易被日光、植物或各种土壤微生物分解,是一种来于自然、归于自然的正常物质循环方式，对生态环境影响小。有些生物农药还可以在害虫群体中水平或经卵垂直传播，诱发害虫流行病，从而起到控制有害生物种群的作用。

3. 安装频振式杀虫灯

频振式杀虫灯杀虫是一项安全、高效、无害、经济的农业害虫物理防治技术。该技术是利用害虫较强的趋光特性，将光波设置在特定的范围，再加以色和味引诱成虫扑灯，灯外配以频振高压电网触杀，使诱捕到的害虫落入集虫袋，达到降低田间落卵量、压低虫口基数的目的。诱杀致死的多种昆虫富含动物蛋白和多种营养元素，可用于饲喂鸭、鱼等。据报道，水稻田安装太阳能频振式杀虫灯，每亩可减少 1～2 次施药，每亩增加经济效益 70～80 元，既环保又安全。

4. 稻田生物多样性配置

大量研究表明，对农田生态系统进行科学规划，合理利用间作、轮作、农林混合、施用有机肥等农业技术，能达到有效保护农田生物多样性、发挥天敌对病虫害的控制作用、减少化学农药使用、减少环境污染、促进田间营养物质自然循环的目的。稻田生物多样性配置即是在稻田中引入其他作物，构建物种多样性体系。目前，稻田中利用较多的其他作物有萍类、茭白、芋头和荸荠等（高东，2010）。研究表明，稻田引入浮萍、满江红可显著控制稗草的种子萌发并降低其生物量（黄世文等，2003）。"稻-鸭-萍"共作系统中，红萍的繁殖能抑制杂草的光合作用，从而抑制杂草的发生及其危害（束兆林等，2004）。而在水稻田附近种植茭白，可以减轻水稻上第一代二化螟的发生（徐红星等，2001）。

上述稻田立体种养模式充分利用了稻田的空间生态位、时间生态位和营养生态位，具有良好的社会效益、经济效益和生态效益。一方面，稻田为鸭、鱼等提供良好的栖息空间、活动空间和食物来源，鸭、鱼等可以为水稻捕食害虫、病原菌和取食杂草，其活动还可以起到中耕土壤的作用，且其粪便可以肥田，进而提高土壤肥力。同时，鸭和鱼等的活动可以刺激水稻生长，提高水稻的产量和品质。更为重要的是，稻田立体种养模式可以减少乃至完全不使用化肥和农药，以及减少人工投入，而且可以生产两种健康食品——绿色稻米和绿色动物（鸭、鱼、蟹、蛙等）（图 7-2）。

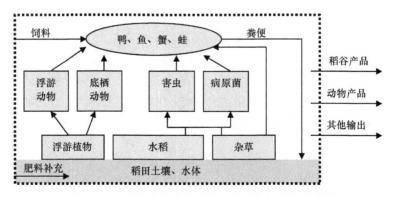

图 7-2　稻田立体种养模式的基本结构与功能示意图

第三节　旱地立体种养模式及其对病虫害的控制

旱地立体种养是利用荒山、荒坡、果园等进行种植与养殖的一种生产方式，它充分利用了种植与养殖之间的共生关系，使原来单一的种植或单一的养殖系统中的物质循环和能量转换能够多级利用，最终达到种养双丰收的目的。目前，旱地立体种养模式主要有"猪-沼-果"模式及由此衍生出的"猪-沼-菜""猪-沼-花""猪-沼-草""猪-沼-林"等，以及果（林）下养鸡（鹅）、果（林）下养蜂、果（林）下养猪、果（林）下养梅花鹿等众多模式。

一、"猪-沼-果"模式

"猪-沼-果"模式是我国南方生态农业发展中最为典型的模式，是以农户为基本单元，以沼气为纽带，按照生态学、经济学、系统工程学原理，通过生物能转换技术，将沼气池、猪舍、厕所、果园、微水池有机整合，组成科学、合理、具有现代化特色的农村能源综合利用体系，把畜禽养殖和林果、粮食、蔬菜等种植连接起来，畜禽粪便入池发酵生产沼气和沼肥，沼气用于做饭照明，沼肥用于种植，形成农业生态良性循环（王立刚等，2008）。同时，该模式结合南方地区的特点，除与果业结合外，还与粮食、蔬菜等其他经济作物相结合，构成"猪-沼-菜""猪-沼-稻""猪-沼-花"等衍生生态农业模式（图7-3）。

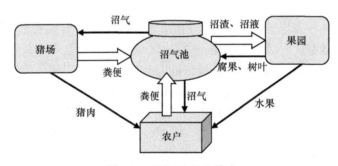

图7-3　"猪-沼-果"模式

此外，在"猪-沼-果"模式的基础上，还可进一步衍生出"猪-沼-果-灯-鱼"模式，该模式主要是充分利用农户庭院，以沼气建设为纽带，养1~2头猪为沼气池提供原料，产出的沼液用于浇灌庭院周围果园的果树，并在果园中间挖一个10~15 m² 的鱼池，鱼池上方安装沼气灯，晚上点亮沼气灯吸引趋光蛾类，飞蛾跌落鱼池中，成为池鱼的佳肴。这种庭院生态种养模式，既充分利用了能源，提高了产出率，又有效减少了农药的使用量。

1. 关键技术

（1）猪舍建设

选地建猪舍前应做好规划，要结合住房、沼气池、果园三个因素总体考虑，做到净化环境和利用方便。同时，选择东西向建猪舍，利于通风透气、饲养操作，同时适应猪的生活，减少疾病的发生。

（2）猪的品种选择

一般选择优良猪种，如瘦肉型三元杂交猪种，'杜乐克'‘长白’‘大白’这些品种的猪长膘快，成本低。

（3）合理饲喂

首先，选好养猪饲料，以稻谷＋玉米＋麦皮＋豆角配混为饲料。其次，定时喂食，这有利于猪食后睡觉而长肉。最后，定量饲喂，一般早喂量占 25%～30%，午喂量占 20%～25%，晚喂量占 40%～50%。这样饲养不仅可增加猪的食量，而且猪吃后嗜睡且长膘快（古石香和张盛开，2009）。

（4）沼气池建设

按照国家沼气池建造的相关标准建造。

2. 相关效益

（1）减少有害气体排放

煤在大量燃烧时所产生的 CO_2 和粉尘是造成大气温室效应的主要原因之一。而沼气的主要成分是甲烷，甲烷占 60%～65%，其次为 CO_2，占 30%～35%，还有少量的氢气、氧气和硫化氢等。甲烷是一种理想的气体燃料，无色无味，与适量空气混合后即可燃烧。每立方米沼气的发热量为 20 800～23 600 J，相当于 0.7 kg 无烟煤提供的热量。且沼气燃烧后的产物是 CO_2 和水，不产生二氧化硫，更不产生粉尘，因此不会污染空气，不危害人和其他生物的生长发育。

（2）减少营养物质的分解

沼液与沼渣中含有丰富的氮、磷、钾、钠、钙营养元素。一个沼气池年产沼肥 17 000 kg 左右，相当于尿素-钙镁磷肥 670～860 kg、硫酸钾 70～100 kg。沼肥是易被作物直接吸收的营养物质，将其施用于土壤后可以大大减少土壤养分的流失，增加土壤肥效，从而保护了环境。

（3）减少疾病传染

沼气池中进行厌氧发酵，彻底改变了寄生虫卵和好氧细菌的生存环境，使之无法存活。根据卫生部门的检测，在沼气池中，血吸虫卵在秋季 22 天、冬季 40 天内死亡率达100%。对从正常使用的沼气池中取出的沼液、沼渣进行检测，血吸虫、蛔虫等虫卵存活率不超过 5%，大肠杆菌存活率不超过 10%。人畜粪便沼气化，促进了农村的改水和改厕工作，是从源头控制寄生虫病和某些肠道传染病的重要措施之一，减少了疾病传染。

（4）减少水土流失

沼气的使用能有效减少薪炭林的砍伐，保护植被，减少水土流失。例如，将一个 6 m³ 沼气池的正常产气量用作燃料，一年可节约柴草 215 t，相当于 0.35 hm² 林木一年的生长量。

（5）改善土壤肥力

相关研究表明，使用沼液、沼渣还田，土壤有机质与氮、磷、钾含量均比未施沼渣的土壤有所增加，而土壤容重下降，孔隙度增加，土壤的理化性状得到改善，保水、保肥能力增强，这与沼液、沼渣中含有丰富的有机质以及氮、磷、钾等物质有关（林忠华，2003）。

（6）增加农民收入

农户建 6 m³ 的沼气池一年可通过节能减少开支 600 元，通过施用沼肥每亩农作物可减少化肥、农药开支 200 多元；同时由于沼肥的利用率较大，较大幅度地提高了农产品产量，改善了农产品品质，增加了农民收入。

二、果（林）下养鸡

果（林）下养鸡是将传统方法和现代技术相结合，根据各地区的特点，利用荒山、林地、果园、农闲地等较多的闲置空间和生物饵料资源（如饲草、昆虫、土壤动物等）进行规模养鸡，让鸡自由觅食昆虫野草，饮山泉露水，补喂五谷杂粮，同时限制化学药品和饲料添加剂等的使用，以提高蛋、肉风味和品质的一项生态生产技术（图7-4）（刘益平，2008）。利用果园、林地、荒山等自然条件放牧养鸡，既可提高单位面积的收入，又能解决农村部分剩余劳动力的就业问题，发展前景广阔。目前，除果（林）下养鸡外，还有果（林）下养猪、果（林）下养兔、林下养羊、林下养牛等模式。

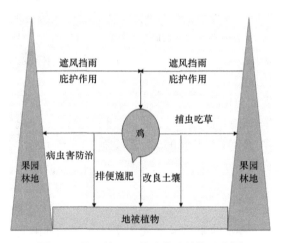

图 7-4　果（林）下养鸡模式结构示意图

（一）关键技术

（1）场地选择

果（林）下养鸡模式对林果地的要求不严，经济林（梨园、桃园、果园、高架葡萄园）、四旁林、用材林等均可养殖。但用于养鸡的果园，最好远离人口密集区，地势平坦，光照充足，果园空气新鲜，周围无污染源，有清洁、充足的水源，满足鸡的饮水需要。同时，果园四周要用铁丝网围栏，防止鸡群跑失。根据养鸡多少和果园面积，适当搭建一些鸡舍，防止鸡群被雨淋打、烈日暴晒等。但须注意的是，鸡性情活泼，喜飞跃树木枝头，为不影响树木生长发育，不宜选择处于幼龄期的林果地，以及树形矮小的林果地（如花园、矮化果园等）。同时，为了给鸡提供充足、优质的青草，树木间可套种牧草，如白三叶等。

（2）鸡品种选择

果（林）下养鸡是以放牧为主、舍饲为辅的饲养方式，因此应选择抗逆性（适应性）强、抗病力强、耐粗饲、勤于觅食的地方优质鸡种进行饲养。不适宜饲养快大型鸡种，可选用对环境要求低、适应性广、活动量大、抗病力强、成活率高、缓速生长的中小型鸡（如三黄鸡、麻鸡等）（赵春法等，2008），或者选择既美观又对严寒和雨淋有一定适应性的快羽鸡种（刘树青和顾海洋，2013）。

（3）养殖规模

鸡群规模必须根据果园面积大小确定，果园饲养 45～60 日龄雏鸡时，每亩放养 300 只为最佳；果园养殖成龄产蛋鸡时，每亩饲养 100 只左右为宜。1 个劳动力以饲养 1500～2000 只为宜。

（4）合理放牧

果（林）下养鸡充分利用了果林内的青草、昆虫、树叶等饲料资源，节省了部分精料，同时鸡粪又为果林增加了肥料，若合理放牧，两者可相得益彰。在一个林地或果园（一般 1 hm² 以上）最好搭建 2 个鸡棚，实行轮牧。

（5）科学投料

由于鸡的活动量大，对蛋白质、能量消耗较多，需要补饲来满足营养需要。一般应投喂全价颗粒饲料或玉米、谷物等原粮，粉料拌潮后再喂，少撒勤添。在投喂次数上开始每天 4～5 次，逐渐减至 2～3 次，上午一般不投料，这样可迫使鸡自由觅食，也可在果园中种植一些优质牧草，或投入适量瓜皮、藤蔓让鸡啄食，这样不仅可以节省饲料，并且可以使鸡肉质风味好。

（二）对果园虫害和草害的控制效应

（1）控草效果

鸡具有取食青草和草籽的习性，鸡在果园寻觅食物及活动过程中，挖出草根、踩死杂草，对杂草有一定的防除和抑制作用。据试验，每亩果园放养 20 只鸡，其杂草只有不放养鸡果园的 20%左右，鸡数量增加，杂草更少，由此节省了果农除草的投入和劳动力。

（2）控虫效果

鸡在果园内觅食，捕食白蚁、金龟子、潜叶蛾、地老虎等害虫的成虫、幼虫和蛹，从而减轻了害虫对果树的危害，由此可减少果园喷药防虫次数，降低果园生产成本，增加果园经济效益。

（三）其他效益

（1）增加土壤有机质含量

鸡粪是很好的有机肥，林下和果园养鸡后可减少化肥的施用量，1 只鸡全年可以积鲜粪 50～60 kg。鸡粪含有丰富的氮、磷、钾，含氮量为等量人粪尿的 1.5 倍，含磷量为等量人粪尿的 3 倍，含钾量为等量人粪尿的 2.3 倍。可见，林下和果园养鸡既增加了土壤有机质含量，又改善了土壤理化结构，同时也是改造低产低效果园为优质高产果园行之有效的措施。

（2）减少环境污染

批量养鸡基本上是利用村庄里的房子或建鸡舍笼养鸡，鸡粪便和臭气及有害气体散发，严重地污染了村庄空气，对居住环境影响极大。林地和果园放养都是在野外，且鸡与林地或果园形成一个种养循环，林地和果园虫草被鸡采食，而鸡排泄物供林木或果树吸收，提供肥料。加上定期翻耕土壤，几乎没有异味，起到了净化水土、空气的作用。

（3）种养循环，增强抵抗力

林地和果园养鸡直接暴露在阳光下，病原体易被杀灭，可减少疾病发生和传播，使鸡顺利生长。夏天炎热季节，鸡可在林木和果树下空气新鲜的阴凉处避暑，防止热应激和中暑等。此外，鸡在林木和果树中呼吸时，呼出的大量 CO_2 正是林木和果树光合作用的必需物质，而林木和果树放出的氧气又被鸡吸入，增强了鸡的体质和对疾病的抵抗力。

（4）改善鸡肉品质

利用果园和林地放养土鸡，场地面积大，生长着的果树枝头和林间空地是鸡群良好的运动场所，果园和林间空地生长的青草、虫类是鸡的良好食物，在这种优越环境下，减少了鸡群打斗、啄羽、啄肛等的发生，有利于土鸡的生长，并且放养土鸡饲养时间一般在 80～120 天，长时间饲养能有效提高鸡肉质中脂肪含量，增加肉的香味。

（5）经济效益

果园和林地养鸡能充分利用林间土地空间和简易的基础设施，降低了人工喂养等基础投入成本；通过种养结合，鸡吃虫草，减少了果园施肥、除草和病虫害防治成本；同时，鸡的粪便又可还田，提高了土壤有机质的含量，增强了果园和林地肥力。鄂新民等（2006）的研究结果表明，按放养一只成品鸡成本约需 8.0 元，平均鸡重 1.2 kg/只，市场价格 9 元/kg 计算，一只成品鸡能获得收益 1.2 元，每年每公顷成品鸡按 45 000 只计算，年均效益可达 5.40 万元/hm²。另外，鸡粪肥园，鸡吃虫草，增加了果园土壤有机质含量，提高了土壤肥力，减少了化学肥料和农药投入，提高了果品品质，因此市场售价提高。按每千克商品果比普通果售价提高 1 元、产量 45 000 kg/hm² 计算，则增效 4.5 万元/hm²。种养结合总计果园增收 2.25 万元/hm²，可获得良好的经济效益。此外，刘树青和顾海洋（2013）研究发现，与集约化饲养的草鸡相比，采用林禽立体种养模式饲养的青年鸡（42 日龄以上）、成年草鸡，平均每天可节省饲料 0.025 kg/只，若放养 2000 只草鸡，精料价格按 2.7 元/kg 计算，每天可节省饲料成本 135 元，一个饲养周期可省 11 880 元，平均每年放养 2.5 批草鸡，一年就可节省 29 700 元。

但值得注意的是，在山坡地果（林）下养鸡，由于鸡群对地表草本植被的采食以及对表土的挖抛，也可能引起水土流失等问题。因此，开展果（林）下养鸡，必须控制养殖规模和密度，确保生态环境不遭到破坏。

三、果（林）下养蜂

果（林）下养蜂是利用天然林下空地和天然林的荫蔽条件，开展蜜蜂养殖的一种生态模式,其显著特点是不占用土地,茂密的林木为蜜蜂生活提供了舒适的环境,且在槐树、枣树林及柑橘、枇杷、桃、梨、茶等蜜源植物下养蜂既可以为蜜蜂提供蜜源,又可以利用蜜蜂为果树传授花粉,从而提高坐果率,提高单位面积产量,可谓"一举多得"。果(林)下养蜂是一种环境保护与经济发展双赢的生产模式(图 7-5)。目前,在我国很多的丘陵山区,因其森林资源丰富,植物种类多,具有得天独厚的发展果(林)下养蜂的条件,果(林)下养蜂产业发展极为迅速。

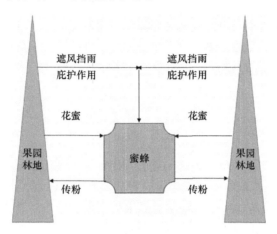

图 7-5　果(林)下养蜂模式结构示意图

(一)关键技术

(1)场地选择

果(林)下养蜂模式对果(林)地的要求不严,经济林(梨园、桃园、果园、高架葡萄园)、四旁林、用材林等均可,但要求远离人口密集区、地势平坦、光照充足,果园要空气新鲜、周围无污染源。

(2)蜂种选择

蜂种选择主要是根据蜂种的习性来定,充分发挥蜜蜂的授粉作用和最大限度地获得相应的蜂产品,故果(林)下养蜂的蜂种应适应性强、采集勤奋、善于利用零星蜜源(刘意秋,1997)。

(3)蜂果(园)配置

果(林)下授粉蜜蜂的蜂群数量不多,一般每公顷果园放 15～30 群。但在养蜂前,一定要调查清楚蜜源植物种类、种植面积和花期等情况。

(4)果园施药时间

必须做到花前施药、花期禁止施药。

(二)相关效益

(1)维护生物多样性

蜜蜂在采集花蜜、花粉的过程中,具有采集专一性,蜂群在特定时段内只偏向于采集同种花的花蜜、花粉,有利于提高植株成活率和繁殖率,维护物种多样性。

（2）经济效益

一般每箱蜜蜂能产蜂蜜 35～50 kg、花粉 0.5～1 kg、蜂王浆 0.25～0.5 kg。按一般市场价格，蜂蜜 24～30 元/kg、花粉 46～50 元/kg、蜂王浆 200 元/kg，一箱蜜蜂一年就能获得收益 1000 多元，经济效益极高。

第四节　水陆立体种养模式

水陆立体种养模式是利用低洼地（如池塘、湖泊等）地貌特点进行堤岸旱地种植与水面养殖的一种水陆交界的农渔、农牧结合方式。目前，水陆立体种养模式主要有传统的桑（蔗、花、果）基鱼塘模式、"猪-沼-鱼"模式、"鱼-猪-禽-草（菜）"模式、"林-果-草-鱼"模式等。

一、桑基鱼塘模式

桑基鱼塘是我国珠江三角洲地区为充分利用低洼土地而创造的一种挖深鱼塘、垫高基田、塘基植桑、塘内养鱼的高效人工生态系统，距今已有 400 余年的历史（陈玉银等，1995）。桑基鱼塘由桑基陆生子系统和鱼塘水生子系统构成。桑基陆生系统是由桑树吸收太阳能、水分、二氧化碳和塘基土壤中的氮、磷、钾等营养物质来促进桑树的生长发育，生产桑叶为养蚕生产提供蚕的饲料。鱼塘水生系统则是部分蚕的粪便直接供鱼食用；部分蚕的粪便经水中生物分解产生营养物质，促进浮游植物通过光合作用生长产生氧气，并促进浮游动物繁殖，由此满足各种食性鱼类的饲料需要。桑基鱼塘模式从种桑开始，通过养蚕而结束于养鱼的生产循环，构成桑、蚕、鱼三者之间的密切关系，形成塘基种桑、桑叶养蚕、蚕结茧缫、蚕沙喂鱼、鱼粪肥塘、塘泥培桑的循环农业系统。随着农业生产的发展和市场经济的影响，在珠江三角洲地区，近些年来，又不断涌现了一些新的基塘系统模式，如果基鱼塘、花基鱼塘、蔗基鱼塘等。

（一）关键技术

（1）建塘

新开桑基鱼塘的规格，要求塘基比 1:1。塘应是长方形，长 60～80 m 或 80～100 m，宽 30 m 或 40 m，深 2.5～3 m，坡比 1:1.5。将塘挖成蜈蚣形群壕，或并列式渠形鱼塘 6～10 口单塘，基与基相连，并建好进出水总渠及道路（宽 2～3 m）（吴桐银，1989）。这样有利于调节塘水、投放饲料、捕鱼、运输和挖掘塘泥等作业，也有利于桑树培管、采叶养蚕。

（2）改土

在栽桑前应将塘基上的土全部翻耕一次，深度 10～15 cm，不破碎，让其冬天冰冻风化，增强土壤通透性能，提高土壤保水、保肥能力。

（3）施肥

一是要施足栽桑的基肥，亩施拌有 30～40 kg 磷肥的土杂肥 100～200 担，再施入粪尿 10～20 担，或饼肥 150～200 kg，并配合施用石灰 25～50 kg，改良酸性土壤。二是在桑树成活长新根后，于 4 月下旬至 5 月上旬施一次速效氮肥，每亩施 20 kg 尿素或 50 kg 碳铵，最好施用腐熟人粪尿 50～80 担。7 月下旬再施一次，以促进桑树枝叶生长，以利用采叶饲养中秋蚕或晚秋蚕。三是桑树生长发育阶段要求养一次蚕施一次肥，并注意合理间种、多种豆科绿肥，适时翻埋。四是在冬季结合清塘，挖掘一层淤泥上基，这样既净化了鱼塘，又为基上桑树来年生长施足了基肥（吴桐银，1989）。

（4）桑树品种与密植

应选用优质高产的嫁接良桑品种。塘基因经过人工改土，土层疏松，挖浅沟栽桑即可。栽桑时采用定行密株，株行距以 33 cm×132 cm 或 50 cm×100 cm 为好，亩基栽桑 1000～1300 株。栽桑处须离养鱼水面 70～100 cm，桑树主干高 20～30 cm，培育成低中干树型（吴桐银，1989）。

（5）鱼类品种及投放比例

桑基鱼塘一般放养四大家鱼。在同一鱼塘中分为上、中、下 3 层：上层适合喂养鳙鱼（又称花鲢、胖头鱼）、鲢鱼；中层喂养鲩鱼（又称草鱼）；底层则主要喂养鲮鱼、鲤鱼。不同鱼类在塘水中合理配比为：草鱼 30%～40%，鲢鱼 20%～30%，鳙鱼 10%，鲤鱼 10%，鲫鱼及其他鱼类 20%～25%（张健等，2010）。

（6）精管

塘基栽桑后，必须抓好桑树的中耕、除草、施肥、防治病虫害、合理采伐等，以确保塘基桑园高产稳产。

（二）相关效益

（1）调节塘基小气候，提高光能利用率

每年 7～9 月的高温季节，桑基上的桑树已枝繁叶茂，林荫覆盖了塘基，给水面挡住了干热风。据报道，盛夏能降低温度 3～5℃，调节了塘水温度；鱼塘通风条件好，能保持空气中的二氧化碳浓度，满足桑叶光合作用的需要，使桑树生长茂盛（吴桐银，1989）。

（2）维持养分平衡

在桑基鱼塘系统中，每年从鱼塘向基面转移塘泥，使基面经常保持一定肥力。而塘泥中因投放了青饲料，其有机质含量较多，据估计，10 万 kg 的塘泥约等于 50 kg 化肥的功效，且塘泥比化肥优越，塘泥施在基面上比较均匀，不仅增加了肥力（有机质约 5%），起到催根作用，使桑树生长发育快，而且有抗旱、防止杂草滋生的作用，维持肥效时间也长（钟功甫，1980）。而每逢下雨，基面有机质和养分又随径流回到鱼塘，鱼塘也获得补充。同时，鱼塘经光合作用又可产生大量浮游生物，浮游生物成为鱼的饲料。

（3）改善环境

该系统在运行过程中基本不用化肥，循环利用了农牧废弃物，防止了污染，改善了环境。此外，水产养殖中的大量废水及塘泥被用于培肥土壤，浇灌塘基桑树，可显著降低水产养殖对周边环境的影响，尤其是有利于水体质量的提高。

（4）促进土壤更新

塘基上的土壤经径流进入鱼塘，沉积在塘底，成为塘泥的一部分，如果不及时清理，则塘泥淤积，不仅使养殖量减少，而且消耗水中的溶解氧，影响鱼的生长。因此，每年要转移塘泥到基面上，不仅可以增加基面的养分、水分，同时塘泥对基面的土壤也能起到了更新作用。

（5）调节旱涝

鱼塘水面能给桑园吹送湿润风，桑园干旱时，便于用塘水灌溉，雨季如遇洪水，鱼塘也有一定的蓄洪作用。这种温湿互相调剂，有利于鱼和桑叶的生长（吴桐银，1989）

（6）经济效益

桑基鱼塘模式每隔三四个月捕鱼一次，一年可捕鱼 4 次。每亩桑产茧 270～300 斤[①]，多的超过 700 斤。此外，在该模式运行过程中，还能充分利用农牧废弃物，使之回到鱼塘，再次循环利用，先后变为塘鱼的饲料和作物的肥料等，从而大大节省了资金。

二、"猪-沼-鱼"模式

"猪-沼-鱼"模式是以养殖为中心，沼气为纽带，沼渣、沼液利用为重点的一种畜牧水产综合养殖的典型生态模式（图 7-6）。该模式以鱼为主，利用规模化养猪产生的粪便作为沼气池的物料来源，沼气池产生的沼气用作照明、做饭和池塘上黑光灯的电源，利用沼气池发酵产生的沼液、沼渣进行肥水养鱼（伍昌胜和严立冬，2009）。

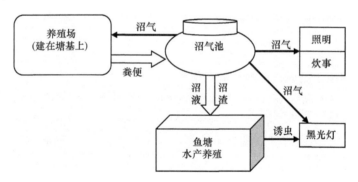

图 7-6　"猪-沼-鱼"模式

（一）关键技术

（1）搭建猪舍

猪舍一般建在不积水、背风向阳的缓坡地带，要求尽可能坐北朝南，并建成长方形，猪舍大小视养猪量而定。猪舍内要光照充足、通风良好，猪舍的地面要高于沼气池水平面 20 cm 以上，以便于猪粪尿的收集。同时猪圈内要挖好粪尿沟，并通往粪尿收集口，便于粪尿直接流到沼气池内。

（2）沼气池建设

以每亩鱼塘投放 1000～1200 尾鱼苗计算，一般每 10 亩鱼塘需要建一口 8 m³ 的沼气池，而要保证一口 8 m³ 的沼气池能正常运转，猪舍里需要常年养猪 6～8 头。

---

① 1 斤=0.5 kg。

（3）鱼种选择与放养密度

一般以鲢鱼、鳙鱼、草鱼等滤食性鱼类为主，放养量控制在 1000～1200 尾/亩。同时搭配放养鲤鱼、鲫鱼等优质底层鱼，放养量控制在 600～800 尾/亩。

（4）鱼塘清整

在鱼种下塘前进行全池干塘消毒，生石灰用量为 250 kg/亩，并选择晴天全池均匀泼洒，用于杀灭有害生物和病原菌。

（5）沼肥作鱼塘基肥

一般在春季清塘、消毒后施用沼肥。一般沼渣在鱼塘注水之前施用最好，每亩鱼塘的施用量约 150 kg，可以沿着鱼塘四周均匀撒施到鱼塘中。施完沼渣后，要及时往塘中放水。沼液一般在投放鱼苗前 3～5 天施用，每亩施用量为 300 kg 左右，均匀泼洒到鱼塘中。

（6）沼肥作鱼塘追肥

放养鱼苗后，沼液、沼渣可用作追肥施入鱼塘中。一般每年 4～6 月，每周每亩水面施沼渣 100 kg 或沼液 200 kg；7～8 月，每周每亩水面施沼液 150 kg；9～10 月，每周每亩水面施沼渣 100 kg 或沼液 150 kg。施肥时，一般选择晴天上午，从沼气池取出沼肥，先搁置 10～15 min，然后沿着鱼塘四周均匀撒施。在具体追肥过程中，沼液、沼渣要轮换交替施用。

（二）相关效益

（1）沼液肥水池塘鱼生长更快

董宜来等（2007）研究报道，沼液肥水池塘鲢鱼、鳙鱼的生长量比一般肥水池塘高 15%，单产高 29%。沼液肥水池塘鱼的生长速度更快，说明了沼气肥中 N、P、K、微量元素、可溶性有机物及菌体蛋白多，铵态氮有利于浮游生物增殖，与猪粪相比可消化蛋白所占比例更大。沼气肥投施后，池水 3～5 天水色就转绿，浮游生物繁殖快，沼气肥池的浮游植物生物量较猪粪池高 30% 左右，浮游生物体内的可消化蛋白含量为 60% 左右。由于沼液肥水池塘接受的阳光和热量增加，含氧量和水温也随之提高，对鱼类生长有利。

（2）有利于调节池塘 pH

投施沼气肥的池水能经常处于中性状态，沼气肥的 pH 为 7.2～7.8，与高产鱼塘的 pH 要求相同。沼气肥不断注入能使鱼塘池水的 pH 稳定在中性状态，适宜鱼类生长发育。

（3）鱼发病率低，成活率高

沼气肥经过密封、高温、发酵后，其中的病原菌和寄生虫被杀死，并且沼气肥耗氧量低。因此，塘鱼发病率大大降低，基本不用使用鱼药，降低了成本，而且鱼的成活率大为提高。

三、"鱼-猪-禽-草（菜）"模式

"鱼-猪-禽-草（菜）"模式是在塘里养鱼，塘面养鸭（鹅），塘基种植象草、黑麦草、苏丹草等高产优质牧草或其他饲料作物，塘边搭建禽、畜舍养鸡和猪，用饲料养鸡，鸡粪配合饲料作物养猪，猪粪和牧草喂鱼，鱼、鸭粪和食料残渣肥泥，塘泥又肥草的合理利用物质能量的一种立体生态种养方式（张放和张士良，2008）。这种方式能使饲料多次循环利用，充分提高饲料利用率，明显减少饲料用量，降低生产成本，提高综合产量和效益（图7-7）。

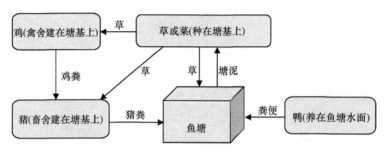

图7-7 "鱼-猪-禽-草（菜）"模式结构示意图

（一）关键技术

（1）建塘

一般选择面积10～30亩、水深2～3 m、排灌方便、向阳岸有适宜建造畜舍和禽舍的鱼塘。塘埂要宽广，以适宜种植牧草和其他饲料作物。

（2）搭建畜禽舍

在鱼塘向阳岸搭建畜舍、禽舍，舍的大小根据猪、禽的饲养量而定。

（3）鱼的选择与放养密度

一般选择鲢鱼、鳙鱼、草鱼等滤食性鱼类，体长15 cm的鱼仔放养量控制在1000～1200尾/亩。同时搭配放养鲤鱼、鲫鱼等优质底层鱼，放养量控制在600～800尾/亩。

（4）鱼、猪、禽、草的配置

每亩水面以圈养40～60只鸭、30只鸡为宜。而按鸡粪20%、配合饲料80%的猪饲料配比，每10只鸡的粪发酵后可养1头猪。牧草每亩水面应配饲料地0.15～0.2亩，1只鸡、1只鸭全年需青饲料10 kg左右，每亩水面需另配禽饲料地0.02亩左右。

（5）养殖管理

用颗粒饲料喂鸡，再将鸡粪烘干或晒干、粉碎并配上畜用生长素等添加剂，再配以70%～80%的配合饲料喂猪。猪粪经发酵后晒干消毒，作饵料投喂池鱼，鸭粪直接排入水中肥水养鱼。要注意定期给鱼塘换新水，并视水色情况及时给水增氧，以保持水质清新。此外，还要特别注意做好鱼病和猪、鸡、鸭疫病的防治工作。

（二）相关效益

（1）增加水体有机肥力

一方面，猪、鸭排泄物排放到水中，能增加水体的有机肥力。另一方面，鸭在水面对水体的搅动，导致了物质流加速循环，增加了氮、磷、钾有机肥力，促进了浮游生物的繁衍，为塘鱼增加了饵料。

（2）改善水体环境

水面上的鸭，因其戏水，打破了水气界层，加速了水体的气体交换，扩大了气体的扩散率，溶解氧大幅度增加，有害气体及时弥散。

（3）节约养殖成本

鸡吃牧草、鸭食水旱草、鸡粪发酵喂猪、猪粪水肥水增加鱼饵料等，大大减少了精饲料的投入，节约了养殖成本。

四、"林-果-草-鱼"模式

"林-果-草-鱼"模式常见于丘陵坡地，通常以集水区为单元，在山顶种植一些水土保持林，在山腰种植一些经济林果，或间种一些粮食作物和经济作物，在山脚的鱼塘养鱼，塘边种植象草等牧草饲养家禽和家畜，从而形成由林地、果园、牧草地和鱼塘四个子系统组成的山坡地垂直方向上的立体生态种养模式（图 7-8）。而林、果、草、鱼本身也分别自成系统，形成层次分明的水陆相互作用的人工生态系统。该系统的基本成分有植物、动物、微生物和无机环境等，各成分间存在着物质流、能量流和价值流的联系。山顶的水土保持林、塘边的牧草地主要起水土保持作用，牧草可供鱼食用，水土保持林的落叶及塘泥均可作为果园的肥料。

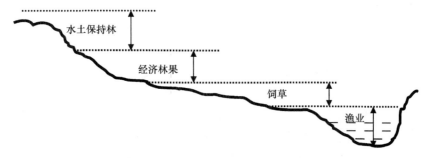

图 7-8 "林-果-草-鱼"模式结构示意图

"林-果-草-鱼"模式的效益主要表现在以下几个方面。

（1）保持水土

山顶的水土保持林具有涵养水源、保持水土和维护生物多样性的功能，可为山坡下部的果园、牧草地和鱼塘提供良好的生态环境，并可为下部的鱼塘提供持续稳定的地下水补给；同时，果园和牧草地也具有保持水土的功能。

（2）饲料供应

鱼塘边的牧草地生产的牧草可作为鱼的饲料，减少了养鱼过程中的成本投入。

（3）土壤培肥

鱼塘在养殖过程中，需要不断投入饲料，加上整个模式内养分的向下聚集，使塘泥含有大于其他自然土壤的养分。因此，利用塘泥对果树和牧草地的土壤培肥，以满足果树和草生长的养分需求，从而使养分从鱼塘向果园和牧草地转移并得到再次利用。

（4）经济效益

"林-果-草-鱼"模式中，每年都能收获水果、鱼，这些均能产生很好的经济效益。

第五节 庭院种养模式及其效应

庭院是指农户居住地房前屋后的院落及其周围一定界限范围内的闲散土地和零星水域，包括庭、院、园三个立体空间层次。庭是指房屋内外及其上下空间；院是指房前屋后的院落、院坝和周边隙地；园是指宅基地周边附近的小面积自留性土地，包括竹林地、荒山、水域等可开发利用的资源空间（朱彦彬，2005）。

庭院种养模式是指以农户家庭为单位，充分利用家庭院落的空间、周围非承包的空坪隙地和各种资源，从事高度集约化商品生产的一种经营形式，主要有种植业、养殖业、加工业。有的以一业为主从事专业化生产；有的种、养、加工并举，综合经营；有的利用有限空间发展立体种养业。其产品除部分自给外，还能以商品形式出售。庭院种养因实行作物立体种植，种植业与畜牧业、渔业相结合，不仅可提高土地和空间利用率，还可充分利用农业剩余劳动力和劳动时间，增加农民收入，繁荣农村经济，活跃和丰富城乡市场，改善农村环境，缓解日趋严重的土地、人口、生态间的矛盾。庭院种养也是缓和人多地少矛盾、发展生产和乡村振兴的重要途径之一。

一、庭院种养模式类型

（一）主要类型划分

由于地域环境及资源条件的不同，庭院种养也有着各种各样的模式，大致有以下几种。

1）庭院立体种植型，即在庭院有效的空地上，充分利用不同作物种类的生长特性及其生长过程的"空间差"和"时间差"，通过多种作物的合理配置，形成多物种、多季节、多层次的立体结构，以提高水、肥、气、热、土的利用率。一般主要栽种一些维护庭院环境的乔木，以及一些具有经济价值的水果、蔬菜、薪炭、食用菌、花卉和绿化苗木等。同时，还可在树下栽植木耳、蘑菇或中药材等，并在此基础上发展特色花卉、珍稀蔬菜、园艺盆景等，在美化环境的同时又产生了经济效益。

2）庭院高效养殖型，该类型是较为普遍的传统庭院种养方式，是传统农业中分布较广的模式，投入成本低，效益较高。目前主要为放养或圈养少量的猪、鸡、鸭、兔等家禽家畜，也可同时在树下养殖蜜蜂、蚯蚓、蝇蛆等高附加值生物。

3）庭院综合加工型，即立足于地区自然资源和农副产品，利用农村闲散的劳动力，在庭院中建立小型加工厂，进行农产品或手工艺品的初加工和深加工，使其就地转化增值，提高经济效益。庭院综合加工型模式适宜在城郊、种植业大户和各种专业生产户中推广，形成以农户、小型企业和高技术企业为基础的初加工、深加工和精加工的梯度生产形式（杨德伟等，2005）。

4）庭院休闲增值型，即围绕城市生产工作人员休闲度假需要，在庭院及其周边发展观光娱乐、度假休闲、社会实践等服务。

5）庭院集约种养型，该模式以种植、养殖为主，是农牧结合、互存互生、共同受益的经营模式。这种模式通常以沼气池建设为核心，种植、养殖、加工多业并举、互相促进、共同发展、综合经营、立体开发，实现各种资源循环利用多级转换，如北方的"四位一体"模式、"三结合"模式、"五配套"模式，以及南方的"三位一体"模式等。

（二）典型模式介绍

1. "四位一体"模式

该模式是以土地资源为基础，依据生态学原理，以太阳能为动力，沼气为纽带，在农户庭院或田园，将种植系统（日光温室）、养殖系统（畜禽圈舍）和厌氧发酵系统（沼气池、厕所）有机结合在一起，使四者相互依存、优势互补，构成"四位一体"能源生态综合利用体系，它是把建沼气池和改厕、改圈、改厨、改院同步进行，将沼气池、猪舍、厕所、蔬菜栽培组装在温室中，使各部分之间相互作用、相互联系，成为一个有机整体，进而在同一块土地上实现产气和产肥同步、种植和养殖并举、能流和物流良性循环的一种高产、优质、高效的庭院生态模式（申登峰等，2005），如图7-9所示。

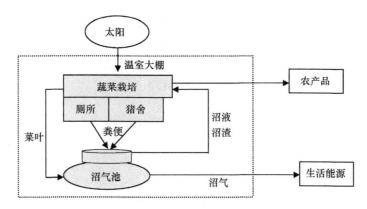

图 7-9　"四位一体"模式结构示意图

该模式以 350 m² 或 700 m² 的日光温室为基本生产单元，在温室内部的东侧或南侧建 20 m² 的太阳能保温畜禽舍和一个 1 m² 的厕所，畜禽舍下部建 6～10 m³ 的沼气池。利用塑料薄膜的透光和阻散性能及复合保温墙体结构，将光能转化为热能，阻止热量及水分的散发，达到增温、保温的目的，使冬季日光温室内温度保持在 10℃ 以上，从而解决了反季节果蔬生产、畜禽和沼气池安全越冬问题。温室内饲养的畜禽可以为日光温室增温，并为农作物提供二氧化碳气肥，农作物光合作用能增加畜禽舍内的氧气含量；沼气池将人畜禽粪便进行厌氧发酵产生沼气，沼液、沼渣可用于农业生产和农民生活，从而达到改善环境、利用能源、促进生产、提高生活水平（申登峰等，2005）及乡村振兴的目的。

2. "三结合"模式

该模式以沼气为纽带，将沼气池、猪舍、日光温室建成三位一体的结构（图7-10），可发展"猪-沼-果""猪-沼-菜""猪-沼-粮"等不同形式。

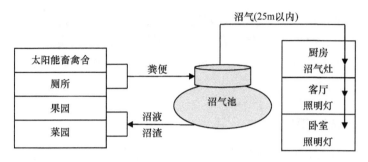

图 7-10   "三结合"模式结构示意图

3. "五配套"模式

"五配套"模式是解决北方干旱地区的用水问题、促进农业持续发展、提高农民收入的重要模式。其主要内容是，户建一个沼气池、一个果园、一个太阳能畜禽舍、一个蓄水窖和一个看营房。"五配套"模式以农户庭院为中心，以节水农业、设施农业与沼气池和太阳能的综合利用作为解决当地农业生产、农业用水和日常生活所需能源的主要途径，并以发展农户房前屋后的园地为重点，以塑料大棚和日光温室等为手段，以增加农民经济收入。该模式也可看成是在"四位一体"模式或"三结合"模式基础上加蓄水窖和滴渗灌设施，除具备"四位一体"或"三结合"模式的功能外，还能解决旱区果园、日光温室用水问题的一种生态农业模式（图 7-11）。

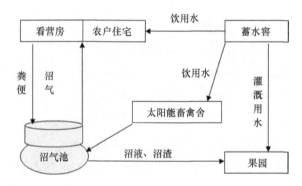

图 7-11   "五配套"模式结构示意图

4. "三位一体"模式

该模式以农户庭院为基本单元，利用房前屋后的山地、水面、庭院等场地，主要建设猪舍、沼气池和果园三部分（图 7-12）。同时使沼气池建设与畜禽舍和厕所三者结合，形成"养殖-沼气-种植"三位一体庭院生态模式，从而达到生态良性循环、增加农民收入的目的。

该模式的基本要素是"户建一口池，人均年出栏 2 头猪，人均种好 1 亩果"。其基本运作方式是：沼气用于农户日常炊事和照明，沼渣用于果树，沼液用于鱼塘和饲料添加剂养猪，果园套种蔬菜和饲料作物，以满足庭院畜禽养殖的饲料需求。

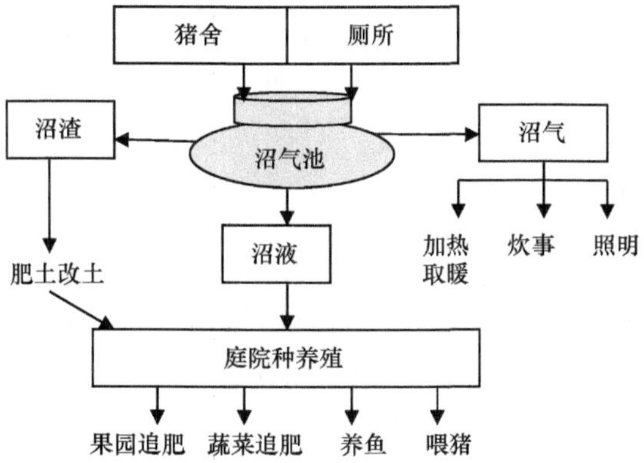

图 7-12　"三位一体"模式结构示意图

二、庭院种养模式的效应

庭院种养把多种林木、农作物和畜禽紧密地结合在同一个利用单元中，形成了多层次的复合结构，故既能满足人们的多种需要，又能避免单一农业经营中的环境退化和经济风险。在合理安排和适当经营条件下，庭院系统可以发展成为社会经济效益、生态效益高的持续土地利用系统。其效益主要表现在以下几个方面（以北方"四位一体"模式为例）。

（一）社会经济效益

1. 沼气池效益

据朱彦彬（2005）的研究，一口 8～10 m³ 的新型高效沼气池，全年产沼气 380～450 m³，可供应 3～5 口人的农户 10～12 个月的生活燃料，节煤 2000 kg，节电 200 kW·h 左右。年节约燃料费 300 元，节约电费 100 元。全年可提供沼肥 16～20 m³，相当于 50 kg 硫酸铵、40 kg 过磷酸钙和 15 kg 氯化钾，年节约化肥支出 300 元。沼液作叶面肥喷施，具有杀菌防病作用，年节省农药开支约 100 元，即沼气池年效益约为 800 元。

2. 养殖效益

采用太阳能暖圈饲养育肥猪，每年可出栏三批共 20 头，年经济效益 2000 元。

3. 日光温室效益

普通日光温室（面积 350 m²）年平均生产鲜菜 5000 kg，产值 10 000 元。"四位一体"模式日光温室由于二氧化碳气肥和优质沼肥的使用，鲜菜平均增产提质 20% 以上，纯增经济效益 2000 元，即一个日光温室（面积 350 m²）的年效益约 12 000 元。

综上，一个"四位一体"生态农业模式年收益高达 14 800 元。

（二）生态效益

1. 改善生态环境

以上庭院种养模式设计在密封状态下，将人、畜粪尿及其他有机污染物直接排入沼气池，使农村各种废弃物得到合理利用，不仅有效地缓解了农村能源紧缺的局面，还减少了薪炭林的砍伐，保护和恢复了森林植被，减少了水土流失，改善了生态环境（彭方平等，2008）。

2. 改善农村卫生状况

通过沼气池的高温高压厌氧发酵，沼气池上层对寄生虫卵的消灭率达 90.6%，污染物五日生化需氧量（BOD_5）降低了 91%，高锰酸盐指数环境标准样（CODmm）降低了 48%，消灭 99.6% 的细菌、90.0% 的大肠杆菌（杜社妮，2003），由此减少了蚊、蝇虫卵滋生，消灭了疾病传染源，减少了各种疾病的传播，农村生活方式和卫生状况得到了明显改善。

3. 改良土壤理化性状

经发酵处理后的沼肥，营养含量增加，能有效改良土壤理化性状，增加土壤有机质含量，改善土壤团粒结构，提高土壤通透性和供水供肥能力，改善土壤耕作性能，促使作物持续优质高产。据报道，连续施用 3 年沼肥的水稻田，其微生物十分活跃，有机质含量可提高 16%；土壤的团粒结构改善，保水抗旱性能也显著提高（黄德辉，2001）。

4. 提高作物抗病虫能力，减少农药使用量

上述模式在生产过程中施用沼肥，作物生长健康，抵抗病虫害的能力增强，在果树、蔬菜叶面喷施沼液，能杀死大量红蜘蛛与蚜虫等害虫，减少了化肥、农药使用量，减少了环境污染。

小　结

立体种养在我国应用历史悠久，是一种综合利用植物和动物生产的种养方式。我国常见的立体种养模式有稻田立体种养模式、旱地立体种养模式、水陆立体种养模式、庭院种养模式等。立体种养不仅可以控制杂草，减少病虫害的发生和危害，还可以提高土壤微生物多样性，进而增强土壤肥力，最大限度地减少环境污染，创造更高的经济效益。

思　考　题

1. 常见的立体种养模式有哪些？
2. 立体种养的优缺点有哪些？
3. 如何构建一个成功的立体种养模式？
4. 稻田立体种养模式对病虫草害的控制效应体现在哪几方面？请分别举例说明。
5. 立体种养与间套种有何不同？
6. 常见的稻田立体种养模式有哪些？
7. 稻田立体种养模式对病虫草害的防治机制与局限性有哪些？

8. 常见的旱地立体种养模式有哪些？各有何效应？

9. 常见的水陆立体种养模式有哪些？各有何效应？

10. 常见的庭院种养模式有哪些？各有何效应？

参 考 文 献

安辉, 刘鸣达, 王耀晶, 等. 2012. 不同稻蟹生产模式对土壤活性有机碳和酶活性的影响. 生态学报, 32(15): 4753-4761.

敖礼林, 鄢用亮, 吴阳, 等. 2020. 稻田罗非鱼立体种养技术要点. 科学种养, (11): 59-62.

曹志强, 梁知洁, 赵艺欣, 等. 2001. 北方稻田养鱼的共生效应研究. 应用生态学报, 12(3): 405-408.

陈飞星, 张增杰. 2002. 稻田养蟹模式的生态经济分析. 应用生态学报, 13(3): 323-326.

陈玉银, 费建明, 蒋振东. 1995. 桑基鱼塘生态系统的理论与实践. 蚕桑通报, 26(2): 4-6.

戴志明, 杨华松, 张曦, 等. 2004. 云南稻-鸭共生模式效益的研究及综合评价(三). 中国农学通报, 20(4): 265-267, 273.

邓晓, 廖晓兰, 黄璜. 2004. 稻-鸭复合生态系统产甲烷细菌数量. 生态学报, 24(8): 1696-1700.

董宜来, 孔长青, 卜平. 2007. "鱼-沼-猪"模式巧 生态养殖效益高. 渔业致富指南, (16): 22-23.

杜汉斌, 张林林. 2000. 稻田养鱼对螟害杂草影响的观察试验. 中国水产, (11): 9.

杜社妮. 2003. 庭院生态农业的模式及效益评价. 北方园艺, (2): 6-8.

范进凯. 2014. 稻蟹共育密度对土壤肥力与病虫害发生的影响及效益分析. 上海: 上海交通大学硕士学位论文.

高东. 2010. 稻田生物多样性构建的生态效应. 生态环境学报, 19(8): 1999-2003.

高洪生. 2006. 北方寒地稻田养鱼对农田生态环境的影响初报. 中国农学通报, 22(7): 470-472.

古石香, 张盛开. 2009. 猪沼果模式综合利用技术初探. 广东农业科学, 36(7): 223, 227.

官贵德. 2001. 低湿地垄稻沟鱼生态模式效益分析及配套技术. 江西农业科技, (5): 46-48.

郭文啸, 赵琦, 朱元宏, 等. 2018. 蛙稻生态种养模式对土壤微生物特性的影响. 江苏农业科学, 46(5): 57-60.

韩光煜, 李孝熙, 张杰. 2018. 稻田养鱼对水稻主要病虫害的防控及效益分析. 农业技术与装备, (7): 10-11, 13.

侯立刚, 赵国臣, 刘亮, 等. 2009. 有机水稻生产稻鸭共作防治杂草、害虫的研究. 吉林农业科学, 34(3): 36-38.

黄德辉. 2001. 浅议猪-沼-果生态农业模式. 生态经济, 17(11): 73-74.

黄登峰. 2017. 鸿远牧业"猪-沼-茶"生态循环模式. 农民致富之友, (22): 236.

黄璜, 杨志辉, 王华, 等. 2003. 湿地稻-鸭复合系统的 CH_4 排放规律. 生态学报, 23(5): 929-934.

黄世文, 余柳青, 段桂芳, 等. 2003. 稻糠与浮萍控制稻田杂草和稻纹枯病初步研究. 植物保护, 29(6): 22-26.

黄太寿, 宗民庆. 2007. 稻田养鱼的发展历程及展望. 中国渔业经济, 25(3): 27-29.

黄志平. 2010. 蛙-稻生态种养殖试验. 水产养殖, 31(4): 6-7.

蒋艳萍, 章家恩, 朱可峰. 2007. 稻田养鱼的生态效应研究进展. 仲恺农业技术学院学报, 20(4): 71-75.

金千瑜, 禹盛苗, 欧阳由男, 等. 2004. 中国稻-鸭农作系统发展概况与稻鸭共育技术研究//赵振祥. 第四届亚洲稻鸭共作研讨会论文集. 镇江: 镇江市科技局: 1-6.

兰国俊, 胡雪峰, 程畅, 等. 2021. 稻鸭共生对土壤养分和水稻病虫害防控的影响. 土壤学报, 58(5): 1299-1310.

李粉华, 蒋林忠, 孙国俊, 等. 2007. 稻鸭共作对稻田杂草的生物控制效果. 杂草科学, 25(2): 32-33.

李月梅. 1999. 稻田养鱼生态效益. 农业系统科学与综合研究, 15(1): 54-56.

廖庆民. 2001. 稻田养鱼的经济与生态价值. 黑龙江水产, (2): 17.

林忠华. 2003. 南方"猪-沼-果"生态模式的环保效应研究. 福建热作科技, 28(4): 1-3.

刘乃壮, 周宁. 1995. 稻田养鱼的水温特性. 水产养殖, 16(1): 22-24.

刘树青, 顾海洋. 2013. 林禽立体种养的好处及综合配套技术. 上海畜牧兽医通讯, (5): 87.

刘小燕, 杨治平, 黄璜, 等. 2004a. 湿地稻-鸭复合系统中田间杂草的变化规律. 湖南农业大学学报(自然科学版), 30(3): 292-294.

刘小燕, 杨治平, 黄璜, 等. 2004b. 湿地稻-鸭复合系统中水稻纹枯病的变化规律. 生态学报, 24(11): 2579-2583.

刘益平. 2008. 果园林地生态养鸡技术. 北京: 金盾出版社.

刘意秋. 1997. 果园养蜂授粉. 农村养殖技术, (3): 19.

刘振家. 2003. 水稻田利用鱼苗除草杀虫新技术与稻田养鱼技术的联系与区别浅议. 黑龙江水产, (6): 1-2, 10.

卢升高, 黄冲平. 1988. 稻田养鱼生态经济效益的初步分析. 生态学杂志, 7(4): 26-29.

栾浩文, 辛国芹. 2003. 稻田养鱼除草试验. 现代化农业, (10): 11-12.

吕东锋, 王武, 马旭洲, 等. 2011. 稻蟹共生对稻田杂草的生态防控试验研究. 湖北农业科学, 50(8): 1574-1578.

马国强, 庄雅津, 周铭成. 2002. 稻鸭共作无公害水稻生产技术初探. 农业装备技术, 28(2): 20-21.

彭方平, 文迎祥, 李顺, 等. 2008. 庭院"三位一体"高效生态农业模式及效益探讨. 农业环境与发展, 25(5): 64-66.

彭廷柏, 肖庆元. 1995. 湘北红壤低丘岗地农业持续发展研究: 1991~1994. 北京: 科学出版社.

邱木清. 2012. "稻-蛙"共作生态农业模式对稻田土壤氮素的影响. 绍兴文理学院学报(自然科学), 32(1): 48-51.

全国明, 章家恩, 黄兆祥, 等. 2005. 稻鸭共作系统的生态学效应研究进展. 中国农学通报, 21(5): 360-365.

任玉民. 2000. 稻田养蟹灭草效果探讨. 垦殖与稻作, 30(4): 39-40.

申登峰, 张培栋, 仲敏, 等. 2005. 甘肃中部农户庭院型"四位一体"生态农业模式能流研究. 中国沼气, 23(1): 43-46.

沈君辉, 王敬宇, 刘光杰. 2004. 我国稻田养殖防虫除草的研究概况. 植物保护, 30(3): 10-13.

沈晓昆. 2003. 鸭稻共作——无公害有机稻米生产新技术. 北京: 中国农业科学技术出版社.

沈寅寅, 施俭, 包士忠, 等. 2016. "稻-虾-鳖"共生模式及技术要点. 上海农业科技, (6): 152-153.

束兆林, 储国良, 缪康, 等. 2004. 稻-鸭-萍共作对水稻田病虫草的控制效果及增产效应. 江苏农业科学, 32(6): 72-75.

孙楠, 李伟, 付云磊, 等. 2017. 有机茶园生态立体种养技术初探. 南方农业, 11(17): 71-72.

孙修云. 2020. 泗洪县稻虾综合种养"一稻一虾"典型案例分析. 水产养殖, 41(4): 49-52.

童泽霞. 2002. 稻田养鸭与稻田生物种群的关系初探. 中国稻米, 8(1): 33-34.

万志, 李强. 2004. 稻蛙生态种养技术. 农村养殖技术, 9: 24.

王德生. 2011. 稻田生态养蟹技术要点. 科学种养, (10): 51-52.

王华, 黄璜, 杨志辉, 等. 2003. 湿地稻-鸭复合生态系统综合效益研究. 农村生态环境, 19(4): 23-26, 44.

王立刚, 屈锋, 尹显智, 等. 2008. 南方"猪-沼-果"生态农业模式标准化建设与效益分析. 中国生态农业学报, 16(5): 1283-1286.

王强盛, 黄丕生, 甄若宏, 等. 2004. 稻鸭共作对稻田营养生态及稻米品质的影响. 应用生态学报, 15(4): 639-645.

吴桐银. 1989. 洞庭湖区发展桑基鱼塘的优势、效益与高产技术措施. 湖南农业科学, (1): 8-10, 27.

伍昌胜, 严立冬. 2009. 湖北绿色农业发展研究报告 2008. 武汉: 湖北人民出版社.

武深树, 谭美英, 龙岳林, 等. 2009. 稻田养鱼的生态防灾机制与效益分析——以湖南为例. 防灾科技学院学报, 11(3): 5-8, 76.

向平安, 黄璜, 黄梅, 等. 2006. 稻-鸭生态种养技术减排甲烷的研究及经济评价. 中国农业科学, 39(5): 968-975.

肖筱成, 谌学珑, 刘永华, 等. 2001. 稻田主养彭泽鲫防治水稻病虫草害的效果观测. 江西农业科技, (4): 45-46.

徐红星, 俞晓平, 吕仲贤, 等. 2001. 水稻田和茭白田越冬代二化螟成虫习性研究. 浙江农业学报, 13(3): 157-160.

许洪善, 徐厚新, 胡涛. 2015. 鳖虾稻高效生态种养技术应用与推广研究报告. 渔业致富指南, (1): 40-43.

薛智华, 杨慕林, 任巧云, 等. 2001. 养蟹稻田稻飞虱发生规律研究. 植保技术与推广, 21(1): 5-7.

鄂新民, 冯建忠, 王献革. 2006. 生态果园养鸡立体种养模式的探索. 今日畜牧兽医, (4): 38.

杨德伟, 陈治谏, 廖晓勇. 2005. 三峡库区庭院生态模式及其效益分析. 水土保持研究, 12(6): 61-64, 70.

杨河清. 1999. 发展稻田养鱼保护生态环境. 江西农业经济, (1): 26.

杨华松, 戴志明, 万田正治, 等. 2002. 云南稻-鸭共生模式效益的研究及综合评价(二). 中国农学通报, 18(5): 23-24, 59.

杨勇, 胡小军, 张洪程, 等. 2004. 稻渔(蟹)共作系统中水稻安全优质高效栽培的研究 V. 病虫草发生特点与无公害防治. 江苏农业科学, 32(6): 21-26.

杨治平, 刘小燕, 黄璜, 等. 2004a. 稻田养鸭对稻鸭复合系统中病、虫、草害及蜘蛛的影响. 生态学报, 24(12): 2756-2760.

杨治平, 刘小燕, 黄璜, 等. 2004b. 稻田养鸭对稻飞虱的控制作用. 湖南农业大学学报(自然科学版), 30(2): 103-106.

姚成田, 周世新, 杨晓东. 2005. 稻田养蟹生态农业模式的建立. 辽宁气象, 21(2): 14.

余国良. 2006. "稻-萍-鱼"立体种养增产增收机理及"五改"配套技术. 中国稻米, 12(5): 51-52.

余锦钦. 2020. 有机稻立体种养模式的生产技术探索. 农业开发与装备, (5): 173-174.

禹盛苗, 朱练峰, 欧阳由男, 等. 2014. 稻鸭种养模式对稻田土壤理化性状、肥力因素及水稻产量的影响. 土壤通报, 45(1): 151-156.

张放, 张士良. 2008. 立体农业项目与技术. 北京: 科学普及出版社.

张健, 窦永群, 桂仲争, 等. 2010. 南方蚕区蚕桑产业循环经济的典型模式——桑基鱼塘. 蚕业科学, 36(3): 470-474.

章家恩, 陆敬雄, 张光辉, 等. 2002. 鸭稻共作生态农业模式的功能与效益分析. 生态科学, 21(1): 6-10.

章家恩, 陆敬雄, 张光辉, 等. 2006. 鸭稻共作生态农业模式的功效及存在的技术问题探讨. 农业系统科学与综合研究, 22(2): 94-97.

赵诚辉, 张亚, 曾晓楠, 等. 2009. 稻鸭共养生态系统抑制病虫草害发生的研究进展. 家畜生态学报, 30(6): 146-151.

赵春法, 李秀萍, 牛月琳. 2008. 探索林下发展养鸡的新思路. 养殖与饲料, (9): 6-7.

赵君. 2010. 丘陵区稻田养鱼技术. 四川农业科技, (5): 41.

赵连胜. 1996. 稻田养鱼效益的生物学分析和评价. 福建水产, 18(1): 65-69.

赵旭, 于凤泉, 田春晖. 2018. 稻田养蟹对防除稻田杂草的效果. 辽宁农业科学, (2): 68-70.

甄若宏, 王强盛, 张卫建, 等. 2006. 稻鸭共作对水稻条纹叶枯病发生规律的影响. 生态学报, 26(9): 3060-3065.

甄若宏, 王强盛, 张卫建, 等. 2007. 稻鸭共作对稻田主要病、虫、草的生态控制效应. 南京农业大学学报, 30(2): 60-64.

钟功甫. 1980. 珠江三角洲的"桑基鱼塘"——一个水陆相互作用的人工生态系统. 地理学报, 35(3): 200-209, 277.

周衍庆, 夏玉兰. 2002. 稻田高效种养模式(一). 垦殖与稻作, 32(2): 37-38.

朱炳全. 2000. 稻田养蛙防治害虫的研究初报. 中国生物防治, 16(4): 186-187.

朱凤姑, 丰庆生, 诸葛梓. 2004. 稻鸭生态结构对稻田有害生物群落的控制作用. 浙江农业学报, 16(1): 37-41.

朱克明, 沈晓昆, 谢桐洲, 等. 2001. 稻鸭共作技术试验初报. 安徽农业科学, 29(2): 262-264.

朱彦彬. 2005. 几种农村庭院经济模式及效益分析. 现代农业, (7): 34-35.

Sin T S. 2006. Evaluation of different species of fish for biological control of golden apple snail *Pomacea canaliculata* (Lamarck) in rice. Crop Protection, 25(9): 1004-1012.

Vromant N, Nhan D K, Chau N T H, et al. 2002. Can fish control planthopper and leafhopper populations in intensive rice culture? Biocontrol Science and Technology, 12(6): 695-703.

Vromant N, Rothuis A J, Cuc N T T, et al. 1998. The effect of fish on the abundance of the rice caseworm *Nymphula depunctalis* (Guenee) (Lepidoptera: Pyralidae) in direct seeded, concurrent rice-fish fields. Biocontrol Science and Technology, 8(4): 539-546.

Yang Y, Zhang H C, Hu X J, et al. 2006. Characteristics of growth and yield formation of rice in rice-fish farming system. Agricultural Sciences in China, 5(2): 103-110.

第八章　农业生物多样性与生物入侵

随着科技的发展和经济的全球化，国际贸易、交通、通信和旅游等迅速发展，人们的生活质量和生活水平得到很大幅度的提高，但人类赖以生存的与农业有关的生物和环境风险却不断增加。生物多样性保护和生态安全已成为举世关注的焦点问题，外来入侵生物与农业生物多样性的关系也是各界重视的热点问题之一。

我国地域辽阔，气候和地理条件高度多样化，世界各地的大多数外来生物都可能在我国找到合适的栖息地。目前，我国包括森林、农业区、水域、湿地、草地、城市居民区等在内的所有生态系统几乎均可见到外来生物入侵的现象。在自然环境中，一个生态系统通常处于相对稳定的状态，系统内各成员之间保持着动态平衡的关系。若遭到外来生物入侵，又逢条件适宜，随着入侵生物种群的增殖扩大，景观的自然性与完整性将被破坏，生态系统原有的稳定状态可能被摧毁。外来生物的入侵能够在个体、遗传、种群、群落和生态系统等各个水平产生影响，造成物种濒危、灭绝，改变入侵生境的群落结构和功能，给入侵生境的生物多样性带来严重威胁，以至于生物入侵被公认是除生境破坏之外造成生物多样性丧失的第二主导因素。

众所周知，海洋、山脉、河流和沙漠等自然障碍所造成的隔离使各地形成了许多特有种和特定的稳定生态系统，但随着国际贸易、旅游和国际事务的自由化以及人类对生境干扰的加剧，当今环境因子的改变速率和尺度之大是过去任何时代都无法比拟的，外来种得以有意或无意地引入和传播的机会大大增加，天然屏障的作用则大大缩小，几百万年地理隔离的历史宣告结束。外来生物入侵已成为 21 世纪生物多样性保护、生态安全、农业可持续发展的主要障碍之一，备受国际社会各界的高度关注和重视。应广泛并深入认识生物入侵的危害和影响，了解生物入侵的原因和途径，掌握控制或抵御生物入侵的关键技术，并建立、健全和完善预测预警、监测检疫和监管系统，服务国家生物安全战略和地方经济发展。

第一节　生物入侵的基本概念与现状

一、生物入侵的基本概念

按照世界自然保护联盟（International Union for Conservation of Nature，IUCN）的定义，外来种是指那些出现在其过去或现在的自然分布范围及扩散潜力以外（即在其自然分布范围以外自然定殖的、直接或间接引入或没有人类活动就不能定殖）的物种、亚种或以下分类单元，包括其所有可能存活继而繁殖的部分、配子或繁殖体。入侵种则是指从自然分布区通过有意或无意的人类活动而被引入，在当地的自然或半自然生态系统中形成了自我再生能力，并对生态系统、栖境、物种、社会生活和人类健康等产生威胁的外来种，包括植物、动物和微生物。生物入侵是通过自然或人为的途径进入其原产地以外的地区，能够在当地的自然或人工生态系统中定居、自行繁殖和扩散，从而给入侵地的生态环境、生物多样性、社会经济和人类健康等造成损害的过程。

在自然界中，生物入侵是一种普遍存在的现象，而且生物入侵的种类几乎包括所有的生物类群，它们的入侵已影响到每一个生态系统和各地的生物区系，使成百上千的本地种陷入灭绝境地，特别是在岛屿和一些特有现象中心最为明显（万方浩等，2005；王文琪等，2009）。在地质学时间尺度上，它深远地影响着地球的生物分布。近代的大部分生物入侵源于人类的活动，在农业、林业、畜牧业和水产养殖业中，物种引进在早期极大地推进了人类物质文明的进步。科技的发展和交通的便利使得人为影响造成的生物入侵在数量上与范围上尤为空前。尽管大多数的外来生物无所作为，但有些外来生物可以对入侵的系统产生强烈影响，包括威胁生物多样性、降低地域性动植物区系的独特性等（郭传友等，2003；向言词等，2001）。据统计，大约有 10% 的外来种被引入新的生态系统后可以不依靠人为干预而自行繁殖成为归化种；归化种常只是建立自然种群，不一定形成入侵，只有其中大约 10% 能够造成生物灾害，成为入侵种。

二、生物入侵的基本特征

一个外来种进入一个新的生态系统，最后是否入侵成功通常取决于两方面的因素：一是该外来种的自身特征；二是新的生态环境是否容易被这个物种入侵。这两个方面的基本特征分别如下。

（一）外来种的基本特征

外来种在新的生态系统中，如果温度、湿度、海拔、土壤、营养等环境条件适宜，就会自行繁衍。许多外来种虽然可以形成自然种群，但多数种群数量都维持在较低水平，并不会造成危害。以植物为例，造成生物灾害的外来种往往具有以下主要特征。

1. 生态适应能力强

主要表现在：遗传多样性高，抗逆性强，生态位广；种子可以休眠以保证在特定时期萌发；能产生抑制其他生物生长的物质；具有能够刺伤动物并引起动物反感的棘刺等；能寄生在其他生物体上；光合效率高。

2. 繁殖能力强

主要表现在：能通过种子或营养体大量繁殖；世代短，能在不利环境下产生后代；植物的根或根茎内有大量营养贮存，无性繁殖能力强；种子的发芽率高，幼苗生长快，幼龄期短。

3. 传播能力强

主要表现在：有适合通过媒介传播的种子或繁殖体，传播率高；种子较小，难以清理，可随风和流水传播到很远的地方；善于与人共栖，容易通过人类活动被传播。

（二）被入侵生态系统的特征

几乎所有的生态系统都有外来种的入侵，但其中一些生态系统更容易遭到入侵。这些容易遭到入侵的生态系统通常具有以下一些共同特征。

1. 具有足够的可利用性资源

主要表现在：具备外来种赖以生存的物质、能源和信息资源，满足其顺利生存、繁衍和种群扩张的生态位。

2. 缺乏自然控制机制

主要表现在：缺乏外来种的生物（如自然天敌）或非生物（如特定气候因子）的限制条件，使外来生物种群的繁衍和扩张加快。

3. 人类进入的频率较高

主要表现在：经济或社会活动等人类的直接或间接干扰，打破了原来生态系统的平衡，致使外来种容易获得进入的机会。

（三）外来种易入侵的区域类型

依据外来种的传入途径以及外来种和被入侵生态系统的特征，外来种容易入侵的区域主要为以下几类。

1. 重要的港口、口岸附近，铁路、公路两侧

经国际货运传入的外来种往往首先在港口、口岸附近登陆，遇到适宜的环境条件建立小的种群而后开始扩散；轮船的压舱水排放和营附着生活的海洋物种也常常在港口落脚。火车、汽车携带的外来种则容易在铁路、公路两侧定殖、扩散。

2. 人为干扰严重的森林、草场

人类活动可直接带来外来种。森林、草原等生态系统本来是稳定的，严重的人为干扰如乱砍滥伐、过度放牧使生态系统退化、多样性下降，给外来种的入侵创造了良好的条件。

3. 物种多样性较低、生境较为简单的岛屿、水域、牧场

物种多样性低，自然抑制力弱，天敌种类少，外来种容易生存，种群容易扩增。

4. 受突发性的自然干扰，如火灾、洪水和干旱等破坏后的生态环境

在这些生态环境中，生态系统短时间内受到严重破坏，物种组成和群落结构变得简单，外来种极易迅速占据大量的生态位而成为优势种。

5. 温暖湿润、气候条件好的地区

例如，我国的南方地区，优越的地理和气候条件常常给外来种的大暴发提供良好的条件。

三、生物入侵的原因

（一）盲目引种

物种迁移或引入虽然会产生危害，但是许多新品种的引入确实解决了生产生活中的一些实际问题。例如，1859～1900 年，澳大利亚笔尾松鼠被引入新西兰，后发展成为新西兰毛皮业的财富之源。然而，大多数的引种在带来经济效益的同时也给人类带来了更大的灾难。例如，20 世纪 50 年代我国引入水葫芦，主要是为牲畜提供饲料，但随着饲料工业的发展和牲畜喂养方式的改变，采用含水量高、食用成分少的水葫芦饲料，其投入与产出已不成正比，水葫芦作为牲畜饲料已被弃用而成为当今避之不及的环境公害。

（二）旅游业

很多物种入侵是由于旅游者的有意或无意携带而引起的。游客从全球各地带来各种物种，其中就包括异地的植物、动物和微生物，这些物种被有意或无意地留在当地的生态环境中，对当地生物入侵起到了不可忽视的作用。

（三）海洋业

1. 海洋垃圾

随着废弃的塑料和其他人造垃圾漂浮的海洋生物每天都在进犯南极洲和其他一些

岛屿，给当地的物种造成了威胁。海洋生物学的调查表明，软体动物、蛀船虫、珊瑚虫等寄居类动物如今正附着在漂浮的垃圾上漂进新的地区，对那些地区的物种造成危害，并开始改变那里脆弱的生态系统。

2. 海洋压舱水的排放

20 世纪初，压舱水代替了固体压舱物，这无意中为水生生物在世界范围内的散布提供了极大的便利。轮船变成了一个载满各种微型生物的水族箱，人们在输送货物时不断地运输和储存这些水生生物，与压舱水直接相关的生物入侵事件频繁发生。

（四）国际贸易

贸易全球化、国际运输集装箱化和交通便利化促进了鲜活动植物产品的贸易，在很大程度上增加了有害生物存活的可能性，从而提高了有害生物在国家间传播入侵的机会。例如，美国白蛾就是在二战后日本木材奇缺，美国原木大量倾销日本的背景下随木材进入日本，随后传入中国的。此外，松材线虫传入中国、光肩星天牛传入美国等都是由国际贸易引起的。同时，种苗产业的国际化与国际交流频繁也大大加快了病虫的入侵与扩散。

四、生物入侵的现状

（一）国外生物入侵的现状

生物入侵是一场没有硝烟的战争，外来生物的入侵可以危及一个国家的生态安全、危害一个国家的经济安全、威胁一个国家的生物安全、损害一个国家的人民利益，甚至动摇一个社会的稳定根基。以 19 世纪的生物入侵导致欧洲大饥荒为例，起源于墨西哥的马铃薯晚疫病（病原菌为 *Phytophthora infestans*）于 19 世纪 40 年代传到欧洲和南美洲，1845~1847 年，该病在爱尔兰暴发，使马铃薯绝收并引发大饥荒，导致爱尔兰 800 万居民中约 100 万人死亡和超过 150 万人流落他乡，可见生物入侵可严重影响社会的稳定与发展（姚一建等，2002）。淋巴腺鼠疫由跳蚤携带，而跳蚤通过寄生于入侵种——一种原产自印度的黑家鼠（*Rattus rattus*）从中亚传播到北非、欧洲和中国。随着欧洲殖民地的建立，麻疹（measles）和天花（variola）从欧洲大陆席卷西半球，当地居民对这些疾病的抵抗力很弱，从而促使了阿兹特克和印加帝国的衰落（McNeely，2001）。在 21 世纪经济全球化、国际贸易自由化的新形势下，生物安全已成为各国国家安全的重要组成部分。主要表现在以下几方面。

1. 生物入侵的风险日益增加

随着国际贸易、旅游和交通的迅速发展，现代农业中的物种资源引进与交换频繁，这种有目的地共享生物多样性资源使得特定生态系统产生巨大经济效益的同时也增加了外来有害生物伴随入侵的危险性（万方浩等，2002a），外来种长距离地迁移与入侵、传播与扩散到新的生境中，其入侵的危险性日益增加，因此，防范生物入侵就成为全球

21 世纪农业可持续发展面临的共同问题。

2. 生物入侵已对农林渔牧业安全生产及生物多样性和人畜健康产生严重影响

生物入侵在给很多国家造成不可逆的生态灾害的同时，也导致了巨大的经济损失。美国每年直接或间接用于主要入侵种控制和预防的费用高达 1366 亿美元（Pimentel et al.，2000），印度和南非每年由入侵种造成的经济损失分别为 1300 多亿美元和 800 亿美元（李尚义和李宁，2002；张从，2003），这当中不包括一些无法计算的隐性损失。

3. 危险性农作物病虫害及潜在的动物烈性传染性疫病传入风险增加

部分危险性农作物病虫害、潜在的动物烈性传染性疫病、人畜共患病（疯牛病、口蹄疫、禽流感）在全球多地扩散，一旦传入后果不堪设想，各国对这些危险性外来生物均采取了严格封锁措施；同时，严重急性呼吸综合征（SARS）、禽流感的暴发给予了国际社会新的警示。建立和完善防范生物入侵快速反应机制与紧急处理程序成为防御体系的焦点。

4. 生物入侵的威胁已成为农产品国际贸易技术壁垒的一个主要障碍

目前，在 40 多个国际公约、协议和指导准则中，均涉及入侵种问题，如《生物多样性公约》（CBD）、《卡塔赫纳生物安全议定书》（BS-Protocol）、《实施卫生与植物卫生措施协定》（简称《SPS 协定》）、"有害生物风险分析"（PRA）、《国际植物保护公约》（IPPC）。特别是《生物多样性公约》呼吁所有缔约国禁止引入那些威胁生态系统、栖息地或物种的外来种，控制或根除那些已经引入的外来种。与控制外来种密切相关的两个国际规则[《实施卫生与植物卫生措施协定》和《技术性贸易壁垒协定》（简称《TBT 协定》）]中均明确规定：在有充分科学依据的情况下，为保护生产安全和国家安全，可以设置一些技术壁垒，以阻止有害生物的入侵危害。中国加入世界贸易组织（WTO）后，国际贸易将日益频繁，外来种人为传入机会大大增加，在不能强行设置贸易壁垒的同时，加强外来种和生物入侵的基础科学研究，可为保护国家安全和公平国际贸易提供重要科学依据（苏荣辉等，2002）。

5. 防范恐怖分子利用高科技手段制造生物武器

防范恐怖分子利用生物技术制造超强的生物武器是保卫国家安全的战略性任务。作用于人体、动物和植物的病原微生物都可以被当作武器来破坏敌对国家的经济和社会稳定。例如，若农业生产遭受攻击，控制病害传播和清除染病牲畜所需费用及其带来的经济损失均十分巨大，对社会稳定所造成的损害十分严重（如疯牛病与猪瘟都可以很容易地传播到任何一个国家并摧毁该国的农业）。据悉，为了控制疯牛病暴发，英国屠杀了大约 320 万头牲畜。英国 20 世纪 90 年代暴发的疯牛病所造成的经济损失高达 90 亿～140 亿美元，使英国农牧业遭受重创。1983～1984 年，美国政府为消灭禽流感共花费了6300 万美元，消费者为此则多花费了 3.49 亿美元。美国的农业产值占美国国内生产总值的 1/6，若其农业遭到生物恐怖主义的威胁，则其经济和社会都将遭受严重的冲击。

在某种程度上，生物恐怖主义活动不仅能影响一个国家的政治、经济、社会稳定，还会威胁到一个国家的生存和人类的安全。当今世界,以基因工程为核心的生物技术正在突飞猛进。生命科学的发展给人类带来巨大财富和便利的同时,也可更加容易地被滥用于制造廉价高能的杀人武器。通过转基因制造出的超级病原微生物,具备常人无法想象的毁灭能力,并具有研究和使用方便、隐蔽性极强、危害严重且难以消除等特点,很难像对核武器那样实行有效控制,因此容易扩散到世界各国,对世界和平和人类生存构成严重威胁(陈家曾和俞如旺,2020)。

6. 入侵种的相关科学研究基础薄弱

生物入侵已受到各国政府及科学界的高度重视,但由于从根本上缺乏对入侵种的综合性认识,有关入侵生物学、入侵生态学等的研究基础极为薄弱,还不足以准确地进行早期预警、快速检测、有效监测和持续治理。世界自然保护联盟(IUCN)于 2001 年制定的《入侵种全球策略》(Global Strategy on Invasive Alien Species,GSIAS)提出了入侵种管理全球十大策略:提高对入侵种的管理能力、加强对入侵种的研究能力、加强信息共享、加强外来种的引种管理和跟踪调查、加强研究机构的协作与合作、加强潜在入侵种风险评估的研究、提高入侵种防范的公众意识、制定防范入侵种的国家策略与行动计划、将入侵种管理纳入全球变化行动计划、加强国际合作。

总之,生物入侵涉及经济安全、生态安全、社会安全与国家利益,其预防与控制研究也已成为国内外研究的热点与焦点。自 20 世纪 50 年代到 21 世纪,国际上从主要对入侵种的生物学特性、生态学特性和控制技术等方面进行研究,逐步扩大到对入侵种的入侵机制、灾变机制、早期预警系统、经济影响评价和可持续控制体系等方面。希望通过相关基础和应用方面的研究及国际交流能尽快全面提升国际上对入侵种的管理、预防与控制的能力。

(二)国内生物入侵的现状

我国生物入侵的情况十分严重,除青藏高原上少数人迹罕至的偏远保护区外,全国 31 个省份均不同程度地存在生物入侵的影响或威胁。此外,生物入侵涉及的生态系统多,包括森林、农业区、水域、湿地、草地、城市居民区等几乎所有的生态系统,其中以低海拔地区及热带岛屿生态系统的受损程度最为严重;外来入侵生物的物种类型多,从脊椎动物(哺乳类、鸟类、两栖类、爬行类、鱼类)、无脊椎动物(昆虫、甲壳类、软体动物)、植物(以草本植物为主)到细菌、病毒等均能找到例证(李振宇和解焱,2002;蔡蕾等,2003;乔延龙等,2010)。我国生物入侵的形势十分严峻,主要表现在以下几方面。

1. 已入侵生物的扩散蔓延和暴发成灾

中国是世界上物种多样性最丰富的国家之一,已知有陆生脊椎动物 2554 种,鱼类 3862 种,高等植物 30 000 种,包括昆虫在内的无脊椎动物、低等植物和真菌、细菌、放线菌种类更为繁多(陈灵芝,1994;《中国生物多样性国情研究报告》编写组,1998;李振宇和解焱,2002)。据初步统计,目前入侵我国的外来种(包括农林牧渔业)至少有 400 多种。在世界自然保护联盟（IUCN）公布的全球 100 种最具威胁的外来种中，我国就有 50 种，是全球受生物入侵影响最大的国家之一。这些入侵生物对我国的农业、森林、湿地、草原、江河湖泊、岛屿、自然保护区等自然生态系统和城市生态系统、基础设施建设、人类疾病控制、人文环境和国际贸易等都产生了巨大影响。每年仅 11 种主要外来入侵害虫和杂草对我国造成的经济损失就高达 574.3 亿元（万方浩等，2002a），每年各种外来入侵生物对我国造成的总经济损失估计在 2000 亿元以上。

2. 危险性外来有害生物接连入侵且新的疫情不断突发

1987 年在福建漳州发现香蕉穿孔线虫传入，1994 年初在海南发现了美洲斑潜蝇（*Liriomyza sativae*）（问锦曾等，1996）。1997 年在北京报道发现蔗扁蛾（杨集昆和程桂芳，1997）。1998 年在陕西发现甜樱桃感染李属坏死环斑病毒（*Prunus* necrotic ring-spot virus，PNRSV）（阮小风等，1998）。自 1998 年以来香蕉枯萎病（致病菌为尖孢镰刀菌古巴专化型 *Fusarium oxysporum* f. sp. *cubense*）在广州开始零星发病危害香蕉（卓国豪等，2003）。1998 年在海南省文昌市发现锈色棕榈象（*Rhynchophorus ferrugineus*）严重危害椰子。目前除海南外，台湾、广东、广西和云南等部分地区也发现该虫（张润志等，2003）。2001 年在海南省东方市江南苗圃内的丝葵（*Washingtonia filifera*）上发现水椰八角铁甲（*Octodonta nipae*）（孙江华等，2003）。2003 年在北京发现危害蔬菜的西花蓟马（*Frankliniella occidentalis*）（张友军等，2003）。我国在原有外来入侵生物造成重大经济损失的同时，一些危险性外来有害生物相继传入，新的疫情不断突发。

3. 生物入侵的频率急剧增加，危险性不断增加

随着我国加入 WTO 以及全球经济一体化的进程加快，日趋频繁的国际贸易往来使生物入侵的概率和危险性激增，仅上海出入境检验检疫局 2001 年就截获各类外来有害生物 2047 批次，其中国家严令禁止入境的一类危险性病虫害 222 批次。我国海关多次截获小麦矮腥黑穗病（TCK）、大豆疫病、梨火疫病、地中海实蝇（*Ceratitis capitata*）等。2002 年我国海关共截获各类有害生物 1310 种，22 448 批次，分别比上年增加 1.5 倍和 3.4 倍。外来有害生物的入侵频率在 20 世纪 90 年代以前为每 8～10 年发现 1 种，到 90 年代以后，每年都新发现入侵生物 1～2 种。

4. 我国针对外来种的基础研究薄弱，技术储备不足

目前我国已有很多外来种入侵，但有关外来种的入侵生物学、入侵生态学的研究基础极为薄弱。针对几种主要外来种，如烟粉虱的遗传变异与寄主谱扩张机制、稻水象甲的生态地域扩张机制、松材线虫的致病机理、紫茎泽兰的扩散蔓延机制等的研究都还没有获得明确的结论。在对外来种的预防与管理中，缺乏早期预警系统，难以建立快速反应机制；缺乏快速检测与侦测技术，难以建立狙击系统；基础研究薄弱，难以提升可持续控制技术水平；缺乏部门协调机制，难以统一部署与行政监管。

针对这种形势，国家亟须基础科学依据和控制技术，以期实现对外来种的可持续控制。通过对外来种基础科学与控制技术的研究，充分应用分子生物学、生物化学、信息

网络和生物生态学等技术，建立起既能为公众服务，也能为国家决策提供依据的应用技术平台，全面提升我国在生物灾害研究领域的国际学术地位（苏荣辉等，2002）。今后我国针对外来种的研究方向是：①潜在外来种（危险农林业病虫草害、动物烈性传染性疫病）风险评估的研究，建立早期预警系统与狙击体系；②发展快速分子生物检测、侦测与监测技术，建立入侵生物灾害应急控制与公共危机处理技术及程序；③农业动植物危险、烈性、潜在入侵疫病流行学以及外在重大农作物入侵害虫的传播扩散途径与机制研究，建立阻断与扑灭技术体系；④拓宽与创新紧急扑灭、生物防治、生态调控与生态修复的技术与方法，建立外来种可持续治理的综合防御与控制体系。

第二节 生物入侵与农业生物多样性关系的理论基础

一、外来种成功入侵的生态学理论

在自然界的长期进化过程中，生物与生物之间相互制约、相互协调、相互适应，将各自的种群限制在一定的栖境和数量范围内，从而形成了相对稳定的生态平衡系统。但当某些生物通过自然或人为的方式传入新的栖境就会造成生物入侵现象，从而打破入侵地区原有的生态平衡，导致本地种的减少或灭绝，使生物多样性降低，甚至破坏整个生态系统（Vitousek et al.，1996）。入侵生物为什么会产生如此大的生态影响呢？是这些入侵生物具有超强的竞争能力，还是其具有非凡的环境适应性？长期以来，入侵生物的入侵原因及其潜在入侵机理备受国内外相关专家和学者的关注，并且不同专家和学者从入侵生物的种群建立、传播扩散和影响途径等不同角度提出了系列理论或假说，下面就生物入侵的主要生态学理论（或假说）予以归类总结。

（一）空余生态位假说

生态位理论是现代生态学中的一个重要内容，它是指生物在环境中适合生存的不同环境因子变化的区间范围。而空余生态位假说（empty-niche hypothesis）所指的生态位主要是相对于入侵种来说的，它认为生物入侵是因为入侵种在入侵地利用了本地种利用率较低，即相对富余的资源而促使其成功入侵（Elton，1958；Mack et al.，2000）。因为传统理论中物种丰富的群落被认为内部资源利用比较充分，从而缺少相对空缺的生态位，所以该假说也是物种丰富假说的理论支柱之一（Levine and D'Antonio，1999）。

空余生态位假说作为外来种入侵风险分析的重要评价因子，常常被纳入不同的模型来进行外来种入侵的风险分析，并从群落生态学理论的角度解释了生物入侵的机理（陈宝雄等，2020）。空余生态位假说认为，在多样化的生态环境中，物种只有找到合适的、未被其他物种占据的生态位，才有机会启动入侵。空余生态位假说基于两点理论依据：一是竞争排斥原理（高斯原理），即在一个稳定的环境中，两个以上受资源限制但具有相同资源利用方式的物种，不能长期共存一处，即完全的竞争者不能共存；二是移入假说，即当入侵地具有与外来种生态位重叠的本地种时，外来种将很难入侵，因为同一生态位的本地种将对外来种形成巨大的竞争压力。

这一假说的研究主要从两个方面来加以考虑：一是外来种自身一些相对特殊的生物生态学特征，二是入侵地生物资源的相对富余状况。例如，美洲斑潜蝇（*Liriomyza sativae*）以雌成虫和幼虫危害寄主植物，其幼虫潜食危害植物叶片，其生活史除成虫外都在植物叶肉组织内部，因此该害虫入侵后很容易利用这一特殊的生态位入侵成功，且其寄主范围很广，给我国农业生物资源造成了巨大损失。外来种进入一个新的栖境，由于生境本身空余生态位的存在和外来种的竞争作用，改变了本地种的生存空间，引起原有生境物种生态位的分离，或者导致物种间的竞争取代。

（二）天敌逃逸假说

天敌逃逸假说或天敌解脱假说（enemy release hypothesis，ERH），是生物入侵机制中最重要的假说之一，主要聚焦于外来种入侵过程中的传入和定殖阶段，针对可以迅速增殖并（或）在入侵地扩散的入侵种。该假说认为，外来种之所以在入侵地种群数量暴发，是因为脱离了原产地自然天敌的控制。天敌逃逸假说的成立基于三点假定：首先，自然天敌是外来种种群的重要调控因子；其次，入侵地本地天敌对本地种的控制作用大于对外来种的控制作用；最后，外来种可以利用所在入侵地天敌调控作用降低的条件促使其自身的种群增长（万方浩等，2011）。

该假说认为，一个外来种在被引入一个新的区域后，该区域没有或者很少存在它的天敌，从而导致它在数量上的增长和空间分布上的扩张。这是因为物种在多年的协同进化中，各物种之间形成了相对固定的食物链关系。此假说基于 3 个主要的理论观点：一是天敌是种群的重要调节者；二是天敌对本地种比对外来种具有更大的抑制作用；三是外来种可以利用天敌调节作用的降低而加速其种群的增长。例如，海岸角蜥（*Phrynosoma coronatum*）是美国加利福尼亚州南部海岸各种蚂蚁的天敌，阿根廷蚂蚁（*Linepithema humile*）入侵加利福尼亚州南部海岸导致包括红胡须蚁（*Pogonomyrmex barbatus*）在内的许多土著蚂蚁的大量减少甚至灭绝（Suarez et al.，1998），但对海岸角蜥的猎物选择分析表明，阿根廷蚂蚁并未取代红胡须蚁等本地种而成为海岸角蜥的合适食物（Suarez et al.，2000）。近年来的研究还表明，生物入侵是一个很复杂的过程，天敌因素在入侵中的作用远比过去料想得要复杂。对一些外来种来说，成功入侵是由于缺乏天敌的控制，但有些并非如此。例如，澳大利亚曾引入空心莲子草叶甲（*Agasicles hygrophila*）来防治外来种空心莲子草（*Alternanthera philoxeroides*），该措施在水域中取得了较好的效果，但无法控制空心莲子草的旱生种群（Julien and Chan，1992）。新栖息地的一些本地种天敌则可能转向取食外来种而成为外来种的新天敌，使土著群落对一些外来种的抵抗力得到增强。总之，天敌因素在入侵中的作用还有待进一步深入研究。

（三）繁殖压力假说

繁殖压力是一个用于描述外来种传入数量的参数，包含单次传入个体数量和传入次数两个方面。繁殖压力假说（propagule pressure hypothesis，PPH）认为，外来种的繁殖压力决定了入侵发生的程度，繁殖压力越大，外来种在传入地成功定殖的概率越高（Williamson，1996）。许多入侵生物学家都将繁殖压力看作入侵的"驱动因子"，并认为它体现了生物入侵的本质特征。通常情况下，高繁殖压力可以帮助入侵种在定殖后缩短潜伏期，提高扩散效率并扩大分布范围（Wilson et al.，2007）。

一般来讲，繁殖压力包含两层含义：一是单次传入个体数量，二是传入次数，即繁殖压力＝ 单次传入个体数量×传入次数。单次传入个体数量越大，传入次数越多，繁殖压力就越大。对有的入侵种而言，一次传入足够的数量就可以建立自我维持的种群，并且传入的个体数量越多，定殖的概率越大。而在有的传入过程中，如果传入地偶然处于不利的环境条件或者传入种群受到遗传瓶颈的影响，那么通过单次传入来建立种群的风险是很大的，但增加传入次数能够增大外来种到达适宜生境的概率，并对上述不利影响起到缓冲作用从而降低种群灭绝的概率。在昆虫、（草本）植物、水生动物、鸟类、哺乳动物、啮齿类和有蹄类动物等不同类型的入侵种中，都存在繁殖压力的显著影响。通常，繁殖压力的大小与成功入侵的比例呈线性关系（万方浩等，2011）。

（四）内在优势假说

内在优势假说（inherent superiority hypothesis，ISH）即外来种之所以能够成功入侵是由于其本身具有的特定性状（包括形态、生理、生态、遗传、行为等方面的特征）使其在环境适应、资源获取、种群扩张等方面与其他物种尤其是入侵地的本地种相比具有更好的表现。内在优势假说认为，物种某些内在的优势特征决定了其能否成为入侵种，这可能是因为具有内在优势的物种在进化历史中获取了更多的变异，从而使其具有忍受更广泛的生态条件、利用更多的资源类型并抵抗大量潜在天敌的能力或性状，因此比入侵地的本地种有更好的表现。某些科或属内具有相对更多的入侵种，这可能是因为同一分类单元的物种在其进化过程中获得了相同或相似的适应对策。该假说从入侵性的角度解释了外来种成功入侵的机制，关注生物入侵的各个阶段，因为入侵种的优势性状可能在传入、定殖、潜伏、扩散、暴发各个入侵阶段发生作用，但不同入侵阶段往往对应不同的优势特征。

成功入侵的物种往往是原产地的优势种和（或）广布种，具备长期进化而来的相对优势，同时物种的丰富度越高，其分布范围往往越广。因此，分布广、数量多的物种比分布范围小且数量少的物种有更多的机会扩散到新的环境（Sax and Brown，2000）。在生活史特征方面，入侵种通常在繁殖力、体形大小、生活史长短、食性范围、侵略性、迁徙性等方面优于本地种。在行为特征方面，攻击性行为被认为是入侵种成功入侵和竞争取代的重要机制。对近缘种或生态位相似的物种的攻击行为是种间替代的重要机制之一。例如，阿根廷蚂蚁（Linepithema humile）以其强入侵性和攻击性而闻名于世。Tillberg等（2007）研究发现，攻击性和营养生态位的转变是阿根廷蚂蚁成功入侵的主要因素，在入侵新生境后它们会表现出在原产地的肉食性，攻击它们遇到的竞争蚁群和其他小型动物并快速建立种群。另外，生殖干扰也是某些外来种成功入侵的重要因素。在对 B 型烟粉虱（Bemisia tabaci）入侵取代非 B 型烟粉虱的研究中，Liu 等（2007）发现了入侵种一个极具威力的行为机制——"非对称交配互作"（asymmetric mating interaction），这是入侵烟粉虱调节种群性比和数量的一种重要内在潜能。当入侵烟粉虱到达新的地区后，与本地烟粉虱共存发生互作，从而激发这一潜能迅速发挥作用，使入侵烟粉虱的交配频次增加，后代雌性比提高，种群增长加快，同时入侵烟粉虱干扰本地烟粉虱的求偶、交配行为，使后者交配频次下降，后代雌性比降低，从而抑制其种群增长。Crowder 等（2010）进一步验证发现"非对称交配互作"是中国、澳大利亚、美国、以色列等多个区域入侵烟粉虱对本地烟粉虱竞争替代的主要机制。在 B 型烟粉虱的入侵中，其成功入侵的内在优势包括：①繁殖力强；②高温耐受性强；③寄主范围广，对潜在寄主植物的适应能力更强、反应更为及时有效；④对杀虫剂的敏感性较低；⑤与双生病毒之间有间接互利共生关系；⑥非对称交配互作降低本地种竞争力（万方浩等，2011）。

（五）互利助长假说

物种之间存在普遍联系，这种联系决定了生态系统中各个物种生态位的网状结构。物种间存在互利共生、共栖、捕食、抑制、竞争及中性关系，当在生物入侵过程中入侵种与其他物种之间存在互利共生和共栖关系时，互利助长入侵现象就会发生。互利助长假说（mutualist facilitation hypothesis，MFH）是指多个物种以各种方式促进彼此的入侵，提高其在入侵地生存的概率或加剧对入侵地生态环境等方面的影响，从而潜在加快入侵种数量的增长（Simberloff，2006）。在生物入侵过程中，只要两个或多个物种通过互助行为产生互利效果，那么互利助长现象在外来种与外来种之间，外来种与本地种之间，动物、植物以及微生物之间都可以发生。例如，传粉昆虫随植物共同入侵，而植物可以加速那些以其为食的动物的入侵，而动物通过取食、收集植物枝条筑巢或者无意地通过皮毛、四肢携带植物种子等又可以促进外来植物的扩散（Richardson et al.，2000a；Buckley et al.，2006）。正是由于这种互利助长现象的普遍性，该假说既可以解释外来种的入侵性，也可以解释生态系统的可入侵性；该假说既适用于入侵的早期传入阶段，也适用于定殖后的扩散。互利助长假说认为物种间存在的积极作用有助于外来种的传入、定殖和扩散，使外来种数量不断增加，最终引起整个生态系统崩溃。

昆虫是生物互利助长入侵过程中的一个主角。与植物作为生产者能够改变整个生态系统的食物链结构不同，昆虫与其他物种互利助长入侵，更多的是充当一个传播媒介的角色（Kenis et al.，2009）。昆虫在入侵过程中，往往会把自身携带的微生物也传入入侵地，这些微生物可能在原产地对当地物种没有不利影响，甚至是某些物种生长发育所必需的，而一旦其随着昆虫传入一个新的环境中，就可能对当地的环境造成危害，如红脂大小蠹与其伴生菌；或者是这个入侵种与微生物之间是一种互利共生的关系，两个物种能够相互促进各自的入侵，如烟粉虱与其携带的双生病毒；或者昆虫作为外来种扩散载体，加快外来种的扩张，如松墨天牛与松材线虫。

植物与昆虫在多个物种的互利助长入侵过程中起到桥梁作用。昆虫与植物之间存在协同演化关系，主要表现在传粉与捕食这两种关系上，若没有昆虫为外来植物传粉，那么这种植物就很难成功入侵。但在自然界中，多数植物与昆虫不是专性授粉关系，正是由于这种关系的存在，外来植物才能够在多数入侵地授粉繁殖，进而扩散。除植物与昆虫之间传统的授粉关系外，外来植物与植食性昆虫联合入侵时，入侵植物会通过昆虫对土著植物产生间接影响而增强其与土著植物的竞争力促进其入侵，而这与我们传统上认为外来植物能够成功入侵是逃避了本地天敌的理论相矛盾（Rand and Louda，2004）。

另外，蚂蚁对某些入侵性植物也具有重要的作用，这种作用不仅仅是使植物的种子扩散得更远，更重要的是使这些植物的种子保存在安全的地方（Richardson et al.，2000b）。有的入侵地中本地昆虫通常会优先选择土著植物为食，从而促进了外来植物的入侵，降低了本地种的竞争力，使整个生物群落更易被入侵（Gonzales and Arcese，2008）。此外，外来植物入侵后能够为外来入侵昆虫提供新的资源，同样可以促进外来昆虫的入侵，如夏威夷 1978 年意外引入赤条拟隐脉叶蝉（*Sophonia rufofascia*），其在外来植物火杨梅上的数量是本土植物的 5 倍，且有火杨梅存在的区域内，本土植物上该叶蝉的数量是火杨梅被去除区域本土植物的 2～19 倍，可以说是火杨梅加速了赤条拟隐脉叶蝉的本土化进程（Lenz and Taylor，2001）。

（六）入侵进化假说

入侵进化假说（evolution of invasiveness hypothesis，EIH）是指外来种通过在其入侵扩张期间的快速进化作用，形成的种群会比其原发地的同属种群在密度、个体表现型上要大和长势迅速等。例如，入侵性极强的阿根廷蚂蚁（*Linepithema humile*）在原产地形成小而分散的蚁群，但在入侵地——北美洲形成较大的单一蚁群，这是由于在原产地种内不同巢穴的个体间争斗激烈，巢穴间边界明确，但在北美洲的种群内争斗却很少，巢穴间没有明显的边界，数个家族生活于同一领域而形成大的单一蚁群。数个家族生活于同一领域使得它在与本地种的争斗中有数量优势。同时，较少的种内争斗减少了内耗，使得种群的生活能力与繁殖能力都大大提高（Suarez et al.，1999）。由于亲缘选择，阿根廷蚂蚁北美洲种群不同巢穴之间的争斗较少，从而形成了有利于其入侵的行为特性（Tsutsui et al.，2000）。

入侵种到达新环境入侵成功以后，其生态适应性、遗传结构、行为等可能会发生改变。例如，红脂大小蠹（*Dendroctonus valens*）原产于北美洲，于 20 世纪 80 年代中期传入我国，其在原产地经常攻击衰弱的长势不好的松树或伐桩，但一般不造成严重危害，但是在我国红脂大小蠹成了一种攻击性的害虫，可侵害外表健康的树木。研究发现，传入区没有强有力的竞争种、较为干旱的气候条件、大量适宜寄主的存在使其成功地建立了种群；粗放不合理的经营、乱砍滥伐、割脂等人类活动进一步促使其暴发成灾，红脂大小蠹聚集型扩散蔓延，其聚集原因可能是由寄主油松决定的（苗振旺等，2002）。又如，在种群水平上，南美斑潜蝇（*Liriomyza huidobrensis*）南、北种群蛹的过冷却点会出现明显分化，南美斑潜蝇向北扩散的过程中，经历了较长时间的驯化和适应，过冷却能力和耐寒性不断提高，这对其进一步向北推进入侵有着重要的意义（Chen and Kang，2002）。

（七）物种多样性阻抗假说

生态学家普遍接受多样化的群落比简单群落对入侵种具有更好的抗性这一理论，即物种多样性高的群落要比多样性低的群落对外来种入侵的抗性高（Elton，1958）。物种多样性阻抗假说（diversity resistant hypothesis，DRH）也称物种丰富度假说（species richness hypothesis），该假说认为，物种多样性高的生态系统比多样性低的生态系统对外来种入侵的抗性更高，物种多样性与可入侵性呈负相关关系，外来种入侵的成功与否取决于生态系统中本地种的丰富度及其相互作用的强度（万方浩等，2011）。这一假说在理论上的依据是单一群落内部种间联系脆弱，具有相对较多的空余生态位，这为外来种间接提供了生存空间，所以这样的群落可入侵性高，而物种多样性高的群落与单一群落相比有较少的可利用资源，因此不能为外来种提供生存所必需的条件（Tilman，1999）。在物种多样性低的群落，资源的利用率是较低的，这为外来种间接提供了生存空间，所以这样的群落被入侵性就会较高（Hooper and Vitousek，1998）。同时，物种多样性高的生态系统中，外来种天敌的数量可能多，特别是食物链中专性天敌的存在将极大地降低外来种定殖的可能性（Lodge，1993）。而且物种多样性高的生态系统可以通过两个方面来缓冲入侵种对生态系统的干扰：一是降低外来种入侵的成功率；二是尽可能地减少入侵所造成的生态系统结构与功能的变化（Chapin et al.，1998）。

目前陆地生态系统的物种多样性分布有力地支持了物种多样性阻抗假说。例如，相对于物种较少的中纬度地区，物种丰富的热带地区入侵种较少，其对生物入侵的抗性较高（Rejmanek，1996）。同时，许多野外观察和田间试验也符合物种多样性阻抗假说的预测。例如，澳大利亚植物群落中外来种的比例与本地种的物种数量和丰富度呈现负相关关系（Fox and Fox，1986）。但是，随着对生物入侵过程与机制研究的深入，物种多样性阻抗假说受到许多质疑和挑战，成为生态学长期争论的焦点，最近一些研究人员从多样性和入侵性着手进行了相应的探究，类似于生态系统的输出、稳定性和其多样性的关系研究，发现一些实际观察和野外试验结果并不符合物种多样性阻抗假说的理论推测，甚至物种多样性低的群落对外来种入侵的抗性更高，物种多样性与外来种入侵性呈负相关关系（Dukes，2002），而这种现象在水生系统中更加明显，从而出现了对于该假说的诸多争论。

（八）资源机遇假说

在生物的进化过程中，资源竞争常常是选择压力的重要组成因素，而生态系统中资源的可利用性往往决定了某一物种的适合度和丰富度，特别是对外来种而言，群落中可利用资源的多少通常是入侵成功的关键。资源机遇假说（resource opportunity hypothesis，ROH）认为，在大空间尺度上的可利用资源是决定生态系统可入侵性的关键因素，群落具有入侵种必需的生态资源，包括营养、食物、水分、光照、土壤等，而且这些生态资源大多不能被本地种有效利用，如果这个情形恰巧遇上可利用的外来繁殖体，便会发生生物入侵（Davis et al.，2000）。该假说强调生态系统的可入侵性不是静态特征或恒定状态，而是随着群落中可利用资源水平的波动而变化的，它聚焦于一个基本的事实，即在不同时间和空间尺度上，外来种在新环境中成功捕获营养、食物、光、水等资源的机会受到严格的限制，而外来种必须获取足够的资源才能发生入侵。如果外来种同本地种没有激烈的资源竞争，那么外来种入侵的成功性会更高（万方浩等，2011）。

资源机遇假说主要是针对入侵性植物提出的，因为很多外来植物的成功入侵都发生在可利用资源丰富的区域或资源波动的条件下，资源促进入侵的重要性通过入侵与高营养化之间的关系，以及入侵性与干扰之间（通过减少资源摄取或者刺激矿物质化而增加可利用资源的干扰）的关系显现出来。到目前为止，资源机遇假说的理论基础和案例大多来源于植物群落的实验和观察数据，在其他物种中的研究和案例较少，或者因为物种特性而无法适用，例如，动物对可利用资源的反应通常是间接的，而且行为因素如迁徙、取食、防御、生殖以及社会行为往往在其入侵过程中占主导作用（Davis et al.，2000），由此缓冲了外来动物对未利用资源供应的依赖程度。因此资源机遇假说对于解释其他物种成功入侵的通用性还有待进一步的研究和印证。

（九）生态系统干扰假说

　　在生物入侵过程中，大量研究发现干扰是评判生态系统可入侵性的重要生态因子之一（Paiaro et al.，2007）。在一般情况下，本地自然生态系统的群落结构复杂，各物种之间的关系紧密，相对空余资源稀疏，系统较为稳定，对外来种入侵抵制能力较强。而随着全球变化和人类活动影响日趋加重，很多自然生态系统常常处于不同性质和程度的干扰之中，这些干扰使得本地生态系统的稳定性下降，导致大量外来有害生物的入侵。因此生态系统干扰假说（ecosystem disturbance hypothesis，EDH）认为，在自然或人为干扰下，本地生态系统中很多物种因不能适应改变的环境而发生种群衰退甚至灭绝，而一些外来种却能顺应这些干扰所致的环境变化而成功入侵（Mack et al.，2000）。生态系统干扰假说的理论依据主要包含两点：本地生境的资源波动和外来种与本地种关系的改变。例如，在本地生境特征方面，许多研究指出生态系统可入侵性不是一个恒定的特征，而是随着时间不断变化，伴随着干扰作用下资源可利用性的增加或入侵屏障的移除，其可入侵性会增加（Silveri et al.，2001）。例如，原生的森林或草原生态系统本来是稳定的，但严重的人为干扰如乱砍滥伐、过度放牧，或突发性的自然干扰如火灾、洪水使当地地带性的自然生态系统退化、物种多样性下降、物种与物种之间的相互关系变得松懈，出现了大量波动可用资源，给外来种的入侵创造了良好的条件。这些生态系统短时间内受到严重破坏，物种组成和群落结构变得简单，入侵种极易迅速占据大量的空余生态位而成为优势种。

　　对生态系统的干扰是广泛存在的，有的甚至具有毁灭性，如各种地质、气候灾害，森林乱砍滥伐和长期过度放牧等掠夺式经营等，因此干扰与大量生物入侵过程紧密相关。人们普遍认为干扰对外来种入侵重要，干扰的增加将会增加生态系统的可入侵性，这主要是因为干扰使生态系统中的生物大大减少，外来种的竞争压力也随之减小。例如，人工种植的棕榈由于经常受到干扰，其上的动物群落物种多样性较低，群落结构简单，抵抗锈色棕榈象（*Rhynchophorus ferrugineus*）入侵的能力较弱（刘奎等，2002）。目前研究的大多数外来种多出现于受到人类干扰的地方，当然在没有受到干扰的自然生态系统中也有外来种出现，但其数量少得多。

　　作为众多揭示外来种成功入侵的机制之一，生态系统干扰假说同样有着入侵对象、入侵阶段和入侵地特征的特异性，从而使其适用范围受到局限。例如，干扰并非入侵发生的必需条件，没有干扰或干扰受抑制的情况下入侵也可能发生，同时，不同类型的干扰对同一生态系统或群落的可入侵性会有不同的影响。有学者指出干扰不一定导致生物入侵，某些外来植物在未受外界干扰的地方入侵的成功率可能比受外界干扰的地方更高。从自然生态系统来看，干扰并不总是一种破坏行为。例如，对森林生态系统来说，合理采伐、修枝和人工更新等一些人为干扰，可以促进森林的发育和繁衍、提高森林生态系统服务功能的效率，而且适度的干扰可以增加生态系统的生物多样性，这可能增强其对外来种的抵抗性。

二、生物入侵与生物多样性关系研究的意义

外来种会对入侵地产生多方面的影响，包括遗传影响、生物学影响和生态系统影响，其中遗传影响包括改变种群的遗传结构和组成、外来昆虫与本地近缘昆虫种类杂交等。外来有害生物的入侵会造成严重的生态破坏和有害生物污染，导致本地生物物种的灭绝和多样性的丧失，改变环境而造成景观美学价值丧失等，间接损失非常巨大。大部分外来种成功入侵后的大暴发会造成严重的生物污染，不仅严重损害生物多样性和经济作物，还破坏农田、水利等，而且很难控制、清除，可对生态系统造成不可逆转的破坏，外来种入侵目前已成为生物多样性丧失的主要原因之一。目前，地球上的生物物种每年以 0.1%～1.1%的速率急剧减少。例如，我国新疆博斯腾湖引进河鲈使我国国家一级重点保护野生动物扁吻鱼（俗称大头鱼）面临灭绝的危险；1977 年，太平洋岛屿莫雷阿岛（Moorea）为了控制非洲大蜗牛而引进的北美大陆的一种蜗牛导致了当地 7 个物种的灭绝（Donald and Robert，2000）。生物入侵是全球范围的生态学现象，世界上许多国家都遭受过或正在遭受生物入侵的严重危害。外来种入侵的生物学本质、入侵后对生态系统的影响，都是生态学面临的重要科学问题，也是国际生物学界和生态学界研究的热点。而采取措施减少或消除外来有害物种的影响，又是关系到经济可持续发展、社会进步、环境保护的现实问题。入侵种的种类很多，影响巨大，可能会破坏生态平衡、加速物种灭绝、毁灭农业生产、影响国际贸易、危害人类生命、威胁环境生态安全甚至国家的安全。

美国、印度、南非向联合国提交的报告称，这 3 个国家每年由生物入侵造成的经济损失分别为 1366 亿美元、1300 亿美元和 800 多亿美元。这还不包括那些无法计算的隐性损失，如外来种对人类自身的危害、导致被入侵地生物物种的灭绝，以及由环境改变造成的景观美学价值丧失等。全世界每年因外来种造成的经济损失达 14 000 亿美元（Pimentel et al.，2000）。此外，在全世界濒危物种名录中，有 35%～46%是部分或完全由生物入侵引起的。仅亚洲天牛科的昆虫在纽约的布鲁克林造成的经济损失每年就高达 500 万美元。外来种入侵也对我国造成了严重灾害，目前已侵入我国的重要外来昆虫有 30 多种，这些外来昆虫的入侵和为害给我国农林业生产造成了很大损失。生物入侵成为导致生物多样性丧失的重要原因，威胁着全球的生态环境和经济发展，受到了公众、科学家、国际组织和各国政府的重视和关注。对于生物入侵的研究，始于《动植物入侵的生态学》一书的出版（Elton，1958），此后，各国科学家陆续开展了许多有关外来动物、植物、微生物、海洋生物等各个方面的研究。特别是近 20 年来，从宏观的预防和控制策略与有效可行的控制和管理技术体系到微观的分子生物学与生态学、生态遗传学、协同进化及控制技术与生态修复的机制等，均成为入侵种广泛研究的热点与焦点，并有较高层次和较深水平的研究。1997 年由国际科学联合会环境问题科学委员会（Scientific

Committee on Problems of the Environment，SCOPE）、世界自然保护联盟（IUCN）和国际应用生物科学中心（CABI）共同组织的"全球入侵物种计划"（Global Invasive Species Programme，GISP）开始实施以来，在发展入侵种的最佳预防和管理策略与指南、组织实施国际合作项目的研究等方面取得了较好的成果。

我国是一个农业大国，近年来外来有害生物的入侵在生产中的问题较为突出，已对我国生态安全构成了严重威胁，特别是我国加入 WTO 后，面临生物入侵的压力越来越大。随着对生物入侵风险的不断认识，我国已明确了必须开展建立入侵种的生物信息与数据库，发展风险评估技术，建立早期预警系统，研制快速检测、侦测与监测技术，完善综合治理技术与生态修复技术体系，开展生物入侵对生物多样性、生态安全及经济影响的评估，全球气候变化对生物入侵的影响等研究工作，这些工作均是我们保护生物多样性的重大需求。针对入侵昆虫对我国日益严重的影响状况，加强农业外来入侵害虫的预防与控制研究，是保障我国经济安全、生态安全、社会稳定和维护国家利益的重大需求，具有十分重要的科学意义。

第三节　入侵病原菌对农业生物多样性的影响

我国地域辽阔，栖息地类型繁多，生态系统多样，大多数外来种都很容易在我国找到适宜的生存和繁殖场所，这也使得我国较容易遭受外来种的入侵。在病害方面，许多世界性的恶性病害在我国均有报道，表 8-1 列举了包括细菌、真菌、病毒和线虫在内的部分入侵性植物病原菌。现就部分病原菌对我国农业生物多样性造成危害的案例进行介绍。

表 8-1　我国部分入侵性植物病原菌名录（解焱，2007）

中文名	拉丁名	原产地
细菌		
番茄细菌性溃疡病菌	*Clavibacter michiganensis* subsp. *michiganensis*	美国
水稻条斑病菌	*Xanthomonas oryzae* pv. *oryzicola*	菲律宾
水稻白叶枯黄单胞杆菌	*Xanthomonas oryzae* pv. *oryzae*	日本
桉树青枯病菌	*Pseudomonas solanacearum*	巴西
真菌		
落叶松枯梢病菌	*Botryosphaeria laricina*	日本
甘薯长喙壳	*Ceratocystis fimbriata*	美国
马铃薯环腐病菌	*Clavibacter michiganense* subsp. *sepedonicum*	德国
松疱锈病菌	*Pestalotiopsis* sp.	瑞士、俄罗斯
栗疫病菌	*Cryphonectria parasitica*	美国
杨树大斑溃疡病菌	*Cryptodiaporthe populea*（有性型），*Dothichiza populea*（无性型）	法国
桉树焦枯病菌	*Cylindrocladium quinqueseptatum*	澳大利亚
香蕉枯萎病菌	*Fusarium oxysporum* f. sp. *cubense*	不详
香石竹枯萎病菌	*Fusarium oxysporum* f. sp. *dianthi*	欧洲
棉花枯萎病菌	*Fusarium oxysporum* f. sp. *vasinfectum*	美国

续表

中文名	拉丁名	原产地
真菌		
兴安落叶松癌肿病菌	*Trichoscyphella willkommii*	加拿大
香蕉黑条叶斑病菌	*Mycosphaerella fijitensis*	斐济
松穴褐盘孢菌	*Dothistroma pini*	美洲
甘蔗霜霉病菌	*Peronosclerospora sacchari*	不详
玉米霜霉病菌	*Peronosclerospora sorghi*	美国
马铃薯晚疫病菌	*Phytophthora infestans*	墨西哥
剑麻斑马纹病菌	*Phytophthora nicotianae*	坦桑尼亚
大豆疫霉	*Phytophthora sojae*	美国
松针褐斑病菌	*Lecanosticta acicola*	美国
油橄榄孔雀斑病菌	*Spilocaea oleaginea*	不详
马铃薯癌肿病菌	*Synchytrium endobioticum*	匈牙利
畸形外囊菌	*Taphrina deformans*	欧洲
苹果黑星病菌	*Venturia inaequalis*	瑞典
棉花黄萎病菌	*Verticillium dahliae*	美国
病毒		
甜菜坏死黄脉病毒		意大利
泡桐丛枝病毒		日本
烟草环斑病毒		美国
木瓜轮点病毒		不详
杨树花叶病毒		加拿大
李属坏死环斑病毒		不详
番茄环斑病毒		美国
番茄斑点萎凋病毒		澳大利亚
线虫		
剪股颖粒线虫	*Anguina agrostis*	不详
鳞球茎茎线虫	*Ditylenchus dispaci*	不详
水稻干尖线虫	*Aphelenchoides besseyi*	日本
菊花叶枯线虫	*Aphelenchoides ritzemabosi*	欧洲
松材线虫	*Bursaphelenchus xylophilus*	北美洲
大豆胞囊线虫	*Heterodera glycines*	北美洲
香蕉穿孔线虫	*Radopholus similis*	美国

一、入侵病原菌对水稻多样性的影响

水稻是我国最重要的粮食作物之一，全国种植面积约占粮食作物总种植面积的30%，产量接近总产的一半。世界上近一半人口以水稻的加工产物大米为食。大米的食用方法多种多样，有米饭、米粥、米饼、米糕、米线等。水稻除可食用外，还可以酿酒、制糖、作工业原料，稻壳、稻秆也有很多用处。水稻品种众多，存在丰富的多样性。按照稻生态型不同分为籼稻和粳稻，按对光照反应的不同可分为早稻、中稻和晚稻，按稻米中支链淀粉的含量差异可分为非糯稻与糯稻，按植物生长所需水分差异可分为旱稻与水稻。已知水稻病害有 240 多种，属于外来病原物引起的有细菌性条斑病、白叶枯病和干尖线虫病。

水稻细菌性条斑病（简称细条病）广泛分布于热带和亚热带地区，国内主要分布于华南、华中、西南等地区，是我国继稻瘟病、纹枯病和白叶枯病后的第四大水稻病害，也是我国水稻上唯一的检疫性病害。由于近年来感病的杂交水稻大面积推广和稻种的南繁、调运，此病迅速蔓延，病区不断扩大，现已成为水稻特别是籼稻上的重大病害。由于缺乏优良的抗病品种，该病在我国湖南、广东、广西和海南等地的危害已超过水稻白叶枯病。水稻条斑病菌是黄单胞菌属稻黄单胞菌的一个致病变种，称为稻生黄单胞菌（*Xanthomonas oryzae* pv. *oryzicola*），它与水稻白叶枯黄单胞杆菌属同一个种，寄主范围较窄，仅主要限于禾本科的稻属（*Oryza*）的一些植物。水稻条斑病菌适应性广、变异较快，对多种水稻品系有较强的致病力（张荣胜等，2011；王绍雪等，2010）。

水稻白叶枯病最早于 1884 年在日本福冈地区被发现，病原菌为水稻白叶枯黄单胞杆菌（*Xanthomonas oryzae* pv. *oryzae*）。20 世纪 50 年代以来，该病发病范围扩大，在亚洲、欧洲、非洲、南美洲、美国和澳大利亚都有发生，日本、印度和中国发生比较严重。我国主要发生在华东、华中、华南稻区，在西北、西南、华北和东北部分稻区也有发生。病原菌通常经伤口或水孔等进入寄主维管束，沿维管束传播，再在木质部中大量繁殖，最后蔓延至整个植株，导致病害不断扩大和加重。白叶枯病在潮湿和低洼地区发病比较频繁，一般籼稻重于粳稻，双季晚稻重于双季早稻，单季中稻重于单季晚稻。受侵染的水稻一般减产 20%～30%，严重时能够减产 50%，同时，造成米质松脆，发芽率降低。如果在分蘖期出现凋萎型白叶枯病，则会造成稻株的大量枯死，损失会更大。水稻白叶枯黄单胞杆菌可随地理区域而进化，变异复杂，对许多水稻品系表现出较强的致病力（李治国等，2009；吴亚鹏等，2008）。

水稻干尖线虫病，又称白尖病、线虫枯死病，分布在国内各稻区。苗期症状不明显，偶在 4～5 片真叶时出现叶尖灰白色干枯，扭曲干尖。病原菌为水稻干尖线虫（*Aphelenchoides besseyi*），又称贝西滑刃线虫，属线形动物门。除危害水稻外，该病原菌尚能危害粟、狗尾草等 35 个属的高等植物（Hoshino and Togashi，1999）。

二、入侵病原菌对番茄多样性的影响

番茄是全世界栽培最为普遍的果菜之一，为茄科一年生或多年生草本植物。危害番茄的病害较多，目前列入外来病原菌引起病害的有番茄细菌性溃疡病菌、番茄环斑病毒病、番茄斑点萎凋病毒病等。

番茄细菌性溃疡病（tomato bacterial canker）是番茄生产中最为严重、最具有毁灭性的病害之一。该病于 1909 年首次在美国密歇根州的温室番茄上发现，现已广泛分布于美国各番茄产区并逐渐成为世界性病害。20 世纪 30 年代、60 年代和 80 年代，番茄细菌性溃疡病在美国中西部地区、北卡罗来纳州及加拿大安大略地区大流行，造成的产量损失最高达 80%以上。1943～1946 年，该病在英国大流行，使番茄罐头工业受到严重影响。目前，在美洲、欧洲、亚洲、非洲和大洋洲的 60 多个国家都有番茄细菌性溃疡病发生危害的报道。我国有关番茄细菌性溃疡病的记载始于 1954 年，目前番茄细菌性溃疡病在北京、黑龙江、吉林、辽宁、内蒙古、新疆、河北、山西、山东、上海、海南等省、区、市都有发生，番茄生产受到了不同程度的影响（罗来鑫等，2004）。

番茄环斑病毒病，寄主范围广，可侵染 35 科 105 属 157 种以上单子叶植物和双子叶植物。自然界多发生于观赏植物、木本植物和半草本植物。常见的自然寄主有葡萄、桃、李、樱桃、苹果、榆树等及果园杂草。

番茄斑点萎凋病毒病，病原菌为番茄斑点萎凋病毒（tomato spotted wilt virus，TSWV），由蓟马传播，许多花卉及庭院植物和多年生杂草都可作为该病毒的越冬场所。该病毒可侵染茄科、豆科、菊科、苋科等多科植物（Moritz et al.，2004；Groves et al.，2003；Nault et al.，2003），能系统侵染番茄、辣椒、烟草、心叶烟、百日草、莴苣等。苗期染病，幼叶变为铜色并上卷，后形成许多小黑斑，叶背面沿脉呈紫色，有的生长点死掉，茎端形成褐色坏死条斑，病株仅半边生长或完全矮化或落叶呈萎蔫状，发病早的不结果。坐果后染病，果实上出现褪绿环斑，绿果略凸起，轮纹不明显，绿果上产生褐色坏死斑，呈瘤状突起，果实易脱落。成熟果实染病轮纹明显，红黄或红白相间，褪绿斑在全色期明显，严重的全果僵缩，脐部症状与脐腐病相似，但该病果实表皮变褐坏死区别于脐腐病。

番茄褐色皱纹果病毒病，病原菌为番茄褐色皱纹果病毒（tomato brown rugose fruit virus，ToBRFV），是烟草花叶病毒属的新成员，在土耳其、英国、美国、墨西哥等多个国家相继发生，其范围已遍布欧洲、美洲和亚洲，严重威胁着番茄、辣椒等茄果类蔬菜生产。我国农业农村部于 2021 年 4 月将其列入《中华人民共和国进境植物检疫性有害生物名录》。目前，各国纷纷采取措施阻断 ToBRFV 的传播扩散。目前报道 ToBRFV 的自然寄主主要有番茄、辣椒。病毒侵染番茄叶片的主要症状为花叶、深绿色突起、叶片狭窄、叶脉黄化，严重时坏死，花和果实数量减少，果实上出现黄色或褐色斑块，果实变小，出现皱纹，严重的导致果梗坏死。该病毒侵染辣椒的症状表现为植株发育迟缓，叶片上出现褶皱和黄色斑驳，果实畸形。

三、入侵病原菌对桉树多样性的影响

桉树是桃金娘科（Myrtaceae）桉属（*Eucalyptus*）树种的总称，是世界上著名的三大速生树种之一。原产于澳大利亚，树种多达 945 种，现被引种至全世界 100 多个国家，具有适应性强、速生丰产、周期短等优良性状。桉树是我国南方的重要速生丰产树种，树干通直，木材质地坚硬，适合作为高密度纤维板和中密度纤维板的加工材料。桉树作为一种优良的商品人工林树种，在我国种植面积已达到 200 万 hm²，占人工林木总面积的 8.4%，年木材生长量超过 3000 万 m³，在缓解我国木材供需矛盾、增加森林资源等方面发挥了重要作用。多数桉树树种喜光、畏寒，在土层深厚、疏松、肥沃、排水良好的山地红壤、黄红壤及壤质土壤上生长良好，所以山地种植桉树一般都施基肥以改良土壤。我国南方主栽邓恩桉、柳隆桉、尾巨桉、尾赤桉、大桉等一些无性系品种。桉树属于我

国引进树种，目前发现的入侵性病害主要有桉树青枯病（病原菌为 *Pseudomonas solanacearum*），危害桉属的各个树种，以尾叶桉、大桉和'刚果 12 号'桉最感病，窿缘桉和柠檬桉比较抗病，还未发现特抗病的品种。此病原菌还可以危害番茄、马铃薯、花生、甘薯、烟草、辣椒、茄子、生姜、草莓、香蕉等农作物，以及木麻黄、油橄榄、油茶、蝴蝶果、小叶榕等木本植物（韦春义和马英玲，2010）。

四、入侵病原菌对大豆多样性的影响

大豆为豆科大豆属一年生草本植物，种子含有丰富的蛋白质，原产我国。我国大豆生产分为 5 个主要产区，即以东北三省为主的春大豆区，黄淮流域的夏大豆区，长江流域的春、夏大豆区，江南各省南部的秋作大豆区，广东、广西、云南南部的大豆多熟区。生产上影响大豆生长的病害有 30 多种，其中入侵性病害有大豆疫霉根腐病和大豆胞囊线虫病。

由大豆疫霉（*Phytophthora sojae*）引起的大豆疫霉根腐病是大豆生产的毁灭性病害之一，在环境条件适宜的情况下可导致感病大豆绝产。大豆疫霉根腐病于 1948 年首次在美国东北部的印第安纳州被发现，之后在澳大利亚、加拿大、匈牙利、日本、阿根廷等近 20 个国家也陆续发现该病。美国每年大约有 800 万 hm^2 大豆感染该病，造成的产量损失年均达几十万吨，直接经济损失数亿美元（Schmitthenner，1985；Agrios，2005）。

大豆胞囊线虫病（soybean cyst nematode，病原菌为 *Heterodera glycines*）是由大豆胞囊线虫侵染引起的，是危害世界大豆（*Glycine max*）生产最严重的病害之一，其特点是分布广、危害重、寄主范围广、传播途径多、休眠体（胞囊）存活时间长，是一种极难防治的土传病害。在我国东北和黄淮海大豆产区普遍发生，可使大豆减产 5%～10%，严重时可减产 30% 以上甚至绝产。该病目前是世界各大豆生产国生产大豆的主要障碍（Davis and Mitchum，2005；Wrather et al.，2001）

五、入侵病原菌对棉花多样性的影响

棉花是锦葵科棉属植物，原产于亚热带。棉花是世界上最主要的农作物之一，产量高、生产成本低。根据纤维的长度和外观，棉花可分成三大类。第一类是纤维细长（长度为 2.5～6.5 cm）的长绒棉，主要品种有海岛棉、埃及棉和比马棉等。长绒棉产量低、费工多、价格昂贵，但棉花富有光泽，品质极佳，主要用于高级纱布和针织品的制造。第二类是纤维中等长度（1.3～3.3 cm）的美国陆地棉等。第三类为纤维粗短（长度 1～2.5 cm）的棉花，用来制造棉毯和价格低廉的织物，或与其他纤维混纺。棉花上有两种非常重要的入侵性病害，即枯萎病和黄萎病，后者堪称棉花的"癌症"。

棉花枯萎病（病原菌为 *Fusarium oxysporum* f. sp. *vasinfectum*）是世界性的两大棉花病害之一，世界一些主要产棉国家都受到它的危害，可造成不同程度的损失。该病同样也对我国棉花生产的持续稳定发展构成严重威胁。我国的 3 个主要栽培棉种，即海岛棉、陆地棉和亚洲棉对枯萎病的抗性存在明显差异，海岛棉的抗病性最弱，亚洲棉的抗病性最强。陆地棉的不同品种间，抗、感枯萎病的表现则差异很大（缪卫国等，2000；顾爱星等，2017）。

棉花黄萎病是世界性、毁灭性的棉花病害。20 世纪 60 年代 Carpenter 首次报道在美国弗吉尼亚州发现棉花黄萎病，目前，这一病害已遍布世界各棉花主产区。我国棉花黄萎病由 1935 年引进的美国棉花品种传入。后随着我国棉区不断扩大，棉籽调运、串换频繁，加之耕作改制、种子处理和防治不力等原因，棉花黄萎病逐渐在我国发展和蔓延开来。80 年代末，棉花黄萎病已遍及我国 478 个植棉县（市）；1993 年，棉花黄萎病在我国暴发成灾，灾害遍及各主要产棉区。1995～1996 年，该病再次在我国暴发成灾，严重影响了我国的棉花生产（李成伟等，2008）。目前，棉花黄萎病已成为我国棉花持续高产、稳产的主要障碍，并被称为"棉花癌症"。

六、入侵病原菌对马铃薯多样性的影响

马铃薯是茄科茄属一年生草本。其块茎可供食用，是重要的粮食、蔬菜兼作物。马铃薯主要分布在南美洲的安第斯山脉及其附近沿海一带的温带和亚热带地区。马铃薯传入我国只有 100 多年的历史，主要在我国的东北、华北和云贵等气候较凉的地区种植，现在我国马铃薯种植面积居世界第一。马铃薯产量高，营养丰富，对环境的适应性较强，现已遍布世界各地，热带和亚热带国家甚至在冬季或凉爽季节也可栽培并获得较高产量。世界马铃薯主要生产国有俄罗斯、波兰、中国、美国。中国马铃薯的主产区是西南山区、西北、内蒙古和东北。

马铃薯晚疫病（病原菌为 *Phytophthora infestans*）是一种导致马铃薯茎叶死亡和块茎腐烂的毁灭性真菌病害。该病害在世界各地马铃薯产区都有发生，流行年一般可使马铃薯减产 30%。19 世纪 40 年代爱尔兰马铃薯大量死亡，减产一半，导致 100 多万人饿死，200 万人移居海外。马铃薯晚疫病在中国马铃薯产地也时有发生并以西南地区较为严重，东北、华北与西北产区以多雨潮湿的年份为害较重，如 1950 年的马铃薯晚疫病大流行导致这些地区马铃薯产量损失 30%～50%。马铃薯晚疫病生理小种组成复杂，对大多数马铃薯品种均有致病性（朱杰华等，2003）。

马铃薯环腐病（病原菌为 *Clavibacter michiganense* subsp. *sepedonicum*）是世界性病害，最早发生于德国，我国在黑龙江省首先发现，现已遍及整个马铃薯产区。马铃薯受环腐病为害后植株会严重萎蔫甚至死亡，对产量影响较大，发病重的地块可减产 30%～60%。环腐病在马铃薯贮运期间发生可使马铃薯块茎大量腐烂甚至烂窖，大大降低了马铃薯的商品价值。该病在自然情况下仅为害马铃薯。

马铃薯癌肿病（病原菌为 *Synchytrium endobioticum*）是马铃薯生产的毁灭性病害，最早于 1895 年在匈牙利报道发生此病，随后扩展蔓延到欧洲北部、中部的许多国家，1912 年传入北美洲，之后在南美洲、印度、新西兰等地相继发生，现已遍布世界 6 大洲 50 余个国家，并且已被我国在内的 30 余个国家列为检疫性病害。我国于 1975 年在云南省昭通市永善县首次发现该病，1979 年四川、云南首次报道了该病的发生。马铃薯癌肿病在我国分布于云南、贵州、四川 3 省的部分地区，如四川的凉山彝族自治州、甘孜藏族自治州、雅安市（17 个县），贵州的赫章县、威宁彝族回族苗族自治县两个县，云南

的昭通市、丽江市、迪庆藏族自治州、曲靖市、昆明市（13 个县）（王云月等，2002）。

七、入侵病原菌对松属植物多样性的影响

松树为常绿树，绝大多数是高大乔木，高 20～50 m，最高可达 75 m（美国的糖松 *Pinus lambertiana*），极少数为灌木。在温带地区，松属植物不仅种类多，而且往往形成浩瀚的林海，因此松树被誉为"北半球森林之母"。中国是世界上裸子植物种类最丰富的国家之一，仅从松科来看，就能充分表现出华夏大地是名副其实的"裸子植物故乡"。在中国广袤的山林原野中，不仅生长着茂盛的松树、落叶松、云杉、冷杉森林，而且在一些深山密林中还隐藏着许多极为珍贵、稀有的松科树种。松树上的病害种类较多，被列为侵入性病害的有以下几种。

落叶松枯梢病（病原菌为 *Botryosphaeria laricina*）自 20 世纪 70 年代初期在我国被发现以来，现已遍布东北三省的广大林区，是危害严重、蔓延迅速的危险性病害（张广臣等，1999）。目前，河北、山西、山东以及内蒙古等省（区）均有不同程度的病害发生（韩建勋和张国顺，2011）。落叶松枯梢病轻时造成枯梢，影响树木生长高度，重时使树冠呈扫帚丛枝状，树木不能成材，甚至死亡。落叶松枯梢病是一种危险性传染病，危害极大，已被我国列为检疫对象。

松疱锈病是世界林木三大病害之一，为国内外检疫对象，其病原菌为松疱锈病菌（*Pestalotiopsis* sp.），在我国主要危害红松（*Pinus koraiensis*）及华山松（*P. armandii*）（吴文佑和朱天辉，2006）。

松材线虫病，即松树萎蔫病，其病原菌为嗜木伞真滑刃线虫（*Bursaphelenchus xylophilus*），俗称松材线虫，能导致松树在感染后 60～90 天内枯死，而且传播蔓延迅速，防治难度极大，3～5 年就可大面积毁林，所以又被称为松树癌症、无烟的森林火灾（潘沧桑，2011）。我国于 1982 年在南京首次发现该病，仅 20 多年疫区范围就扩大到江苏、浙江、安徽、福建、江西、山东、湖北、湖南、广东、广西、四川、重庆、贵州、云南等 14 省、区、市，累计致死松树 5 亿多株，毁灭松林 30 多万公顷，造成上千亿元的经济损失，并对庐山、黄山和三峡库区等生态安全构成严重威胁。

松针红斑病也称松穴褥盘孢菌（*Dothistroma pini*）枯针病，是世界流行性病害，在中国属重要的森林检疫病害，其病原菌最初来自美洲，目前松针红斑病已被一些国家看作对针叶树最具危害的病害。美国 1964 年首次报道这种真菌会导致针叶过早落叶，造成其东部大平原黄松栽植失败，经济损失重大。据报道，该病害在加拿大、新西兰、智利、英国、肯尼亚、坦桑尼亚和乌干达等 45 个国家使 60 多个松树种、变种和杂交种受害。

八、其他入侵性病原菌对农业生物多样性的影响

甘薯长喙壳（*Ceratocystis fimbriata*）于 1890 年最初在甘薯上被发现，广泛分布于世界 5 大洲 35 个国家 72 个地区。亚洲的中国、印度、缅甸、印度尼西亚、日本、马来西亚等地都有分布。据报道，该病原菌除危害甘薯外还危害可可、咖啡、橡胶、杧果、桉树、杨树、刺桐、山胡桃、枫树、石榴、刺槐、柑橘类、李属植物、木薯、芋头、山

扁豆和蓖麻等 30 多种木本和草本植物。在拉丁美洲，该菌成为可可和咖啡病害的主要病原菌（Engelbrecht and Harrington，2005）。在一些地区的可可种植园中，甘薯长喙壳可毁灭 50% 的树木。在巴西，该病原菌可危害杧果、番荔枝（*Annona squamosa*），还可毁坏种植园内的桉树的大批扦插体。在美国东部、意大利、法国和瑞士等地，法国梧桐也严重地受到该病原菌的感染。在美国东南部，甘薯长喙壳危害甘薯并不十分严重（在很大程度上得益于甘薯抗病品种的种植和消毒措施的应用），但该病原菌在中国和日本却严重地制约了甘薯的生产。在印度的比贾布尔（Bijapur）地区，1995～1998 年由该菌引起的石榴枯萎病导致石榴减产 7.5%。我国云南省蒙自市发生的石榴枯萎病病株率为 0.82%～5.9%，平均病株率为 2.5%，小范围内病株率可达 30%，全县种植面积共 4467 hm²，大约每年损失 670 万元（刘云龙等，2003）。

栗疫病菌（*Cryphonectria parasitica*）可寄生于欧洲板栗、美洲板栗、板栗、日本板栗、锥栗、栎树、栓皮栎、夏栎、无梗花栎、漆树、山核桃、常绿锥栗、欧洲山毛榉等植物上。1904 年在美国纽约首次发现此病，在随后不到半个世纪的时间内它几乎摧毁了美洲全境的栗树。中国 1913 年首次发现了栗疫病。中国栗疫病的发病率由北向南逐渐减轻，主要发生在北京、河北、辽宁、山东、江苏、安徽、浙江、湖南、广东、广西、陕西、湖北、福建、四川、重庆。国外主要发生于日本、朝鲜、韩国、印度、土耳其、俄罗斯、匈牙利、希腊、意大利、法国、瑞士、比利时、西班牙、葡萄牙、美国、加拿大等（周而勋等，1999）。

杨树大斑溃疡病[病原菌为 *Dothichiza populea*（无性型）]是杨树的一种毁灭性新病害，现已被列为我国森林植物检疫性病害，据调查了解，该病在辽宁大连、营口、鞍山、锦州、铁岭等地的杨树林内均有不同程度的发生。一般发病率为 10%～30%，病情指数为 5.6%～20%，严重者发病率高达 100%，病情指数为 50%～80%，死亡率达 30%～40%。据了解，该病在吉林、黑龙江、内蒙古、山东等省区也有发生，局部地区为害很重。

苹果黑星病（病原菌为 *Venturia inaequalis*）又称疮痂病、霉病，是广泛分布于世界各苹果产区的主要病害，该病主要危害叶片和果实，也侵染花朵和嫩枝，受害果实结痂开裂、畸形，失去商品性，受害叶片早期脱落，影响次年产量，削弱树势。全球每年由此病造成的损失占苹果总产量的 10%～20%。苹果黑星病早在 100 多年前发现于瑞典，以后在美国、英国、加拿大、俄罗斯、保加利亚、日本、朝鲜、非洲、大洋洲等地相继发生。我国苹果黑星病最早发生在辽宁。资料显示，苹果黑星病发生面积较大的是新疆伊犁地区，该地区 20 世纪 60 年代就有该病发生，当时病区病株率达 90%，20 世纪 90 年代该病在新疆又有较大范围流行，流行区病果率在 30% 以上的果园占当地果园总面积的 40%（王华等，2011）。

由甜菜坏死黄脉病毒（beet necrotic yellow vein virus，BNYVV）侵染引起的甜菜丛根病，是一种毁灭性病害，广泛分布于世界各甜菜种植区。丛根病可造成甜菜产量及含糖量的大幅度下降，20 世纪 50 年代意大利糖厂曾因此倒闭。我国甜菜丛根病的危害比国外更加严重，1978 年在内蒙古的包头和呼和浩特发现该病，目前已扩大蔓延到新疆、宁夏、甘肃、黑龙江、吉林和辽宁等甜菜主产区，发病面积占全国甜菜种植面积的 2/5。

烟草环斑病毒（tobacco ring spot virus，TRSV）是豇豆花叶病毒科线虫传多面体病毒属的代表种，由 Fromme、Wingard 和 Priode 于 1927 年在美国弗吉尼亚烟草上首次发现并报道。它可侵染 54 科 300 多种植物，自然寄主有豆类、瓜类、花卉、果树和烟草等重要的经济作物，其传播途径多样，可由线虫媒介持久性传播，还可机械接种传播、嫁接传播及种子传播，大豆种传率达 100%，危害严重。烟草环斑病毒分布于世界 50 多个国家，在我国造成大豆减产 50% 以上，菜豆减产 30%～50%，是我国公布的二类进境检疫有害生物。

李属坏死环斑病毒（*Prunus* necrotic ring spot virus，PNRSV）是我国进境检疫性有害生物，国内已有局部发生。该病毒可以侵染李属植物如桃、油桃、樱桃、李、杏、樱花，以及其他属的植物如月季、苹果和啤酒花等，一般可造成 30%～70% 的产量损失（张涛等，2012）。

香蕉穿孔线虫（*Radopholus similis*）是一种危害极大的植物病原线虫，是中国禁止进境的一类植物检疫性有害生物，也是国际上公认的极为重要的检疫性植物线虫。欧盟、欧洲和地中海植物保护组织（EPPO）、土耳其、阿根廷、智利、巴拉圭、乌拉圭等许多国家、地区与组织将其列为危险性有害生物。香蕉穿孔线虫分布广，寄主范围非常广泛，对农作物危害严重。近年来，随着我国大量进口花卉等繁殖材料，我国出入境检验检疫机构多次从入境观赏植物上截获香蕉穿孔线虫。

第四节　入侵昆虫对农业生物多样性的影响

一、入侵昆虫对农业生物多样性影响的效应

（一）本地种丧失

生物入侵最主要的危害是：入侵种会采取各种方式杀害或排挤本地种，造成生态破坏和本地种减少或丧失。生物入侵可以从种群、群落和生态系统各个层次上影响到每一个生态系统和生物区系，使成百上千的本地种陷入灭绝境地，加速生物多样性的丧失和物种的灭绝，特别是在岛屿和"生态岛屿"上最为明显（万方浩等，2002b）。入侵昆虫越过地理屏障传播到新的栖息地以后，它同原产地生态环境之间的关系被隔断，而在新的生态环境中建立新的关系，它们通过适应性进化能够在定居建群后迅速繁衍，成功入侵的物种在新的生态环境中通过竞争占据适当的生态位，在竞争中夺取必要的营养和生存空间，创建了自身的竞争优势，并排挤相应生态位的本地种，造成本地其他物种的减少甚至某些物种灭绝，威胁当地生物多样性。

从昆虫的生活习性来看，很多昆虫通常能够适应不同的地理环境和气候，具有不同的生活史对策、生理生化调节和选择进化的生理机制（Jenkins and Hoffmann，1999）。入侵昆虫通过不同的方式给本地种带来严重的影响。例如，烟粉虱（*Bemisia tabaci*）的入侵能够引起番茄表皮颜色淡化，内部组织白化或者硬化，在一些地区还会引起本地烟粉虱种群数量的下降甚至取代本地烟粉虱（De Barro and Hart，2000）；而阿根廷蚂蚁

（*Linepithema humile*）通过高效率的干扰性竞争和掠夺性竞争取代了本地蚂蚁（Holway and Suarez，1999）。目前对于入侵昆虫导致本地种不断丧失的原因还不是非常清楚，还需要进一步进行研究。

（二）物种多样性和遗传多样性降低

本地生物遗传多样性变化是入侵种产生的一个不易察觉的重要负面影响。自20世纪30年代以来，染色体数目、大小、倍性在细胞水平上的变化被认为可能与生物入侵性相关，因为染色体数目、大小变化是物种在细胞水平上的一种表型变异形式，而细胞水平累积的效应有可能决定着该物种整体水平上对环境的适应能力，从而决定该物种的分布范围，并影响其入侵性（倪丽萍和郭水良，2005）。研究发现，物种的形态、特征、行为、习性等的变异或进化总与基因有关。遗传变异性及可塑性大的物种，基因组丰富的物种其繁殖力较强，具有基因渗入的高杂交性，容易产生杂交后代，适应性较强，经过进化后易于成为入侵种。一般情况下，入侵种常引起广泛的生物污染，从深层次上危及土著群落的生物多样性，可引发一连串的生态和社会经济问题。外来种同本地种的竞争，可以威胁到本地种的生存，甚至造成其灭绝，使群落的物种多样性受到影响，使栖息地遭到破坏，改变食物链或食物网组成和结构，本地动物丧失食物和栖息地而大量死亡，群落的生物多样性降低，群落的组成结构发生变化（Suarez et al.，1998）。例如，原产于日本的松突圆蚧于20世纪80年代初入侵我国南部，到1990年底，我国已有130 000 hm² 的马尾松林枯死，松突圆蚧还侵害一些狭域分布的南亚松（*Pinus latteri*），导致入侵生境生物多样性大大降低（梁承丰，2003）。

（三）生态系统功能减退

生物入侵可导致生态系统从原来特定的临界状态或混沌状态转变为新的混沌状态，可能引发突变，使生态系统的形态、组成、结构、功能、特征都发生根本性的改变。外来昆虫一旦成功入侵生态系统，其影响是多方面的，如改变原有生态系统内的物种组成和数量，改变生态系统内的营养结构，改变干扰、胁迫的机制等。入侵昆虫的侵入可能会改变原有生物地理分布和自然生态系统的结构与功能，使原有的生物多样性降低甚至丧失并导致生态系统失调，对当地的生态环境、人类健康等产生冲击和危害。

入侵昆虫可以通过竞争或占据本地种生态位来排挤本地种，它们还通过与本地种竞争食物、直接扼杀当地物种、分泌释放化学物质以抑制其他物种生长，来减少当地物种的种类和数量，甚至导致物种濒危或灭绝。入侵昆虫直接减少了当地物种种类和数量，形成了单优种群落，间接地使依赖于这些物种生存的当地其他物种种类和数量减少，最终导致生态系统单一和退化，生态系统功能减退。例如，在美国加利福尼亚和墨西哥干旱地区，红脂大小蠹（*Dendroctonus valens*）入侵引起西黄松（*Pinus ponderosa*）大片死亡，导致该地区的沙漠化加剧（Britton and Sun，2002）。另外，红脂大小蠹的入侵还可能为其他小蠹、吉丁虫、天牛和象甲等的入侵提供条件。这些物种群落的改变相应地引起一些生态过程，包括营养循环、水文状况和能量收支等的改变，最终对原有生态系统造成巨大和不可逆转的破坏，对生态系统功能产生巨大的影响。

二、入侵昆虫对生物多样性影响的作用方式

(一)入侵昆虫与本地昆虫的竞争取代

竞争取代一般是指一个生物种群通过直接或间接的竞争作用将一个原来已经建立的种群替代的现象，是一种生物种群严重竞争的结果，并随着人类对环境的改变而日益频繁（Reitz and Trumble，2002）。种间竞争包括资源利用性竞争和相互干扰性竞争。在资源利用性竞争中，一种生物获取的资源比另一种生物获取的要多；而相互干扰性竞争是指一种生物限制或不允许另一种生物接近或利用资源（Reitz and Trumble，2002）。许多生物的竞争取代包括一种以上的竞争机制，且常常被其他非竞争因素影响。近年来，研究表明，B 型烟粉虱竞争取代机制包括资源利用性竞争和相互干扰性竞争（Mayer et al.，2002）。该昆虫取代本地烟粉虱以及其他昆虫可能与以下因素相关：生态位竞争、生殖干扰，以及 B 型烟粉虱危害和所携带病毒危害寄主从而对其他昆虫产生的影响。

在入侵害虫烟粉虱中，B 型烟粉虱之所以能够成功入侵并造成巨大的危害与其竞争取代能力密切相关。在许多地区已发现 B 型烟粉虱竞争并取代土著生物或已经定居外来生物的现象。在美国，B 型烟粉虱在很短的时间内取代了本地烟粉虱——A 型烟粉虱（Bellows et al.，1994），并且这种取代现象十分广泛（Perring et al.，1993）；在哥伦比亚也发现了 B 型烟粉虱取代 A 型烟粉虱的现象（Quintero et al.，2001）；在澳大利亚，本地烟粉虱原本广泛分布于所有地区，B 型烟粉虱于 1994 年首次被发现，近年来该本地烟粉虱仅仅在棉花上可以发现，且在棉区 B 型烟粉虱的分布和数量有增长的趋势（De Barro and Hart，2000）。

(二)入侵昆虫与本地昆虫的表观竞争

自然生态系统中不同物种和同一物种的不同个体间均会发生直接或者间接的关系，如果两个物种具有共同的天敌，那么物种间就可能通过间接的方式相互影响。这种间接的相互影响称为表观竞争（apparent competition），它是指一种猎物种群数量的增加，引起共有天敌种群数量的增加，从而加重天敌对另一种猎物的控制作用，导致后者平衡丰度（equilibrium abundance）下降。表观竞争按照其作用时间的长短，可分为短期表观竞争和长期表观竞争（成新跃和徐汝梅，2003）。短期表观竞争是指由于天敌迅速聚集在含有两种猎物的高密度的生境斑块中，或者是由于一种猎物的存在或数量增加，天敌对另一种猎物的捕食或寄生加重。这种表观竞争是在短时间内发生的，两个物种相互作用的数量反应仅发生在一个世代中。长期表观竞争是指两个物种相互作用的数量反应发生在多个世代中，最后天敌和一个猎物种群达到动态平衡（Morris et al.，2001）。

入侵昆虫通过表观竞争这种方式入侵成功，给本地生境的物种造成了严重的影响。因为这种方式是物种间的间接影响，由于食物链和外界因子的相互作用，其竞争影响非常隐蔽，对于这些关系的揭示对利用害虫的生物控制和转换生态关系具有非常重要的作用。长期的研究表明，入侵昆虫的表观竞争主要体现在两个方面。

1. 寄生蜂中介的表观竞争

由寄生蜂中介所引起的表观竞争是一种非常重要的生态竞争类型，其"寄主-寄生蜂"系统经常被用来进行表观竞争的实验研究。例如，美国加州本地的葡萄叶星斑叶蝉（*Erythroneura elegantula*）与外来的杂色斑叶蝉（*Erythroneura variabilis*）均被一种多食性的缨翅缨小蜂属缨小蜂（*Anagrus epos*）寄生，由于葡萄叶星斑叶蝉比杂色斑叶蝉更易受卵寄生蜂的寄生，所以卵寄生蜂促进了外来种的入侵，导致本地的西部葡萄叶星斑叶蝉的种群数量显著下降（Hamback and Bjorkman，2002）。

2. 捕食者中介的表观竞争

由捕食者中介所引起的种群数量变化主要体现在两个方面：一是捕食者在异质性环境的特定斑块中聚集引起猎物种群的短期急速波动；二是在长期的演变中，猎物种群数量的不断增加，导致捕食者出生率增加或死亡率降低等。多数研究表明，捕食者中介的表观竞争通常是捕食者与猎物之间不对称的竞争关系所导致的。此外，捕食者中介的表观竞争现象还有一种就是捕食选择的改变导致种群的数量变化。例如，在板栗树上的两种蚜虫——栗大蚜（*Lachnus tropicalis*）和栗角斑蚜（*Myzocallis kuricola*）同受普通黑蚁的捕食，当栗大蚜的种群密度增加时，则加大了普通黑蚁对栗角斑蚜的捕食压力，使后者的种群密度下降，而栗角斑蚜对普通黑蚁及栗大蚜的种群影响却很小，这两种蚜虫之间通过蚂蚁的捕食活动产生了一种不对称的相互负作用（Sakata，1995）。Evans 和 England（1996）在调查苜蓿田中瓢甲和寄生蜂对昆虫群落结构的影响时发现，豌豆蚜（*Acyrthosiphon pisum*）的存在增加了瓢甲对苜蓿叶象甲（*Hypera postica*）的捕食率，有时也增加了寄生蜂对苜蓿叶象甲的寄生。其原因是豌豆蚜促进了瓢甲的聚集，从而加大了瓢甲对苜蓿叶象甲的捕食压力，但苜蓿叶象甲的存在并不影响瓢甲-蚜虫相互作用的强度。

3. 病原菌中介的表观竞争

由病原菌中介的表观竞争是指两个寄主受同一种病原菌的侵染，当两个寄主独立感染病原菌时，呈现明显的正密度调控，但当两个寄主同时感染病原菌，而且感染的病害是调控种群大小唯一的因子时，一个寄主能通过感染的病害将另一个寄主排除（Holt and Pickering，1985）。病原菌中介的表观竞争现象在 20 世纪中期被发现，引起了人们的广泛关注，研究人员在不同领域对该现象进行了研究报道。例如，二斑叶螨（*Tetranychus urticae*）与苹果全爪螨（*Panonychus ulmi*）间的相互作用受叶面真菌的调控（Belczewski and Harmsen，1997）。当真菌存在时，二斑叶螨取代苹果全爪螨；当真菌不存在时，苹果全爪螨则是竞争优势种。Ráberg 等（2006）在实验室测定夏氏疟原虫（*Plasmodium chabaudi*）对老鼠的侵染能力时发现，疟原虫对老鼠的侵染是具有免疫调节的表观竞争。

（三）入侵昆虫对本地植物的取食危害

取食入侵地植被、危害农作物是入侵害虫的主要危害之一。例如，烟粉虱若虫、成虫均可刺吸植物韧皮部的汁液。由于其发育快、繁殖力强，往往在较短时间内种群就可达到很高密度，从而吸取大量的植物汁液，导致植物衰弱。同时其若虫、成虫还会分泌蜜露，诱发植物煤污病，使植物光合作用受阻，煤污还会污染植物器官和产品。此外，烟粉虱还可传播番茄褪绿病毒病等病害（Oliveira et al.，2001；王天旗等，2020）。棉花受烟粉虱为害后，叶片正面会出现褪色斑，受害严重时会有成片黄斑出现，蕾铃脱落。蜜露会诱发煤污病，严重影响棉花产量和纤维质量。甘蓝、花椰菜受害后，叶片会萎缩、黄化直至枯萎。萝卜受害后，根茎白化、无味、重量减轻。一品红受害后，出现白茎、黄叶及落叶。可见烟粉虱可对农业生产造成严重的影响。

美洲斑潜蝇（*Liriomyza sativae*）为多食性害虫，寄主范围十分广泛。据调查，北京地区美洲斑潜蝇寄主已涉及 20 科 130 余种植物，其中普通蔬菜 41 种，特种蔬菜 39 种，还包括花卉、粮棉及其他作物、杂草等。美洲斑潜蝇主要嗜食葫芦科、豆科和茄科作物，以菜豆、豇豆、黄瓜、西葫芦、番茄等被害最重，在云南省还发现该虫对香料烟为害较重。此虫被发现之初，海南省冬春瓜菜被害面积就达 $8×10^4$ hm^2，造成直接经济损失约 3 亿元，仅三亚市黄瓜一项就减产 30%～50%。据统计，1995 年山东因此虫为害所受损失高达 11 亿元；广东省瓜类、豆类和番茄一般减产 20%～30%，估计损失超过 16 万 t。1996 年，此虫在北京郊区全面暴发，1300 多公顷蔬菜绝收。南美斑潜蝇（*Liriomyza huidobrensis*）也是一种典型的多食性害虫，寄主范围十分广泛。据昆明市植保植检站调查，其寄主植物达 41 科百余种，包括豆科、茄科、葫芦科、菊科、十字花科、石竹科、伞形科、藜科、苋科、天南星科、落葵科、大戟科、车前科、锦葵科、蓼科、酢浆草科、禾本科的多种蔬菜、花卉及一些粮食作物、杂草等，嗜食作物有芹菜、生菜、菠菜、莴笋、黄瓜、蚕豆、马铃薯、满天星等，并能取食大麦、小麦和烟草。该虫不仅是蔬菜上的重要害虫，还是花卉上的重要害虫，受其为害的花卉达 30 科 94 种（杨曾实等，1999）。南美斑潜蝇在云南省造成蚕豆大面积绝收，蔬菜严重减产。据统计，1997 年云南省受害面积达 $3.35×10^5$ hm^2，其中蚕豆受害面积 $1.51×10^5$ hm^2，蔬菜受害面积 $6.67×10^4$ hm^2，马铃薯受害面积 $2.47×10^4$ hm^2，花卉、烤烟等受害面积 $9.27×10^4$ hm^2。斑潜蝇的猖獗为害对我国的蔬菜生产构成了严重威胁。

西花蓟马（*Frankliniella occidentalis*）的寄主范围广，可寄生 66 科 200 多种植物，而且其寄主范围还在不断增加，并存在寄主转移现象，危害严重，且呈现上升趋势。西花蓟马主要危害植物的花和叶片，其危害方式因植物的种类和生长阶段而异。西花蓟马可造成植株叶片上表皮失色，叶面产生凹缺；在花卉上不仅能导致植株畸形、生长失调、叶片及花卉褪色等症状，还能引起晕斑——由苍白色的组织围绕小的黑点而形成的斑点。花盛开时西花蓟马的取食会导致花瓣失色、形成伤疤（张晓明等，2017）；花开之前取食也能导致花蕊畸形，其症状与螨的危害症状类似，但西花蓟马危害的症状是产生暗绿色的小斑点，而螨危害则产生黑色粒状斑点。西花蓟马雌虫能产卵于花瓣中，引起脓疮效应。它既能用锉吸式口器吮吸植物的汁液，也能取食花粉、花蜜，因此可传播花粉导致授粉和早熟，同时，入侵种西花蓟马与本地种花蓟马在同样取食本地寄主植物的情况下，西花蓟马具有更强的取食能力从而获得了更大的种群增长潜力（Yudin et al.，1986；Zhang et al.，2020）。

番茄潜叶蛾（*Tuta absoluta*），属鳞翅目麦蛾科，又名番茄麦蛾、番茄潜麦蛾、南美番茄潜叶蛾。该虫起源于南美洲西部的秘鲁，现已入侵 80 多个国家和地区，成为世界性番茄重要害虫，对全球番茄产业的健康发展构成了严重威胁，被称为番茄上的"埃博拉病毒"。其幼虫潜入番茄叶片、顶梢、腋芽、嫩茎以及果实内取食为害，严重发生时可造成 80%～100%的番茄产量损失，是最具毁灭性的世界性入侵害虫之一。该种害虫对环境的适应能力极强，具有较强的耐寒特性，在 4℃条件下，幼虫可以存活数周，即使在 0℃环境下也有大约 50%的个体（包括幼虫、蛹和成虫）可以存活 11.1～17.9 天。此外，只要有适宜的寄主植物存在，即使短日照也不会诱发其发生滞育现象。番茄潜叶蛾主要以幼虫进行危害，既可潜食番茄叶肉，也可蛀食果实，还能危害顶芽及嫩梢、嫩茎。幼虫一经孵化即潜入叶片组织中取食叶肉，初期形成细小的潜道，之后随着幼虫的生长，食量增加，潜道变宽变大，形成不规则的半透明斑，进而导致被害叶片皱缩、干枯；3～4 龄幼虫具有转移叶片或转株为害的习性，同时，在潜道一端时常能见到幼虫排泄的黑色粪便。此外，幼虫还蛀食果实，在果实上形成孔洞，导致果实畸形，或招致病原菌寄生，引发果实腐烂，尤其喜欢在果萼与幼果相接处潜食，导致果实脱落。我国于 2017 年首次在新疆发现番茄潜叶蛾为害露地番茄，2018 年在云南发现其在保护地发生，截至 2022 年 3 月该虫已扩散传播至我国 13 个省份，对我国番茄、茄子、辣椒、马铃薯、烟草等茄科作物生产安全的潜在威胁巨大（张桂芬等，2022）。

（四）入侵昆虫对本地近缘物种的杂交侵蚀

入侵种对本地种遗传多样性的影响可以是间接的，如改变自然选择的模式或本地种群间的基因流，也可以是直接的，如通过杂交和基因渗透（introgression）。大量事实表明，遗传特性诸如加性遗传变异（additive genetic variance，AGV）、遗传漂变、杂交、基因交换、基因突变、基因组重排等对于生物入侵的适应性进化都有重要意义。研究表明，遗传漂变可使种群丢失遗传多样性，部分种群可能在再定居的过程中还伴随着奠基者效应，从而导致种群遗传结构的单一化。加性遗传变异可以增强外来种群对环境的适应能力，提高其竞争性，有助于成功入侵。例如，入侵性极强的阿根廷蚂蚁（*Linepithema humile*）在原产地形成小而分散的蚁群（multicoloniality），但在入侵地北美洲形成较大的单一蚁群（unicoloniality），这是由于北美洲的种群来自少数的迁入者，遗传多样性较低，相似性很高，许多基因是共有的，不同巢穴的蚂蚁具有较近的祖先，种内斗争较少，种群的生活力与繁殖力都大大提高（Holway and Suarez，1999），数个家族生活于同一领域使得它们在与本地种的争斗中有数量优势。由于亲缘选择，阿根廷蚂蚁北美洲种群不同巢穴之间的争斗较少，从而形成了有利于其入侵的行为特性（Tsutsui et al.，2000），这些蚂蚁因缺乏遗传多样性而使其种群减少了"内讧"，最终更易于形成"超级殖民者"。

杂交也被认为是生物入侵成功的原因之一。入侵种与本地种杂交会削弱后者的适合度甚至导致后者灭绝。许多物种，特别是鸟类、鱼类和哺乳动物中的某些物种的濒危往往同与外来种杂交有关，因此杂交常常是导致本地种濒危或灭绝的原因。外来昆虫所侵入地区的生态环境中有时具有与其亲缘关系很近的本地昆虫。外来昆虫与本地近缘昆虫的杂交行为可能增加遗传变异、产生新的基因互作、掩饰或摆脱有害的隐性等位基因、激励转移有利基因，从而有助于入侵，导致其生长更快、种群数量更多、适应性更好、入侵性更强等。外来昆虫种群与新的生态环境里原有本地种的种内和种间的杂交能够减少外来种奠基者效应中加性遗传变异的损失，并可能产生新的基因型。在自然条件下，由于"遗传漂变"或"基因逃逸"，入侵昆虫可与本地近缘种杂交，入侵昆虫的基因由于"遗传漂变"效应而转入近缘种中去，造成了自然界基因库的混杂或污染，形成所谓的"基因污染"。如果入侵种和本地种出现杂交繁殖（interbreed），两个物种之间的遗传交换将导致本地种群的遗传组成发生改变，使本地种成为新的生物，或者产生新的入侵种（Rhymer and Simberloff，1996），从而打破原有的生物种群结构以及原有的生态平衡，对生态环境产生难以估量的冲击。

遗传结构是揭示物种繁育系统、基因流及其种群分化的重要特性之一（Li and Ge，2001），基因流、突变和自然环境的选择作用均会导致入侵昆虫产生遗传分化，一个物种的繁育系统会影响其遗传多样性高低及其种群间的基因交流（Ye et al.，2003）。个体间的遗传距离大小对于确定种群内和种群间的遗传分化程度具有重要的决定作用（Kosman and Leonard，2005）。高水平的基因流可以防止种群的遗传分化，而低水平的基因流可能造成种群对局部生态环境的适应，进而促使种群间的遗传隔离（Slatkin，1985）。研究指出，种群间基因流大于 1（即 N_m >1），则基因流能发挥均质化作用，分化小的种群往往有较大的基因流；基因流小于 1，则说明基因流是种群遗传分化的主要原因。虽然遗传漂变推动外来种的入侵成功可能只是偶然现象，而并非规律，但是，遗传漂变、渐渗、杂交而导致基因变异在自然界是难免之事。外来昆虫侵入到一个新的栖息地后，可通过遗传漂变逐渐使近缘植物或可相容的昆虫种类杂交而产生"基因污染"，从根本上破坏本地种的遗传多样性，损害了天然基因库，威胁了生物多样性安全和生态安全。一旦"基因逃逸"引起的生态危害得以表现并在生态系统中不断积累，其带来的损害将难以在短期内修复。分子遗传学的研究发现，入侵种和本地种之间的杂交与基因渗入较为普遍。外来种除了改变自然选择体系，还会以更微妙的方式改变进化进程。当对入侵种施加强烈的选择压力时，预计本地种自然种群的等位基因频率会发生改变。有些入侵种可与同属近缘种，甚至不同属的物种杂交，入侵种与本地种的基因交流可能导致后者的遗传基因被侵蚀、本地种质资源逐渐退化和丧失。引入相同地点的入侵昆虫之间可能会发生杂交，产生新的入侵昆虫。

烟粉虱是单双倍体昆虫，即雄性（单倍体）由未受精的卵产生，而雌性（二倍体）由受精卵产生。近几年来，研究表明，生殖干涉可能是 B 型烟粉虱竞争取代的重要机制（Pascual and Callejas，2004），这种竞争取代不是通过资源竞争产生的（Reitz and Trumble，2002），而是通过竞争对方雌性从而导致取代的。当 B 型烟粉虱和其他生物型之间求偶和交配出现不均衡时，其中一种雌性的繁殖率会减小而被取代（Perring，1996）。B 型烟粉虱比土著型烟粉虱具有更强的生殖竞争力，从而可取代土著型，这可能是这种生物成功入侵的重要原因。这种竞争取代是一种干涉竞争即生殖干涉，它是一种不直接导致土著型死亡的干涉形式。Perring（1996）使用 2 个 A 型烟粉虱种群（A1、A2）分别和 B 型烟粉虱进行杂交实验，结果发现 A 型和 B 型异性之间虽然存在求偶行为，但没有 F_1 代雌虫的产生，这说明在杂交中配子不能成功结合；B 型的交配时间比 A 型的短，而且 B 型雄性对 A 型雌性的求偶能力比 A 型雄性对 B 型雌性的求偶能力要强。因此，在混合种群中，较少的 A 型雄性能够成功交配，从而导致了较低的生殖力。从生态学的角度来讲，B 型雄性和 A 型雄性竞争 A 型雌性资源，由于 B 型的数量在春天和初夏远远超过 A 型，因此 A 型雌性资源受到严重限制。

（五）入侵昆虫在入侵过程中的适应性进化

1. 行为上的适应

在行为适应过程中，取食和产卵嗜好性的形成具有重要意义。例如，烟粉虱入侵种群到达新的生境时，是否取食当地寄主植物往往与当时可供选择的寄主种类有关，当缺乏嗜好的寄主时，对潜在的寄主植物也能选择利用，这就需要烟粉虱首先从行为上对其逐渐适应。随着烟粉虱离开寄主时间的增加，在"饥饿"状态下，烟粉虱在原本嗜好性不高的寄主植物上取食和产卵的概率就可能增加（Veenstra and Byrne，1998），当烟粉虱在非嗜好的寄主上有了产卵和取食的经历后，就对其产生了明显的嗜好性。在植食性昆虫中，学习对昆虫取食嗜好性具有重要作用。Costa 等（1991）的试验数据表明，持续饲养在棉花或南瓜上的烟粉虱形成了对各自寄主的取食嗜好性；同莴苣相比，烟粉虱更嗜好甜瓜，这可能是已经适应了南瓜的烟粉虱个体对甜瓜的一种内在嗜好性，因为甜瓜与南瓜的亲缘关系要比莴苣的更近。同样如果烟粉虱先前没有接触嗜好寄主而是接触非嗜好的寄主，那么由于产卵嗜好性的形成，它们就更可能选择后者作为产卵场所。例如，Chu 等（1995）发现，在田间，花椰菜（非嗜好）上的烟粉虱卵比棉花（嗜好）上的更多，但若虫数较少。

2. 自身遗传多样性的改变

生物的遗传物质是相对稳定的，保证了生物性状和物种的稳定性，但其也可产生生物性状的变异，即导致遗传多样性的产生。遗传多样性是生命进化和适应的基础，生物的演化导致不同的分布和不同的适应性，在遗传上表现为遗传多样性。遗传多样性与物种的适应能力、活力、繁育能力等有着密切的关系，种内遗传多样性越丰富，物种对环境变化的适应能力也越强。

物种遗传多样性是生物界经过几十亿年的进化所积累的宝贵资源，广义上是指种内或种间表现在分子、细胞、个体三个水平上的遗传变异度，狭义上则主要是指种内不同群体和个体间的遗传多样性或遗传多态性程度。具有同样遗传基础的同一物种的不同个体在不同环境条件下也会发生基因变化。在特殊的刺激和胁迫（环境因素和食物因素等）下，入侵种的繁殖行为、适应性、危害性和形态特征将发生一系列的变化，进而可能发生染色体水平的变异，从而使其能更好地适应入侵地的环境气候和地理条件。遗传变异是生物进化的内在源泉，因此遗传多样性及其演化规律是生物多样性、进化生物学研究的核心问题之一。

按照达尔文的自然选择学说及进化论思想，生物在自然选择和生存竞争中只有形成个体差异尤其是适应环境的优良特征性差异，才能一代代地保存并遗传下去，以保证竞争的最后胜利，也就是说生物体内必然发生了遗传和分子生物学变化。自然选择的过程是与生物的适应和高度组织化的特性相关联的，具有较好环境适应性的表型个体在竞争中具有更多的生存机会，并且能留下较多的后代。因此，自然选择作用就是一个群体中不同基因型的个体对后代基因库做出不同贡献的结果。由于有自然选择作用的存在，基因量变导致综合生存力降低的生物个体被淘汰，而综合生存力提高的生物个体会幸存下来。在自然选择因素的影响下，连续不断地朝着提高生存力的方向快速地定向量变，最终会导致综合生存力高的生物个体基因在自然选择因素的影响下一次又一次地朝着提高生存力的方向发生定向质变。自然选择引起成功的入侵生物发生遗传学变化，如基因组定量上的多倍性、基因组大小上的 DNA 含量的多变性、B 染色体的多态性、重组式样与交配系统的变化等（黄建辉等，2003）。在杀虫剂的胁迫下，入侵种西花蓟马比本地种花蓟马有更强的生殖适应性，在短时间内能产生更多的后代（胡昌雄等，2018）。同时，自然选择可以在原种群的遗传基础上通过变异、重排或杂交而加速生物入侵。从遗传学上讲，入侵成功的物种，其入侵过程中个体基因型的适合度必然较高，选择系数（或选择压）必然较低。反之，如果适合度降低而选择系数升高，则入侵就会失败。外来种进入新生态环境，会引起新的自然选择压力。入侵种对新生态环境的适应性进化可使其自身定居、建群和扩展，还会对生态环境和其他本地种产生多方位和深层次的影响，入侵生物必然会对入侵地生态系统中其他种群产生较强的选择压力，当这种选择压力超出土著生物种群承受力时，就会造成当地生物种群竞争性衰败和淘汰，破坏原生境中的生物多样性。这是大多数入侵生物扩散和暴发给生态环境、生物多样性及人类带来灾害的关键。从遗传学角度解析入侵昆虫的生态适应与进化的分子机制，可为分析其入侵来源和传播、扩散路径以及有效阻击该物种的扩散蔓延提供理论依据。

第五节　入侵植物对农业生物多样性的影响

外来植物入侵是指植物从其原生地，经自然或人为的途径，传播到另一个环境定居、繁殖和扩散，最终明显影响、改变迁居地的生态环境的过程。外来植物入侵的过程大致可分为抵达、逃逸、种群建立和空间扩散等阶段。许多外来入侵植物通常具有较强的生存与繁殖能力，特别是杂草性或是对农作物造成毁灭性灾害的一些外来植物的入侵，对当地生物多样性、农林业以及人类健康的影响相当严重。入侵植物对农业生物多样性的影响主要体现在农业物种多样性、作物遗传多样性、农田生态系统多样性、农田景观多样性和农业文化多样性等方面，它们是相互联系、相互制约的统一整体，其中任何一方面发生变化，都会引起其他部分甚至整个农业环境的变化而产生一系列的影响。

一、入侵植物对农业物种多样性的影响

入侵植物对农业物种多样性的影响主要表现在通过压迫和排斥本地农作物而导致农田的物种组成和结构发生改变。有些入侵植物可分泌化感物质抑制其他植物的发芽和生长，排挤本地植物并阻碍植被的自然恢复。例如，加拿大一枝黄花（*Solidago canadensis*）和紫茎泽兰（*Eupatorium adenophorum*），一方面分泌具有"新颖"毒性的化感物质来抑制本地植物生长甚至破坏其生理代谢；另一方面引起入侵带土壤微生物和营养成分对

自身的偏利，使其具有极强的生长优势和快速占有空间的能力，并迅速入侵形成单种优势，使本地种的生存受到影响甚至灭绝（黄洪武，2008；钱振官等，2005；Niu et al.，2007；Yang et al.，2008；蒋智林等，2008a；黄洪武等，2009；Wan et al.，2010），即入侵植物通过化感作用对本地植物产生抑制性排挤效应。豚草（*Ambrosia artemisiifolia*）能够释放出多种有害物质，对禾本科等多种植物有抑制、排斥作用，其茎叶水浸提液对萝卜、绿豆、番茄和大白菜等经济作物的生长也均有不同程度的抑制作用（万方浩和王韧，1988，1994；李迪强，1994）。薇甘菊（*Mikania micrantha*）在广东和云南大片覆盖香蕉、荔枝、龙眼、野生橘、橡胶及一些灌木和乔木，致使这些植物难以进行正常的光合作用而死亡（张国云等，2008；邓雄，2010；王丽等，2011）。凤眼蓝（*Eichhornia crassipes*，又称水葫芦）在云南滇池草海大肆疯长，使大多数本地水生植物如海菜花等失去生存空间而死亡，过去草海曾有 16 种本地高等植物，而现在只剩下 3 种（王一专和吴竞仑，2004；赵维钧，2005）。

二、入侵植物对作物遗传多样性的影响

（一）导致本地种改变生活习性和遗传特性

外来植物入侵后大肆繁殖，在消耗物质、能量、空间、生态位等的同时，本地种群为了生存，只能迁移到新的生态环境或改变其生活习性和遗传特性，这在很大程度上影响了本地种的基因多样性和平衡性。例如，外来种紫茎泽兰入侵后改变了入侵地土壤养分的供求平衡，这种改变可能有利于紫茎泽兰的生长竞争和对本地植物生长的抑制，从而改变本地植物的生活习性（万方浩等，2005；蒋智林等，2008a）。位于夏威夷岛下风向的气候干燥的低地农业生态系统的大部分区域现在已经被一种名为绒毛狼尾草（*Pennisetum setaceum*）的入侵种占领，当地作物为了适应新生境从而改变了生活习性，其遗传特性也发生了改变（Goergen and Daehler，2002）。

（二）导致群落基因库结构发生变化

外来植物入侵可以造成一些物种的近亲繁殖和遗传漂变。有些入侵种可与同属近缘种，甚至不同属的物种杂交，从而改变本地种基因型在农田生物群落基因库中的比例，使群落基因库结构发生变化。入侵种与本地种的基因交流可能导致后者的遗传侵蚀，降低本地种的遗传多样性；入侵种与本地种杂交产生的后代可能兼具双亲的有利性状，还可能产生双亲不具备的新特征，它们可以入侵并存活于双亲不能生存的环境中，从而使本地种面临更大的压力。例如，起源于英国的大米草（*Spartina anglica*）就是美洲的互花米草（*Spartina alterniflora*）与欧洲海岸米草（*Spartina maristma*）杂交经染色体加倍以后形成的，它的适应范围广、生存力强，拥有耐盐、耐碱、耐高温、耐寒等特性；原产美国东部的互花米草与美国西海岸的叶米草（*Spartina foliosa*）杂交后形成的杂种也比其双亲具有更强的入侵性（Anttila et al.，2000；万方浩等，2005）。另外，加拿大一枝黄花可与同属近缘种，甚至不同属如紫菀属的物种杂交，这种发生在入侵种与本地种之间的杂交，很可能会导致本地种独特的基因型流失、遗传多样性和完整性改变（董梅

等，2006；官玉婷，2019）。因此，入侵种与本地种的基因交流可能导致本地种的遗传侵蚀，严重影响后者的遗传纯度，长期下去势必对农业遗传多样性产生较大影响。

（三）导致本地种生境破碎化，造成自交而影响农作物遗传多样性

外来植物成功入侵农田后，可使本地生境破碎化，即大块连续分布的自然生境被其非适宜生境或基质分隔成许多面积较小的斑块（或片段）。生境破碎化是影响生物多样性最重要的"瓶颈"之一，它导致原生境的总面积减小、产生隔离的异质种群，从而使农作物缺乏足够大的栖息空间，并影响种群间的基因交换、物种间的相互作用及整个农业生态过程（杨芳和贺达汉，2006）。随着本地生境的不断片段化或被分割，残存的次生植被常被入侵种分割、包围和渗透，使本土作物种群进一步破碎化，基因进一步流失，一些植被开始近亲繁殖或自交，最终导致遗传漂变；当生境斑块破碎到超越内部环境承载能力时，物种便会减少，甚至会导致许多在栖息地内部生存的农作物灭绝。研究表明，在本地种个体、种子、花粉等的迁移能力不变的情况下，生境破碎化导致基因流降低，并且隔离距离越大，种群间的基因流越小，种群的杂合度和等位基因多样性随之迅速降低，种群的遗传分化增大，遗传多样性丧失（Zabel and Tscharntke，1998；卢剑波等，2005）。

三、入侵植物对农田生态系统多样性的影响

（一）对农田生态系统结构的影响

外来植物的入侵对农田生态系统结构的影响主要表现在三个方面。一是影响物种结构。外来植物传入新的、缺乏足够抵制作用的区域后，极易扩散、蔓延形成单一群落，与本地种竞争资源养分和生存空间，造成本地种数量减少乃至灭绝，导致农田生态系统单一和退化，进而影响其生态系统的物种结构。二是影响遗传结构。外来种与本地种杂交，导致食物同源化和物种均匀化，从而改变了农田生态系统的遗传结构。三是改变营养结构。外来种通过压制或排挤本地种的方式而改变食物链或食物网组成及其结构，继而改变整个农田生态系统的营养结构。例如，外来入侵植物紫茎泽兰分泌的化感物质就能抑制农田作物生长发育，明显降低白车轴草（*Trifolium repens*）和尼泊尔酸模（*Rumex nepalensis*）的种群数量，使原有群落衰退和消失，形成单一群落（万方浩等，2005）。另外，紫茎泽兰还可以通过改变土壤微生物群落的结构，促进土壤养分循环，提高土壤中植物可吸收养分的含量，进而使自身获得更多养分，在与当地植物的竞争中更加占据优势（Niu et al.，2007；蒋智林等，2008a）。

（二）对农田生态系统物质循环的影响

1. 对土壤氮的影响

美国东部农林中的外来种日本小檗（*Berberis thunbergii*）和柔枝莠竹（*Microstegium vimineum*）能够加快土壤氮的硝化速率并增大了硝态氮库；入侵夏威夷灌丛的外来种糖

蜜草（*Melinis minutiflora*）能够提高土壤的氮矿化速率；外来植物裂稃燕麦（*Avena barbata*）和黑麦状雀麦（*Bromus secalinus*）入侵贫瘠土壤两年后，入侵地与氮代谢相关的土壤氨氧化细菌群落发生改变，且对土壤氮的矿化作用和硝化作用产生了显著影响（万方浩等，2005；陈慧丽等，2005；向言词等，2003）。

2. 对土壤碳库及碳循环的影响

土壤是陆地生态系统的一个主要碳库，储存的碳主要来源于植物残余物。入侵植物可改变被侵入生态系统的结构（如根系垂直剖面）和生态过程（如养分循环和碳分配），进而改变生态系统的生产和输入土壤的有机质动态。另外，入侵植物通过改变土壤微生物群落的成分和功能，也改变着受微生物活动影响的生态系统的地下碳过程，包括土壤有机碳矿化。例如，加拿大一枝黄花的根系分泌物通过改变根部土壤的 pH，促进好气性纤维素分解菌和硫化细菌的生长，抑制反硫化细菌和嫌气性纤维素分解菌的数量增长，这些改变最终有利于土壤中的碳循环（沈荔花等，2007）。

3. 对土壤肥力及酶活性的影响

入侵植物豚草在入侵地与其根际土壤形成新的关系过程中，比本地植物马唐能更快地提高土壤有效养分含量及酶活性，从而在较短时间内通过提高土壤肥力而形成对自身生长有利的土壤环境来帮助其竞争入侵（李会娜等，2009）。同样，紫茎泽兰也能够通过根系分泌物而改变土壤的酶活性，进而改善土壤养分的可利用性，形成对自身生长有利的土壤环境（Niu et al.，2007；刘潮等，2007；蒋智林等，2008b）。

四、入侵植物对农田景观多样性的影响

外来植物入侵对农田景观多样性的影响主要表现在破坏农田景观的自然性和完整性。例如，北美的弗吉尼亚须芒草（*Andropogon virginicus*）侵入夏威夷后，使夏威夷的山地雨林和农业市场用地变成沼泽地，农业景观发生了巨大改变（D'Antonio，1992）。原产于热带美洲的五爪金龙（*Ipomoea cairica*）1912 年广泛分布于中国香港，如今已入侵至我国福建、广东、广西、海南、台湾和云南（南部）等地。五爪金龙缠绕茎的攀缘能力强，可顺树干而上，迅速占据其他植物的外围，密盖树木的树冠，致使被覆盖的植物得不到足够的阳光而死亡，与薇甘菊一样被称为"植物杀手"，它在一些荒地、灌丛、人工林和山地次生林中均有分布，常形成"植物坟墓"，对生物多样性和园林景观造成了较大危害（万方浩等，2005）。在我国甘肃裕河国家级自然保护区，由于外来植物小飞蓬（*Erigeron canadensis*）的入侵，保护区原有的茶树已经湮没在疯长的小飞蓬中，茶园不复存在（汪之波和杨玲，2010）。在云南临沧，紫茎泽兰的入侵致使其高原草原的景观特色受到很大影响，有些地区甚至丧失了草原的本色。

五、入侵植物对农业文化多样性的影响

外来植物一旦成功入侵就难以彻底铲除，且铲除成本很高，这严重影响了人类传统

的农业生产生活方式。由于外来植物的入侵，许多地区特有的动植物资源和农业生态文化也受到严重影响。如云南傣族、苗族、布依族等少数民族聚居地区周围都有其特殊的动植物资源和各具特色的农业生态系统，这些自然资源对当地民族文化和生活方式的形成具有重要作用，但是由于外来植物紫茎泽兰、薇甘菊和飞机草（*Eupatorium odoratum*）等的入侵，当地一些植物资源被逐渐取代，许多传统的农作物逐渐消失，古老的生活方式和农业文化因此被迫改变。云南省普洱市思茅区古茶园有些千年古茶树见证着中国茶的历史并代表中国茶的发源地，但是由于紫茎泽兰和薇甘菊的入侵，一些古茶树的生长受到了危害，濒临死亡，由此可见，植物入侵给自然茶文化产生了严重的影响。

第六节　外来种的生物安全性评价及管理

一、外来种的生物安全性评价

外来种引入通常有两种途径：一是用于农林牧渔业生产、生态环境建设、生态保护等目的的引种，这属于有意引进；二是随着贸易、运输、旅游等活动而引入的物种，这是一种无意引进。日益频繁的国际贸易往来、蓬勃发展的观光旅游事业和现代先进的交通工具为外来种长距离迁移、传播、扩散到新的环境创造了条件。

外来种引入新的区域后，一些物种逐渐演变为入侵种，已引起国际社会的广泛关注。由国际科学联合会环境问题科学委员会（SCOPE）、世界自然保护联盟（IUCN）和国际应用生物科学中心（CABI）共同发起的"全球入侵物种计划"，采用多学科、预防性的措施对入侵种进行管理。我国在《全国生态环境保护纲要》中也明确提出：对引进外来种必须进行风险评估。面对严峻的现实，许多生态专家呼吁，我国应建立健全相关法规，加强对无意和有意引进外来种的安全管理；还有的学者建议，国家应开展全国范围的外来种调查，以查明我国外来种的种类、数量、分布和作用，建立外来种数据库，分析外来种对我国生态系统和物种的影响，建立对生态系统、生态环境或物种构成威胁的外来种风险评价指标体系、风险评价方法和风险管理程序等。生物安全性评价对于预防外来种入侵是十分重要的一项措施。生物安全是指生物生长发育及其与环境一致的一个动态安全过程，是在基因、细胞、个体、种群和群落水平上都处于一种不受威胁的良好状态。因此，生物安全是一个多层次的系统安全，包括了生物多样性保护、外来种入侵和转基因生物、食品安全等内容。这些内容是相互关联的，对生物安全性的评价总体上也应该包括上述内容。

（一）生物安全性评价的层次

生物安全性评价有多方面的层次结构，一般包括区域、行业、国家水平三个层次。

1. 区域生物安全性评价

区域生物安全性评价主要是对一个区域内生物的活动对生态环境、社会经济、人体健康的影响，以及人类活动对生物和环境的影响进行评价分析。

2. 行业生物安全性评价

例如，某些外来植物或昆虫对农业、种植业的影响，某些水生生物对水产养殖业的影响，某些病原菌对仪器生产和人类健康的影响等。

3. 国家水平的生物安全性评价

某些重大生物安全问题可影响全国范围的生态环境、国民健康和经济发展，需要对此进行评价。区域性的、行业性的生物安全问题发展扩大也可能变成全国性的问题。

（二）生物安全性评价的内容和程序

生物安全性评价的内容包括：现状评价、影响预测、建立预警系统、实施等几部分。现状评价是对当前的生物安全状态进行调查并评估；影响预测是根据现状评价和人类活动对生物安全的影响来预测未来的生物安全情况；预警系统的建立包括构建信息系统、监测系统、管理系统和保障支持系统；生物安全性评价的实施不仅包括政府的许多部门，还有科学研究和技术支持，也涉及各行各业和个人，就其内容而言，涉及领导管理和组织协调，以及监测、信息、预警、应急和治理预案，科学研究，法律法规，民众参与等。

（三）生物安全性评价的指标体系

生物安全性评价的指标可以从物种多样性、生态系统稳定性、对人类健康和社会经济的影响等方面来确定。

物种多样性：珍稀度、生态价值、种群稳定度、阈限值、受威胁程度、保护措施影响、基因影响。

生态系统稳定性：面积适应性、阈限值、系统自身稳定性、对其他生物的威胁程度，以及物种多样性、生境和景观的影响。

对人类健康的影响：直接影响（伤害、毒性、人畜共患病发病率、其他疾病发病率）、间接影响。

对社会经济的影响：直接经济损失、生态系统恢复和保护措施的成本、行业影响、社会负担系数。

二、生物入侵的预测和风险评估

（一）生物入侵的预测

有效防止生物入侵的首要问题是如何进行科学预测。外来生物传入途径多样，不同生物具有不同的生物学特性，因此很难用某一个通用的模型来预测和解释各类生物入侵的方式和潜在危害。生物入侵的机制有多种解释方法：①强调入侵种的特征；②强调被入侵生态系统的特征；③调查这两个因素间的关系；④在时间上区分入侵的过程。每种方法都可用来增进对生物入侵的某些方面的了解，每种方法都在一定程度上适用于预测生物入侵的目的。

1. 非关联方法：强调入侵种的特征

以杂草为例，有效的无性繁殖、有效的有性繁殖、广阔的生态幅、对光反应的敏感程度、对湿度的敏感程度和干扰竞争的能力，这些特征中没有一种可单独用来区分入侵种和非入侵种。然而这些特征可被解释为"理解入侵者"的特性，可以假定，如果入侵者拥有这些特征越多，入侵成功的可能性就越大。

2. 非关联方法：强调被入侵生态系统的特征

这种方法考虑生态系统是否对生物入侵具有抵抗力。其假设的前提是有一些生物和非生物特征决定了生态系统抵抗力，如高度多样性、没有（人为）干扰或树冠郁闭度高。然而用实验的方法还不能证明抵抗力的存在，目前完全是根据经验，但是经验的研究现在还没有得到一致的结果。

3. 关联方法：钥匙-锁方法

入侵种的特征和被入侵生态系统的特征之间的关系是生物入侵成功的关键。例如，小花凤仙花在中欧某些森林中的入侵被认为是成功的，原因是它的根系没有深入土壤，避免了和本土树种及草本植物的根系竞争。因此小花凤仙花找到了未被占用的小生境，不需要具有特殊的入侵性即能获得成功。

4. 关联方法：步骤与阶段方法

上述方法没有将入侵当作过程来看待。在绝大多数情况下，入侵种、被入侵生态系统的特征和两者的相互影响是在入侵过程中根据作用和贡献大小得来的。步骤与阶段方法强调生物入侵过程中的不同阶段，并试图找出哪些因素在每个阶段中起了关键作用。它通常分为 4 个阶段：引入、定居、繁殖和扩散。在引入阶段，重点在于了解和控制人为活动，如贸易、旅游等导致的物种引入。在定居阶段，重点在于了解哪些物种可以成功地在新的生态系统中定居并开始繁殖。在繁殖阶段，重点在于了解哪些物种可以快速繁殖。在扩散阶段，重点在于了解哪些物种可以通过各种方式扩散，如水流、风、动物等。

（二）生物入侵的风险评估方法

对外来种风险评估一般包括下列几项内容：识别需要重点考察的外来种的特征和生态性状；识别外来种的引入途径；确定外来种建立的可能性，进行必要的小试和中试；确定外来种建立种群后可能给环境、经济、社会和政治方面带来的影响；确定可行的应急对策，以减少外来种可能造成的损害。

广义的生物入侵风险评估是预测有害生物传入下一国家（地区）以及定殖后造成经济损失的可能性。狭义的风险评估是评价有害生物传入（包括进入、定殖）和扩散的可能性、潜在的经济和环境影响等各项指标的风险大小，对传入过程中的不确定事件进行识别、预测、处理，使各种风险减小到最低程度。

1. 多指标综合评估法

多指标综合评估法是根据"有害生物风险分析"（Pest Risk Analysis，PRA）准则，应用各级组织、生物学理念和专家决策系统的基本理论和方法，对有害生物各项风险指标进行等级划分、计算风险指数并建立数学模型的定量评估方法。

多指标综合评估法是专家根据经验确定有害生物指标体系再加以分组、量化的方法，指标体系中包含许多不确定因素，如生物在不同品种间和变种间、不同物种之间、不同经济密度的地域之间存在许多差异，这为准确进行风险评估带来了一定困难和不确定因素，因此，外来有害生物风险评估指标体系的建立还有待进一步完善。

2. 农业气候相似距分析

农业气候相似距分析是魏淑秋（1984）建立的有害生物适生区分析方法，即在分析适生区气候指标的基础上确定有害生物的适生区。该方法是根据 Mayer 的"气候相似性"原理，将某一地点的 m 种气候因素作为 m 维空间，计算地球上任意两点间多维空间相似距离 d_{ij}，定量表示不同地点间的气候相似程度，预测有害生物潜在的适生区分布。

应用该方法进行有害生物潜在的适生性分布区域研究，可从气候条件出发宏观预测物种的区域分布，但其也有不足之处，如这些研究仅从环境条件方面考虑有害生物的可能分布，忽略了生物对不利环境条件的适应能力、生物与生物之间的相互作用、植物的化感作用等。另外，有些气象站点的资料还不足以完全代表所有地点的气候条件，使得研究结果不够细致、全面。

3. 地理信息系统

地理信息系统（geographical information system，GIS）是 20 世纪 60 年代发展起来的一种地理学研究科学和技术，它既是描述、存储、分析和输出空间信息的理论与方法的交叉科学，又是以地理空间数据为基础，根据多种空间的动态的地理信息建立的地理模型技术系统。

地理信息系统的出现不仅使定量的风险评估研究进一步深化，而且可从地理位置和气候分布的差异角度分析生物种群空间格局，使潜在的外来有害生物的分布向图形和图像化发展，这为生态学领域中物种入侵、种群分布、景观生态等的研究提供了有效的方法。

4. 生态气候评价模拟模型

生态气候评价模拟模型（CLIMEX）是从生物对环境条件（主要是气候条件）的反应角度出发，用种群在不同温度、湿度、光照条件下的年增长指数和滞育指数，冷、热、干、湿等条件下的逆境指数和逆境交互作用指数来反映物种适生状况，最终用生态气候指数（ecoclimatic index，EI）（EI=GIA×SI×SX，式中，GIA 为年增长指数，SI 为逆境指数，SX 为逆境交互作用指数）模拟种群在已知地的参数，确定种群在未知分布地的生长模型。

目前，应用 CLIMEX 进行有害生物预测的报道越来越多。该项系统的优点是能综合考虑气候和生物的相互关系，但也存在缺陷，如假设生态气候指数的大小与种群的生长能力呈线性关系，但这种假设与实际情况有差距。另外，物种适生区的影响因素除了气候因子，还包括诸多非气候因子，此方法预测的结果有一定的局限性。

三、生物入侵的管理决策

对生物入侵的影响进行评估和预测的最终目的是帮助管理者做出有效的管理决策。对生物入侵影响进行试验可以用来确立优先行动策略。生态学试图找到测定生物入侵影响的方法，因为它有助于证实群落的功能是如何抵制或有助于入侵的。相反，保护地管理人员则希望用另一种方法来测定这些影响，这就是需要确定对于目标物种和地段应该采用什么控制手段。因此，对于管理者和决策人员来说，度量影响等同于确定优先权，关键是要制定一个生态系统和自然群落的主要风险等级顺序。

控制有害的外来种越来越需要国家和国际水平上的努力，因为物种的传播和蔓延不需要行政边界。一旦用战略眼光看待有害生物，控制这些物种行为的有效性就会大大提高。政府在清除杂草、有害脊椎动物、树木疾病、有害海洋无脊椎动物和其他方面应当如何分配资金，我们现在还只能提出这样的问题，却没有办法来解决这些问题。

第七节　生物入侵的防控技术及其应用

一、入侵种与本地农业有害生物控制方法的异同

对本地农业有害生物的治理，不提倡种群灭绝的策略，而应考虑生态平衡，将其种群控制在经济危害水平之下。

由于入侵地存在生态位空缺和剩余资源，缺乏有效的生物制约因子，入侵种易于建立种群和暴发成灾。因此，对入侵种的控制策略应针对其入侵阶段采取相应措施：①严格进行过境检验检疫，杜绝有害生物的传播；②完善早期预警和监控技术，在外来种入侵早期（种群构建时期和扩散初期）进行根除和灭绝；③在种群扩散蔓延时期，加大力度进行种群限制和阻断；④在种群暴发成灾阶段，综合运用生物、化学和生态等方法进行治理，将其控制在经济危害水平之下。总的来说，对入侵种的控制在于：①入侵种种群构建环节的灭绝；②扩展过程中的限制；③暴发过程中的持续控制。

二、传入前和传入过程中的预防与预警

阻止外来有害生物建立种群是防御生物入侵的第一道防线。有效防止生物入侵的首要问题是如何进行科学预测。由于外来种传入途径的多样化，以及不同生物具有不同的生物学特性，很难用某一种通用模式来预测和解释各类生物入侵的方式和潜在的危害（Kolar and Lodge，2001）。20 世纪 90 年代后期，预测植物、大型动物入侵的研究文献激增，大多数研究指出：物理屏障不再是阻止外来种入侵的重要因素，生物入侵会随着国际贸易往来的增加而增加。因而，预警能力的建设在预防和预测外来种的入侵中就显

得更具有重要的科学地位和更现实的意义。

众多研究表明，依据物种的系统发育限制因子：生活史特征、入侵种原产地与入侵地生物气候相似性、入侵种的生物学特性和遗传多样性在原产地与入侵地的分化特性、入侵种与本地种种群及近缘种间存在的差异、入侵种的传播方式等，可预测入侵种可能的分布范围与危害。因此，发展早期预警系统（风险识别、危害识别、地域识别、变异识别）是提高生物入侵预防与预测准确性的首要关键科学问题。在早期预警系统的引导下，发展快速的检测技术，建立快速的狙击系统是防御生物入侵不可缺少的一部分。这在实践上是一种积极的、需要优先考虑的防御技术体系。

（一）发展生物入侵早期预警与风险预测体系

根据信息资料对可能入侵的生物进行风险评估与预警，加强防范措施与制定应急控制技术。对于生物引种，在引入前应进行科学的评估、预测和测验，谨慎引种，不仅要考虑到当前，还应预测将来；不仅要看经济利益，还要看生态危害；不仅要考虑地区性问题，更要考虑全国性问题。引入后应加强观测，释放后应不断跟踪，如发现问题应及时采取有效对策，避免造成大面积危害。对已入侵生物的危害、分布、蔓延与流行进行风险评估与预警，加强监测。对入侵种在生物气候限制、物种种系发生、地域分布限制、生态适应性等方面的相互关联性开展系统研究，以便有能力识别、记载及监测入侵种的动态及更新资料，发布风险区域。

（二）进一步加强边境海关检疫和阻截作用，阻止新的入侵种入境

采取有效的口岸控制措施，加强对入境的各种交通工具、旅游者携带的行李及各种货物的检查工作，防止无意带入外来生物，构筑防止外来有害物种入侵的第一道防线，这是减少入侵种无意引进风险最重要的环节，远比生物入侵发生后采取的任何措施都更经济、更有效。针对潜在入侵生物，特别是动植物病害，要发展快速检测以及去除以各种形式（贸易产品、包装材料）携带其入侵的有效技术。

（三）加强宣传，提高公众防范意识

生物入侵和人类活动有着密不可分的关系。人类日常生活起居、工作等都会涉及运输，而许多生物入侵正是沿着运输途径发生的，所以人类日常生活也会导致生物入侵。因此，防止生物入侵，需要全社会共同努力，应充分调动公众的积极性，提高全社会防范意识，使全社会参与到防止生物入侵的行动中来。可整理已有材料并编撰成册，如把入侵种的概念和危害、国内外重要经验教训编辑成深入浅出的教育普及材料，以各种可能的方式（包括图书、刊物、网络、广播、电视等）进行传播，使公众认识到生物入侵的危害性、了解人类与生物入侵的关系，提高公众思想认识，防止外来生物入侵。

（四）加强技术培训，提高监控技术

应在检验检疫、生物引种、交通运输、国际贸易、旅游等重点行业的职工中开展有针对性的宣传、教育、培训工作，使他们尽快了解和掌握国际动植物检疫动态及 WTO

有关检疫规则，提高检疫、监测、控制技术水平，为社会提供更优质的服务。外来种容易侵入的岛屿、湖泊、自然保护区等地区的工作人员要加强防范入侵种的意识，提高对早期生物入侵的警惕性。

（五）加强科学研究

加强对生物入侵的研究，明确入侵种的种类、分布、入侵机制，评价入侵种带来的生态危害，研究控制对策和具体技术，这是我国目前解决生物入侵问题的关键（万方浩等，2005）。没有科学的研究结果作为指导，就不可能从根本上解决这个问题。在研究外来种的同时，应充分研究、了解本地生物种类，在诸如退耕还林还草工程中，尽可能利用本地种，发挥本地种的作用，减少引进外来种。

（六）建立入侵种数据库与信息系统，加强信息流通和国际合作

国内目前在生物入侵方面的信息较多，但不能有效地流通。很有必要建立国家生物入侵信息中心和信息库，信息库包括入侵种的种类、起源与分布、生物学和生态学特性、风险分析与管理、有效的控制技术等。有效利用国际互联网和局域网，加强信息流通和国际合作，这对预防和控制生物入侵具有重要作用。因为入侵种的问题总是涉及原产国，所以原产国该物种的防治方法、生态特点、天敌生物等信息对入侵国防治入侵种有着重要作用。从松突圆蚧的原产国日本引进松突圆蚧花角蚜小蜂（*Coccobius azumai*）防治松突圆蚧获得成功，就是从原产国寻找天敌防治入侵种的例证。一个国家生物入侵的经验和教训，对其他国家在引入或防治同样物种时有极大的参考价值。例如，我国台湾从美国加利福尼亚州和夏威夷引进澳洲瓢虫（*Rodolia cardinalis*）防治吹绵蚧（*Icerya purchasi*）获得成功，就是学习了美国从澳大利亚引进澳洲瓢虫控制吹绵蚧成功的经验。对于不仅仅是入侵到某一个国家或地区而是能大范围入侵多个国家的物种，如凤眼蓝（水葫芦）不仅危害中国，也危害北美洲、亚洲、大洋洲和非洲的许多国家，互相学习经验更显得必要。入侵种在一个国家出现的信息可为周边国家提供早期预报。

（七）建立生态、经济影响评估体系和经济惩罚机制

通常情况下，经济方面的争论对解决生物入侵问题起了不少作用。从经济角度出发的讨论要比从情感和生态保护角度出发的讨论更具有说服力。谈到引入入侵种所耗费的成本问题，人类的认识是有局限的。因为生物入侵现象经常不被注意，而且没有任何明确的责任界定。生物入侵最初的影响也常常是不显著的。在生物入侵引发大范围灾害前，很少有人考虑监控、早期控制等问题。但是只有考虑这些，才能正确分析成本与效益的比率。有些人无意中把物种引入新栖息地，但他们并不愿花钱采取措施来阻止此类偶然事件的发生。他们可能没有意识到事情的危险性，或是大多数情况下这种危险不会威胁到这些人自身的利益。因此这些花费常常不公平地由无辜的人来承担，而不是那些允许（或导致）此类事故发生的人。特别是控制生物入侵直接关系到国际和国内贸易，确定入侵种的成本与利益更成为一个至关重要的大问题。因此，我们在考虑贸易成本的同时，也应把引入外来种的潜在成本考虑进去。责任界限如果不明确，就无法改变人们的行为

方式,结果常常是由普通民众和后代来支付这些花费。因此针对已入侵生物,要发展外来生物（包括有意识地引进物种）的生态与经济影响评估体系。针对既定种在既定地区的生态代价与经济代价的影响预测模式研究,研制出既定入侵种的预测指标体系,以便将这种模式应用到其他地区或其他入侵种的评估中。同时需要建立合理的潜在入侵种引入的经济控制机制,明确引入外来种者应该承担的经济责任,包括对引入物种的危险性评估、实验、监测、治理,以及如果入侵种造成危害,引入者应该承担的经济赔偿责任等。如果这些责任被计算到经济成本中,引入者在引进物种时就会谨慎得多。

三、生物入侵的控制方法与技术

（一）人工、机械防除入侵种

人工、机械防除是指依靠人力,捕捉外来害虫或拔除外来植物,或者利用机械设备来防除外来植物,利用黑光灯诱捕入侵昆虫等。该方法适用于那些刚刚传入、定居,还没有大面积扩散的入侵种。在群落中有其他敏感植物存在时,也要用机械法。在我国,人工防治具有悠久的历史。这种方法被用于水葫芦、空心莲子草、大米草、薇甘菊等入侵植物的防治。云南、浙江、福建、上海等地政府都曾组织人力打捞水葫芦。例如,1991年,云南昆明曾发动10多万军民人工打捞;1999年,浙江温州市政府投入1000万元人工打捞;福建莆田专门成立了水葫芦打捞办公室,每年花费500万元。1999～2001年,深圳市政府曾多次组织军民人工拔除薇甘菊。陕西西安、咸阳和辽宁锦州等地通过采用人工剪除幼虫网幕、高截树头而成功控制了美国白蛾（王伟平,1996）。对分布于低洼地里的外来杂草,可以用水淹的方法来消灭它。国外在消灭易燃的外来种时,有时采用火烧的办法,这种方法在控制草地里的外来树种时比较有效。我国人力资源丰富,人工防除可在短时间内迅速清除有害生物,但对于已沉入水里和土壤的植物种子及一些有害动物则无能为力。高繁殖力的有害植物容易再次生长蔓延,需要年年防治。人工、机械防治有害动植物后如不妥善处理动植物残体,它们可能会成为新的传播源,客观上加速了外来生物的扩散。

（二）入侵种的化学防治

化学农药由于具有作用迅速、使用方便、易于大面积推广应用等特点,在一些入侵种的防控中起着重要作用。但在防除外来生物时,化学农药往往也杀灭了许多本地种,而且化学防除一般费用较高,在大面积山林及一些自身经济价值相对较低的生态环境使用往往不经济、不现实（万方浩等,2005）。而且一些特殊环境如水库、湖泊,是限制使用化学农药的（Schroeder,1992）。

国外在用化学方法处理外来杂草时,应用较多的有草甘膦和莘草烷两类除草剂。草甘膦是广谱性的除草剂,它可以杀死几乎所有的植物。而莘草烷则是选择性的除草剂,它只对阔叶木本植物有杀伤力,可以消灭草原上的外来树种而有力地保护草本植物。由于这两种除草剂被植物吸收后可以传输到全株,因此两者都是系统性的除草剂,用它们可以控制能以地下茎和地下根进行繁殖的外来种。

化学杀虫剂杀灭害虫的作用方式有触杀、胃毒、驱避等。除化学杀虫剂,还有激素和生长调节剂类农药。外来害虫抗药性发展很快，应经常交替、轮换使用多种杀虫剂，以减缓和降低害虫的抗药性的发展。化学防治是目前防治斑潜蝇、稻水象甲等外来害虫最主要的方法，采用的化学杀虫剂包括巴丹、灭扫利、杀虫双、艾福丁等。喷施灭幼脲和溴氰菊酯可有效控制美国白蛾。

用化学农药要注意选择恰当的时间、温度。一是为了更好地发挥化学农药的药效，二是为了对其他生物不造成伤害。例如，用化学方法处理虎杖（*Reynoutria japonica*）时，要求在低温但未冰冻时进行，先在离地面一定的高度砍断其茎秆，而后用 25% 的草甘膦或葎草烷溶液处理。用药液喷洒处理叶片时，多在 10～11 月进行，这时其他植物多已进入蛰伏期，这样可以避免伤害到其他植物，药液的浓度为 2%，有时还加入 0.15% 的非离子表面活性剂以增加其渗透力。

（三）入侵种的生物防治

生物防治是指从外来有害生物的原产地引进食性专一的天敌将有害生物的种群密度控制在生态和经济危害水平之下。其基本原理是依据有害生物–天敌的生态平衡理论，在有害生物的传入地通过引入原产地的天敌因子重新建立有害生物–天敌之间的相互调节、相互制约机制，恢复和保持这种生态平衡。因此生物防治可以获得利用生物多样性保护生物多样性的结果。从释放天敌到获得明显的控制效果一般需要几年甚至更长的时间，因此对于那些要求在短时期内彻底清除的入侵种，生物防治难以发挥良好的作用。但天敌一旦在新的生境下建立种群，就可能依靠自我繁殖、自我扩散，长期控制有害生物，所以生物防治具有环境友好、控效持久、防治成本相对低廉的优点，适用于控制大规模分布于自然生态系统或荒耕野地中的入侵种。

1. 生物防治概念的发展

Smith（1919）首次提出了传统生物防治的概念：通过捕食性、寄生性天敌昆虫及病原菌的引入、增殖和释放来压制另一种害虫。

DeBach（1964）应用生态学观点将生物防治概念引申为：利用寄生性昆虫、捕食性天敌或病原菌使另一种生物的种群密度保持在比缺乏天敌时的平均密度更低的水平。其核心包括 3 个基本特征：①自然控制，即利用自然界中不同生物种间的对抗作用；②自然平衡，即天敌对有害生物种群的控制以密度依赖的方式发挥作用；③自然调节，即天敌的控制作用是连续的和自行持续的。

蒲蛰龙（1992）提出了广义的生物防治：利用天敌或某些生物的代谢产物（如生物碱、挥发性化合物、信息素等）来防治农业有害生物。

van Driesche 和 Bellows（1996）认为：生物防治是利用寄生性昆虫、捕食性动物、拮抗物或竞争性生物种群来抑制有害生物种群数量并减轻其危害。

2. 生物防治的内容

（1）传统生物防治

传统生物防治（classical biological control）是指从有害生物的原产地或自然分布区

引进其天敌，在农田或自然生态系统中释放并建立种群，从而达到部分或完全控制有害生物的目的。当入侵生物已建立种群并广为传播蔓延后，其他控制措施难以奏效，生物防治通常是最佳策略和方法。其优势在于：经济效益和生态效益显著，成功的害虫生物防治项目的投入产出比非常高，而且效益持续不断（表8-2）。

表 8-2 部分成功的害虫传统生物防治项目经济效益

害虫	国家/地区	成本（美元）	收益（节约）（美元）	核算年份	成本：收益
甘蔗蚧	坦桑尼亚	11 796	67 832	1974	1：6
马铃薯块茎蛾	赞比亚	35 732	547 560	1974	1：15
芒果粉蚧	多哥	175 000	39 000 000	1994	1：223
木薯粉蚧	非洲	14 800 000	96 000 000	1984～2003	1：6.5

（2）保护生物防治

保护生物防治（conservation biological control）是指通过改变天敌的环境条件发挥其控害作用，其目的在于找出影响天敌发挥控害作用的不利环境因素，创造和改善条件（如提供食源植物、改变杀虫剂品种和施用方式、提供天敌越冬场所），以促进天敌控害效果。其基本假设是：天敌已经存在，如果条件适宜可能有效地抑制有害生物的危害；对于入侵生物而言，要求其天敌已经被引进并释放到了野外。

（3）增强生物防治

增强生物防治（augmentation biological control）是指人工大量繁殖天敌，释放到田间以促进已有天敌的控害作用，主要包括以下两种方式。①"接种式释放"（inoculative release）：旨在通过几次释放使天敌种群定殖下来，依靠自身生存和繁殖不断更新，最终与害虫（或杂草）种群建立新的低水平动态平衡关系。②"淹没式释放"（inundative release）：针对那些难以建立自然种群的天敌，必须持续不断地适时释放以达到控制有害生物危害的目的。增强生物防治的限制因素在于繁殖天敌的成本高、规模小，以及天敌质量要求高等，大部分天敌尚难以人工大规模繁殖生产。

3. 入侵种生物防治的理论基础

（1）种群生态学理论

利用食物链中高一营养级生物来控制低一营养级入侵生物。一般食物网由初级生产者（植物）、初级消费者（植食性害虫）、次级消费者（害虫的天敌）和第三级消费者（更高级别的天敌或捕食者）构成。害虫在其原产地通常被天敌压制在较低水平而不会发生大面积危害，当植食性害虫入侵到新的地方后，由于摆脱了其天敌的控制，种群密度增大。根据种群生态学理论，可从入侵害虫原产地引进其天敌，重建自然平衡，从而把植食性害虫种群数量控制在经济危害水平之下。

（2）种群动态理论

害虫种群在天敌的作用下从高于经济阈值的动态平衡降低到低于经济阈值的平衡态。理想的生防作用物应该具有以下特点：寄主专一、与害虫物候一致（尤其是对一化性害虫）、紧随害虫密度的增高而数量增长、搜寻能力强等。

（3）个体生态学理论

个体生态学理论主要基于以下两个假说。

生物忍耐假说：预测原产地栖境中种群数量少的天敌在引入新的环境中后可能有效地控制靶标物种，因为靶标物种对这样的天敌缺乏有力的抗性或忍耐机制。

竞争力增强进化假说：植物在传入新环境后，由于没有寡食性天敌、少有或没有广谱性天敌的取食，在进化过程中，将会把曾经用于防御的能量转而投入营养生长，因而对植食者的防卫将减弱。

4. 入侵种生物防治的技术程序

1）立项准备：准确界定靶标有害生物地位、选择传统生物防治靶标害虫和杂草。

2）原产地天敌搜寻、筛选与引进：收集入侵种地理分布、分类学、生态学和寄生物学资料，寄主或寄生性昆虫目录和其他区系调查文献，靶标害虫和有益生物的野外研究资料；筛选生防作用物；引进生防作用物。

3）测定生防作用物的寄主专一性：搜集野外证据、测定室内选择性和非选择性。

4）大量繁殖与释放生防作用物。

5）评价生防作用物的控害效果。

6）测定生防作用物的寄主专一性、植食性节肢动物的寄主范围，步骤如下。第一，查阅文献，根据前人研究，汇总寄主种类。第二，汇总在其他地方与生防作用物安全共存的非靶标物种。第三，释放前室内测定：①生理寄主范围（如适于寄生蜂发育的寄主或适于捕食者取食和发育的猎物，可能包括生态寄主范围以外的寄主）；②生态寄主范围（适于天敌成虫觅食、产卵或完成发育的寄主范围）；③分类学寄主范围（天敌是否仅攻击某一科或某一属的寄主；或寄主范围是否受其他因子的影响，如攻击所有可遇到的寄主）。第四，释放后评估实际寄主范围：在入侵种的生物防治中，引进天敌之前要对入侵种的原栖息地进行考察，了解其天敌和病原体，研究和评估它们的安全性，而后引进这些病原体、天敌等到受入侵种入侵的地方释放，同时还要对释放的生物控制剂进行监控和预测，并提高预测准确性和增强释放的生物控制剂安全性，以防止引进的天敌成为新的入侵种。例如，天敌昆虫非洲蛾（*Cactoblastis cactorum*）曾成功地控制了澳大利亚、南非、夏威夷等地的仙人掌（*Opuntia* spp.），但1989年在美国佛罗里达州发现该虫威胁当地的一种花卉植物，成为一种危害严重的害虫。

利用生物防治措施防治入侵种的有利之处是应用得恰当时，不会造成大的干扰和环境污染。对矢车菊（*Centaurea cyanus*）的控制就是一个例子。矢车菊是一年生植物，从欧洲传入美国，入侵性很强，能使土地的承载力减少90%。用化学农药对它进行处理效果不错，但是价格高。后来，从其起源地选择性地引进了12种昆虫，这些昆虫有的可以取食矢车菊的种子或茎叶，有的则以其根为食。通过这些昆虫的协同作用，矢车菊的繁殖能力受到极大的限制，入侵性大为降低。在我国，广东省成功开展了松突圆蚧的生物防治工作，1988年从日本引进的松突圆蚧花角蚜小蜂在广东成功控制了松突圆蚧的危害。到1993年放蜂总面积达73.83万 hm²，占疫区面积的80%左右，寄生蜂的定居率为97.8%～100%，松突圆蚧雌蚧被寄生率为40%～50%。截至2000年底，已有7种专一性天敌昆虫被成功地引入国内控制空心莲子草（*Atlernanthera philoxeroides*）、豚草、三裂叶豚草（*Ambrosia trifida*）、水葫芦、紫茎泽兰等外来有害植物，其中 5 种在当地已经建立种群，南方水域中的空心莲子草已基本得到控制。截至 1996 年世界上已有 13 个国家采用生物防治技术成功控制了水葫芦的危害。例如，1884 年，美国将水葫芦作为观赏植物引入后蔓延成灾，后于 20 世纪 60 年代开始释放水葫芦象甲、螟蛾和螨进行防治，使路易斯安那州水葫芦的发生面积减少了 75%；在佛罗里达州的一个释放点，水葫芦在侵入水域的覆盖度从 1974 年的 90% 下降到 1980 年的 25%。泰国 1896 年从印度尼西亚引入水葫芦后，水葫芦成为泰国危害最严重的水生杂草，引入水葫芦象甲后，泰国主要河道上的水葫芦明显减少。

（四）入侵种的替代控制

替代控制又称为生态工程控制，它主要针对外来植物，是一种生态控制方法，其核心是根据植物群落演替的自身规律用有经济或生态价值的本地植物取代入侵植物，恢复和重建合理的生态系统的结构和功能，并使之具有自我维持能力和活力，建立起良性演替的生态群落。该技术起源于 Piemeisel 和 Carsner（1951）提出的人为改变一定范围内的植被组成，间接达到控制某种有害生物的目的。

1. 替代控制的理论基础

（1）Grime 理论

Grime 理论，即最大生长率理论（maximum growth rate theory），建立在植物的生活史特征基础之上，并根据植物生活史的综合性状将植物划分三种类型：杂草类（ruderal）、耐逆境者（stress-tolerator）和竞争者（competitor）。本理论认为，具有最大营养组织生长率（即最大的资源捕获潜力）的物种将是竞争优胜者。

（2）Tilman 理论

Tilman 理论，也称为最小资源需求理论（minimum resource requirement theory），是根据解析模型将种群动态描述为资源浓度的函数，而资源浓度则描述为资源提供率和吸收率的函数。本理论认为，具有最小资源需求的物种将是竞争优胜者。

2. 替代控制的原则

1）生态位原则：在替代植物的选择、恢复入侵地生态系统技术措施的制定与实施、有害入侵杂草的控制方面都必须充分考虑生态系统中每个物种的生态位。

2）生态系统稳定性原则：必须自始至终将有害杂草的生态控制放在首位，只有这样才能保证生态系统功能的正常发挥。

3）生态系统整体性原则：考虑包括控制措施的连锁反应在内的整个生态系统的过程，考虑防治阈值（经济阈值+生态阈值）的问题。

4）生态平衡原则：有害杂草生态控制，应该无条件地服从和遵循生态系统的生态平衡原则，这对控制过程的技术实现必不可少。

5）生态系统的高功能原则：生态系统经营的最高目标是最大限度、协调地发挥生态系统的多项功能，包括高生产力、高经济效益、高生态效益、高社会效益。

6）协调性原则：生态系统具有高度复杂性，包括物质、能量、信息的大量交换和相互关系的非线性规律，因此，协调好生态系统内的各种相互关系是提高生态系统整体性能的基础。

3. 替代控制的应用

在入侵地人为栽植比入侵植物更有竞争力的有生态价值或经济价值的植物，与入侵植物竞争空间和资源，造成入侵植物的生物胁迫，使其种群逐渐被抑制或替代，可把入侵地转化为生态用地或经济用地。在入侵植物的替代控制中，在充分考虑上述原则的基础上，还应充分研究本地土生植物的生物学特征和生态学特性，如它们与入侵植物的竞争力、化感作用等，掌握繁殖、栽培这些植物的技术要点，并探讨本地植物的经济特性、市场潜力等，以便同时获得经济效益和生态效益。

例如，澳大利亚通过种植禾本科的类地毯草（*Axonopus affinis*）来替代紫茎泽兰取得了较好的控制紫茎泽兰的效果（Auld and Martin，1975）。而我国用四生臂形草（*Brachiaria subquadripara*）、皇竹草（*Pennisetum hydridum*）、木豆（*Cajanus cajan*）等控制紫茎泽兰也有一定的成效。最近研究发现，黑麦草（*Lolium perenne*）（朱宏伟等，2007）、非洲狗尾草（*Setaria sphacelata*）（蒋智林等，2008b）、紫苜蓿（*Medicago sativa*）（于亮等，2009）等抑制紫茎泽兰也有较好的效果，可用于对紫茎泽兰的替代控制。豚草是典型的一年生喜光植物，且前期生长缓慢，可选择光竞争能力强的植物，在豚草苗期对豚草形成光胁迫，从而有效地抑制豚草的光合作用和生长发育（李建东等，2006）。多年生的草本植物和灌木耐胁迫能力很强，通常具有发达的地下部分，可与豚草根系竞争养分和水分，阻碍豚草正常生长和繁殖（万方浩等，1993）。在我国沈阳—大连和沈阳—桃仙机场高速公路两旁，紫穗槐（*Amorpha fruticosa*）、沙棘（*Hippophae rhamnoides*）、绣球小冠花（*Coronilla varia*）、草地早熟禾（*Poa pratensis*）、菊芋（*Helianthus tuberosus*）已被应用于替代控制豚草和三裂叶豚草，替代控制示范区建成后三裂叶豚草的生物量由 $30 \, kg/m^2$ 降到 $0.2 \, kg/m^2$，这些替代植物还在饲料、绿肥、食品、医药、编筐条材、能源和化工原料等方面有巨大的经济效益（关广清等，1995）。目前用于替代控制较为成功的还有胡枝子（*Lespedeza bicolor*）、紫丁香（*Syringa oblata*）、鹰嘴紫云英（*Astragalus cicer*）、细叶百脉根（*Lotus tenuis*）和紫苜蓿等（陈红松等，2009）。此外，陈玉军等（2002）发现，在珠海市淇澳岛，大米草割除后移栽红树植物无瓣海桑（*Sonneratia apetala*），无瓣海桑生长得很快，短期内就可超过大米草的高度并郁闭成林，可成功替代大米草。在长江河口的研究中发现芦苇也表现出很高的存活率，两个生长季之后也没被互花米草超过，而且对互花米草的再生长起了一定的抑制作用（Li and Zhang，2008）。张茜等（2007）研究发现，芦苇通过其凋落物释放化感物质，一方面可以直接抑制互花米草种子的萌发和幼苗生长，另一方面可以通过抑制互花米草共生菌的生长进而抑制互花米草的正常生长和发育，从而促进互花米草群落向芦苇群落的演替。

（五）生境管理和生态恢复控制

外来种更容易入侵因人类活动或一些自然因素而退化的地区。利用当地植被恢复退化的环境，构建良好的生态系统是有效地抑制外来植物大暴发的良策。它的优点在于良好的植被可以长期控制入侵植物，不必彻底清除入侵种，即可有效地控制物种入侵。可以根据外来种的生态学特征和当地生境的特点与生态规律，采用生境管理的方法来控制外来种。例如，在掌握当地植被生长周期等生态规律的基础上，使用火烧和放牧的方法消耗一定的外来种；使用水淹的方法消灭旱生动植物；使用排空法清除水生的入侵生物；采用轮作倒茬的方法控制外来农田害虫等。对于外来杂草，可以利用种树和覆盖地表的方法来控制。因为树木的遮蔽有利于耐阴植物的生长，可以在一定程度上控制外来杂草的滋生。利用树叶、干草、麦秆等覆盖地表可以大大减少杂草的生长，并保持土壤湿润、调节土温、增加土壤肥力。

当外来种已被控制或消灭之后，要及时地对这些受到干扰的地带进行恢复建设。这种恢复性工作的目的有：①有效地阻止外来种的再次入侵，如果没有实行这种恢复工作，那么先前进行的工作会失去可持续性；②使生态系统的生产力得到恢复；③恢复群落的物种多样性，本地植物同本地动物之间的关系得到重建后，有利于珍稀濒危物种的保护；④社会服务功能的恢复，包括两方面：一是经济功能，如农业、畜牧业、林业、渔业等方面的产量和质量的恢复与提高，二是间接的服务功能，如减少土壤侵蚀、野火等干扰，改良土质和水质，使景观得到恢复，其旅游等价值得以提高。消灭控制外来种是一项长期的工作，要建立一个长期的预警系统，进行长期追踪监控。要在对外来种进行科学评估的基础上，进一步加强管理，通过对外来种入侵的管理来阻止和减少其危害。

（六）综合治理

将生物防治、化学防治、机械防除、人工防除、替代控制等单项技术融合起来，发挥各自优势、弥补各自不足，达到综合控制入侵生物的目的，这就是综合治理技术。综合治理并不是各种技术的简单相加，而是它们有机融合，彼此相互协调、相互促进。

以利用生物防治和化学防治综合治理入侵植物为例，由于这种综合治理融合了化学防治和生物防治的优势，同时又弥补了各自的不足，因此具有以下特点。

（1）速效性

在实施的前期，在一些急需除掉有害植物的地方，有选择地使用一定品种和剂量的除草剂，以在短期内迅速抑制有害植物种群的扩散蔓延，从而加快控制速度。

（2）持续性

由于除草剂只能取得短期防效，难以持久，因此，使用除草剂后，释放一定数量的专食有害植物的天敌昆虫并使其建立种群定居，长期自我繁殖，并逐渐达到和保持植物与天敌之间的种群动态平衡，可取得持续控制的效果。

（3）安全性

与单一应用化学除草剂相比，综合治理对化学除草剂的品种、使用浓度、剂量及应用次数都有严格的限制，所选择的除草剂对其他生物安全，使用浓度、剂量、次数都大大低于常规用量，因此具有较高的安全性，对环境影响不大。

（4）经济性

综合治理技术体系以生物防治为主，在释放天敌后，天敌可自我繁殖，建立种群，在达到一定数量后基本上不再需要人工增殖，因此具有一次投资、长期见效的优势，防治成本相对较低。

纵观生物入侵的历史，大规模的生物入侵与人类社会的发展相平行，我国已进入一个国际贸易和旅游发展的新时期，也是外来种进入我国通道最多和最畅通的时期，为了我国的生态安全、经济安全，加强外来种的预防与控制迫在眉睫。防止生物入侵是一个复杂的社会工程，不但需要广大科研工作者的努力，更需要社会和政府的大力协助，以及广大人民群众的支持和配合。应充分调动公众的积极性，提高全社会的防范意识。

第八节　生物入侵的管理

外来种的传播与扩散通常牵涉多个国家和地区，因此，生物入侵具有十分明显的国际化特点。生物入侵管理是一项综合性国际事务，需要在相应的国际管理框架指导下，通过国际合作并结合外来种在某一个国家或地区的入侵危害制定针对性的计划，以达到防控外来种入侵的目的。

一、生物入侵管理的法规公约

外来种的传播与扩散通常牵涉多个国家和地区，然而，外来种的界定与司法或行政界限是独立的，如果一个外来种入侵某地，它不只是局限在其引入的地区，还可能扩散到其他法律主体管辖范围。因此，一个国家单独行动无法控制所有可能传入的外来种。针对某一地区特定的限制措施（如在保护地区禁止引入外来种）不如在局部地区防控外来种的策略有效。生物入侵的管理，需要多个国家或地区一致的合作才能有效，这包括对外来种的立法、宣传教育和预防等多方面（Shellers et al.，2004）。从 20 世纪 50 年代开始，一些国家就达成一致，对于外来种的管理需要形成国际性公约来规范和约束各成员国的行为。在随后的发展过程中，形成的有关生物入侵管理的公约有如下几类。

（一）《生物多样性公约》

《生物多样性公约》（Convention on Biological Diversity，CBD）是一项保护地球生物资源的国际性公约，于 1992 年 6 月 1 日由联合国环境规划署发起的政府间谈判委员会第七次会议在内罗毕通过，1992 年 6 月 5 日，由签约国在巴西里约热内卢举行的联合国环境与发展大会上签署。公约于 1993 年 12 月 29 日正式生效。常设秘书处设在加拿大的蒙特利尔。CBD 缔约方大会是全球履行该公约的最高决策机构，一切有关履行 CBD 的重大决定都要经过缔约方大会的通过。CBD 是一项有法律约束力的公约，旨在保护濒临灭绝的植物和动物，最大限度地保护地球上多种多样的生物资源，以造福当代和子孙后代。公约规定，发达国家将以赠送或转让的方式向发展中国家提供新的补充资金以补偿它们为保护生物资源而日益增加的费用，以更实惠的方式向发展中国家转让技术，从而为保护世界上的生物资源提供便利；签约国应为本国境内的植物和野生动物编目造册，制定计划保护濒危的动植物；建立金融机构以帮助发展中国家实施清点和保护动植物的计划；使用另一个国家自然资源的国家要与那个国家分享研究成果、盈利和技术。

在应对外来种危害的国际管理公约中，1993 年的 CBD 是最全面和最直接的，目前全世界已有 180 多个国家成为 CBD 缔约方。中国于 1992 年 6 月 11 日签署该公约，1992 年 11 月 7 日被批准，1993 年 1 月 5 日交存加入书。CBD 是目前唯一涉及包括所有外来种传入、控制的强制性国际公约。该公约第 8（H）款明确规定缔约方"必须对那些威胁生态系统、栖息地或物种的外来种进行预防引入、控制或根除"。CBD 最高组织机构缔约方大会（COP）早就意识到外来种所导致的严重危害性，在多次决议中涉及外来种。1998 年，CBD COP 将外来种问题归入了交叉领域问题，同时指出对于在地理上和进化上处于孤立的生态系统要特别注意外来种所带来的影响。2000 年 CBD 第 6 次缔约方大会通过了《对生态系统、生境和物种构成威胁的外来种》，同时还通过了《植物保护的全球策略》（Global Strategy for Plant Conservation）。2008 年 5 月 19 日至 5 月 30 日，CBD 第 9 次缔约方大会（CBD COP9）在德国波恩召开，CBD COP9 对关于威胁生态系统、生境或物种的外来种的工作进行了深入审查，审查的主要资料包括相关国家报告中关于外来种的内容、"千年生态系统评估报告"、"全球入侵物种计划"（GISP）等各种报告、文书及经验。会议决议对外来种的现状和趋势进行总体评估，认为外来种的问题仍在持续发展，特别是对那些严重依赖农业、林业和渔业的发展中国家和地区影响尤为明显。认识到外来种正在成为导致生物多样性丧失和生态系统服务功能变化的重要的直接因素，并认为全球气候变化可能使某些生态系统更易受到外来种入侵。CBD COP9 重点对有关外来种的缔约方大会执行情况进行了审查，意识到在国家层面上相互之间还存在较大差距，强调要投入更多的努力和资源以解决外来种入侵问题，特别是要通过交流经验、吸取教训，加强能力建设。要求执行秘书处与其他有关组织开展合作，特别是与 GISP 开展合作，汇编关于已被外来种损害的生态系统的复原和生态恢复技术。

（二）《国际植物保护公约》

《国际植物保护公约》（International Plant Protection Convention，IPPC）是 1951 年联合国粮食及农业组织（FAO）通过的一个有关植物保护的多边国际协议，1952 年生效。1979 年和 1997 年，FAO 分别对 IPPC 进行了两次修改，1997 年新修订的植物保护公约于 2005 年 10 月 2 日生效。我国在 2005 年 10 月 20 日正式签约，成为第 141 个缔约方，目前共有 185 个缔约方。IPPC 由设在联合国粮食及农业组织植物保护处的 IPPC 秘书处负责执行和管理。

IPPC 的目的是确保全球农业安全，并采取有效措施防止有害生物随植物和植物产品传播和扩散，控制有害生物。IPPC 为区域和国家植物保护组织提供了一个国际合作、协调一致和技术交流的框架和论坛。由于认识到 IPPC 在植物卫生方面所起的重要作用，《卫生和植物检疫措施实施协定》（WTO/SPS）规定 IPPC 为影响贸易的国际植物检疫措施标准（International Standards of Phytosanitary Measures，ISPM）的制定机构，并在植物卫生领域起着重要的协调一致的作用。1997 年，FAO 对 IPPC 中的条约进行了大幅度的修改，对有害生物的定义进行了修订，使其不仅包含以前所指的农业上狭义的有害生物，还包括了对野生植物有直接或间接危害的有害生物，这样基本上就将植物有害生物包括进来了。因为植物有害生物很大一部分属于外来种范畴，其公约管制框架同时也构成了外来种国际管制框架的一部分（FAO，2003）。

（三）世界动物卫生组织管理框架

世界动物卫生组织（Office International des Epizooties，OIE）管理框架制定了一系列动物（包括水生动物在内）的有害生物控制标准，但并未包括本身是入侵动物或潜在入侵动物的种类。OIE 标准主要集中在贸易过程中动物及动物产品的病原物控制方面，并建立了进口风险评估标准和针对特定病原物的风险管理措施。OIE 还考虑了野生动物传染给家养动物的问题，并很早就成立了野生动物工作组，该工作组的任务主要是野生生物管理及处理问题，但对于野生生物相关的生境和生态系统的影响则很少考虑进去。

与 IPPC 类似，世界动物卫生组织也出台了动物有害生物的监测公布和控制等相关管理框架。OIE 在全球拥有 150 多个参考实验室（reference laboratory）来对新的病原物进行鉴定并负责提供统一的检测和控制方法。OIE、联合国粮食及农业组织（FAO）以及世界卫生组织（World Health Organization，WHO）每年举行一次联会以加强信息交流和合作。2003 年开始联合实施全球早期预警系统并加强地区行动以控制动物病害。

（四）针对特定物种类别的公约

针对某些特定物种类别的管理公约主要包括以下几个。

1.《保护野生动物迁徙物种公约》

《保护野生动物迁徙物种公约》（CMS）的目的是在过境范围内保护陆生、海洋和鸟类迁徙物种。它是在联合国环境规划署倡导下，在全球范围内保护野生动物及其栖息地的政府间条约。公约自 1979 年签署，1983 年 11 月 1 日生效，截至 2022 年已有 133 个缔约方。公约组织机构有缔约方大会、常委会和科学理事会。CMS 与《生物多样性公约》（CBD）之间存在一定程度的交叉重叠。

2.《非洲-欧亚迁徙水鸟保护协定》

《非洲-欧亚迁徙水鸟保护协定》（Agreement on the Conservation of African-Eurasian Migratory Waterbirds，AEWA）是最大的水鸟保护协议，截至 2023 年 7 月有 84 个国家签署协定。该协定为防止引入外来水鸟提供了总的管制框架，并建议各国根据其附件制定风险评估标准。

3.《濒危野生动植物种国际贸易公约》

《濒危野生动植物种国际贸易公约》（Convention on International Trade in Endangered Species of Wild Fauna and Flora，CITES）是一个关于调控野生动植物种国际贸易的政府间多边公约，1975 年 7 月 1 日正式生效。中国于 1980 年 12 月 25 日决定加入该公约，公约于 1981 年 4 月 8 日对中国生效，公约适用于香港、澳门两特区，截至 2021 年共有 183 个缔约方。CITES 第 10.54 款规定其缔约方在立法时应考虑到国际贸易中入侵种所带来的问题。

（五）针对特定生态系统的公约

很多生态系统或多或少都有入侵种的入侵，但其中一些生态系统更容易遭到入侵，如经常受到人类干扰或已经退化的生态环境中，入侵种比较容易扩张。CBD 还将在地理上和进化上处于孤立状况的生态系统放在了重要位置。

国际上对于一些特殊的生态系统，如易受入侵种危害的水生生态系统和海洋生态系统制定了相关的管制协议。对于水生生态系统来说，预防引入入侵种显得格外重要，因为一旦入侵种在新的水域定殖下来，其检测和控制就会很困难，所花费的代价往往也十分巨大。为保护海洋生态系统，国际上主要有《联合国海洋法公约》（UNCLOS）和联合国环境规划署区域海洋项目（UNEP Regional Seas Programme，RSP），1982 年通过的《联合国海洋法公约》第 196 条指出，缔约方应采取必要措施来预防、减少和控制海洋生态系统免受有意或无意引入的非本地种或新物种的影响。联合国环境规划署区域海洋项目是一个旨在通过区域活动来管理海洋和海岸资源以及控制海洋污染的全球项目，始于 1974 年。在一些区域海洋规划中，该项目正在制定或准备制定关于防止和控制入侵种的立法，如《保护东北大西洋海洋环境公约》（Convention for the Protection of the Marine Environment of the North-East Atlantic）附加条款 5 指出，要控制那些会给海洋生态系统带来不利影响的人类活动，包括引入入侵种或遗传修饰物种。类似地，地中海区域项目也对引入入侵种制定了相应的行动计划。

针对海滨和内陆湿地生态系统，制定的公约有《关于特别是作为水禽栖息地的国际重要湿地公约》（简称《湿地公约》，又称《拉姆萨公约》）等。《湿地公约》组织督促各国在制定相关决策时要特别注意这些较脆弱的生态系统易受入侵种的危害，要充分利用相关国际组织制定的指南和法律工具。对于内陆水生生态系统，入侵种引入行为一直以来很少受到国际公约的管制，直到 1997 年制定的《联合国国际水道非航行使用法公约》（The UN Convention on the Law of the Non-Navigational Uses of International Watercourses）才提到入侵种的侵入会破坏内陆水生生态系统，该公约于 2014 年 8 月生效。目前，只有一些双边或三边协议关注到了入侵种对内陆性生态系统的风险。对于商业化水产养殖，目前还没有一个全球性的管制框架出台。

（六）针对运输和贸易途径的公约

1. 运输

国际海运为外来种的传入提供了重要途径，外来种传入主要通过压舱水和船只污染物两种方式。目前，国际上只对压舱水传入方式制定了国际管理规范。国际海事组织（International Maritime Organization，IMO）于 1997 年通过了《关于对船舶压舱水进行控制管理，减少有害水生生物和病原体传播的指南》，该指南是对压舱水传播外来种管理最主要的指南。同时，该指南也是后来新公约《国际船舶压载水和沉积物控制与管理公约》（2004 年 2 月 13 日在伦敦通过）制定的基础，新公约要求各国港口按照该公约规定对过往或停放船只进行相应处理以减少外来海洋生物的影响。

船只污染物同样也为外来种提供了入侵途径。虽然 CBD 呼吁国际海事组织（IMO）加紧制订相关措施以减少船只污染物。同时，IMO、国际海洋考察理事会（International Council for the Exploration of the Sea，ICES）与联合国教科文组织政府间海洋学委员会（International Oceanographic Commission，IOC）已于 2003 年成立了压舱水和其他船只载体研究组（Study Group on Ballast and Other Ship Vectors），但目前还没有一个国际文件对此进行正式规范。疏浚、游艇、油井和气田泄漏等非海运途径也未受到重视，还没有一个国际管理系统被用来对海洋新入侵物种进行记录以及相关信息的交流。

民用航空也会带来外来种入侵风险，如太平洋岛上的褐树蛇（*Boiga irregularis*）入侵就是一个典型的例子。国际民用航空组织（International Civil Aviation Organization，ICAO）对这一风险进行了评价。2002 年，该组织要求各国收集民用航空引起的生物入侵问题，有一半 ICAO 成员认为存在风险，另一半成员因缺乏相应数据而没有返回意见。ICAO 认为，对该入侵途径传播外来种的风险还需做进一步分析。

2. 水产和海产养殖

水产和海产养殖为外来水生生物的有意传播提供了途径，但是目前还没有相应的国际措施对这些途径进行管理，如对跨地区的河流进行外来水生生物放养就不受任何国际文件管制。《世界动物卫生法典》也只是针对病害风险而没有对入侵性水产生物的引入行为进行管制。

尽管如此，仍然有一些非约束性的技术指南、原则和标准可用来指导该类行为，如联合国粮食及农业组织通过的《负责任渔业行为守则》（Code of Conduct for Responsible Fisheries）提供了引进、生产和管理引入物种的责任与指南。国际海洋考察理事会（ICES）与联合国粮食及农业组织欧洲内陆渔业咨询委员会联合制定了《海洋生物引进和转移实施规程》（Code of Practice on the Introductions and Transfers of Marine Organisms）以减少引入外来海洋生物。

3. 国际贸易活动

外来种的入侵与国际贸易活动紧密相关，许多国际贸易本身就是外来种，还有很大一部分贸易货物可间接携带外来种。WTO 及其相关协议的宗旨是促进国际贸易而不是限制贸易。WTO 也允许各成员国可以采取一定检疫措施来保护本国动植物以使人类健康不受外来种危害，但这些检疫措施必须符合相关国际准则和标准。WTO 授权 3 个国际组织制定相关国际检疫措施标准：IPPC 负责制定国际植物检疫措施标准，世界动物卫生组织（OIE）负责制定动物检疫措施标准，国际食品法典委员会负责制定食品安全与人类健康相关检疫措施标准。

WTO 相关协议与环境问题相关国际协议如 CBD 在一些问题上存在潜在的冲突，主要体现在预先防范原则的实施上。CBD 要求在处理外来种问题上要采取预先防范原则，预先防范原则在环境问题相关国际公约（协议）中是一个通用原则；但 WTO 要求各国在采取检疫措施之前必须提供科学证据以证明其采取的检疫措施的科学性，没有充分科学依据的检疫措施被认为会带来贸易歧视，所以两者在获取证据和采取检疫措施的时间顺序上出现了分歧，至今这个问题还未得到很好解决。

WTO 相关协议与其他国际协议之间的关系一直是讨论的焦点，但由于种种原因，各国对于全球贸易协议的关注度要远高于其他国际协议，全球贸易协议的影响也比其他国际协议要大得多。WTO 绝大部分成员同时也是 CBD 的成员，这意味着这些国家也同样有义务遵守 CBD 所要求的预先防范原则，但实施这类原则会与 WTO 协议相冲突，如何处理这类冲突是现代国际协议研究的重点。

二、生物入侵管理的原则

1998 年 CBD 缔约方大会（CBD COP）就要求其科学咨询机构就防止、传入和减少外来种的影响等方面提出了指导性原则（第Ⅳ/1C 号决议），科学咨询机构根据Ⅳ/1C 号决议制定了《临时指导性原则》，后经过各缔约方、各国政府和有关组织多次讨论修改，于 2002 年 CBD COP6 通过了《指导性原则》（COP，2002），提出了 15 条原则，也就是现行国际通用的生物入侵管理原则。

（一）一般性原则（通则）

指导性原则 1：预先防范原则 预先防范原则是于 1992 年《里约环境与发展宣言》中提出的，在 CBD 的前言也有提及。其基本含义是不能以某事物的某种不确定性为理由而不采取行动。对尚未入侵的外来种，其预防措施及引进决策的制定需要基于预先防范原则，特别是要参考风险分析方法。对于已经入侵的外来种，不能因为不清楚某一外来种传入后的长期后果而拖延或不采取铲除、遏制或控制等合理措施。

指导性原则 2：三阶段分级处理方式 应根据外来种所处的不同阶段而采取相应的处理方式，普遍认为：预防（国家之间和国家内部）是应对外来种最有效的处理方式，是对尚未入侵的外来种首选的处理方式；如果已经进入，尽早根除（原则 13）是最好的策略；如果根除不可行或成本效益不好，则应考虑遏制（原则 14）和控制（原则 15）。

指导性原则 3：生态系统方式 生态系统方式是一种综合管理土地、水和生物资源的战略，旨在推动以公平方式养护和可持续利用资源。其基础是运用以各级生物结构为重点的科学方法，包括生物及环境相互作用的进程与功能；同时，将人类及文化多样性作为生态系统的一个组成部分。对外来种采取的任何措施都应基于生态系统方式。

指导性原则 4：国家的作用 各国应该认识到，本国对外来种的管理和控制活动可能对其他国家造成危害，应采取适当措施尽量减少这种危害。这些活动包括：有意将外来种从本国转移到另一个国家，即使该物种在本国是无害的；有意将外来种引进本国，但存在扩散到其他国家成为入侵种的风险；无意引进外来种。为尽量减少外来种的传播及影响，各国应尽可能查明哪些物种会成为入侵种并为其他国家提供这些信息。

指导性原则 5：研究与监测 为了发展充分的知识以处理外来种问题，各国应对外来种进行相应的研究并实行监测。监测包括针对性调查和普查，需要多个部门合作，监测工作对于外来种的尽早发现非常重要。对外来种的研究应包括：①详细查明外来种种类并记录其侵入的历史；②研究外来种的生物学特征；③研究外来种对生态系统、物种、遗传和社会经济的影响，以及这些影响如何随时间而变化等。

指导性原则 6：教育与公众意识　各国应推动关于引进外来种可能导致危害的教育，并提高公众对此种危害的认识。在采取相应措施时，加强公众教育，制定提高公众意识的方案，以便向当地社区和有关部门提供帮助。

（二）预防

指导性原则 7：边界控制与检疫措施　各国应执行边界控制与检疫措施，确保有意引进外来种必须获得批准，尽量减少无意或未经批准的引进。各国应考虑提出适当的措施以控制外来种在国内扩散，应在评估外来种及其潜在进入途径的风险分析基础上采取这些措施，酌情加强和扩大现有政府机构并对工作人员进行适当培训，以便执行这些措施。

指导性原则 8：交流信息　各国应支持与发展外来种的数据库和信息系统，汇编和分发外来种资料，为预防、引进或减灾等管理活动提供依据。这些资料应包括事故清单、外来种分类学、生物生态学及控制方法等。此外，还应通过信息交换机制等途径广泛分发这些资料。

指导性原则 9：合作（包括能力建设）　在处理外来种问题时，有时需要两国或更多国家之间合作才能完成。这种合作需要构建强有力的协作与信息交换机制，包括：建立外来种信息交换机制，强调相邻国家、贸易伙伴和具有相似生态系统的国家在进出口方面具有相似环境时，应尤其注意外来种入侵问题，加强某些外来种的贸易管制；各国应进行能力（包括财政资源）建设，保障评估和减少引进外来种的风险；加强鉴定、预防、早发现、监测和控制等方面的合作。

（三）物种的引进

指导性原则 10：有意引进　除非有国家当局或机构的适当授权，否则不得有意进口。在做出是否允许引进的决定之前，应进行包括环境评估在内的风险分析。引进评估结果是不可能对本国和邻国的生态系统、生境或物种造成损害的外来种，一般原则下是可以引进的。当然，这种批准还可以附加条件。此外，物种引进应遵循预先防范原则。

指导性原则 11：无意引进　所有国家应制定限制外来种无意引进（或有意引进已经侵入、扎根的外来种）的规定。这些规定包括法律法规、管理条例和管制措施，指定执行机构。同时应具备满足快速行动的业务资源。另外，必须查明无意引进的常见途径，制定尽量减少传入的规定与管理办法。行业部门的相关活动（如渔业、农业、林业、园艺、运输、旅游等）经常是无意引进的途径，应加强对这些活动的评估，指出可能存在无意引进外来种的风险性。

（四）减轻影响

指导性原则 12：减轻影响　一旦发现入侵种已经定殖，各国应采取根除、遏制和控制等步骤，以减轻有害影响。使用成本效益好，对环境、人类和农业安全，并为社会、文化和人道所接受的技术。应根据预先防范原则，在侵入早期阶段尽可能采取减轻影响的措施。因此,早期发现意义重大。同时,必须具有迅速采取后续行动的能力。

指导性原则 13:根除　如果根除措施可行且成本效益好的话,应对已经定殖的入侵种优先采取根除措施。根除入侵种的最佳时机是侵入的早期阶段,这时候种群规模小,限于局部地区。因此,以高风险进入点为重点的检测系统可发挥关键作用,应通过协商而形成社区支持。实施根除计划会给生物多样性带来副作用。

指导性原则 14:遏制　当不适合采取根除措施时,如果入侵种的范围有限并可以限制在确定的界线内,遏制则是一项适当的策略。当然,控制界线之外的定期监测也至关重要,一旦发现任何新的暴发就必须迅速行动,进行根除。

指导性原则 15:控制　措施应注重减少损害而不仅仅是减少入侵种的数量。有效的控制往往依赖相互关联的综合防治技术,包括物理防治、化学防治、生物防治和生境管理。实施控制措施时,必须注意与其他法律或法规相一致。

三、生物入侵管理的措施

对于入侵种的管理,在不同的入侵阶段采取的管理措施是不同的。预防是入侵种管理最为有效的方式,是对尚未入侵的外来种首选的处理方法。一旦外来种成功入侵并且广泛分布,此阶段最主要的管理措施就是"缓解",包括根除、控制、抑制。"缓解"可以降低或根除外来种定殖或扩散的可能性,减小入侵种发生的范围或危害程度。

(一)预防

预防是生物入侵管理的第一步,是成本最低的防线。许多国家已将防止人类病原物、农林有害生物的进入确立为生物入侵管理最关键的措施。

外来种的风险评估是预防策略中十分重要的环节,其最根本的目的是判断物种的入侵性。生物因素、非生物因素和经济因素均可用来评估潜在外来种入侵的风险性,同时将它与降低风险的投入成本进行比较,然后通过成本的评估来进行调整。任何外来种在没有适当的分析及其风险评估的情况下均要禁止引入。如果计划引入某种外来种,首先要对其进行风险评估,针对其风险值制定适当的预防措施。通过外来种的风险评估,可以确定哪些外来种是监测的对象,哪些是禁止的对象。

(二)缓解

对入侵种实施缓解措施首先是确定管理目标。是将入侵种根除还是将其降低到特定的水准?由于不同入侵种在繁殖、传播速度、生态影响等方面不同,管理者需要确定不同的最优措施以排除、检测、容纳、根除或控制入侵种。

1. 物理根除

将管理区域内所有入侵种全部根除是最理想的结果。例如,依靠人力捕捉外来害虫或拔除外来植物,人工防除适宜那些刚刚传入、定居,还没有大面积扩散的入侵种。机械或物理防除入侵种对环境较安全,短时间内可迅速杀灭一定范围内的入侵种。

2. 化学防除

化学农药具有作用迅速、使用方便、易于大面积推广应用等特点，但使用在经济价值相对较低的生态环境往往不经济、不现实，并且一些特殊环境如水库、湖泊是限制使用化学农药的。另外，对于许多多年生外来杂草，大多数除草剂通常只能杀灭地上部分，难以清除地下部分，所以需连续施用，防治效果难以持久。根据作用方式，化学除草剂可分为内吸传导型和触杀型两类，内吸传导型除草剂如草甘膦、2,4-D 等接触杂草后能被杂草吸收并运转到其他部位，对全株均有影响，一般用于防治多年生杂草，但防治效果缓慢；触杀型除草剂如克芜踪、除草醚等作用部位仅限于接触杂草的部位，因此通常对地下繁殖体无效，虽然其不能被吸收和传导，但作用快，常用于防治一年生杂草。由于很多入侵植物是多年生的，应用内吸传导型除草剂效果较为持久。化学杀虫剂杀灭害虫的作用方式有触杀、胃毒、驱避等。除了化学杀虫剂，还有激素和生长调节剂类农药。外来害虫抗药性发展很快，应经常交替、轮换使用多种杀虫剂，以延缓和降低害虫的抗药性。

3. 生物防治

生物防治可以取得利用生物多样性保护生物多样性的结果，天敌一旦在新的生境下建立种群，就可能依靠自我繁殖、自我扩散，长期控制有害生物，具有控效持久、防治成本相对低廉的优点。生物防治的一般工作程序包括：在原产地考察、采集天敌；评价天敌的安全性；引入与检疫；研究天敌的生物学特性和生态学特性；评价天敌的释放与效果。从释放天敌到获得明显的控制效果一般需要几年甚至更长的时间，因此对于要求在短时期内彻底清除的入侵生物，生物防治难以发挥良好的效果。引进天敌防治外来有害生物也具有一定的生态风险性，释放天敌前如不经过谨慎的、科学的风险分析，引进的天敌很可能成为新的入侵生物，从而带来"引狼入室"的后果。目前国际上进行有害植物生物防治释放天敌前，均进行天敌的安全性测定，主要方法有选择性测定和非选择性测定两种，进行风险分析的供试植物种类包括以下几类：分类上与目标植物同属同科或近缘科的代表种；本地重要的经济、观赏作物的代表种；本地濒危物种；形态学、物候学上与目标种相似的物种。

4. 替代控制

替代控制的核心是根据植物群落演替的自身规律用有经济或生态价值的本地植物取代入侵植物。它的优点在于：①替代控制植物一旦定殖便长期控制入侵植物，不必连年防治；②替代植物能保持水土，改良土壤，涵养水源，提高环境质量；③替代植物有直接经济价值，能在短期内收回栽植成本，长期获益；④替代植物可使荒芜土地变成经济用地，提高了土地利用率。替代控制的不足在于：对环境的要求较高，很多生境并不适宜人工种植植物，如陡峭的山地、水域等，同时人工种植本地植物恢复自然生态环境涉及的生态学因素很多，实际操作起来有一定的难度。

5. 综合治理

综合治理是将生物防治、化学防治、机械防除、人工防除、替代控制等各种单项技术融合起来，发挥各自优势、弥补各自不足，达到综合控制入侵生物的目的，它不是各种技术的简单相加，而是有机融合，彼此相互协调、相互促进。

（三）公众参与

生物入侵管理一个重要的因素是公众参与，它对于是否有效管理入侵种是十分重要的。无论是预防措施的实施，还是缓解措施的应用，均离不开公众的参与。而且，公众的参与对于管理的最终效果也具有重要的影响，因为公众参与入侵种的控制往往是管理链中最脆弱的一部分，生物入侵管理的整体效果会受到局部最差控制效果的影响。

四、生物入侵管理的策略

在《生物多样性公约》（CBD）缔约方大会在一系列临时指导原则达成共识的基础上，"全球入侵物种计划"于 2000 年在南非第 1 阶段会议上提出了应对入侵种的十大策略（Klein，2004），以期为决策者制订生物入侵管理策略提供指导和帮助。

（一）管理能力建设

解决生物入侵问题不仅需要国家有意愿，而且需要国家有能力去采取行动。生物入侵是一个全球性问题，各个国家都有可能面临危险性、流行性或者毁灭性外来种的入侵和突然暴发。因此，从国家层面上，要有充足资金准备和构建快速反应机制，以便应急处理与实时管理。国家管理能力建设要做到如下几点。

1）建立快速反应机制，以便快速应对生物入侵的突发事件。国家水平需要确保有突发事件的可能资金、快速反应的制度支持、各部门进行合作以快速批准某项措施的机制。

2）强化提高国家能力建设的科学教育与培训，设计培训课程，有组织、有层次地开展教育培训，包括对工作人员、管理者、专家和决策者的培训。

3）建立以社会团体为主体的教育规划（如早期发现和控制等），调整大学课程，开展入侵生物学的学术讲座；构建社团防控协会。

4）建立国家高水平的研究机构，加强生物入侵研究的团队建设，加强领域间的合作与协作，如生物多样性专家与农业检疫专家在履行《生物多样性公约》规则及其他相关协议时的合作；政府部门有必要对现有职员进行入侵生物预防和管理技巧的再培训。

5）相关政府管理部门或者自然资源管理机构要设立入侵种的管理专家职位。

6）相关政府部门要构建基本的边界控制和检疫能力，确保农业检疫、海关、食品检查符合《生物多样性公约》规则与生物安全协议。

（二）研究能力建设

1. 机构设置和协作

生物入侵研究机构设置与协作主要包括以下几个方面：加强国家和地区水平的入侵种的基础研究，如分类学、生态学；加大国家的科研投入，引导现有相关研究团队向生物入侵研究倾斜；组建生物入侵研究的学术团体，将从事入侵生物学研究的人员组建成中心，激励生物入侵研究的理论、技术与方法的创新，鼓励交流与合作；加强入侵生物学学科建设；通过国际组织各部门、机构的合作与交流，建立缓解、监测入侵种的机制。

2. 评估和预报

生物入侵评估与预报主要包括以下几个方面：提升鉴定、记录、监测入侵种的能力，提供现存的、潜在的和已定殖的入侵种名单；分析人类因素、自然因素对入侵种扩散的影响与作用；加深对入侵种定殖的原因与方式的理解，调查具有潜在入侵能力的物种与易受入侵的生态系统，增强对影响入侵种定殖等机制的理解。

3. 早期预防、监测、评估和控制的管理

生物入侵的早期预防、监测、评估和控制管理主要包括以下几个方面：构建结合风险评估与风险管理的研究网络；发展、改善根除和控制入侵种的技术体系，包括发展各种生物防治技术，考虑影响不同物种传播和地理分布的限制因素；发展消除贸易商品、包装材料、压舱水、个人行李、飞机、船只及其他交通工具上可能携带的外来种的技术与方法；发展生态系统恢复、可持续发展的控制技术与方法，积极发挥本地种在控制入侵种、生态恢复中的作用；加强政府各部门间的协作管理。

（三）促进信息共享

"全球入侵物种计划"（GISP）挑选了约 120 个主要入侵种的电子信息资源，这些信息可以提醒管理机构要关注引入新物种的潜在危险性，包括未充分了解的、非广泛分布的、对某些地区适宜的物种，以便能使政府在具备一定的经费资源、相应的组织机构、具有官方授权以及经过培训的专业人员的基本前提下，快速采取行动。因此，入侵种的信息共享对入侵种的防控是十分重要的。在信息共享方面，应采取以下行动。

一是建立包括各种相关信息的入侵种国家数据库信息系统；全球入侵种信息系统（Global Invasive Alien Species Information System，GIASIS）应该提供分布式网络、规定数据标准、促进数据输入和共享，可以使用多种语言、使用多种技术以促进所有成员共享信息。

二是发展全球入侵种早期预警系统，包括公布新的入侵种或预报潜在的入侵种。

三是建立根除和控制入侵种方法（包括失败和成功的）的数据库，以便从中吸取经验与教训。

（四）制定相关经济政策与方针

"全球入侵物种计划"（GISP）鼓励国家间交流入侵种的相关经济管理原则。根据以下几个原则发展经济政策方针。①引入者罚款：引入入侵种的人应为生物入侵造成的损失负责。②价格体系要体现社会代价：商品生产或服务等耗费增加了入侵种所造成的损失，应在其价格中体现社会损失这一部分。③预先防范原则：由于入侵种管理需要潜在的较高代价，基于预先防范原则指导管理政策是很重要的，规定"当某种行为增加了对人类健康或环境的威胁时，尽管原因与结果的关系尚未有科学依据，但是仍然应采取预防措施"。④保护公共利益：既然控制入侵种所获得的利益是公共利益，就需要公众对预防、根除、控制、缓解和规划措施进行投资。⑤辅助原则：采用政府处理该问题的最低水平政策和管理措施。

政府希望发展这些原则所采取的特定政策包括以下内容。①适当的使用权：对自然或环境资源的使用权包括为预防潜在入侵种扩散负责。②估计社会损失：评估已入侵物种或潜在入侵种所造成的社会损失。③负责制：潜在入侵种进口商或用户对保证引入物种造成的意外损失或行为负责。④促进授权：公民对入侵种扩散引起的损害有权寻求赔偿。⑤运用基于价格的手段：入侵种的进口商或用户为他们的行为所造成的社会损失进行考虑，运用经济手段如商品税、土地特殊使用税、用户收费或关税进行调控。⑥应用预防手段：损害风险取决于入侵种进口商或用户的行为，运用预防手段如提前缴纳赔偿保证金或担保金等。

（五）确立公众参与意识

公众的积极参与对于成功管理入侵种是很重要的，这有助于确保公众为了最大利益进行合作，形成一个支持减少入侵种威胁的积极社会，充分调动主要利益相关者实施入侵种管理方案的顺利执行。要达到这些目的，需要采取下述一些行动。

一是举办各种公众可参与的活动，以支持入侵种的管理，包括信息共享、协作以避免矛盾、取得最大效益（国家和机构的责任）。

二是优先使用合适的试点项目或影响本地重要物种的项目，作为提高公众警惕的基础，快速确定投资，通过"从行动中学习"提高管理能力。

三是鼓励利益相关的个人与团体在考虑入侵种管理措施时，一并考虑其他社会问题，如在确定社会优先权（非政府组织和政府的职责）时，加入入侵种防控的因素。

四是提高当地相关团体和组织在生物入侵管理过程中的执行能力（当地政府的职责）。

五是与其他国家、地区和组织建立信息交换机制，通过科学家及工作人员互访，交流经验与方法。

（六）加强合作

1. 加强国际合作

一是要发展一致同意并广泛使用的国际术语，值得注意的是，《国际植物保护公约》（IPPC）正在鼓励各国使用国际接受的检疫术语以促进交流，制定法律法规时应使用国际接受的术语和标准。二是要加强贸易、旅游业、运输业国际组织的合作。三是要加强处理入侵种有关的植物检疫、生物安全、生物多样性问题的国际组织的联系，通过密切联系支持机构合作、国际规划和焦点问题的沟通（政府的职责）。四是要加强相关工作规划间的联系，如加强《生物多样性公约》（CBD）、《拉姆萨公约》（RCW）、《濒危野生动植物种国际贸易公约》（CITES）等之间的联系。

2. 加强区域合作

入侵种往往与生物地理区域相关，因此相邻地区需要合作。要做好以下几个方面的合作：制定入侵种区域策略；提升区域信息共享；加强风险分析、预防、根除或控制的区域合作。

3. 加强双边与多边合作

由于生物入侵已经成为全球关注的问题，应鼓励双边和多边机构的合作。主要形式有：加强国家层面的合作，强化国际合作与沟通交流机制；鼓励国际资助项目间的合作；对引进计划进行严格的科技评估，以确保防范入侵种有意引入的风险，并将无意引入降到最低程度。

小 结

入侵种在入侵地定殖、扩散，并对入侵地造成损害的过程称为生物入侵。随着全球化进程的推进，国际贸易、旅游业、跨国引种等导致了地理隔绝的弱化，生物入侵时有发生。在生物入侵的过程中外来种能否入侵成功往往取决于其自身的特点和被入侵生态系统的特征，针对这两方面因素，国内外学者从入侵种种群建立、传播扩散和影响因素等不同角度提出了空余生态位假说、天敌逃逸假说、繁殖压力假说等一系列理论以解释生物入侵的原因及潜在机理。生物入侵会对入侵地产生多方面的影响，包括遗传影响、生物学影响和生态系统影响，其中遗传影响包括改变种群的遗传结构和组成、外来昆虫与本地近缘昆虫种类杂交等。生物入侵会造成严重的生态破坏和有害生物污染，导致本地生物的灭绝和多样性的丧失，由环境改变造成的景观美学价值丧失等间接损失非常巨大。大部分外来种成功入侵后大暴发，造成严重的生物污染，不仅严重损害了生物多样性和经济作物，还破坏了农田、水利等，且入侵种很难控制、清除，其对生态系统造成的破坏不可逆转，生物入侵目前已成为生物多样性丧失的主要原因之一。

在物种引进或国际贸易中应加强生物安全性评价，在入侵种传播扩散过程中进行预测和安全性评估，最终做出有效的管理决策以阻止入侵种建立种群。在入侵种传入之后结合物理防除、化学防治、生物防治、替代控制、生境管理和生态恢复等方法进行防控，以降低其影响。外来种的传播与扩散通常牵涉多个国家和地区，因此，生物入侵管理是一项综合性国际事务，只有通过国际合作才能够有效预防与控制生物入侵。

思 考 题

1. 运用生态学理论假说解释外来种入侵成功其自身和被入侵地的特点。
2. 举例说明生物入侵（入侵病原菌、入侵昆虫、入侵植物）对农业生物多样性的影响。
3. 从外来种传入前、传入中、传入后三阶段论述如何进行生物入侵管理。

参 考 文 献

蔡蕾, 于之的, 王捷, 等. 2003. 中国防治外来入侵物种的现状与管理评估. 环境保护, 31(8): 27-34.

陈宝雄, 孙玉芳, 韩智华, 等. 2020. 我国外来入侵生物防控现状、问题和对策. 生物安全学报, 29(3): 157-163.

陈红松, 周忠实, 郭建英, 等. 2009. 豚草(*Ambrosia artemisiifolia* L.)种群控制研究概况. 植物保护, 35(2): 20-24.

陈慧丽, 李玉娟, 李博, 等. 2005. 外来植物入侵对土壤生物多样性和生态系统过程的影响. 生物多样性, 13(6): 555-565.

陈家曾, 俞如旺. 2020. 生物武器及其发展态势. 生物学教学, 45(6): 5-7.

陈灵芝. 1994. 生物多样性保护现状及其对策//钱迎倩, 马克平. 生物多样性研究的原理和方法. 北京: 中国科学技术出版社: 13-35.

陈玉军, 郑松发, 廖宝文, 等. 2002. 珠海市淇澳岛红树林引种扩种问题的探讨. 广东林业科技, 18(2): 31-36.

成新跃, 徐汝梅. 2003. 昆虫种间表观竞争研究进展. 昆虫学报, 46(2): 237-243.

邓雄. 2010. 不同光环境下薇甘菊形态和生理可塑性及其响应研究. 生态环境学报, 19(5): 1170-1175.

董梅, 陆建忠, 张文驹, 等. 2006. 加拿大一枝黄花——一种正在迅速扩张的外来入侵植物. 植物分类学报, 44(1): 72-85.

顾爱星, 蔡晓峰, 李海薇. 2017. 海岛棉、陆地棉及杂交后代枯萎病抗性与产量因素的相关关系分析. 新疆农业大学学报, 40(2): 111-116.

关广清, 韩亚光, 尹睿, 等. 1995. 经济植物替代控制豚草的研究. 沈阳农业大学学报, 26(3): 277-283.

官玉婷. 2019. 不同生境中加拿大一枝黄花入侵程度对植物群落与土壤特性的影响. 北京: 北京林业大学硕士学位论文.

郭传友, 王中生, 方炎明. 2003. 外来种入侵与生态安全. 南京林业大学学报(自然科学版), 27(2): 73-78.

韩建勋, 张国顺. 2011. 华北落叶松枯梢病的发生规律与防治. 中国林业, (7): 43.

胡昌雄, 李宜儒, 李正跃, 等. 2018. 吡虫啉对西花蓟马和花蓟马种间竞争及后代发育的影响. 生态学杂志, 37(2): 453-461.

黄洪武. 2008. 外来生物加拿大一枝黄花的化感作用及其化学防除研究. 南京: 南京农业大学硕士学位论文.

黄洪武, 李俊, 董立尧, 等. 2009. 加拿大一枝黄花对植物化感作用的研究. 南京农业大学学报, 32(1): 48-54.

黄建辉, 韩兴国, 杨亲二, 等. 2003. 外来种入侵的生物学与生态学基础的若干问题. 生物多样性, 11(3): 240-247.

蒋智林, 刘万学, 万方浩, 等. 2008a. 紫茎泽兰与本地植物群落根际土壤酶活性和土壤肥力的差异. 农业环境科学学报, 27(2): 660-664.

蒋智林, 刘万学, 万方浩, 等. 2008b. 紫茎泽兰与非洲狗尾草单、混种群落土壤酶活性和土壤养分的比较. 植物生态学报, 32(4): 900-907.

李成伟, 丁锦平, 刘冬梅, 等. 2008. 棉花黄萎病及抗病育种研究进展. 棉花学报, 20(5): 385-390.

李迪强. 1994. 豚草对生物多样性影响研究//马克平, 等. 生物多样性研究进展. 北京: 中国科学技术出版社.

李会娜, 刘万学, 万方浩, 等. 2009. 入侵植物豚草与本地植物马唐对土壤肥力与酶活性影响的比较. 中国生态农业学报, 17(5): 847-850.

李建东, 孙备, 王国骄, 等. 2006. 菊芋对三裂叶豚草叶片光合特性的竞争机理. 沈阳农业大学学报, 37(4): 569-572.

李尚义, 李宁. 2002. 经济全球一体化须防有害生物入侵. 安徽农学通报, 8(3): 48-49.

李振宇, 解炎. 2002. 中国外来入侵种. 北京: 中国林业出版社: 28-29.

李治国, 杨云亮, 魏兰芳, 等. 2009. 云南水稻白叶枯致病性小种分化研究. 中国植保导刊, 29(3): 5-8.

梁承丰. 2003. 中国南方主要林木病虫害测报与防治. 北京: 中国林业出版社.

刘潮, 冯玉龙, 田耀华. 2007. 紫茎泽兰入侵对土壤酶活性和理化因子的影响. 植物研究, 27(6): 729-735.

刘奎, 彭正强, 符悦冠. 2002. 红棕象甲研究进展. 热带农业科学, 22(2): 70-77.

刘云龙, 何永宏, 王新志. 2003. 国内一种果树新病害: 石榴枯萎病. 植物检疫, 17(4): 206-208.

卢剑波, 丁立仲, 徐高福. 2005. 千岛湖岛屿化对植物多样性的影响初探. 应用生态学报, 16(9): 1672-1676.

罗来鑫, 赵廷昌, 李健强, 等. 2004. 番茄细菌性溃疡病研究进展. 中国农业科学, 37(8): 1144-1150.

苗振旺, 郭保平, 张晓波, 等. 2002. 塑料裙干基密闭熏蒸法防治红脂大小蠹试验. 中国森林病虫, 21(4): 24-25.

缪卫国, 张升, 史大刚, 等. 2000. 新疆棉花枯萎病菌优势生理小种及其致病型研究. 植物病理学报, 30(2): 140-147.

倪丽萍, 郭水良. 2005. 论 DNA C-值与植物入侵性的关系. 生态学报, 25(9): 2372-2381.

潘沧桑. 2011. 松材线虫病研究进展. 厦门大学学报(自然科学版), 50(2): 476-483.

蒲蛰龙. 1992. 昆虫病理学. 广东: 广东科技出版社.

钱振官, 沈国辉, 柴晓玲, 等. 2005. 加拿大一枝黄花(*Solidago canadensis* L.)不同水浸液对作物种子发芽和生长的影响. 上海农业学报, 21(3): 32-35.

乔延龙, 宋文平, 李文抗. 2010. 生物入侵对水生生物多样性的影响及管理对策. 农业环境科学学报, 29(S1): 321-323.

阮小凤, 杨勇, 马书尚, 等. 1998. 甜樱桃病毒病 ELISA 检测研究. 山东农业大学学报, 29(3): 277-282.

沈荔花, 郭琼霞, 林文雄, 等. 2007. 加拿大一枝黄花对土壤微生物区系的影响研究. 中国农学通报, 23(4): 323-327.

苏荣辉, 娄治平, 张润志. 2002. 对生物入侵研究对策的思考. 中国科学院院刊, 17(5): 335-338.

孙江华, 虞佩玉, 张彦周, 等. 2003. 海南省新发现的林业外来入侵害虫——水椰八角铁甲. 昆虫知识, 40(3): 286-287, 291.

万方浩, 关广清, 王韧. 1993. 豚草及豚草综合治理. 北京: 中国科学技术出版社.

万方浩, 郭建英, 王德辉. 2002a. 中国外来入侵生物的现状、管理对策及风险评价体系//王德辉, Jeffrey A M. 防治外来入侵物种: 生物多样性与外来入侵物种管理国际研讨会论文集. 北京: 中国环境科学出版社: 85-86, 77-102.

万方浩, 郭建英, 王德辉. 2002b. 中国外来入侵生物的危害与管理对策. 生物多样性, 10(1): 119-125.

万方浩, 王韧. 1988. 豚草在我国的发生危害及其防治. 农业科技通讯, (5): 24-25.

万方浩, 王韧. 1994. 豚草和三裂叶豚草在我国的分布及其防治策略. 北京: 中国科学技术出版社: 89-94.

万方浩, 谢丙炎, 杨国庆. 2011. 入侵生物学. 北京: 科学出版社.

万方浩, 郑小波, 郭建英. 2005. 重要农林外来入侵物种的生物学与控制. 北京: 科学出版社.

汪之波, 杨玲. 2010. 植物入侵对农业生物多样性的影响. 世界农业, (10): 64-67.

王华, 陈卫民, 麦尔旦, 等. 2011. 伊犁河谷苹果黑星病的发生危害和综合防治技术. 北方园艺, (15): 189-191.

王丽, 范志伟, 程汉亭, 等. 2011. 入侵植物薇甘菊对橡胶树小苗生长和叶绿素荧光特征的影响. 热带农业科学, 31(4): 1-5.

王绍雪, 马改转, 魏兰芳, 等. 2010. 西南地区水稻细菌性条斑病菌致病力的分化. 湖南农业大学学报(自然科学版), 36(2): 188-191.

王天旗, 史晓斌, 郑立敏, 等. 2020. 番茄褪绿病毒侵染黄瓜的首次报道. 植物保护, 46(2): 91-95.

王伟平. 1996. 美国白蛾防治模式推广与应用. 森林病虫通讯, 15(3): 44-45.

王文琪, 赵志模, 王进军, 等. 2009. 生物入侵生态学研究进展. 安徽农业科学, 37(25): 12153-12155.

王一专, 吴竞仑. 2004. 中国水葫芦危害、防治及开发利用. 杂草科学, 22(3): 6-9.

王云月, 马俊红, 朱有勇. 2002. 云南省马铃薯癌肿病发生现状. 云南农业大学学报, 17(4): 430-431.

韦春义, 马英玲. 2010. 桉树青枯病的风险评估. 广东农业科学, 37(3): 147-149.

魏淑秋. 1984. 农业气候相似距简介. 北京农业大学学报, 10(4): 427-428

问锦曾, 王音, 雷仲仁. 1996. 美洲斑潜蝇中国新纪录. 昆虫分类学报, 18(4): 311-312.

吴文佑, 朱天辉. 2006. 重大园林植物病害及其研究进展. 世界林业研究, 19(4): 26-32.

吴亚鹏, 夏贤仁, 杨云亮, 等. 2008. 云南水稻品种对水稻白叶枯病的抗性遗传研究. 云南农业大学学报, 23(1): 1-5.

向言词, 彭少麟, 饶兴权. 2003. 植物外来种对土壤理化特性的影响. 广西植物, 23(3): 253-258.

向言词, 彭少麟, 周厚诚, 等. 2001. 生物入侵及其影响. 生态科学, 20(4): 68-72.

解焱. 2007. 生物入侵与中国生态安全. 石家庄: 河北科学技术出版社.

杨芳, 贺达汉. 2006. 生境破碎化对生物多样性的影响. 生态科学, 25(6): 564-567.

杨集昆, 程桂芳. 1997. 中国新记录的辉蛾科及蔗扁蛾的新结构(鳞翅目: 谷蛾总科). 武夷科学, 13: 24-30.

杨曾实, 肖宁年, 李志敏. 1999. 昆明地区南美斑潜蝇寄主植物(花卉)及防治对策. 西南农业学报, 12: 14-19.

姚一建, 魏铁铮, 蒋毅. 2002. 微生物入侵种和防范生物武器研究现状与对策. 中国科学院院刊, 17(1): 26-30.

于亮, 李世吉, 桂富荣, 等. 2009. 黑麦草和紫花苜蓿对紫茎泽兰的竞争作用研究. 云南农业大学学报, 24(2): 164-168.

张从. 2003. 外来物种入侵与生物安全性评价. 环境保护, 31(6): 29-30, 50.

张广臣, 楚立明, 于文喜, 等. 1999. 落叶松枯梢病发生规律及防治技术. 森林病虫通讯, 18(1): 9-10, 21.

张桂芬, 张毅波, 冼晓青, 等. 2022. 新发重大农业入侵害虫番茄潜叶蛾的发生为害与防控对策. 植物保护, 48(4): 51-58.

张国云, 毕生斌, 康云昌, 等. 2008. 外来有害生物薇甘菊的发生与防控. 中国热带农业, (5): 60-61.

张茜, 赵福庚, 钦佩. 2007. 苏北盐沼芦苇替代互花米草的化感效应初步研究. 南京大学学报(自然科学版), 43(2): 119-126.

张荣胜, 陈志谊, 刘永锋. 2011. 水稻细菌性条斑病菌遗传多样性和致病型分化研究. 中国水稻科学, 25(5): 523-528.

张润志, 任立, 孙江华, 等. 2003. 椰子大害虫——锈色棕榈象及其近缘种的鉴别(鞘翅目: 象虫科). 中国森林病虫, 22(2): 3-6.

张涛, 吴云锋, 曹瑛, 等. 2012. 李属坏死环斑病毒病研究进展. 北方果树, (1): 1-3.

张晓明, 姚茹瑜, 张宏瑞, 等. 2017. 不同花色菊花品种上西花蓟马种群密度及雌雄性比. 植物保护学报, 44(5): 737-745.

张友军, 吴青君, 徐宝云, 等. 2003. 危险性外来入侵生物——西花蓟马在北京发生危害. 植物保护, 29(4): 58-59.

赵维钧. 2005. 滇池水葫芦生物防治的研究. 云南环境科学, 24(3): 36-39.

《中国生物多样性国情研究报告》编写组. 1998. 中国生物多样性国情研究报告. 北京: 中国环境科学出版社.

周而勋, 王克荣, 陆家云. 1999. 栗疫病研究进展. 果树科学, 16(1): 66-71.

朱宏伟, 孟玲, 李保平. 2007. 黑麦草与入侵杂草紫茎泽兰苗期的相对竞争力. 应用与环境生物学报,

13(1): 29-32.

朱杰华, 杨志辉, 邵铁梅, 等. 2003. 中国部分地区马铃薯晚疫病菌生理小种的组成及分布. 中国农业科学, 36(2): 169-172.

卓国豪, 黄有宝, 吴运新, 等. 2003. 香蕉枯萎病的综合防治技术. 植物检疫, 17(5): 279-280.

McNeely J A. 2001. 外来入侵物种问题的人类行为因素: 环球普遍观点与中国现状的联系//汪松, 谢彼德, 解焱. 保护中国的生物多样性(二). 北京: 中国环境科学出版社: 139-151.

Agrios G N. 2005. Plant Pathology. 5th ed. Burlington, MA: Elsevier Academic Press.

Anttila C K, King R A, Ferris C, et al. 2000. Reciprocal hybrid formation of *Spartina* in San Francisco Bay. Molecular Ecology, 9(6): 765-770.

Auld B A, Martin P M. 1975. The autecology of *Eupatorium adenophorum* Spreng in Australia. Weed Research, 15(1): 27-31.

Belczewski R, Harmsen R. 1997. Phylloplane fungi: an extrinsic factor of tetranychid population growth? Experimental & Applied Acarology, 21(6): 463-471.

Bellows T S, Perring T M, Gill R J, et al. 1994. Description of a species of *Bemisia* (Homoptera: Aleyrodidae). Annals of the Entomological Society of America, 87(2): 195-206.

Bridge J, Starr J. 2007. Plant Nematodes of Agricultural Importance: A Colour Handbook. UK: Manson Pub: 8.

Britton K O, Sun J H. 2002. Unwelcome guests: exotic forest pest. Acta Entomologica Sinica, 45(1): 121-130.

Buckley Y M, Anderson S, Catterall C P, et al. 2006. Management of plant invasions mediated by frugivore interactions. Journal of Applied Ecology, 43(5): 848-857.

Chapin F S III, Sala O E, Burke I C, et al. 1998. Ecosystem consequences of changing biodiversity. BioScience, 48(1): 45-52.

Chen B, Kang L. 2002. Cold hardiness and supercooling capacity in the pea leafminer *Liriomyza huidobrensis*. Cryo Letters, 23: 173-182.

Chu C C, Henneberry T J, Cohen A C. 1995. *Bemesia argentifolii* (Homoptera: Aleyrodidae): host preference and factors affecting oviposition and feeding site preference. Environmental Entomology, 24(2): 354-360.

COP. 2002. Global strategies for plant conservation, adopted under the CBD by COP Decision VI/9 (UNEP/CBD/COP6/9). http: //www. Biodiv.org[2023-05-06].

Costa H S, Brown J K, Byrne D N. 1991. Host plant selection by the whitefly, *Bemisia tabaci* (Gennadius), (Hom., Aleyrodidae) under greenhouse conditions. Journal of Applied Entomology, 112: 146-152.

Crowder D W, Horowitz A R, De Barro P J, et al. 2010. Mating behaviour, life history and adaptation to insecticides determine species exclusion between whiteflies. Journal of Animal Ecology, 79(3): 563-570.

D'Antonio C M. 1992. Biological invasions by exotic grasses, the grass/fire cycle, and global change. Ann R Ecol and Syst, 23(1): 63-87.

Davis E L, Mitchum M G. 2005. Nematodes: sophisticated parasites of legumes. Plant Physiology, 137(4): 1182-1188.

Davis M A, Grime J P, Thompson K. 2000. Fluctuating resources in plant communities: a general theory of invasibility. Journal of Ecology, 88(3): 528-534.

De Barro P J, Hart P J. 2000. Mating interactions between two biotypes of the whitefly, *Bemisia tabaci* (Hemiptera: Aleyrodidae) in Australia. Bulletin of Entomological Research, 90(2): 103-112.

De Bach P. 1964. Biological Control of Insect Pests and Weeds. London: Chapman and Hall.

Donald R S, Robert W P. 2000. Biological control of invading species risk and reform. Science, 288(5473): 1969-1970.

Dukes J S. 2002. Species composition and diversity affect grassland susceptibility and response to invasion. Ecological Applications, 12(2): 602-617.

Elton C S. 1958. The Ecology of Invasions by Animals and Plants. New York: Chapman and Hall.

Engelbrecht C J B, Harrington T C. 2005. Intersterility, morphology and taxonomy of *Ceratocystis fimbriata* on sweet potato, cacao and sycamore. Mycologia, 97(1): 57-69.

Evans E W, England S. 1996. Indirect interactions in biological control of insects: pests and natural enemies in alfalfa. Ecological Applications, 6(3): 920-930.

FAO. 2003. Identification of risks and management of invasive alien species using the IPPC framework: Proceedings of a workshop in Braunschweig. Germany, 9: 23-26.

Fox M D, Fox B J. 1986. The susceptibility of natural communities to invasion. In: Groves R H, Burdon J J. Ecology of Biological Invasions. Cambridge: Cambridge University Press: 57-60.

Goergen E, Daehler C C. 2002. Factors affecting seedling recruitment in an invasive grass (*Pennisetum setaceum*) and a native grass (*Heteropogon contortus*) in the Hawaiian Islands. Plant Ecology, 161(2): 147-156.

Gonzales E K, Arcese P. 2008. Herbivory more limiting than competition on early and established native plants in an invaded meadow. Ecology, 89(12): 3282-3289.

Groves R L, Walgenbach J F, Moyer J W, et al. 2003. Seasonal dispersal patterns of *Frankliniella fusca* (Thysanoptera: Thripidae) and tomato spotted wilt virus occurrence in central and eastern North Carolina. Journal of Economic Entomology, 96(1): 1-11.

Hamback P A, Bjorkman C. 2002. Estimating the consequences of apparent competition: A method for host-parasitoid interactions. Ecology, 83(6): 1591-1596.

Holt R D, Pickering J. 1985. Infectious disease and species coexistence: a model of Lotka-Volterra form. The American Naturalist, 126(2): 196-211.

Holway D A, Suarez A V. 1999. Animal behavior: an essential component of invasion biology. Trends in Ecology & Evolution, 14(8): 328-330.

Hooper D U, Vitousek P M. 1998. Effects of plant composition and diversity on nutrient cycling. Ecological Monographs, 68(1): 121-149.

Hoshino S, Togashi K. 1999. A simple method for determining *Aphelenchoides besseyi* infestation level of *Oryza sativa* seeds. Journal of Nematology, 31(4S): 641-643.

Jenkins N L, Hoffmann A A. 1999. Limits to the southern border of *Drosophila serrata:* Cold resistance, heritable variation, and trade-offs. Evolution, 53(6): 1823-1834.

Julien M H, Chan R R. 1992. Biological control of alligator weed-unsuccessful attempts to control terrestrial growth using the flea beetle *Disonycha argentinensis.* Entomophaga, 37(2): 215-221.

Kenis M, Auger-Rozenberg M, Roques A, et al. 2009. Ecological effects of invasive alien insects. Biological Invasions, 11(1): 21-45.

Klein B. 2004. Ten strategies to strengthen invasive species management in Florida. Washington, DC. https: // www.eli.org/research-report/filling-gaps-ten-strategies-strengthen-invasive-species-management-florida [2022-12-05].

Kolar C S, Lodge D M. 2001. Progress in invasion biology: Predicting invaders. Trends in Ecology & Evolution, 16(4): 199-204.

Kosman E, Leonard K J. 2005. Similarity coefficients for molecular markers in studies of genetic relationships between individuals for haploid, diploid, and polyploid species. Molecular Ecology, 14(2): 415-424.

Lenz L, Taylor J A. 2001. The influence of an invasive tree species (*Myrica faya*) on the abundance of an alien insect (*Sophonia rufofascia*) in Hawaii Volcanoes National Park. Biological Conservation, 102(3): 301-307.

Levine J M, D'Antonio C M. 1999. Elton revisited: a review of evidence linking diversity and invasibility. Oikos, 87(1): 15-26.

Li A, Ge S. 2001. Genetic variation and clonal diversity of *Psammochloa villosa* (Poaceae) detected by ISSR markers. Annals of Botany, 87(5): 585-590.

Li H P, Zhang L Q. 2008. An experimental study on physical controls of an exotic plant *Spartina alterniflora* in Shanghai, China. Ecological Engineering, 32(1): 11-21.

Liu S S, De Barro P J, Xu J, et al. 2007. Asymmetric mating interactions drive widespread invasion and displacement in a whitefly. Science, 318(5857): 1769-1772.

Lodge D M. 1993. Species invasions and deletions: community effects and responses to climate and habitat change. In: Kareiva P, Kingsolver J G, Huey R B. Biotic Interactions and Global Change. Sunderland: Sinauer: 376-387.

Mack R N, Simberloff D, Lonsdale W M, et al. 2000. Biotic invasions: causes, epidemiology, global consequences and control. Ecological Applications, 10(3): 689-710.

Mayer R T, Inbar M, McKenzie C L, et al. 2002. Multitrophic interactions of the silverleaf whitefly, host plants, competing herbivores, and phytopathogens. Archives of Insect Biochemistry and Physiology, 51(4): 151-169.

Moritz G, Kumm S, Mound L A. 2004. Tospovirus transmission depends on thrips ontogeny. Virus Research, 100(1): 143-149.

Morris R J, Müller C B, Godfray H C J. 2001. Field experiments testing for apparent competition between primary parasitoids mediated by secondary parasitoids. Journal of Animal Ecology, 70(2): 301-309.

Nault B A, Speese J III, Jolly D, et al. 2003. Seasonal patterns of adult thrips dispersal and implications for management in eastern Virginia tomato fields. Crop Protection, 22(3): 505-512.

Niu H B, Liu W X, Wan F H, et al. 2007. An invasive aster (*Ageratina adenophora*) invades and dominates forest understories in China: altered soil microbial communities facilitate the invader and inhibit natives. Plant and Soil, 294(1): 73-85.

Oliveira M R V, Henneberry T J, Anderson P. 2001. History, current status, and collaborative research projects for *Bemisia tabaci*. Crop Protection, 20(9): 709-723.

Paiaro V, Mangeaud A, Pucheta E. 2007. Alien seedling recruitment as a response to altitude and soil disturbance in the mountain grasslands of central Argentina. Plant Ecology, 193(2): 279-291.

Pascual S, Callejas C. 2004. Intra- and interspecific competition between biotypes B and Q of *Bemisia tabaci* (Hemiptera: Aleyrodidae) from Spain. Bulletin of Entomological Research, 94(4): 369-375.

Perring T M. 1996. Biological differences of two species of *Bemisia* that contribute to adaptive advantage. In: Gerling D, Mayer R T. *Bemisia* Taxonomy Biology Damage Control and Management. Andover: Intercept Ltd.

Perring T M, Cooper A D, Rodriguez R J, et al. 1993. Identification of a whitefly species by genomic and behavioral studies. Science, 259(5091): 74-77.

Piemeisel R L, Carsner E. 1951.Replacement control and biological control. Science, 113(2923): 14-15.

Pimentel D, Lach L, Zuniga R, et al. 2000. Environmental and economic costs of non-indigenous species in the United States. BioScience, 50(1): 53-65.

Quintero C, Rendon F, Garcia J, et al. 2001. Species and biotypes of whiteflies (Homoptera: Aleyrodidae) affecting annual crops in Colombia and Ecuador. Revista Colombiana de Entomologia, 27(1): 27-31.

Ráberg L, De Roode J C, Bell A S, et al. 2006. The role of immune-mediated apparent competition in genetically diverse malaria infections. American Naturalist, 168(1): 41-53.

Rand T A, Louda S M. 2004. Exotic weed invasion increases the susceptibility of native plants to attack by a biocontrol herbivore. Ecology, 85(6): 1548-1554.

Reitz S R, Trumble J T. 2002. Competitive displacement among insects and arachnids. Annual Review of Entomology, 47: 435-465.

Rejmanek M. 1996. Species richness and resistance to invasions. In: Orians G H, Dirzo R, Cushman J H. Biodiversity and Ecosystem Processes in Tropical Forests. Berlin: Springer-Verlag: 153-172.

Rhymer J, Simberloff D. 1996. Extinction by hybridization and introgression. Annual Review of Ecology and Systematics, 27: 83-109.

Richardson D M, Allsopp N, D'Antonio C M, et al. 2000a. Plant invasions-the role of mutualisms. Biological reviews of the Cambridge Philosophical Society, 75(1): 65-93.

Richardson D M, Pysek P, Rejmanek M, et al. 2000b. Naturalization and invasion of alien plants: concepts and definitions. Diversity and Distributions, 6(2): 93-107.

Sakata H. 1995. Density-dependent predation of the ant *Lasius niger* (Hymenoptera: Formicidae) on two attended aphids *Lachnus tropicalis* and *Myzocallis kuricola* (Homoptera: Aphididae). Researches on Population Ecology, 37(2): 159-164.

Sax D F, Brown J H. 2000. The paradox of invasion. Global Ecology and Biogeography, 9(5): 363-371.

Schmitthenner A F. 1985. Problems and progress in control of *Phytophthora* root rot of soybean. Plant Disease, 69(4): 362-368.

Schroeder D. 1992. Biological control of weeds: a review of principle and trends. Pesquisa Agropecuaria Brasileira, 27: 191-212.

Shellers E, Simpson A, Fisher J P, et al. 2004. Summary Report on the Experts Meeting on Implementation of a Global Invasive Species Information Network (GISIN) 6-8 April, Baltimore, Maryland, USA.

Silveri A, Dunwiddie P W, Michaels H J. 2001. Logging and edaphic factors in the invasion of an Asian woody vine in a mesic North American forest. Biological Invasions, 3(4): 379-389.

Simberloff D. 2006. Invasional meltdown six years later: Important phenomenon, unfortunate metaphor, or both? Ecology Letters, 9(8): 912-919.

Slatkin M. 1985. Gene flow in natural populations. Annual Review of Ecology and Systematics, 16: 393-430.

Smith H S. 1919. On some phases of insect control by the biological method. Journal of Economic Entomology, 12(4): 288-292.

Suarez A V, Bolger D T, Case T J. 1998. Effect of fragmentation and invasion on native ant communities in coastal southern California. Ecology, 79(6): 2041-2056.

Suarez A V, Richmond J Q, Case T J. 2000. Prey selection in horned lizards following the invasion of Argentine ants in Southern California. Ecological Applications, 10(3): 711-725.

Suarez A V, Tsutsui N D, Holway D A, et al. 1999. Behavioral and genetic differentiation between native and introduced populations of the Argentine ant. Biological Invasions, 1(1): 43-53.

Tillberg C V, Holway D A, LeBrun E G, et al. 2007. Trophic ecology of invasive Argentine ants in their native and introduced ranges. Proceedings of the National Academy of Sciences of the United States of America, 104(52): 20856-20861.

Tilman D. 1999. The ecological consequences of changes in biodiversity: a search for general principles. Ecology, 80(5): 1455-1474.

Tsutsui N D, Suarez A V, Holway D A, et al. 2000. Reduced genetic variation and the success of an invasive species. Proceedings of the National Academy of Sciences of the United States of America, 97(11): 5948-5953.

van Driesche R G, Bellows T S. 1996. Biological Control. New York: Chapman and Hall: 539.

Veenstra K H, Byrne D N. 1998. Effects of starvation and oviposition activity on the reproductive physiology of the sweet potato whitefly, *Bemisia tabaci*. Physiol Entomol, 23(1): 62-68.

Vitousek P M, D'Antonio C M, Loope L L, et al. 1996. Biological invasions as global environmental change. American Scientist, 84(5): 468-478.

Wan F H, Liu W X, Guo J Y, et al. 2010. Invasive mechanism and control strategy of *Ageratina adenophora* (Sprengel). Science China Life Sciences, 53(11): 1291-1298.

Williamson M. 1996. Biological Invasion. New York: Chapman and Hall: 244.

Wilson J R U, Richardson D M, Rouget M, et al. 2007. Residence time and potential range: crucial considerations in modelling plant invasions. Diversity and Distributions, 13(1): 11-22.

Wrather J A, Anderson T R, Arsyad D M, et al. 2001. Soybean disease loss estimates for the top 10 soybean-producing countries in 1998. Canadian Journal of Plant Pathology, 23(2): 115-121.

WTO. 1994. Agreement on the application of sanitary and phytosanitary measures. In: Agreement establishing the World Trade Organization: Annex 1A: Multilateral agreements on trade in goods. Uruguay. http: //www.wto.org/english/docs_e/legal_e/legal_e.htm.

Yang G Q, Wan F H, Liu W X, et al. 2008. Influence of two allelochemicals from *Ageratina adenophora* Sprengel on ABA, IAA and ZR contents in roots of upland rice seedlings. Allelopathy Journal, 21(2): 253-262.

Ye W H, Li J, Cao H L, et al. 2003. Genetic uniformity of *Alternanthera philoxeroides* in South China. Weed Research, 43(4): 297-302.

Yudin L S, Cho J J, Mitchell W C. 1986. Host range of western flower thrips, *Frankliniella occidentalis* (Thysanoptera: Thripidae), with special reference to *Leucaena glauca*. Environmental Entomology, 15(6): 1292-1295.

Zabel J, Tscharntke T. 1998. Does fragmentation of Urtica habitats affect phytophagous and predatory insects differentially? 116(3): 419-425.

Zhang X M, Li R, Hu C X, et al. 2020. Population numbers and physiological response of an invasive and native thrip species following repeated exposure to imidacloprid. Frontiers in Physiology, 11: 216.

第九章 农业生物多样性保护的方法和原理

　　生物多样性涵盖的范围很广，与人类的生存和生活密切相关。《生物多样性公约》对以下几个相关概念进行了界定，其中生物资源（biological resources）是指对人类具有实际或潜在用途或价值的遗传资源、生物体或其部分、生物群体或生态系统中任何其他生物组成部分；生物技术（biotechnology）是指使用生物系统、生物体或其衍生物的任何技术，以制作或改变产品或过程以供特定用途；遗传资源的原产国（country of origin of genetic resources）是指拥有处于原产境地的遗传资源的国家；遗传资源的提供国（country providing genetic resources）是指供应遗传资源的国家，此种遗传资源可能是原地来源，包括野生种和驯化物种的群体，或是移地保护来源，不论是否原产于该国；驯化或栽培物种（domesticated or cultivated species）是指人类为满足自身需要而影响了其演化进程的物种。

　　农业生物多样性具有明确的地域性、整体性和不稳定性等特征。由于农业生物多样性强烈地受到人类活动等因素的影响，其内部结构和状态会发生相应变化而具有不稳定性。当自然灾害和人类过度的农业活动使农业生态环境的改变超过一定的限度时，农业生态系统就会失去自身的调节能力，从而导致农业生物多样性的存在和可持续发展受到严重影响。虽然农业生物多样性的各个层次及其内涵都非常重要，但本章主要介绍农业生态系统中的遗传多样性和遗传资源的应用价值、遗传资源可持续利用所面临的挑战和保护方法，以及资源有效保护的原理。

第一节　农业遗传资源和种质资源

一、农业遗传资源和种质资源的定义和相关概念

遗传资源（genetic resources）在很多情况下又被称为种质资源（germplasm resources），二者均是指存在于生物有机体内并能够从亲代传递到子代的遗传物质或基因及基因组合的总称。在经典遗传的定义中遗传资源和种质资源的意义非常相似，均表示遗传物质。因此，这两个概念常常被互用，但二者又有一些区别，在本书中，我们沿用遗传资源和种质资源具有等同意义的概念。按照《生物多样性公约》的定义，遗传资源是指具有实际或潜在价值的遗传材料。其中遗传材料（genetic material）是指植物、动物、微生物或其他来源的任何含有遗传功能单位的材料。而根据《国务院关于修改〈中华人民共和国专利法实施细则〉的决定》定义，专利法所称遗传资源是指取自人体、动物、植物或者微生物等含有遗传功能单位并具有实际或者潜在价值的材料。尽管遗传资源涵盖的内容更为宽泛，但本章只涉及遗传资源中与农作物相关的资源。因此，本章提到的遗传资源均是指用于农作物遗传改良的某一生物物种或多个生物物种，它们所包含的可遗传的表型性状及其遗传物质基础的总和。

种质资源是指携带生物遗传信息的载体，具有实际或潜在的应用价值。由携带各类遗传物质或基因且具有生命的材料来代表，它是生物育种最基本和重要的物质基础。种质资源的表现形态包括种子、组织、器官、细胞、染色体、DNA 片段和基因等。材料类型包括了古老的作物地方品种、具有特殊性状的作物育种品系、育种培育过程中产生的中间材料，以及农作物的野生近缘种等。

这里有几个非常相近的概念，通常容易混淆，应该对其加以理解和区分。一个概念是种质（germplasm），是具有从亲代传递到子代能力的遗传物质的总称，与传统的基因概念极为相似，也有的学者称为遗传种质，主要是强调其具有自我复制和遗传的能力。而另一个概念是种质资源（通常又被称为基因资源或遗传资源），更强调携带着各类种质或遗传物质的生物材料，如农作物或家禽、家畜的品种资源（地方品种、育成品种），细菌和真菌的菌群、小种，以及其野生近缘种等。再有一个概念是基因库（gene pool），它是指在一定的空间地域中，一个物种的全体成员构成一个种群集合，或是指一个种群中所有个体的基因型的集合。为了更贴近农业生物多样性，本章我们统一使用术语种质资源来代表遗传多样性、遗传资源或基因资源等相近的概念。

任何种质资源都是生物体在特定的空间和时间内经过长期的进化和适应周围环境的过程中逐渐形成的，它在适应不同环境条件变化的过程中不断产生新的变异类型，并且在自然选择和人工选择的共同作用下被保留和固定下来，形成了各种各样的性状，并且这些变异能够在特定的环境条件下遗传到后代的群体中。种质资源不仅可以被人类直接利用和消费，也可以为农作物和家畜的遗传改良提供最基本的物质基础。种质资源还是研究农作物、家畜和其他生物有机体的起源、进化、分类和遗传等生命现象的重要材料。种质资源具有基础性、公益性、长期性和丢失后不可再生性的特点。因此，种质资

源作为生物资源的重要组成部分，是农业科学原始创新、生物技术及产业发展的源头与源泉，是实现农业可持续发展，保障国家粮食安全、生态安全和能源安全的战略性资源（辛霞，2022）。

二、农业种质资源的价值及保护的必要性

由于全球人口数量不断增加，耕地面积逐渐减少，可用于农业生产的水资源、矿物资源和生物资源逐渐匮缺，加之全球气候变化带来的不可预见性，全世界的粮食安全面临着前所未有的挑战。根据联合国粮食及农业组织（FAO）2009 年的报道，全世界的人口约为 60 亿，其中 10 亿人口处于饥饿水平，饥饿危机对全球 1/6 的人口产生了影响，对世界和平与稳定构成严重威胁（IISD and FAO，2009）。根据 FAO 发布的《2022 年世界粮食安全与营养状况》，2021 年全球受饥饿影响的人数为 8.28 亿人。预计到 2070年，全球人口将超过 130 亿，全球未来的粮食供应将承受巨大的压力（Pimentel，2011）。然而目前的形势是全球人口持续增长，耕地面积却在不断减少，加上全球气候变化和农业生态环境的恶化，导致局部地区粮食减产。如果这种局面继续下去，全球的粮食和能量供需要求可能会产生巨大的缺口，这将对全球的和平与稳定发展产生严重的影响。

我国的农业发展长期受到人口持续增加和资源短缺的双重压力，保证农产品有效供给、保障粮食安全是我国农业在相当长时期内的首要任务。因此，培育高产、稳产新品种成为保障粮食安全的必然选择，而提高农作物单位面积产量最有效的途径（刘旭等，2018）：一是利用新兴的生物技术，二是挖掘和高效利用生物的优异种质资源。

种质资源在农作物的品种改良、提高农作物品种单位面积产量中起到了非常重要的作用。将种质资源中有益的农艺性状转移到农作物品种中，可以增强农作物抵抗生物胁迫（如病虫草害）以及非生物胁迫（如低盐、高温、干旱）的能力、改善农作物的农艺性状和品质，最终达到提高产量的目的。在人类近代文明的过程中，有很多利用种质资源来改良农作物、提高农作物单位面积产量的例子。例如，举世闻名的"绿色革命"，是 20 世纪 60 年代初通过遗传改良而提高农作物产量的典型例子。其中关键的一项技术就是将半矮秆基因 $sdw\text{-}1$ 转入作物品种，对其进行遗传改良，从而培育了水稻（'IR-8'）、小麦（'农林-11'）以及玉米等作物的改良矮秆品种，再加之配合先进的栽培措施，使产量提高了 1～2 倍，极大地缓解了当时全球面临的饥饿危机（Evenson and Gollin，2003）。另一个利用种质资源提高农作物产量的经典案例是我国的杂交水稻培育。水稻是严格的自花授粉作物，要通过人工杂交配制 F_1 代杂交种是非常困难的。袁隆平院士及其合作者在多年生野生稻种质资源中发现了雄性不育（ms）基因，并将该基因转入栽培稻品种，培育了水稻"不育系"，同时，还培育出了针对该水稻雄性不育性状的保持系和不育性状的恢复系，并实现了"三系"配套，这为水稻杂交种的大规模生产提供了保证。杂交稻的育成，为大幅度提高水稻品种的产量及保证粮食安全做出了重要贡献（Yuan，1998）。另外，我国对普通野生稻中不育基因、小麦-黑麦 1B/1R 易位系、玉米自交系'黄早四'等优异种质资源的发掘以及其在育种中的有效利用，是我国在粮食作物育种方面取得的巨大突破。

种质资源在漫长的进化和对自然环境变化的适应过程中，不断地接受自然选择和人工选择而积累了丰富的遗传变异。种质资源对于农作物的遗传改良、提高产量以及改善品质等均有不可替代的作用。因此，农业生产中的每一次重大变革和生产能力的巨大突破，都与重要种质资源的有效利用密不可分。中国有句古语叫作"巧妇难为无米之炊"，这个"米"字就常常指的是"资源"。可以说离开种质资源（或基因资源），育种家便无法对农作物品种进行有效改良。这充分证明了农作物种质资源的长期存在和可持续利用是非常必要的。但是，农作物是植物在人工驯化条件下，长期应对自然环境变化的适应与进化的结果，对农作物资源的乱用或滥用，会造成种质资源的减少甚至丧失，无法达到种质资源可持续利用的目的。因此，对种质资源的有效利用和保护具有同等重要的意义（卢宝荣，1998；Lu，2004）。

三、农业种质资源保护存在的问题

种质资源在人类的生活中具有十分重要的作用，人类的衣、食、住、行都与种质资源的利用有着千丝万缕的联系。但是自"绿色革命"以来，农作物品种遗传改良的巨大成功以及少数高产改良品种的大面积单一种植和集约化生产，取代了大量的传统农家品种，造成了农作物品种资源大量的基因流失，极大地降低了农作物的遗传多样性，同时也造成了种质资源的丧失（Singh，1999）。同时，人类活动导致许多农作物野生近缘种赖以生存的自然生境受到严重破坏，如生境破碎化和生境丧失，严重威胁着野生近缘种种质资源的生存和长期利用。采取有效的对策对栽培农作物及其野生近缘种进行保护非常必要。

四、农业种质资源的评价研究

对种质资源的合理评价和深入研究，对探索更有效的种质资源保护方法十分重要（Lu，2004）。例如，在所采集的、已经被保存的大量种质资源样品中是否包含丰富的遗传变异？是否包含有益的农艺性状和抗生物胁迫（如病虫害）和非生物胁迫（如干旱、冷害）的遗传材料？对于丰富遗传多样性的获取是否与相应采样的方法以及样品所分布的环境和地形有关？具有重要有益农艺性状的种质资源是否与其原产地的生境和某种生态因素有相关性？就地保护的野生近缘种群体和农作物品种是否比其未受保护的群体和品种具有更高水平的遗传多样性？如何避免在种质资源的迁地保护（特别是种质库保护）过程中流失资源？这些问题的回答以及相关知识的获得，对种质资源的保护均具有重要意义，而这些知识的获得离不开相关的科学研究。

第二节 农作物种质资源的类别

农作物种质资源所涵盖的内容较广，不仅包括农作物栽培种（或栽培农作物，涵盖了不同类型的品种），还包括与农作物具有一定亲缘关系的野生近缘种以及与农作物同种或同属的农田杂草类型（表9-1）。本章以常见的栽培农作物（如水稻、麦类、油菜）为例描述农作物种质资源的类别。

表 9-1　主要农作物种质资源的不同类别及其实例说明

种质资源类别实例	栽培种			野生近缘种		同种或同属
	传统品种	改良品种	遗传材料	祖先种	野生种	杂草
稻种资源						
'低脚乌尖'	√					
'黄壳糯'	√					
'汕优-63'		√				
'广陆矮 4 号' 突变体			√			
多年生普通野生稻				√	√	
长雄蕊野生稻					√	
杂草稻						√
麦类资源						
中国春小麦	√					
小麦/黑麦染色体代换系			√			
小麦小片段易位系			√			
节节麦				√		
奥克隆黑麦		√				
高山黑麦					√	
青稞大麦	√					
野生大麦				√		√
球茎大麦					√	
披碱草					√	
油菜资源						
胜利油菜		√				
波里马细胞质雄性不育系			√			
油菜高油酸材料			√			
白菜型油菜	√					√
芥菜	√					√
黑芥					√	
杂草型油菜	√					√

一、栽培作物

栽培作物包括了作物的传统农家品种、现代改良品种以及在遗传育种过程中产生的中间材料（通常被称为遗传材料）等。所有栽培作物均是由野生种经过人类长期的驯化和栽培利用逐渐进化形成的。例如，全球广泛栽培的亚洲栽培稻（简称栽培稻 *Oryza sativa*）就是 8000 年以前在我国长江中下游地区先民对多年生普通野生稻（*O. rufipogon*）进行利用、栽培和驯化而逐渐形成的（Vaughan et al.，2008）。如今栽培稻已成为世界重要粮食作物，为全球近一半的人口提供粮食，对全球的粮食安全起着举足轻重的作用（Lu and Snow，2005）。重要的栽培作物还包括小麦、大麦、黑麦、玉米、大豆、油菜及其他各类栽培蔬菜和果树（刘春晖等，2021）。在人类长期多样化的食物需求以及多样化地利用人工选择和自然选择的过程中，农作物形成了大量的不同栽培类型，称为栽培品种。农作物栽培品种代表了适应不同农业生态环境和耕作条件而形成的不同栽培类型，这是最重要的一类种质资源。农作物栽培品种包括了由农民长期种植并经过系统选择而形成的传统品种（也称农家品种和土著品种），以及经过现代的遗传育种方法改良而形成的改良品种（也称现代品种）。在遗传育种的过程中，还产生了大量经有性杂交、分离和遗传重组，利用诱变剂（物理、化学）诱导变异以及利用生物技术处理而产生的遗传材料（或称中间材料）。例如，杂交育种过程中形成的不同世代分离群体和株系、染色体结构变异形成的倒位系和易位系、诱变育种过程中产生的遗传突变株、花药和组织培养以及基因转移产生的变异材料等（表 9-1），这些中间遗传材料不仅可以在育种的过程中大量产生，而且可能在农作物的育种和遗传改良中提供重要的基因和优异性状。因此，这些中间遗传材料也属于种质资源的范畴。

二、野生近缘种

所有的栽培作物都是由野生种经人类的驯化和长期栽培而逐渐形成的。因此，直接经驯化而形成栽培作物的野生祖先种，都是重要的作物野生近缘种种质资源，如栽培稻的野生祖先种多年生普通野生稻，栽培玉米（*Zea mays*）的野生祖先种大刍草（*Z. diploperennis*），以及栽培大麦（*Hordeum rulgave*）的野生祖先种大麦（*H. vulgare* ssp. *spontaneum*）等。此外，与栽培种及野生祖先种具有一定亲缘关系的野生种（通常是同一属或同一科不同属植物），如栽培稻的野生近缘种长雄蕊野生稻（*Oryza longistaminata*）、栽培小麦的二倍体野生近缘种节节麦（*Aegilops tauschii*）、栽培萝卜（*Raphanus sativus*）的野生近缘种野萝卜（*R. raphanistrum*），以及栽培欧洲油菜（*Brassica napus*）的野生近缘种黑芥（*B. nigra*）等，都是农作物的重要种质资源（表 9-1）。因为野生近缘种（特别是野生祖先种）与栽培种有比较近的亲缘关系，而且野生近缘种长期生存于自然生境，在适应不断变化的环境过程中，野生近缘种进化产生了一系列抵抗生物胁迫及非生物胁迫的遗传性状，这些遗传性状可以通过远缘杂交或其他的生物技术方法转移到栽培作物上，从而改善栽培作物的不良性状，获得高产栽培品种。

三、农作物的同种杂草类型

除了上述的农作物栽培品种及其野生祖先种和野生近缘种，与栽培农作物属于同一物种、发生于农田生态系统中，并与农作物伴生生长的杂草类型（weedy type），也属于农作物种质资源的范畴。农作物的同种杂草类型通常起源于栽培种与野生祖先种天然杂交的分离后代，或是直接由栽培种退化而形成的。例如，广泛发生于栽培稻田中的杂草稻（*Oryza sativa* f. *spontanea*）、栽培黑麦田中的杂草黑麦（*Secale cereale* f. *afganicum*）以及杂草型油菜（*Brassica rapa*），都是典型的与农作物处于同一生境并且与农作物属于同一物种的杂草类型（表 9-1）。由于农作物的同种杂草类型与栽培农作物属于同一生物学物种，很容易通过有性杂交将有益的遗传性状转移到栽培农作物上，达到对农作物改良的目的。

四、基因库及其种质资源利用类型的划分

不同种类的种质资源与栽培农作物之间具有不同的遗传关系或亲缘关系，这是不同植物类群在长期进化和有性生殖过程中逐渐形成的。农作物与不同类型种质资源之间的亲缘关系，决定了在农作物遗传改良过程中对种质资源利用的难易程度，这是由栽培农作物与这些物种在育种工作过程中有性杂交的难易程度以及栽培种和野生近缘种基因重组和交换的难易程度而决定的。著名作物进化生物学家 Harlan 和 De Wet（1971）根据基因交换的难易程度，将栽培农作物的种质资源划分为三个等级，将种质资源包含在三个不同等级的基因库中，分别是种质资源的一级基因库（primary gene pool，GP-Ⅰ）、二级基因库（secondary gene pool，GP-Ⅱ）和三级基因库（tertiary gene pool，GP-Ⅲ）。

通常，一级基因库（GP-Ⅰ）中包括了与栽培农作物属于同一生物学物种的种质资源。这些种质资源与栽培农作物之间能够非常容易地进行有性杂交。因此，一级基因库中往往包含了栽培农作物的不同品种（传统品种和改良品种）、遗传材料以及农作物的同种杂草类型。二级基因库（GP-Ⅱ）中通常包含了与栽培农作物亲缘关系较近的种质资源，但是这些种质资源与栽培品种不能进行自由的有性杂交，也不能产生育性正常的杂种后代。因此，二级基因库的种质资源要向栽培农作物品种进行基因转移，必须采用一定的遗传方法和生物技术。例如，在远缘杂交中要使用对杂种的幼胚进行组织培养等胚拯救的方法，才能成功地达到目的。三级基因库（GP-Ⅲ）中通常包含了与栽培农作物具有较远亲缘关系的种质资源，正常情况下不可能将三级基因库的物种与栽培农作物品种进行有性杂交。因此，一般情况下不可能直接利用三级基因库中的种质资源来改良农作物品种，必须采用特殊的遗传方法和生物技术，如体细胞融合技术、转基因技术等，才能有效地利用三级基因库中的种质资源。现以栽培稻为例，图示说明三个不同等级的基因库及其栽培稻品种与不同基因库中种质资源的关系（图 9-1）。

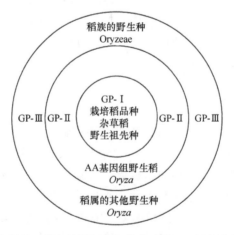

图 9-1　以栽培稻为例展示的各级基因库及其种质资源（根据卢宝荣，1998 绘制）

GP-Ⅰ中主要包括与栽培作物（水稻）属于同一生物学物种的种质资源；GP-Ⅱ中主要包括与栽培作物有较近的亲缘关系但不能与其进行自由有性杂交的种质资源，如含 AA 基因组的稻属（*Oryza*）物种；而 GP-Ⅲ中主要包括与栽培作物亲缘关系较远的种质资源，通常不能以常规的方法利用这些种质资源，如稻属以外的稻族（Oryzeae）其他属物种，如假稻属（*Leersia*）和菰属（*Zizania*），甚至其他禾本科（Poaceae）植物

第三节　种质资源保护面临的挑战

农作物种质资源是保障国家粮食安全、生物产业发展和生态文明建设的关键性战略资源。随着人口增长和经济发展，气候、自然环境、种植业结构和土地经营方式等变革，外来种入侵等，大量地方品种迅速消失，农作物野生近缘种因其赖以生存繁衍的栖息地遭受破坏而急剧减少，农作物种质资源的保护面临严峻的挑战（杨士建，2003；Lu，2004）。

一、生境破碎化和生态功能丧失

生境破碎化是指原来连续成片的生境，在人类活动、干扰甚至破坏的情况下，被分割、破碎，形成分散、孤立的岛状生境或生境碎片的现象。主要表现在两方面：①形态的破碎化，由于人类活动，景观中破碎的生境面积增加，适宜生物生存和栖息的面积急剧减小，被保护物种的多样性和功能降低；②生态功能的破碎化，由于生境破碎化，生境适宜性降低或空间分布破碎化。

生境破碎化导致原生境的总面积减小，较大的植物群体被分割和孤立，从而影响群体之间的基因交流、物种之间的相互作用及生态过程。生境破碎化的过程引起栖息地内部食物链、繁殖场所、局部小气候、边缘效应等生物条件和非生物条件的变化，进而影响植物群体动态、灭绝速率、扩散迁入、遗传变异以及存活力等。严重的生境破碎化会导致农作物种质资源和野生近缘种群体的分布面积迅速变小，甚至局部灭绝。但是生境破碎化在一定程度上是可以逆转的，在良性的人类活动下，破碎程度较轻的生境可以在一定程度上，甚至是很大程度上得到修复。如果生境破碎化的程度进一步加重和恶化，就无法修复了，会导致生境丧失。生境丧失是指生物赖以栖息的空间范围或生存的生态地理环境永久性的消失。生境丧失是一个不可逆转的过程，是生物多样性面临的最大威胁，最终会导致物种的灭绝。物种灭绝是指特定的生物物种或群体发生全球或区域性消失的现象。农作物野生近缘种通常分布于农业生态系统，容易受到人类活动的影响和干扰，与野生近缘种生长相关的生态环境一旦丧失，便很难修复，最终将导致野生近缘种群体的区域性灭绝。例如，我国广东、广西、云南、海南及台湾是普通野生稻、药用野生稻和疣粒野生稻的重要分布区，20 世纪 50 年代以前，我国广东、广西和海南均有大面积成片的普通野生稻群体分布，但后来适宜普通野生稻生存的湿地被大面积改造成农田或改为其他用途，导致普通野生稻生境大面积丧失，大量普通野生稻群体从这些分布区消失和灭绝。疣粒野生稻具有对水稻白叶枯病免疫、高抗水稻细菌性条斑病、抗褐飞虱、抗旱和耐阴等生理生态特征，是我国水稻资源中的"大熊猫"，对水稻遗传改良具有重要的利用价值（Yang et al.，2018；王韵茜等，2018）。由于毁林开荒，种植橡胶、香蕉、玉米等经济作物，疣粒野生稻正常生长繁殖所需的特殊生境遭到不同程度的破坏，已有 12.9%的疣粒野生稻居群灭绝，83.9%的居群处于中度和重度的干扰之下。目前，疣粒野生稻的分布已被压缩到海南的西南部山区和云南的澜沧江中下游、南汀河流域（万亚涛等，2007）。《中国植物红皮书——稀有濒危植物（第一册）》中将疣粒野生稻定为渐危种，并将其列为国家二级重点保护野生植物（傅立国，1995）。这些案例充分表明了生境破碎化和生境丧失对种质资源保护带来的严重负面影响。

二、人类活动的过度干扰

人类活动的过度干扰将对生境产生巨大的负面影响，给农作物品种和野生近缘种的生存和保护带来严峻的挑战。由于全球人口的不断增长，对粮食的需求也越来越多，许多国家和地区不得不扩大耕地和工业用地的面积，使农业生态系统周边的自然生境逐渐缩小，甚至消失，导致栽培植物赖以生存的自然生境受到极大的破坏，而最终造成在这些生境中生存的野生近缘种种质资源丧失。社会经济的快速发展，城市化过程中基础设施（包括交通、住房等）的兴建，使耕地面积不断减少，一些野生资源的原生境便被改造成农业生产的耕地，野生近缘种的生存环境大大减少，甚至完全丧失，造成野生近缘种的濒危、丧失甚至灭绝。例如，水稻的野生近缘种隶属于禾本科（Poaceae）稻族（Oryzeae）稻属（Oryza）。稻族（特别是稻属）的绝大多数物种为水生植物类群，野生稻的生境通常是湖泊的浅水区、沼泽地、河沟的两岸以及低洼地有浅水的环境（Vaughan，1994）。但是人类活动特别是城市化过程和交通设施的兴建，如河床改道、低洼的沼泽湿地被大规模开发和改造成商品用房，导致其生境大规模丧失。此外，农村和城市人口比例的变化以及人们膳食结构等的改变，也在很大程度上影响了农业生态环境的构成，以及农田生态环境与自然生态环境之间的比例。例如，在越南中部，为了应对全球对可可粉及巧克力需求量的剧增，大片的低洼沼泽地被改变成了旱地并种上了可可树，从而导致野生稻以及其他依赖沼泽和湿地生存的野生近缘种群体失去了生存的空间，而逐渐消失。

三、种业结构和农业生产模式的变化

农作物品种改良的巨大成功和受商品经济的影响，农民更加依赖现代改良品种的种植。全球人口的不断增长和可以耕种的土地面积不断减少而带来的巨大粮食安全压力，使人类过于追求集约化的所谓"高产出，高投入"的农业生产方式，在大面积范围内种植少数几个高产改良品种，取代了大量具有丰富遗传多样性的传统农家品种，造成了原生农业生态环境中传统农家品种种质资源的迅速丧失。例如，1900～2000年的100年间，世界各地的农民因种植具有单一遗传背景的高产品种而放弃了地方作物的多种经营，导致约75%的农作物遗传多样性丧失。中国在20世纪40年代种植的水稻品种有46 000多个，但2006年种植的品种只有1000个左右，其中种植面积在1万 hm² 以上的品种只有300个左右；20世纪40年代种植的小麦品种有13 000多个，其中80%以上是地方品种，而20世纪末种植的品种只有500～600个，其中90%以上是育成品种（朱有勇院士，2014中国现代农业发展论坛）。联合国粮食及农业组织2014年报告，20世纪栽培作物的多样性减少了75%，其预测目前的作物将有1/3在2050年消失。

另外，农业技术的飞速发展和进步、农田水利设施的兴建、农业机械化水平的提高、农业杀虫剂等农药的大量使用，以及农田周边环境杂草管理方式的改变（如传统的人工除草方式在很大程度上被施用除草剂的方式取代）等，造成了农业生态系统的巨大变化，使农业生态系统从一种传统的、多元的系统向单一的、集约化生产的方向变化，这种变化大大降低了农业生态系统中的多样性和稳定性，严重影响了栽培植物品种以及野生近缘种种质资源的生存和可持续利用。

四、全球气候变化

全球气候变化是指在全球范围内，气候平均状态在统计学意义上的巨大改变或者持续较长一段时间（如 10 年或更长）的气候变动。全球气候变化是由自然内部的原因和外部因素所引起的，人为地持续对大气组成成分和土地利用方式的改变是造成全球气候变化的重要原因之一。

在全球气候变化的过程中，导致作物显著减产的不利天气或异常气候称为农业气象灾害。极端气候过程是指一个特定地区极端高温或低温、极端干旱或降水越来越频繁地出现，极大地影响了栽培植物和野生近缘种的正常生长与存活。例如，2011 年，我国长江中下游地区降水量为 50 年来同期最少，我国最大的淡水湖鄱阳湖面积减少到往年的一成多，湖北 1300 多座水库低于"死水位"。特大和持续的干旱，造成鄱阳湖的干涸和鄱阳湖生态环境的严重破坏，鄱阳湖中上万年生活和进化而累积的鱼类种质资源和水生植物种质资源因此而丧失殆尽。根据中国气象局 2021 年发布的数据，2021 年 7 月全国发生过 4 次区域性强降雨，河南受灾农作物面积 1600 多万亩。人类活动过度是影响全球气候变化的重要原因，如过多的二氧化碳和甲烷气体的排放等。人们目前对全球气候变化及其规律的认识还很有限，对于全球气候变化与野生近缘种种质资源之间的必然关系还知之甚少，但是全球气候变化对种质资源的影响，特别是造成种质资源丧失的后果是不容忽视的，必须对其进行深入研究，尽量降低全球气候变化给种质资源保护带来的可能损失。

五、生物入侵

外来种入侵或生物入侵是指外来生物通过自然传入或人为引入到另一地区之后适应当地环境而形成自然群落并对当地生态系统造成一定危害的现象（Mack et al., 2000）。全球交流的日益频繁，导致植物和动物随着人类活动而非自然迁移和分布。有些物种分布到新的生态环境中，通过种间竞争排挤甚至取代本地种，在入侵地区形成单一优势群体，造成本地种群体分布锐减甚至种群消失，从而导致本地种生物多样性的丧失。例如，杂交起源的加州野生萝卜（*Raphanus sativus*）因为比其亲本栽培萝卜（*R. sativus*）和野萝卜（*R. raphanistrum*）具有更强的适应能力和更高的适合度而在美国加利福尼亚州成为严重的入侵种（Ridley and Ellstrand, 2009），威胁其近缘种野萝卜的遗传多样性。另有调查发现，在疣粒野生稻和药用野生稻原生境中均有紫茎泽兰、飞机草的分布，飞机草与紫茎泽兰均属菊科，原产中美洲，自中缅、中越边境传入我国云南南部，现已广泛分布于云南、广西、贵州、四川的很多地区，并快速向北推移，仅云南发生面积就达 2470 万 hm²。紫茎泽兰和飞机草大肆排挤本地植物、侵占宜林荒山、影响林木生长和更新，也可侵入经济林地，影响栽培植物生长。目前它们已经严重威胁到我国生物多样性的保育和自然保护区内许多物种的生存与发展（王琳等，2006）。

　　入侵种除了在空间上通过与本地种的竞争排挤本地种的分布空间，减小本地种的分布范围，甚至完全占据本地种的生存空间，导致本地种的局部灭绝，还可以通过有性生殖过程与本地种进行杂交和渐渗，从而导致本地种种质资源多样性的降低和基因单一化，最终导致土著野生近缘种遗传多样性和遗传完整性（genetic integrity）的丧失。有关入侵种通过有性生殖过程来影响本地种遗传多样性和遗传完整性的研究还较少。但这一领域研究的突破不仅对于入侵种如何影响野生近缘种种质资源有非常重要的意义，而且对于外来种的入侵机制和入侵种的控制、管理具有重要的意义。

六、栽培作物的种质渗入对野生近缘种的影响

　　任何栽培作物都是人类祖先经过对野生种的驯化和栽培而逐渐演变形成的。因此，栽培种与其野生近缘种之间仍保持着的一定的亲缘关系，特别是栽培作物与其野生近缘种和祖先种之间保持着密切的亲缘关系，它们之间几乎不存在或存在较低的生殖隔离。在栽培种的长期种植和利用过程中，通过杂交产生的栽培作物、野生近缘种之间的基因交流不断发生。狭义的种质渗入或渐渗是指基因或遗传物质通过群体中的杂种个体与其亲本个体之间的不断回交而导致基因在群体或个体之间转移和传递的过程，是物种形成和适应性进化的一个非常重要的遗传机制（Rieseberg and Carney，1998）。而广义的渐渗是指基因或遗传物质在有一定遗传差异的个体或群体之间进行转移和传递的过程。通过杂交和渐渗这一连续的过程，杂种与其亲本将会在个体的遗传基础和群体的遗传多样性水平上发生变化。

　　随着栽培作物的种植面积不断扩大，逐渐形成了栽培种包围野生近缘种的局面。大规模和持续的由栽培种向野生近缘种的渐渗，会在很大程度上改变野生近缘种的群体遗传结构，导致野生近缘种遗传结构的单一化。在极端情况下，这种大规模的渐渗可导致野生祖先群体的局部灭绝。例如，普通野生稻是栽培稻的祖先种，研究表明栽培稻和普通野生稻群体之间存在着较频繁的基因流（Song et al.，2003a）。栽培稻向普通野生稻不断进行渐渗，在不同程度上影响着普通野生稻群体的遗传多样性水平（Song et al.，2003b），同时也可以影响普通野生稻群体的遗传结构和遗传分化水平（Song et al.，2006）。这意味着栽培稻向普通野生稻长期和大规模的渐渗在很大程度上影响了普通野生稻种质资源的遗传多样性和遗传完整性。另外，大量的研究结果还表明栽培稻向杂草稻的渐渗会导致杂草稻产生不同水平的遗传分化和遗传结构的变化（Xia et al.，2011；Jiang et al.，2012；Chen et al.，2004）。在极端情况下，栽培稻与野生稻的天然杂交、渐渗以及人为的影响，还会导致野生稻群体的局部灭绝（Kiang et al.，1979）。此外，作物的现代改良品种与传统农家品种之间的基因流和渐渗，也会造成传统农家品种的混杂和遗传完整性的改变，特别是玉米、油菜等异花授粉的现代改良农作物（特别是转基因作物品种）向传统农家品种的渐渗对种质资源的影响更加显著。这一点将在下面进行讨论。

七、转基因逃逸及其对种质资源的影响

　　随着转基因技术研究和开发的迅速进步以及其在农业领域的应用，全球已有大量经

过遗传修饰的具有不同性状（如抗虫、抗病、抗除草剂等）的转基因植物品种被培育了出来，并被释放到环境中进行商品化种植（Lu and Snow，2005）。自 1996 年第一例具有优异货架品质的"滞熟"转基因番茄进行商品化种植以来，全球各类转基因农作物的种植面积迅速扩大。据不完全统计，2010 年全球转基因农作物商品化种植的面积已经超过 1.3 亿 hm^2（James，2011），这个面积约相当于 6 个英国的大小；到 2018 年累计已达到 25 亿 hm^2，与 1996 年相比增长了约 113 倍（《2018 年全球生物技术/转基因作物商业化发展态势》报告）。转基因技术的快速发展和转基因农作物品种的大量种植，为提高农业生产的效率和缓解全球粮食安全的矛盾做出了巨大的贡献。然而转基因农作物的大规模释放也引发了全球对生物安全问题的广泛关注和激烈讨论。其中转基因逃逸及其可能带来的潜在生态风险是科学家和公众最关注的重要环境生物安全问题之一。

转基因逃逸是指经过生物技术改良或遗传修饰而转移到农作物栽培品种中的外源基因通过基因漂移（或天然杂交-渐渗）从转基因作物转移到非转基因作物品种或野生近缘种中。由于经过遗传修饰的转基因具有很强的表达能力，而且许多转基因有较强的抗生物胁迫（如抗虫、抗病）和抗非生物胁迫（如抗旱、抗盐）的能力，因而具有较强的自然选择优势。因此，转基因一旦逃逸到非转基因作物品种（特别是传统农家品种）或野生近缘种群体中，便有可能对农作物品种和野生近缘种的适合度、种群动态、种质资源的多样性和完整性产生较大的影响（Lu and Snow，2005；Lu and Yang，2009）。随着转基因作物在全球种植面积的逐渐扩大，这种由转基因逃逸和渐渗而导致被就地保护种质资源受到"污染"的情况会更严重。

因此，转基因作物向传统农家品种和野生近缘种群体的基因逃逸和渐渗，已成为种质资源保护，特别是原生境保护所面临的新挑战。有关栽培稻品种之间、栽培稻向杂草稻和栽培稻向野生稻的基因漂移的大量研究表明，基因漂移在含有 AA 基因组的稻属物种之间较容易发生，特别是向杂草稻的逃逸很容易发生（Song et al.，2003a；Chen et al.，2004；Rong et al.，2005，2007）。此外，在大豆、玉米、油菜和甜菜及其野生近缘种之间也发现了频繁的基因漂移和渐渗（Ellstrand et al.，1999）。因此，对转基因向野生近缘种逃逸的频率、作物基因（包括转基因）对野生近缘种的生态影响、转基因在野生近缘种群体中的存留和扩散机制等基础生物学问题进行研究，有助于降低转基因逃逸和渐渗对传统作物品种和野生近缘种种质资源保护的负面影响。

第四节　农作物种质资源的保护

农作物种质资源是国家关键性战略资源。近年来，随着生物技术的快速发展，各国围绕重要基因发掘、创新和知识产权保护的竞争越来越激烈。人类未来面临的食物、能源和环境危机的解决都有赖于种质资源的占有，农作物种质资源越丰富，基因开发潜力越大，生物产业的竞争力就越强。做好种质资源保护工作，不仅保护了未来的育种基因，而且对我国农业可持续发展具有重要意义。农业种质资源保护的策略主要有：迁地保护、就地保护和农家保护。

一、迁地保护

（一）迁地保护的概念

迁地保护（*ex situ* conservation）也称为异位保护或异地保护，《生物多样性公约》定义为：将生物多样性的组成部分移到它们的自然环境之外进行保护。主要强调了在种质资源或植物种类产生的自然生境（或原产地）以外的环境下对其进行保护的方法，即通过考察和采集不同植物种质资源样本，输送到异地进行保护。迁地保护是集中对大量种质资源进行保护的一种非常有效的方法，便于对被保护的种质资源进行管理和利用，是目前种质资源保护的主要策略。各国政府和国际机构都非常重视，花巨资建立了各种类型和不同规模的种质库，对全世界各地搜集的种质资源进行保护。例如，位于菲律宾的国际水稻研究所（IRRI）建立的国际稻作种质库（IRG），对来自全世界的 20 余万份栽培稻种质资源和近 10 000 份野生稻种质资源分别进行了长期种质库和中期种质库的保存。长期种质库的保存条件为–20℃，稻种种质资源（干燥的种子）被保存于抽真空的铝盒中，理论上在 50～100 年之内，种子仍具有一定频率的生活力。中期种质库的保存条件为 1～4℃，稻种种质资源被保存于抽真空的铝箔袋中，贮存 5～10 年仍具有一定的生活力。中期种质库的稻种种质资源主要用于资源交换和研究所用。我国也有各种规模的国家级和省、市级种质资源库，目前已建成国家种质资源长期库 1 座、国家中期库 10 座、国家种质圃 43 个、省中期库 31 个，它们在种质资源的迁地保护中发挥着重要的作用，具有不可替代性。

（二）迁地保护的意义

迁地保护是种质资源保护的重要策略，特别是当某些种质资源所生长的环境濒于丧失，或丧失过程无法避免时，迁地保护就成为保护种质资源的唯一方式。但由于保护场所和设备有限，迁地保护只能保护原生境中种质资源多样性一部分，而且多数迁地保护的种质资源都是被贮存于种质库，但种质库保护存在以下明显不足：①迁地保护在进化上是一种静态的保护，贮藏于种质库的种质资源处于"休眠"状态，因而丧失了它们可能在其原生境中随环境的改变而产生的适应性进化和遗传变异的机会；②对于那些顽拗型种子（recalcitrant seed）（即成熟后很快就失去生命力的种子）以及靠营养器官繁殖的种质资源，种质库保存基本无法操作；③在种质资源迁地保护的栽种、繁殖、评价等过程中，还会造成大量遗传变异的丧失，保存的材料已不能代表其遗传多样性；④保护的目的在于利用，许多种质资源材料一旦入库贮存，就不能很好地对其进行动态管理和合理交流使用，使这些有价值的资源变成了"博物馆的死档案"（卢宝荣等，2002）。因此，必须采取更有效的保护措施进行补充。

（三）迁地保护的取样策略

在迁地保护过程中，涉及将种质资源从其原生境通过采集和运输送到异地进行种植或贮存。在采集过程中，不可能将所有的群体及一个群体中所有个体都包括在样本中，必须确定采集和迁地保护资源的样本量。若样本量过少则导致大量遗传多样性的遗漏，保护的种质资源不能代表该地区和该群体的遗传多样性。但是若采集的样本量过大，将会耗费大量的人力、物力和财力。在很多情况下，过大样本量的野外采集也很难实施。因此，合理的取样策略，能以最少的样本量保护种质资源尽可能丰富的遗传多样性。取样策略是指在一定大小的样本中包含具有代表性和尽可能多的遗传变异的最佳取样方法（金燕和卢宝荣，2003）。合理的取样策略会大大提高保护的效率。取样策略包括在一定的时空范围内对遗传资源的取样数目（给定区域内的群体数和一个群体内的个体数）和取样方式（给定区域内群体和个体的空间排布方式）。例如，Jennifer 等（1997）对一种来自北美的野生臙脂属植物 *Baptisia arachnifera* 10 个群体的同工酶研究表明，大部分的变异（90%）存在于群体内部，但群体之间的变异水平不一致，10 个群体的遗传多样性指数（H_e）为 0.049～0.097。根据群体间遗传分化系数（G_{st}）（0.096）估算得出，两个群体就可以包括这 10 个群体 99% 的变异，根据群体遗传结构指标选择两个包含最多变异的群体进行保护就能达到有效保护整个群体多样性的目的。

取样策略的制定与许多因素有关，最重要的有两方面：一是研究被保护对象（种质资源）的特性，如物种的遗传多样性水平和分布、群体遗传结构、基因流和交配系统以及由外部环境因素引起的变化；二是取样的目的，如取样是为了种质资源多样性的保护和利用，还是为了进行某一特殊领域的研究，是考虑整个物种的全球分布，还是考虑该物种在特定区域的群体之间或者是群体内的遗传多样性。

通常对于不同习性（如高大乔木、矮小灌木、多年生或一年生小乔木）、不同交配系统（如雌雄异株、异花传粉、常异花传粉和严格自花传粉）以及不同繁殖对策（如 K 对策或 r 对策）的植物种类或群体，其取样策略不同。但具有共性的不同植物类型之间，在取样策略上是有规律可循的。可通过分子生物学手段，对不同植物类型进行研究，制定合理的取样策略。关于取样数量，Jin 等（2003b）利用分子标记简单重复序列区间（inter-simple sequence repeat，ISSR）对野大豆（*Glycine soja*）的自然群体进行研究，发现在野大豆群体中，随着采集样本量的增加，遗传多样性水平迅速增加。但是当样本量增加到 35 个个体时，遗传多样性的增加减缓。这表明对于严格自花传粉的野大豆而言，在一个群体中采集 35 个单株（个体）的种子，基本上能涵盖该群体大部分的遗传多样性。Zhu 等（2007）利用简单序列重复（SSR）分子标记对更大的野大豆群体进行了系统的样本量与遗传多样性水平间的关系分析，结果表明，尽管所包含的群体更多，样本量的变异弧度更大（10，20，30，40，…，1000），但是所得到的结果与 Jin 等（2003b）所获得的结果非常相似，进一步证实了野大豆群体采集的样本量，30～40 个单株便可代表该群体的遗传多样性。

除了取样数量，空间取样方式不同，相同取样数量（个体）群体的遗传多样性也可能存在较大差异。取样方式主要有集中取样、随机分散取样和空间结构分散取样（Zhu et al.，2007）。Jin 等（2003a）和 Zhu 等（2007）对野大豆小尺度空间遗传结构（FSGS）进行分析发现，野大豆群体 20 m 空间范围内的个体之间有很近的亲缘关系，存在明显的遗传（基因）斑块，斑块内的很多个体之间遗传基础相似，甚至享有相同的基因型。表明野大豆在群体内进行采样时，必须在不同的个体之间相隔一定的空间距离（20 m 以上），否则虽然采集了足够的个体数，但如果采集的不同个体在同一个遗传斑块内，它们遗传基础相似甚至是相同的基因型，所采集的样本群体遗传多样性水平也会较低。三种不同的野外空间取样方式的比较研究发现，相同样本数量下，集中取样的遗传多样性水平最低，空间结构分散取样（个体相隔 20 m 以上）的遗传多样性水平最高，随机分散取样也能获得较高的遗传多样性（Zhu et al.，2007）。

上述野大豆取样数量和取样方法的研究结果，也为许多其他一年生自花传粉草本植物种质资源迁地保护取样策略的制定提供了参考。另外，在取样目标方面，如果保护的种质资源是整个物种，那么采集的样本要能够代表该物种的整体遗传多样性水平而应该尽可能覆盖该物种的分布区；如果保护的种质资源是物种某一特定区域群体间的遗传多样性水平，那么应该在这一区域合理地选取具有代表性的种群进行取样。

二、就地保护

（一）就地保护的概念

就地保护（*in situ* conservation）也称为原生境保护、原位保护或原生态保护，《生物多样性公约》定义为：保护生态系统和自然生境以及维护和恢复物种在其自然环境中有生存力的群体；对于驯化和栽培物种而言，其环境是指它们在其中发展出其明显特性的环境。与迁地保护相对应，就地保护强调了在种质资源或植物种类分布的自然生境（或原生境）中对其进行保护的方法。就地保护在种质资源的原生境中进行，通过保护种质资源产生和分布的原生态环境来达到保护种质资源的目的。因此，就地保护通常具有较强的针对性，主要是对农作物的野生近缘种种质资源进行保护。而对于农作物传统品种（特别是农家品种）资源的保护，也可以采用就地保护的方法，但由于农作物品种种植和分布于农业生态环境，在很大程度上受人为因素的影响。因此，将这一类种质资源的保护归类于农家保护，在后面进行详细介绍。

（二）就地保护的意义

就地保护是在原生态环境下对种质资源进行保护，与迁地保护不同，就地保护在进化上是一种动态的保护方法。因为在原生境的条件下，被保护的种质资源可以在适应环境变化的过程中不断产生新的遗传变异并被保护下来。这些新的变异在未来的研究和农作物的遗传改良中具有潜在的利用价值。因此，从长远的角度来看，就地保护具有迁地保护不具备的许多优点。尽管如此，相对于迁地保护来说，对于农作物野生近缘种种质资源就地保护的重视和投入还是非常有限。例如，全球针对野生稻近缘种种质资源所设立的就地保护区和保护点屈指可数（Vaughan and Chang，1992）。我国是野生稻近缘种种质资源的重要分布地和遗传多样性中心之一，野生稻种质资源在我国栽培稻的遗传改良中做出了重要的贡献，如对雄性不育基因、抗病基因和抗虫基因等的挖掘和利用（卢宝荣，1998）。但是到目前为止，还没有制定行之有效的野生稻就地保护策略，就地保护区或保护点也非常少。

野生近缘种种质资源就地保护不足的原因：一方面是重视不够，另一方面是对其有效性以及保护机制了解甚少，无法形成像迁地保护那样一整套有效保护的方法和技术。例如，对于拟保护种质资源的系统分类、地理分布规律、遗传多样性水平及其分布样式、种群动态、传播和定殖的基本生物学基础，以及相关的生态学、物候学和进化生物学等基础知识缺乏。因此，积极开展有关就地保护的有效性及其保护机制的研究，对于种质资源的就地保护具有非常重要的意义。

（三）就地保护的取样策略

合理的取样策略在野生近缘种种质资源的就地保护中也具有非常重要的作用。被保护的野生近缘种群体可能分布区域较多，考虑到资金和人力的投入，我们不可能将所有群体都设为保护点。对于野生近缘种原位保护点的选择，通常要考虑选择具有比较明显遗传分化的不同野生近缘种群体，群体内具有较高遗传多样性水平和较多遗传斑块的群体来进行保护，以较少的就地保护群体（保护点）来包含尽可能丰富的遗传多样性。对来自中国不同地区的野生大豆群体的研究发现，由于基因流受限，野生大豆群体内形成了明显的小尺度空间遗传结构，即基因斑块。在一个群体内，基因斑块越多，遗传多样性就越丰富，就地保护的价值越大。反之，若群体内基因斑块较大而数目较少，则其遗传多样性水平相对较低，群体就地保护的价值也就相对较小（Jin et al.，2003b；Zhu et al.，2007；Zhao et al.，2006）。

另外，即使选定了遗传多样性水平较高、适宜进行就地保护的野生近缘种群体，对其具体实施的保护方法也是非常有讲究的。Zhao 等（2009）对分布于我国北京郊区、黄河三角洲国家级自然保护区（垦利区）以及上海江湾湿地的 4 个野生大豆群体异交水平和小尺度空间遗传结构进行了研究。发现由于生境的差异和受人类干扰程度的不同，不同野生大豆群体的基因斑块大小和遗传结构有显著的差异。在总体异交率水平不变的情况下，遗传结构强的野生大豆群体具有显著较低的杂合度，反之则群体内的杂合度较高。受到适度人类活动干扰的群体，其遗传结构明显较弱，这表明适度的人类活动干扰有利于打破野生大豆群体内的小尺度空间遗传结构，促进群体内不同基因型个体之间的异交，有利于提高群体内的遗传多样性水平。Yan 等（2010）对青藏高原牧区垂穗披碱草（*Elymus nutans*）群体的遗传多样性研究也表明，适度的区域之间的放牧（扰动），促进了披碱草群体之间的基因流。由于牧群在披碱草群体之间走动，促进了披碱草群体之间由种子介导的基因流，使群体之间的遗传多样性水平明显高于预期值，即适度的扰动有利于野生近缘种群体遗传多样性水平的维持。因此，对于就地保护的野生近缘种群体进行简单的围栏限制，并不是科学的保护实施方法。同样，对于就地保护的野生近缘种群体进行最佳取样方法的深入研究，并探索和解释最佳取样的生物学基础，将大大提高种质资源就地保护的有效性。

三、传统农家品种的保护

农家保护（on-farm conservation）是指农民在作物得以进化的农业生态系统中继续对已具有多样性的作物种群进行种植和管理的过程，是一种针对农作物品种进行的就地保护方法，其保护对象是农作物栽培品种，特别是传统品种或当地农家品种。曾有不同的表述方式，包括作物的就地保护（*in situ* crop conservation）（Brush，1995）、基于农民的作物保护（farmer-based crop conservation）（Brush，1991）、作物区域性保护（local-based crop conservation）（Qualset et al.，1997）、农户管理保护（conservation by farmer management）和农家保护（on-farm conservation），但这些表示的基本含义都是相同的。农家保护这种提法在新近的文献中更为常见，也常为学者们所引用（Maxted et al.，1997；Swaminathan，1998；Piergiovanni and Laghetti，1999；Elias et al.，2001）。

农家保护是在农业生态环境中通过农民的农事活动来进行的，也是一种动态的保护方法，它的目的在于维持农作物的进化过程以便维持和继续形成遗传多样性。农家保护之所以被认为是农业种质资源的重要保护途径，而农民在这一过程中又被认为具有十分重要的作用，是因为：①农作物品种不仅是自然因素（如突变、自然选择等）的结果，更重要的是农民根据自己的多样化需求不断选择和管理的产物；②农民的农事活动和决策最终决定了某一农作物品种的保留或丧失。由此可见，农家保护主要是通过农民的农事活动和管理来得以实现的。

农业种质资源的就地保护是在农业生态系统中进行的，被保护的种质资源（品种）可在其生境中随着环境的变化而继续进化，使其多样性不断得以丰富。同时，在一些有野生近缘种及其杂草类型共同生长的环境，栽培品种和野生近缘种之间的基因交流偶有发生，这就提高了产生栽培品种新遗传变异的概率，从而丰富了农家品种资源的遗传多样性。因此，在农家保护下的种质资源不仅可以为目前的研究和育种提供材料，而且也适合于未来，特别是在全球气候和农业生态环境不断发生变化的情况下，是一种有效和持久的种质资源保护方法（Qualset et al.，1997）。有关种质资源的农家保护更多的知识，请参见卢宝荣等（2002）《农作物遗传多样性农家保护的现状及前景》一文的详细介绍。

第五节　遗传资源获取与惠益分享及其国际准则

一、遗传资源获取与惠益分享的概念及提出原因

遗传资源（包括土著和传统知识）是重要的生物资源和人文资源，是种子业、畜牧业、食品业、医药业、化妆品业以及个人消费品业等行业新产品开发的物质基础，具有巨大的实用价值和经济价值（刘菲，2010）。正是由于遗传资源潜在的经济价值以及可能产生丰厚的经济利益，在全球范围内拥有高水平生物技术的发达国家和跨国公司很早就开始掠夺遗传资源丰富的发展中国家（原产国，特别是贫穷落后国家）的遗传资源。

惠益分享是《生物多样性公约》缔约方的核心共识之一，遗传资源获取与惠益分享通常是指对于遗传资源的收集获取以及由此得到的遗传资源所产生的任何利益，都应该遵守惠益公平的原则进行分享。《生物多样性公约》承认生物多样性丰富的国家（遗传资源的原产国或提供国）、土著地区和地方社区对遗传资源所拥有的权利，并积极鼓励对遗传资源的保护和可持续利用，但是各国及各利益群体应该公平地分享遗传资源带来的惠益。通常惠益（benefit）是指一方主体（或利益集团或利益群体）给另一方主体带

来的好处，它应该更强调两方以上主体的关系，而不只是给某一方带来的好处（刘菲，2010）。

《生物多样性公约》的重要目标之一是强调各国以及各利益集团公平地分享由生物多样性所带来的惠益。《生物多样性公约》第 15 条明确规定："各国对其自然资源拥有主权权利，因而他国可否获取遗传资源的决定权属于国家政府，并依照国家法律行使""（遗传资源）取得经批准后，应按照共同商定的条件并遵照本条的规定进行"，同时还规定"遗传资源的取得须经提供这种资源的缔约方事先知情同意，除非该缔约方另有决定"。这些条款表明遗传资源具有国家主权，他国能否获取遗传资源应由资源拥有国家政府的法律决定。遗传资源的获取需要得到资源提供国的事先知情同意，遗传资源提供方与使用方需要共同商定条件，确保双方在遗传资源的研究、开发、生产以及知识产权处理等方面进行公平的惠益分享（薛达元，2004；武建勇等，2011）。

但是，《生物多样性公约》对于遗传资源获取与惠益公平分享的原则，以及如何在利用遗传资源研究和开发产品的过程中做到利益群体各方惠益公平分享的解释均十分有限，没有实施细则。因此，各国和利益群体各方对遗传资源获取与惠益分享均有不同的认识和解释，这就造成了国家之间以及利益群体各方在遗传资源的获取和惠益分享方面产生了许多冲突，难以协调。最典型的例子是印度的'巴斯玛蒂香稻'（Basmati rice）和中国的大豆（*Glycine max*），这两种重要的遗传资源引入美国以后，不仅被美国研究和使用，还被其进行了专利保护，使得印度和中国（遗传资源的原产国和提供国）在使用这些资源的时候还要向美国付费，引起了全球的广泛争论。因此，如何进行遗传资源获取与惠益分享已经成为遗传资源利用和保护中非常重要的问题，引起了各国的重视，各国广泛呼吁应该建立有关遗传资源获取与惠益分享新的国际制度。

虽然遗传资源的研发以及后续商业化所带来的巨大经济利益已得到广泛公认，但这些由遗传资源产生的惠益往往未能被利益各方公平分享。由于《与贸易有关的知识产权协议》（简称 Trips）保护由遗传资源衍生出来的技术成果，即这类成果可以被授予专利，因此，多年来发达国家从生物多样性丰富的发展中国家无偿地获取了大量生物物种以及遗传资源，再利用其先进的生物技术将遗传资源开发为专利产品，然后以知识产权为由从发展中国家获取暴利，这一现象被发展中国家称为生物剽窃（邹媛媛，2012）。生物剽窃（biopiracy）一般是指通过专利或法律手段对一些本土生物遗传资源（包括物质资源和传统土著知识）进行的不当占有，而且对最初拥有这些物质资源或发展这些土著知识的本土群体没有赔偿（Dutfield，2004）。按照薛达元和郭泺（2009）的定义，生物剽窃可以理解为某人类学群体所持有的生物资源或者传统知识，被另外群体成员获取，用作直接或间接商业用途，且未能得到合理知情同意与惠益共享。因此，发达国家和拥有高新生物技术的跨国公司需要承认生物多样性丰富的国家、土著地区和地方社区对遗传资源、土著知识和传统知识拥有的主权和相关惠益，鼓励资源保护和可持续利用，为遗传资源丰富的发展中国家提供所需资金和技术支持，即让这些国家和社区分享保护和可持续利用遗传资源带来的惠益。

随着遗传资源的不断减少，人类对遗传资源需求的不断增加，当今社会，遗传资源正逐步由公共物品转变为稀缺物品。如何通过适当的机制获取和利用遗传资源，并让遗传资源的拥有者和提供者分享其产生的惠益，已成为当前世界各国普遍关心的重要问题之一。由于遗传资源的获取和惠益分享问题涉及知识产权、国际贸易和经济利益问题，因而引起了国际社会和各国政府的高度重视。在《生物多样性公约》框架下，关于遗传资源的获取及公正和公平地分享其利用所产生的惠益的《波恩准则》以及《名古屋议定书》就在这样的背景下产生了。《波恩准则》和《名古屋议定书》均对遗传资源的获取以及惠益分享的目标和原则进行了进一步的解释。

二、遗传资源获取与惠益分享的原则及意义

目前，遗传资源获取与惠益分享的国际原则是按照《生物多样性公约》《波恩准则》和《名古屋议定书》的内容来进行规范的。

《波恩准则》的全称为：《关于获取遗传资源并公正和公平分享通过其利用所产生惠益的波恩准则》，该准则旨在协助各缔约方、各国政府和其他利益相关者（群体）制定全面的获取遗传资源和惠益分享战略，并确定在遗传资源获取与惠益分享的过程中应采取的步骤。更为具体地讲，《波恩准则》的意图是帮助制定关于遗传资源获取与惠益分享的法律、行政或政策措施，和（或）通过谈判达成遗传资源获取与惠益分享的方案。

《波恩准则》的目标如下。

1）保护和可持续利用生物多样性。

2）提供缔约方和利益相关者一个透明的框架来促进获取遗传资源，并保证公正和公平地分享惠益。

3）在建立遗传资源获取与惠益分享制度方面为缔约方提供指导。

4）向利益相关者（使用者和提供者）提供遗传资源获取与惠益分享的做法和方法。

5）特别向发展中国家，尤其是最不发达国家和小岛屿发展中国家，提供能力建设以确保有效谈判、实施遗传资源获取与惠益分享的安排。

6）提高关于执行《生物多样性公约》有关规定的意识。

7）促进发达国家和拥有高新生物技术的跨国公司把适当技术充分和有效地转让给提供遗传资源的各缔约方，特别是发展中国家，尤其是最不发达国家和小岛屿发展中国家，以及利益相关者、土著社区和地方社区。

8）促进发达国家和拥有高新生物技术的跨国公司向提供遗传资源的发展中国家，尤其是最不发达国家和小岛屿发展中国家，或经济转型国家提供必要的财政资源，以期帮助他们实现上述目标。

9）加强信息交换机制，将其作为缔约方在遗传资源获取与惠益分享中进行合作的一种机制。

10）帮助各缔约方以本国法律和相关的国际文书为依据，建立承认保护土著社区和地方社区的知识、创新和做法的机制，以及遗传资源获取与惠益分享制度。

11）协助削减贫穷，并支持实现人类粮食安全、保健和文化完整，特别是在发展中国家，尤其是最不发达国家和小岛屿发展中国家。

12）不应阻止进行《全球生物分类倡议能力战略策略草案》中所述的生物分类研究，

遗传资源提供者应为获得系统用途的材料提供便利，使用者应提供与获取的样品有关的所有资料。

此外，根据《生物多样性公约》第 15 条明确规定的遗传资源获取与惠益分享时的作用和责任，《波恩准则》还明确了进行遗传资源获取与惠益分享的国家联络点，国家主管部门、责任相关者、利益相关者的参与，遗传资源获取与惠益分享过程中的步骤，以及相关法律条款等细节。

2010 年 10 月《生物多样性公约》第 10 次缔约方大会通过了《名古屋议定书》。《名古屋议定书》的全称为《生物多样性公约关于获取遗传资源以及公正和公平地分享其利用所产生惠益的名古屋议定书》。发展中国家和发达国家终于就未来十年生态系统保护世界目标和生物遗传资源利用及其惠益分享规则达成一致，承诺在 2020 年底前，扩大保护世界上的森林、珊瑚礁与其他受威胁的生态体系，达成保护17%的陆地及 10%的海洋的目标。关于生物遗传资源利用及其惠益分享规则，《名古屋议定书》规定，惠益分享的对象仅限于议定书生效之后利用的生物遗传资源。为加强监管，防止不正当取得和使用，议定书规定遗传资源的利用国，至少要设立一个（处）以上监管机构。对于发展中国家大幅增加资金援助的要求，议定书没有规定具体的数额，只表示至少要比现有水平有较大幅度增加。

《名古屋议定书》是一项具有法律效力的协议，明确了遗传资源和持有遗传资源相关的传统知识的土著和地方社区一同被列为惠益分享的对象：①"惠益"包括货币与非货币性惠益，利益各方根据共同商定的条件进行分配；②获取遗传资源需获得资源提供（拥有）国的事先知情同意；③为解决公正和公平分享从跨界的情况下发生，或无法准予或获得事先知情同意地利用遗传资源和传统知识中获得的惠益，商讨建立一种全球性多边惠益分享机制；④各国应采取必要的法律措施，监察企业及研究机构是否违法利用所获得的遗传资源。因此，《名古屋议定书》为机构、组织和公司进行与生物多样性相关的道德实践提供了重要机会，具有重要的意义。

在《生物多样性公约》的框架下，也产生了一些针对某些遗传资源的获取、保护和惠益分享的协定和规则。例如，为了解决遗传资源的获取和交换问题，联合国粮食及农业组织制定了《粮食和农业植物遗传资源国际条约》（International Treaty on Plant Genetic Resources for Food and Agriculture）和《国际植物遗传资源收集和转移守则》（International Plant Genes Collection and Transference Regulations），规定了上述两个条约的缔约方在利用农业植物遗传资源时应当遵守的标准和原则，并提出了分享惠益的若干机制（娄希祉，1996），其目的是促进遗传资源的合理收集和可持续利用，保护遗传资源捐献者和收集者的惠益（吴小敏等，2002）。《粮食和农业植物遗传资源国际条约》的通过和实施，提供了一个用国际性法律保障粮食和农业植物遗传资源安全和可持续利用的范例，为遗传资源获取与惠益分享的实现提供了进一步的保证。《粮食和农业植物遗传资源国际条约》的核心制度包括：①加强粮食和农业植物遗传资源的保存、考察、收集、特性鉴定、评价和编目；②促进粮食和农业植物遗传资源的可持续利用；③促进国家承诺与国际合作；④落实农民权利；⑤建立获取与惠益分享多边体系（王述民和张宗文，2011）。

三、有效推进遗传资源获取与惠益分享的实施

遗传资源（包括相关传统、土著知识）是世界经济可持续发展的重要物质和非物质基础之一，特别是种植业、畜牧业、养殖业和药业等行业发展的基石。遗传资源的获取与惠益分享问题越来越受到广泛的关注，已涉及多个领域的国际公约、条约和协定，包括贸易和知识产权等方面。《生物多样性公约》的缔约方大致同意遗传资源的获取与惠益应包含下列内容：遗传资源的获取、材料和技术的转让，提供资金用于开发遗传资源的研究成果，商业利用此种资源所获得的利益，其他方面利用此种资源所获得的利益，参与生物技术研究，在可行的情况下对遗传资源原产国和提供国的遗传资源相关科学研究进行帮助，利用生物技术研发遗传资源而产生的成果和惠益，利用与生物多样性的保护和持续利用相关的知识、创新和实践而产生的利益等。上述方面均属于应当分享的遗传资源惠益的内容（刘菲，2010）。这些内容和条款的具体实施将大大促进生物多样性的有效保护和可持续利用。

在联合国环境规划署（UNEP）的组织下，《生物多样性公约》于1992年正式形成，公约明确阐述了遗传资源的国家主权原则，将"公平和公正地分享由使用生物遗传资源所产生的惠益"，作为该公约的三大目标之一，从总体框架上明确了"惠益分享"是公约的核心之一。公约承认生物多样性丰富的国家（原产国）、土著地区和地方社区各不同层次区域的权利，鼓励对遗传资源进行有效的保护和可持续利用，国家（原产国）、土著社区和地方社区各不同层次区域为遗传资源保护所需要的技术和资金提供必要的支持。多年来，《生物多样性公约》缔约方在公约框架下开展了多轮建立有关遗传资源获取与惠益分享国际制度的各类谈判，取得了很大的进展，特别是在产生了《波恩准则》和《名古屋议定书》以后基本形成了遗传资源获取与惠益分享的国际准则，使遗传资源获取与惠益分享有了明确的目标和国际法律界定。

《生物多样性公约》《波恩准则》和《名古屋议定书》从国际法律和法规的角度为遗传资源获取与惠益分享提供了基本的制度和原则，并在具体操作方式上更加明确。例如：①使遗传资源的获取和惠益分享具有法律的确定性和清晰性；②确定了事先知情同意制度，强调获取遗传资源需得到遗传资源提供国的国家主管部门的同意，还应酌情根据具体情况和按照国内法律取得所涉及利益相关者的同意，如土著社区和地方社区的同意；③获取遗传资源应有法律依据，对获取遗传资源的限制应该是透明的，不得有悖于《生物多样性公约》的各项规定（李敏和唐素琴，2009）。

纵观《生物多样性公约》生效以来各国的履约实践，各国管制遗传资源获取与惠益分享的模式大致有以下三种：①利用遗传资源获取与惠益分享方面的法律框架与规则进行管制的公法模式；②利用现行私法框架对遗传资源获取与惠益分享进行调整的私法模式；③通过利益相关者采取行为守则与自愿指南进行调整的自律模式（秦天宝，2007）。但是，遗传资源获取与惠益分享的具体实施还需要各国在上述三个国际准则的框架下形成自己本国的相关法律和法规。例如，传统知识的界定和保护的形式，即国家用于保护土著知识和当地社区传统知识的立法形式。在此方面，各国主要有三种选择：①在遗传

资源获取与惠益分享管制立法中对传统知识保护做出全面规定；②在传统知识保护专门立法中做出全面规定；③遗传资源获取与惠益分享管制立法与传统知识保护专门立法相互配合（秦天宝，2005）。根据各国的国情形成相关的国家和地方法律，是保证遗传资源获取与惠益分享实施的前提和必要条件。

为了积极和有效地推动我国对遗传资源获取与惠益分享的实施，中国政府不断推进国内法律法规的制定和修订，积极开展相关公约履约行动，主要包括以下工作。

1）制定和修订法律法规，如《中华人民共和国种子法》《中华人民共和国畜牧法》《中华人民共和国野生动物保护法》《中华人民共和国野生植物保护条例》《中华人民共和国濒危野生动植物进出口管理条例》《农作物种质资源管理办法》等法律，行政法规和部门规章对相关生物遗传资源的获取和利用进行了规定。《中华人民共和国专利法》规定了利用我国遗传资源进行专利申请的来源披露制度。2021 年 4 月 15 日起施行的《中华人民共和国生物安全法》规定了境外主体获取和利用我国生物资源或者开展生物资源国际科学研究合作，应当依法获得批准，并依法分享相关权益（孙名浩等，2021）。

2）通过已有的法律手段，积极敦促和鼓励高新生物技术开发者和技术拥有者在对遗传资源进行研究、开发和利用并获取巨大经济利益的同时，也应该充分考虑到遗传资源拥有者和提供者的利益，实现双方利益分配平衡，建立育种者获取植物遗传资源的事先知情同意规则。在育种者申请利用植物遗传资源获取植物新品种时，需要提供相关信息，特别是对国外育种者，以进行实质审查为前提，经相关主管部门审批同意方可取得（刘娜，2021）。

3）在已有相关国际准则和国内法律法规的指导下，积极鼓励科学研究人员对遗传资源获取与惠益分享的运行机制以及具体的实施办法进行研究和分析，2016 年，遗传资源数字序列信息（digital sequence information，DSI）首次出现在 CBD COP13 决议中，遗传资源数字序列信息是基因测序技术的产物，改变了生物产业对实物生物遗传资源的获取和利用形式（孙名浩等，2021），使遗传资源的获取和公平分享带来的惠益不仅仅停留在口号上或只是一纸空文，而是利用行动和措施来踏踏实实地推进遗传资源获取与惠益分享的实施。

4）中国各地各级政府部门充分重视对公众进行有关遗传资源获取与惠益分享方面的宣传和教育，使公众具有遗传资源获取与惠益分享的意识，并且使这样的意识成为公众对遗传多样性保护和持久利用生活的一部分。同时，让公众积极参与到遗传资源、土著知识以及知识产权保护等领域的事业中来。

第六节　农业微生物资源保护的技术和原理

微生物资源是指人类能够检测到的（包括可培养的和不可培养的）所有微生物种类，包括细菌、真菌、病毒、突变株及其相关的信息资料。农业微生物是与农业生产（农作物种植业、畜禽饲养业和水产养殖业）、农产品加工、农业环境保护和农业生物技术有关的微生物的总称。农业微生物菌种资源是国家重要的生物资源之一，是农业微生物科学研究、农业微生物产业及农业生物技术产业持续发展的基础。

农业可持续发展和生态环境保护是人类面临的两大中心问题。为了解决人口与食物、能源和资源、环境与健康等重大问题，许多发达国家都把微生物资源的收集、保存、研究和利用作为产业竞争的一个重要因素。我国地域辽阔，自然生态复杂，有着多种多样微生物赖以生存的条件，是世界上微生物资源最丰富的国家之一。但是，存在于自然界的微生物资源只有经过分离、筛选和纯化等步骤后才能稳定传代培养，并被视为可培养的菌种资源。而发掘并利用其应用价值的微生物菌种仅占可培养的微生物资源的极小一部分。世界各国都认识到菌种资源的采集与保藏是挖掘自然界微生物资源的必要途径。目前，全世界已有 59 个国家和地区建立了微生物菌种保藏专门机构。在世界菌种保藏联合会注册的菌种保藏中心共有 495 个，保藏各类菌种 90 万余株。世界上最大的综合性菌种保藏中心是美国典型菌种保藏中心（American Type Culture Collection，ATCC），保藏各类菌种 12 万株。而美国农业部的北方地区研究实验室（Northern Regional Research Laboratory，NRRL）则是世界上最大的农业微生物菌种保藏中心，保藏菌种 8 万株。

中国农业微生物菌种保藏管理中心（ACCC）成立于 1980 年，是我国唯一的农业微生物菌种保藏专门机构，设在中国农业科学院农业资源与农业区划研究所，负责我国农业微生物菌种收集、鉴定、保藏、供应及国际交流任务。目前库藏菌种 3000 多株，包括细菌、放线菌、酵母菌、丝状真菌和大型真菌共 166 属 510 种（亚种或变种）。其中的 2490 株已编入了 2005 年出版的《中国农业菌种目录》。此外，一些农业科研单位和高等院校也保存着许多有价值的菌种。但由于没有专职人员负责菌种保藏工作，往往因课题变换、人员岗位变动而管理不善，造成菌种死亡或散失，造成国家微生物资源的严重浪费。近年来，在科技部的支持下，中国农业微生物菌种保藏管理中心通过菌种交换、购买、接受捐赠及委托保藏等途径，将散存在国家菌库之外的一些有价值的菌种收集到国家菌库保藏，这不仅避免了菌种资源的损失，而且使菌种资源社会共享程度得到了提高。

近年来已经可以直接用分子生物学方法来鉴定微生物种类和群落。分子生物学技术的快速发展及其在微生物生态学和环境微生物学研究中的广泛应用，促进了以环境中免培养微生物为研究对象的新兴学科——宏基因组学（又称元基因组学，metagenomics）的产生和快速发展，该学科解决了自然界中大多数微生物难以分离和培养而造成微生物遗传多样性降低这一困难。宏基因组学通过直接从环境样品中提取全部微生物的 DNA，构建宏基因组文库，利用基因组学的研究策略研究环境样品所包含的全部微生物的遗传组成及其群落功能。最近几年，宏基因组学的研究手法已渗透到许多领域，包括海洋、土壤、热泉、人体口腔及胃肠道等，并在医药、替代能源、环境修复、生物技术、农业、生物防御、食品加工及伦理学等方面显示了重要的价值。在农业领域，该技术可以在土壤微生物、水体微生物、根际微生物、植物体内（根、茎、叶、花、果）微生物的群落研究，以及微生物群落与产后品质、产后病害等领域的研究中发挥重要作用。

变性梯度凝胶电泳（denaturing gradient gel electrophoresis，DGGE）是基于 DNA 方法的群落分析的另一种重要技术。该技术用于研究微生物，尤其是环境中的微生物种类及功能，并能够提供群落中优势种信息和同时分析多个样品，具有可重复和容易操作等特点，适合调查种群的时空变化，并且可通过对一些特征带进行序列分析或与特异性探针杂交分析等延伸技术来鉴定群落中的种类组成。可广泛应用于分析自然环境中细菌、蓝细菌、古菌、真核生物和病毒群落。DGGE 分析微生物群落的一般步骤如下：①核酸的提取，需要解决从土壤、动植物组织等许多样品中尽可能高效地提取 DNA 的技术问题；②16S rRNA、18S rRNA 或功能基因如可溶性甲烷单加氧酶羟化酶基因（*mmoX*）和氨单加氧酶 α-亚单位基因（*amoA*）片段的扩增；③通过 DGGE 分析 PCR 产物，需要不断改进的图像处理软件来迅速识别大量样品扩增结果。由 PCR 扩增产生的 DNA 片段长度不同，因此不同的双链 DNA 片段由于沿着化学梯度的不同解链行为在凝胶上的不同位置停止迁移。不同的 DNA 解链行为可形成一个凝胶带图谱，这样的图谱就是微生物群落中主要种类的一个轮廓。同其他分子生物学方法一样，DGGE 也有缺陷，例如，由于只能分离较小的片段，用于系统发育分析比较和探针设计的序列信息量受到了一定限制。在某些情况下，目标基因的多拷贝现象会导致一个种类形成多个条带。此外，该技术具有内在的如单一细菌种类 16S rRNA 拷贝之间的异质性问题，可导致自然群落中微生物种类的过多估计。

BioLog 微平板技术也是近年来发展起来的一种新型的鉴定物种群落多样性和均匀度的方法。随着土壤、水体等复杂环境的微生态研究的发展，这种方法的优点逐步显现出来。已有的许多研究结果表明，应用 BioLog 技术可以清晰地反映土壤微生态环境的变化情况。与传统的平板计数法相比，BioLog 技术可以更加有效地反映土壤微生物活性。微生物功能多样性信息对于探索不同环境中微生物群落的作用具有重要意义，而微生物群落的定量描述一直是微生物学家面临的最艰巨的任务之一。目前，以群落水平碳源利用类型为基础的 BioLog 氧化还原技术为研究微生物群落功能多样性提供了一种简单、快速的方法，并得到了广泛应用。该方法仍然是一种以培养为基础的方法，显示的代谢多样性类型也不一定反映整个土壤微生物群落的功能多样性。另外，在应用过程中还需注意很多关键的操作要点与技巧。因此，只有充分掌握其使用技术，才能充分发挥出其作用。

上述各种方法都是分析微生物群落的有力工具，而且还处于不断发展之中。为了减少这些技术的缺陷，建议研究者将 DGGE 和其他微生物学方法结合起来使用，以便更准确地检测各种不同生境中微生物的群落结构和功能。

一、微生物资源多样性

尽管大量的微生物都是肉眼不能直接观察的，但它们却是组成生物界的主要部分。微生物还是许多植物和动物赖以生存的基础（Margulis et al.，1986）。然而，人们对于潜在的微生物多样性丢失的关注远不如对植物、动物或生态系统的多样性的关注。我国微生物资源丰富，进一步加强微生物菌种收集、保藏及开发利用工作是十分必要的。

微生物的定界范围不像植物和动物的分类那样典型，它包括细菌、蓝细菌（蓝绿藻）、真菌（包括酵母）、原生动物和病毒。虽然显微水平的单细胞细菌通常就是微生物的同义词，但这个领域还包括许多不同的东西，如生活在海底的大海藻和亚显微水平的病毒，后者对人类、动物、植物和其他微生物有感染性。比病毒小的类病毒也属于微生物，这种生物只有少量的遗传物质，连病毒所具有的典型蛋白质外壳都没有。微生物几乎存在于所有的环境中。例如，在深海里温度为 350℃的火山口的蒸汽中还有细菌在活动（Klausner，1983）。微生物的物种多样性丰富，有的微生物分布范围很广，有的仅在很窄的生态范围中生长。多数微生物以复杂的微生物群落或以大生态系统的整体部分存在，许多微生物不能被分离，并且不能在被控制的实验室条件下生长（Margulis et al.，1986）。微生物多样性的范围是很广的，目前所认识的只是其中的一小部分。从动物和植物生物学借用的"种"的概念尚不能方便地用于所有的微生物（Brenner，1983）。对微生物所做的研究通常集中于微生物细胞的群体，它们具有共同的营养、化学或生物化学特征。通常将来自一个单细胞的群体定义为菌株（Brock，1979），单个可被鉴定的微生物菌株就是通常所说的微生物多样性的基本单位。要估计微生物多样性的现状并进行就地保护是困难的，因为已被分离、纯化或鉴定的微生物很少（Margulis et al.，1986）。因此，我们所发现的微生物都不能被确定为是暂时性的还是永久性的。例如，环境中的微生物种群的组成会由于污染物质而发生急剧变化（Grimes et al.，1984；Walker and Colwell，1975）。对大西洋医疗垃圾的微生物种群的研究表明：当污染发生时，某种海洋微生物就出现，并比该种群中的其他微生物生长快（Peele et al.，1981）。虽然已知道污染或环境破坏能发生量的改变，但是，在植物或动物中所见到的明显的灭绝现象在微生物中是不常见的，而可能发生的情况是：那些高度适应特殊环境的微生物一旦失去其环境，就可能灭绝。

保护微生物的生活环境是唯一可行且能长期保护微生物多样性的方法。不过，除了少数特殊环境（如深海里的火山口蒸汽），在已有的保护动物和植物多样性的项目中都已包括微生物的环境，所以没有必要特别为保护微生物建立保护区。目前，为许多重要微生物所能提供的最经济有效的保护方法就是保藏菌株。在微生物学里，保存一株"模式"的微生物菌株，既可用作一种参考，又可作为以后研究的一种资源（Gibbons，1984）。

二、微生物的保存原理

微生物保存的目的就是尽量使得微生物的代谢缓慢进行，降低死亡速度和死亡率，并防止出现性能或者机体能力的退变，因此需要根据不同微生物的种类和特点进行。工业、农业、医学的发展也离不开微生物保存技术的发展。农业上最明显的例子就是对固氮菌的研究。在分子生物学研究中，用先进的 DNA 重组技术可以修饰微生物，微生物是基因工程的基础。微生物是重要的生物资源，保存微生物，不仅保护了微生物的物种多样性还保护了微生物的遗传多样性。微生物菌种的保存使菌种本身的优良性状得以维持，在长期研究中能更大程度地被研究人员开发和利用，为人类造福。为此，世界各发达国家都设有专门的菌种保藏机构，如美国典型菌种保藏中心（ATCC）、英国国家典型菌种保藏中心（NCTC）、日本大阪发酵研究所（IFO）等。我国也设有中国微生物菌种保藏管理委员会（CCCCM）。保存时首先要筛选典型菌种的优良纯种，再创造一个适宜微生物长期休眠的条件，诸如低温、干燥、缺氧、避光、缺少营养等，降低微生物代谢率及繁殖和利用营养的比率，达到保存的目的。然而，所有降低代谢率的方法都会导致一定比率的活力下降。为了防止菌株的退化，还需要开发不仅能降低代谢率，而且能防止其活力下降的方法，即微生物菌种的活化与复壮。

三、微生物的保存方法

微生物作为地球上最早出现的生命形式，是生物中重要的分解代谢类群。微生物的多样性在维持生物圈生态平衡和为人类提供广泛的、大量的未开发资源方面起着重要的作用。每一个微生物菌株都具有不同的特性，因此以微生物为对象，不论是进行基础研究还是应用研究，菌种的保存都是微生物学的基础。微生物的保存方法很多，根据不同的微生物菌（毒）株或不同的实验要求，可选用不同的保存方法，不同种类的微生物必须使用不同的保存技术。最常用的微生物保存法有冻干保存法和超低温冻存法（Malik，1990；Rudge，1991）。这两种方法均可保存相当长的时期（通常可长达 30 年）。其他保存微生物的方法还有低温保存法、传代培养保存法、砂土保存法等。随着微生物学的发展，研究者不断挖掘和改进了许多菌种的保存方法，针对不同物种，保存方法有所不同，有的只应用于短期保存，有的可以进行长期保存。

（一）病毒的冷冻保存

病毒是非细胞形式的生命体，比最简单的单细胞有机体还要小和缺少复杂的生化组成。它们仅有 RNA 或 DNA 一类简单分子，有时甚至仅有基因片段，包含一种或多种蛋白质，这些蛋白质能保护核酸不被降解，进入宿主细胞后，复制相同的核酸，产生病毒。

一般来说，DNA 病毒比 RNA 病毒更稳定，但两种病毒都能较稳定地保存。许多病毒可在 4℃保存一个月，而在较低的温度下可保存一年以上而无须特别的冷冻技术，这主要是因为病毒结构简单，体积小，不含水分。含有脂肪的病毒一般较不含脂肪的病毒对低温环境敏感，但两者在超低温或干冻保存下都能稳定存活。由于在植物、昆虫或脊椎动物上病毒均能生殖，因此，保持环境的清洁、避免病毒的传染尤为重要（Gould，1995）。大多数微生物可用超低温保存，超低温保存法是适用范围最广的微生物保存法。

冷冻保存方法具体步骤：剪一段两端各超出冷冻管长度 2 cm 的热收缩塑料管。将澄清病毒悬液（组织培养的上清培养基，或组织培养基内的细胞溶解产物均可）冰浴几分钟，用灭菌移液管将 0.2 ml 冰浴过的上清悬液分装到冷冻管内，并将盖子拧紧，再将有病毒的冷冻管放入热收缩塑料管中部，插入正确的标签，用喷灯小心加热热收缩塑料管，并使之包住冷冻管。注意不要用太高的温度加热热收缩塑料管。小心加热热收缩塑料管的两端，用大号镊子夹紧管的端口至完全密封。将密封好的冷冻管快速在装有液氮的保温瓶中冷冻（操作时要求戴面罩和手套），把冷冻过的冷冻管放入液氮罐中的格子内，同时记录样品的详细存放位置、实验编号和存放日期等。需要用时，迅速从液氮罐内取出所需样品，并投入 37℃水浴箱中解冻后，用解剖刀片在冷冻管的硅化垫圈处切开热收缩塑料管。拧开冷冻管的盖子时不需要除去热收缩塑料管。

（二）细菌的保存

常用的细菌保存方法有：斜面传代或半固体穿刺保存法、液体石蜡覆盖保存法、砂土管保存法、冷冻干燥保存法和液氮保存法等。但不管采用何种保存方法，在进行细菌菌种保存之前都必须保证它是典型的纯培养物。

传代培养保存是细菌菌种保存常用的简单方法，由于细菌在人工培养基中传代时易发生变异，所以传到一定期限时应通过一次易感寄主，以保持或者恢复其生物学性状，传代时应先将试管倾斜，使液体石蜡留置一边，再用接种针取细菌菌种接种于新培养基上。其中，培养基的浓度不宜过高，培养温度应稍低于最适生长温度。虽然此法可以随时接种以便复试，但它也有重要的缺陷，如菌种遗传性状容易变异、易发生污染、需要定期移种等。

（1）斜面传代培养保存法

将细菌接种于琼脂斜面培养基（如普通琼脂斜面、血液琼脂斜面、鸡蛋琼脂斜面等）上，置温箱 18～24 h 培养后，将棉塞换成橡胶塞用灭菌固体石蜡熔封，移至 4℃冰箱保存，一般细菌在 4℃冰箱内可以保存一个月。

（2）半固体培养保存法

用穿刺接种法将细菌接种于半固体培养基内，置温箱培养 18～24 h 后，在表面加上一层无菌液体石蜡，约 1 cm，置于 4℃冰箱保存。一般细菌可保存 3 个月至半年。部分细菌保存于穿刺培养物可以维持两年，具体方法如下：用灭菌接种针挑取分散良好的单菌落，针缓慢穿过琼脂到达瓶底，连续几次，盖上瓶盖拧紧，做好标记，室温下存放于暗处（将瓶盖放松，在适当温度下培养过夜，再拧紧瓶盖并加封口膜，在室温或 4℃避光保存）。

（3）液体石蜡覆盖保存法

这是传代培养的变相方法，能够适当地延长保存时间，主要适用于放线菌、需氧性细菌等的保存。在长期保存中，为了防止传代培养菌由于干燥而死亡，同时为了限制氧的供应以削弱代谢作用，可以在培养基上面覆盖灭菌的液体石蜡进行冷藏。此方法简单，不需要特殊装置，应用范围广，保存时间长（几年甚至十几年），但使用的液体石蜡质量要高，而且要经过数次高压灭菌。液体石蜡层的深度以 1 cm 左右为宜。

（4）砂土管保存法

取灭菌后的沙土，用 1 mol/L 的氢氧化钠溶液清洗，然后用 1 mol/L 的盐酸溶液清洗，最后用流水冲洗。分装试管，深 2～3 cm，干热灭菌，加入细菌培养液 1 ml 左右与砂土混匀，置真空干燥管内干燥，待完全干燥后熔封保存，此法多用于保存梭状芽孢杆菌和部分霉菌，可以保存数年。

（5）冷冻干燥保存法

冷冻干燥保存法又称为冷冻真空干燥法，综合利用了各种有利于菌种保存的因素，如低温、干燥、缺氧等，是目前最有效的菌种保存方法之一。冷冻和冷冻干燥技术已成为细菌长期保存的标准技术，这两项技术对不同菌株都是有效的。用冷冻干燥保存法保存细菌菌种具有成活率高、变异性小等优点，保存期一般在 10 年以上。但没有一种技术能百分之百成功（Kirsop，1984），也没有一种适用技术能成功地保存所有的细菌，因此，为保持培养物不致丢失，常常同时采用两种保存方法。冷冻干燥（freezing-dry）技术广泛用于微生物的保存（Lapage et al.，1970；Alexander et al.，1980；Kirsop，1984）。该法是在真空泵内抽取冷冻培养物的水分，使细菌在含有防冻剂的培养基内停止活动。用这种方法可成功地将酵母保存 20 年以上（Perry，1995）。冷冻保存（cryopreservation）是将细菌培养物置入含有防冻剂（一般是甘油）的安培管中，在液氮中保存。与冷冻干燥相比，冷冻保存时间较长，但菌株变异较大，且需要较高的操作技术。例如，酵母在冷冻干燥条件下的变异为 1%～30%，而冷冻条件下的变异则大于 30%。当然，也有一些细菌在冷冻干燥条件下的存活率较低，如油脂酵母。后来又产生了一种在冷冻干燥时加入防冻剂的新方法，使细菌存活率大大提高（Berny and Hennebert，1991；Roser，1991）。

冷冻干燥保存法是将待保存的微生物细胞或者孢子悬浮在合适的保护剂中，预先将细胞冷冻，使水冻结，然后在真空条件下，使冰升华以除去大部分水，残留的一些不冻结的水分，再通过蒸发从细胞中除去。为了减少冷冻、脱水等过程对细胞所造成的损伤，在冷冻处理时必须把细胞或者孢子悬浮在合适的保护剂中，保护剂通常是高分子物质，如脱脂牛奶、血清等，或者是高分子物质和低分子物质如葡萄糖、蔗糖、谷氨酰胺等的混合物。低分子物质起着水分缓冲剂的作用，使干燥样品中的最终含水量不至于过低，如添加 7.5% 葡萄糖可使干燥样品的最终水分保持在 1% 左右。据报道，样品中的残留水分是影响存活率的主要因素之一，但也不是冷冻样品中水越少越好，样品中以保持 1.5%～3% 的水分为宜。采用冷冻保存方法如下。

将培养了 18～24 h 的菌苔洗下，置于无菌脱脂牛乳中，制成菌悬浊液，分装在无菌安培管中。用喷灯封安培管口，并将封好的安培管浸入 4℃ 有色液体中浸泡 30 min，明确熔封后再冷冻。

冷冻时先将安培管放入 4℃ 冰箱中 1 h，移至冰格放 1 h，再置 -30～-20℃ 低温冰箱中冻结 30 min，然后置于 -196℃ 液氮中保存。

细菌菌种使用时，先将从液氮中取出的菌种浸入 30～40℃ 的水中迅速解冻，再打开安培管，取出菌液接种，在液氮中取放安培管时要小心，以免爆炸。

（6）甘油培养物细菌保存法

在液体培养基中生长的细菌培养物：取 0.85 ml 细菌培养物，加入 0.15 ml 高压灭菌甘油中，振荡培养物使甘油分布均匀，然后转移到标记好的保存管内，密封，在乙醇-干冰或液氮中冻结后再转至 -70℃ 长期保存。在复苏时，用灭菌接种针刮取冻结的培养物表面，然后立即把黏附于接种针上的细菌划于含适当抗生素的 LB 琼脂平板表面，于 37℃ 过夜。

在琼脂平板上生长的细菌培养物：从琼脂平板表面刮下细菌放入装有 2 ml LB 的无菌试管内，再加入等量的含有 30% 无菌甘油的 LB 培养基，振荡使甘油完全分布均匀后，分装于无菌保存管内，密封，再按上述方法冰冻保存。这一方法的优点在于可用于保存在质粒载体上建立的 cDNA 文库。

如果甘油与培养基混合后冻存在一般冰箱的冰冻室里，则不能反复复苏使用，而且如果甘油含量太低，冻结成冰块，则复苏效果不佳。一般甘油终浓度为30%。

（7）细菌穿刺保存法

一般细菌保存于穿刺培养物中可以保存两年。具体方法如下：用灭菌接种针挑取分散良好的单菌落，接种针缓慢穿过琼脂到达瓶底，连续几次，盖上瓶盖，拧紧，做好标记。室温下存放于暗处（最好将瓶盖放松，在适当温度下培养过夜，再拧紧瓶盖并加封封口膜，室温或4℃避光保存）。

（三）真菌的保存方法

真菌的保存方法主要有：斜面冰箱保藏法、粪草管冰箱保藏法、液体石蜡保藏法、滤纸保藏法、真空冷冻干燥保藏法、液氮超低温保藏法、沙土冷冻干燥保存法。在进行真菌保存时，无论采用哪种方法，都要保证真菌不发生形态学、生理学或遗传学上的变异，因此保存时应尽量减少真菌损伤程度。虽然目前用液氮保存真菌已取得很大成功，但仍没有一种方法能应用于所有真菌。

1. 斜面冰箱保藏法

将菌种接种到适宜的固体斜面培养基上，待菌种充分生长后，棉塞部分用油纸包扎好，移至2~8℃的冰箱中保藏。保藏时间依微生物的种类而有所不同，霉菌和有芽孢的细菌保存2~4个月，移种1次。细菌最好每月移种1次。此法为实验室和工厂菌种室常用的保藏法，优点是操作简单，使用方便，不需特殊设备，能随时检查所保藏的菌株是否死亡、变异与污染杂菌等；缺点是容易变异，因为培养基的物理、化学特性不是严格恒定的，屡次传代会使微生物的代谢改变，而影响微生物的性状，污染杂菌的机会亦较多。

（1）保藏方法

斜面冰箱保种一般使用马铃薯葡萄糖琼脂（PDA）斜面培养基。菌种移接后，放在22~24℃温度下培养，当菌丝健壮地长满试管时，及时挑选无污染的培养斜面，棉塞用硫酸纸包扎后放置在4℃的冰箱中保藏。一般2~3个月转管1次。

（2）注意事项

由于斜面冰箱保藏是在4℃下进行的，微生物单分离物活动并未停止，需要经常转管移接，因此对于保藏所用的斜面菌种质量要求较高，其菌丝形态、菌落特征应保持原有特性，操作人员必须对斜面菌种质量具有一定的鉴别能力，所挑选的菌种才能适合保藏，其次菌种的菌龄不能太幼也不能太老，否则冰箱保藏后转管扩接易造成退化，再次冰箱温度应控制在2~4℃，尽量恒温，使菌丝体处于稳定的生理状态。

2. 粪草管冰箱保藏法

（1）保藏方法

粪草管培养基是由腐熟麦秆粉100 g、腐熟牛粪粉25 g、麸皮8 g、石膏粉1%、碳酸钙2%制备而成的，培养基含水量65%左右、pH 7.5，调配后装入试管中，经高压灭菌后，接入菌种块，放在22~24℃温度下培养。要勤检查是否有污染，当菌丝健壮地长满粪草基试管时，及时挑选生长正常、无污染的试管，棉塞头用硫酸纸包扎后放置在 2～4℃的冰箱中，该保藏方法为中期保藏，一般 2～3 年转管 1 次。

（2）注意事项

由于粪草管可保藏 2～3 年，因此如何防止粪草管的水分损失是该保藏方法保藏时间长短的关键所在，一方面培养基含水量不能低于 62%，另一方面棉塞用硫酸纸包扎后可加些蜡进行封口，防止水分蒸发。另外，如果有条件，应把试管保藏在具有保湿功能的冰柜或冰库中，温度控制在 2～4℃，湿度控制在 90% 左右。

3. 液体石蜡保藏法

此法的优点是制作简单，不需要特殊设备，且不需要经常移种。缺点是保存时必须直立放置，所占位置较大，同时也不方便携带。液体石蜡可防止培养基水分蒸发，隔绝斜面菌丝与空气接触，抑制菌丝的单孢分离物，可能使其处于休眠状态，推迟细胞衰老，延长菌丝的保藏时间，一般可保藏 5～7 年，是一种中长期的菌种保藏方法。

（1）保藏方法

液体石蜡保藏菌种的培养基为 PDA 斜面。将菌种块移接到 PDA 斜面上，在 22～24℃下培养 15～20 天后用液体石蜡封藏保存。液体石蜡要选化学纯的，在 121℃下高压灭菌 30 min，再将液体石蜡在 160℃烘箱中加热 1～2 h。亦可将高压灭菌后的液体石蜡放置在 40～60℃温箱中，使灭菌后的液体石蜡层出现乳白色直至变成完全透明的无色，目的是将高压灭菌时浸入液体石蜡中的水蒸发干净。将灭菌除水的液体石蜡用无菌吸管灌到长满菌丝的斜面试管中，液体石蜡要高出斜面尖端 1.0 cm 左右，然后用无毒泡沫试管塞塞好，置室温中保藏。

（2）注意事项

从液体石蜡下面取培养物移种后，接种环在火焰上烧灼时，培养物容易与残留的液体石蜡一起飞溅，应特别注意将液体石蜡分装于三角烧瓶内，塞上棉塞，并用牛皮纸包扎，1.05 kg/cm^2、121.3℃灭菌 30 min，然后放在 40℃温箱中，使水汽蒸发掉，备用，用灭菌吸管吸取灭菌的液体石蜡，注入已长好菌的斜面上，其用量以高出斜面顶端 1 cm 为宜，使菌种与空气隔绝，将试管直立，置低温或室温下保存（有的微生物在室温下比冰箱中保存的时间还要长）。

菌丝的培养时间不能太短，为防止菌丝体的进一步发育，可适当延长菌龄或让试管先在冰箱（2～4℃）中放置 2 天后再加入液体石蜡。倒入的液体石蜡要超过斜面尖端 1.0 cm 左右，如果过低，则液体石蜡挥发后会露出斜面，从而导致斜面培养基的干涸，缩短了保藏时间。烘烤液体石蜡应托底，尽可能把水分蒸发干净，防止水蒸气蒸发导致棉塞潮湿长霉而影响菌种的保藏。

4. 滤纸保藏法

细菌和丝状真菌均可用此法保藏，可保藏 2 年左右，有些丝状真菌甚至可保藏 14～17 年。此法较液氮保藏法、冷冻干燥法简便，不需要特殊设备。保藏方法如下。

将滤纸剪成 0.5 cm×1.2 cm 的小条，装入 0.6 cm×8.0 cm 的安培管中，每管 1～2 张，

塞以棉塞，在 1.05 kg/cm²、121.3℃下灭菌 30 min；将需要保存的菌种，在适宜的斜面培养基上培养，使其充分生长；取灭菌脱脂牛乳 1～2 ml 滴加在灭菌培养皿或试管内，取数环菌苔在牛乳内混匀，制成浓悬液；用灭菌镊子自安培管取滤纸条浸入菌悬液内，使其吸饱，再放回安培管中，塞上棉塞；将安培管放入内有五氧化二磷作吸水剂的干燥器中，用真空泵抽气至干；棉塞入管内，用火焰熔封，低温下保存；需要使用菌种，复活培养时，可将安培管口在火焰上烧热，滴一滴冷水在烧热的部位，使玻璃破裂，再用镊子敲掉口端的玻璃，待安培管开启后，取出滤纸，放入液体培养基内，置温箱中培养。

5. 真空冷冻干燥保藏法

此法为菌种保藏方法中最有效的方法之一，对一般生活力强的微生物及其孢子以及无芽孢菌都适用，对一些很难保存的致病菌亦适用。适用于菌种长期保存，一般可保存数年至十余年，但设备和操作都比较复杂。真空冷冻干燥简称冻干。这种方法是利用低温使孢子先冷冻，再在真空条件下，使孢子中的水分升华排出，孢子处于休眠状态，但仍保持原有活力，是一种长期保藏蘑菇孢子的方法。保藏方法如下。

1）选用内径 8 mm、长 120 mm 的中性玻璃管作为制安培管的材料。将玻璃管用 2% 盐酸浸泡 8～10 h，再用蒸馏水洗 2～3 次后，置烘箱中烘干。将印有菌号、编号、制作日期的标签放入安培管中，塞好棉塞，进行干热灭菌。

2）用接种铲将收集的蘑菇孢子铲入盛有 3 ml 无菌脱脂牛奶的试管中，稍加摇动，制成孢子悬浮液。用无菌吸管将孢子悬浮液移入安培管的球形部分，每管约 0.2 ml，然后将管口通过火焰，用无菌镊子取少许无菌棉塞于安培管口。

3）将安培管放入无水乙醇与干冰混合的冷冻装置（–70～–65℃）预冻 5 min 左右，也可在低温冰箱（–40℃）预冻 30～60 min。然后取出放入真空干燥器中，用高真空活塞油封好立即抽真空，并随时用真空火花检漏仪检查真空度，发现有微小漏气处，要迅速用真空泥涂住。一般真空度应维持在 10.7 kPa 以下，如抽真空 10 min 后仍达不到此真空度，说明真空系统不佳，可能会造成融化而失败。真空干燥器外面用 1∶3（m∶V）的盐冰水保温，效果会好些，真空度稳定，一般抽 7～8 h，可完全将安培管中水升华至干。此时应关闭缓冲瓶前的三道阀门，然后断电。抽干后的安培管颜色应是白色，如果是浅黄色或不呈凹状，多数是真空度达不到要求而造成融化失败的结果。

4）冻干好的安培管要进行真空熔封。可用一个顶端多歧管或一个"乙"形管，每个分支口都接入真空橡皮管以便将安培管接到橡皮管内，然后抽真空，边抽真空边用煤气喷灯熔封。熔封的安培管要进行检漏，可用真空火花检漏仪检查。安培管内呈蓝色荧光，说明真空封口良好，也可用微带红或蓝的清水浸泡安培管，经一昼夜安培管内无颜色水浸入，则为封口合格。

5）菌种安培管经无菌检查和存活率检查合格后，置 2～8℃冰箱内保藏，一般蘑菇菌种可保藏 8～10 年。

6）复苏培养时，可在开启的安培管内注入 0.3～0.5 ml 的无菌生理盐水或 1%麦芽汁。菌种安培管开启时，应先将安培管的封端加热，在浸有来苏水等消毒液的湿布上擦一下，使管壁形成裂缝，然后再轻轻敲碎。切忌猛烈割断，以免空气骤然冲入，导致污染。安培管加入生理盐水后菌种即自行溶化，摇动后即成孢子悬浮液，可接入 PDA 培养基上，进行萌发培养。

在利用干冻法保存真菌时，培养基的设计应以能生产孢子和减少菌丝体为目的。但所有的冷冻保存方法首先都得有健康的培养物，以及选择合适的培养条件：温度、二氧化碳浓度、湿度、光照和培养基等。

6. 液氮超低温保藏法

液氮超低温保种是把菌种装在含有冷冻保护剂的安培管内，将该安培管放入液氮（−196℃）中进行保藏，由于菌丝体处于−196℃，其代谢降低到完全停止的状态。所以不需要定期移植。从理论上讲，菌丝体可以无限期地存活。蘑菇菌种的液氮保种从 1970年开始进行试验，至今已有 50 多年的历史，大量的试验证明液氮保种是菌种长期保藏最有效、最可靠的方法。随着保藏方法的不断改良，现介绍近年来应用的一种最简便的液氮保种方法。

（1）菌种制备

菌种在 PDA 培养基平板上于 22～24℃下培养 10～15 天，菌丝体充分生长后，用打孔器（直径 2～4 mm）打成小孔，或用接种针把菌丝培养物切成 2 mm×4 mm 的长方形小块。将菌种用 10%的甘油蒸馏水溶液制成菌悬液，装入已灭菌的安培管中；霉菌菌丝体可用灭菌打孔器，从平板内切取菌落圆块，放入含有保护剂的安培管内，然后用火焰熔封，将安培管浸入水中检查有无漏洞。

（2）安培管的制备

用于液氮保藏的安培管，要求能耐受温度突然变化而不破裂。因此，需要采用硼硅酸盐玻璃制造安培管，通常使用的安培管大小为 75 mm×10 mm，或能容 1.2 ml 液体。把直径 4～6 mm 的聚乙烯塑料管（也可用饮料吸管）截成小段做成安培管。每节大约60 mm 长，一头用热合机封好。然后用牛皮纸包装在 121℃下高压灭菌 30 min。

（3）保护剂

采用 10%的甘油作为冷冻保护剂，每安培管上留有 5～10 mm 的空间，用无菌注射器从管底注入，以防产生气泡。随后，把无菌接种针从安培管口放入 5～8 块菌种块，热合封好安培管。用记号笔在安培管外写上标签，最后在桌上用一定的力按压，以检查安培管是否渗漏。保存细菌、酵母或霉菌孢子等容易分散的细胞时，将空安培管塞上棉塞，1.05 kg/cm^2、121.3℃条件下灭菌 15 min；若作保存霉菌菌丝体用，则需在安培管内预先加入保护剂，如 10%的甘油蒸馏水溶液或 10%二甲基亚砜蒸馏水溶液，加入量以能浸没以后加入的菌落圆块为限，而后在 1.05 kg/cm^2、大于 121.3℃的条件下灭菌 15 min。

（4）液氮保藏

把已做好的安培菌种管放入具有孔洞的小塑料瓶中（在塑料瓶的底部放一块铁片，使塑料瓶连同安培管能一起沉入液氮罐中），盖好瓶盖，在瓶盖上连接一条绳子并做记号，以便提出所需的菌种。把装有安培管的塑料瓶吊在液氮罐口，将已封口的安培管以1 min 下降 1℃的慢速冻结至−30℃，若细胞急剧冷冻，则在细胞内会形成冰晶，从而降低存活率，大约 30 min 后，把安培管浸入液氮中进行长期保存。

（5）恢复培养

如果拟取用液氮保存的菌种，可将安培管取出后立即放入 38～40℃的温水中迅速解冻，为了防止污染，用 75%乙醇溶液洗安培管表面，表面干燥后，用火焰烧过的剪刀在安培管的一端剪开，用无菌接种针把菌块移接至 PDA 培养基上，置 22～24℃培养。

7. 沙土冷冻干燥保存法

轻轻刮取待接菌株的孢子或菌丝至培养基上，平板划线接种后，培养一定周期，待菌株生长成熟时保存。首先，将高温灭菌并烘干后的沙土倒入冻存管内，倒入沙土量约为冻存管总体积的 1/2。其次，挑取菌株的分生孢子（若菌株产孢量极低，则挑取菌丝）至冻存管内。最后，将沙土和真菌充分混匀。将标记完整的菌种依次排列至–80℃冰箱贮存。

（四）藻类的保存

与其他微生物相比，对藻类和蓝细菌的长期保存法研究较少。现已证明，干冻能对微藻进行生物保存（Day and De Ville，1995；McGrath et al.，1978）。用两步法冻存蓝细菌，保存期可达 35 年之久（Holm-Hansen，1973）。大多数藻类的冷冻程序为简单的两步法，即用控制或半控制降温速率的方法将藻类温度从室温降低到 0℃，然后转移至液氮内进行保存。目前对藻类的冷冻保存研究内容主要集中在防冻前的培养液、防冻剂的选择及浓度、冷冻速率、解冻剂等方面，以最大限度地减少对藻类细胞的损伤。这些损伤包括细胞内外溶液成分的改变、机械和生理损伤，以及温度休克等。目前，30%的藻类收集物能进行冷冻，其中约 5%复苏后有 15%～50%的生长发育能力（Day and De Ville，1995）。

1. 藻类超低温保存的常规方法和操作程序

超低温保存（cryopreservation）又称冰冻保存，是指在低共熔点（eutectic point，约为–139～–135℃）以下的温度保存生物材料，通常用液氮作冷媒。藻类的冰冻保存方法分为以下几类。

（1）一步法

早期的冰冻保存为直接将藻类材料投入液氮中快速冰冻。由于既不使用抗冻保护剂，也不控制降温速度，存活率一般都较低且不稳定（Holm-Hansen，1963）。Tsuru（1973）对该方法作了改进，在保存材料中加入甘油或二甲基亚砜（DMSO）后再投入液氮中保存，称为一步冰冻法。经该法保存的几种微藻都获得了较高的存活率。但一步法只适用于少数藻类的保存（Taylor and Fletcher，1999）。

（2）两步法

该方法的第一步是在保存材料中加入抗冻保护剂，然后对材料进行预冻，预冻过程中要严格控制降温速度，通常采用慢速冷冻，使材料降到某一适宜的零下低温。第二步是将预冻过的材料投入液氮中快速冷冻。两步法适用于多种微藻及部分大型藻类的保存，是 20 世纪 70 年代后普遍采用的方法，目前已成为藻类种质冰冻保存的常规方法。

2. 包埋（或胶囊化）脱水法的冰冻保存

20 世纪 90 年代建立了另一种冰冻保存技术——包埋（或胶囊化）脱水法（encapsulation dehydration），应用该方法保存几种藻类已获得初步成功（Hirata et al.，1996；Vigneron et al.，1997；王起华等，2000）。包埋脱水法的技术要点如下。

（1）样品包埋

包埋的一般方法是将包含有样品的褐藻酸钠溶液滴向高钙溶液，因褐藻酸钙的生成而固化成球状颗粒。常用的褐藻酸钠浓度是 3%，氯化钙浓度是 100 mmol/L。保证固化完成的维持时间是 30 min。小球藻的保存中采用 1%～2% 的褐藻酸钠和 50 mmol/L 的氯化钙。

包埋的方法有两种：一种是将样品先包埋再进行高浓度的蔗糖培养处理，大部分研究采用此途径；另一种是将样品先用高浓度的蔗糖培养后再进行包埋，包埋后也可进行更高浓度的蔗糖预培养处理。采用前一种包埋方法，褐藻酸钠溶液中可以含高浓度蔗糖，也可以不含高浓度蔗糖。采用后一种包埋方法，褐藻酸钠溶液中必须含有高浓度蔗糖，否则会使样品重新回到低渗状态。

（2）蔗糖浓度及培养时间

所用蔗糖浓度一般为 0.3～0.75 mol/L，其中以 0.75 mol/L 更为常用。在一些研究中，所用蔗糖浓度也有高达 1.0 mol/L 的。一些报道是将样品直接放在 0.75 mol/L 的蔗糖溶液中培养处理，另一些报道则是将样品进行 0.1 mol/L 到 0.3 mol/L 再到 0.75 mol/L 的梯度蔗糖培养处理。目前，许多实验采用两步预培养法，第一步的蔗糖浓度为 0.1～0.3 mol/L，第二步的蔗糖浓度为 0.5～0.8 mol/L。

蔗糖处理的目的是提高细胞质浓度，增加抗冻力和抗脱水力，促进降温过程中玻璃化的形成（Gonzalez-Arnao et al.，2009）。在蔗糖溶液中的培养时间一般为 1 天，也有 3～10 天的。培养时间与样品类型和蔗糖浓度有关，其基本原则是：既要使样品获得高的抗冻力和抗脱水力，又不至于引起样品太多的高渗损伤。不同糖类对保存效果的影响比较分析表明蔗糖最好。蔗糖可能通过水替代作用保护细胞质膜完整性和蛋白质构型。

（3）脱水时间及保存前含水量

脱水时间与预处理时的蔗糖浓度和其后的脱水方式有关，也与样品的种类有关。例如，采用硅胶脱水，一般为几小时到十几小时。样品保存前的最佳含水量因物种和样品种类的不同而不同，藻类一般为 40%（Vigneron et al.，1997）。

（4）包埋脱水法的优点

包埋脱水法具有以下优点：①使样品易于操作；②避免了二甲基亚砜的使用；③免去了程序降温仪的使用，降温过程比较随意；④被保存样品体积可以比较大；⑤样品在包埋后，避免了其裸露时可能受到的损伤，使样品所处的环境更为恒定。包埋脱水法的最大优点是使样品获得了较高的抗冻力，提高了保存效果，使保存后样品不经愈伤组织直接成苗，降低了遗传变异的可能性。

第七节　农业昆虫资源保护的技术和原理

一、农业昆虫资源

生态农业是近年来农业的研究热点，是在现代常规农业面临严重的生态环境破坏与环境污染危机等背景条件下兴起和发展起来的。自20世纪40年代滴滴涕（DDT）被发明并用于害虫防治以来，由于化学防治能迅速扑灭害虫种群、使用方便、使用者易于接受等，化学防治在植物保护措施中占据了重要地位。但伴随着害虫抗性、农药残留污染、次要害虫的再增猖獗等问题的出现，人们逐渐意识到，对害虫的治理，不能单纯依靠化学农药。而利用天敌昆虫防治害虫具有对人畜安全、无污染、害虫不产生抗性、能持久地保持对害虫种群的控制作用等优点，完全符合生态农业的要求。因此，用天敌昆虫来防治害虫将是生态农业研究和应用的重点和发展方向。

天敌昆虫是人类的宝贵财富，据有关报道，美国和加拿大的8.5万种昆虫中，仅有1425种是重要害虫，估计我国有15万种昆虫，其中害虫只有1000多种，害虫仅占昆虫总数的0.7%左右。以科为例，在鞘翅目中天敌昆虫有47科，害虫约20科；膜翅目中害虫不到10科，天敌昆虫却有70多科。按天敌种类归纳，我国姬蜂科有记载的达900多种，瓢虫380多种，寄生蝇约450种，捕食性天敌农田蜘蛛265种，捕食叶螨的植绥螨在我国已发现200余种。仅在我国广西，捕食性昆虫就有9目30科共313种。这充分说明了自然界中天敌之丰富。

天敌昆虫包括捕食性和寄生性两类。捕食性天敌昆虫分属18目近2000科，其中防控效果较好而常被人们利用的主要是澳洲瓢虫、中华草蛉等。寄生性天敌昆虫分属5目近90科，大多数种类均属膜翅目、双翅目，即通常所说的寄生蜂和寄生蝇，包括当今人们广泛利用的赤眼蜂（林绍光，2005；张俊杰等，2015）。

（一）寄生性天敌昆虫

在昆虫中有一些种类，一个时期或终生附着其他动物（寄主）的体内或体外，以吸取寄主的营养物质来维持生存，这种具有寄生习性的昆虫，称为寄生性天敌昆虫，亦称寄生性天敌。通常，寄生性天敌昆虫在寄生阶段仅食用1个寄主，转移取食寄主的能力弱，对寄主的生活史和生活习性适应性强；在形态特征上，寄生性天敌昆虫较寄主个体小，足和眼退化，寄生期多不能离开寄主营独立生活。

与寄生于脊椎动物上的寄生性天敌昆虫相比，寄生于昆虫的寄生性天敌昆虫有其固有的特点。①个体的发育常会导致寄主死亡，对于一个种群的制约作用，类似于捕食性动物；②在分类上，通常与寄主同属昆虫纲，仅少数寄生于蛛形纲等节肢动物；③仅在幼虫期附着于寄主上营寄生生活，成虫期一般营独立生活，可自由活动；④个体大小与寄主比较接近，能将寄主昆虫杀死。

本书提到的寄生性天敌昆虫通常指的是可寄生于昆虫纲或蛛形纲的寄生性天敌昆虫。昆虫纲中具有寄生习性的类群常见于膜翅目、双翅目、捻翅目、鞘翅目和鳞翅目，其中利用广泛的均属膜翅目和双翅目。

（二）捕食性天敌昆虫

捕食性天敌昆虫是指那些能够通过捕食来控制其他有害节肢动物、软体动物中有害种类的昆虫，一般要捕食多个寄主才能完成发育过程。在形态特征上，较其捕食对象体形大，且行动迅速。通常还形成特化的捕食工具，如螳螂形成强有力的捕捉足；猎蝽和草蛉具有发达的刺吸式或捕吸式口器，用于吸食猎物的体液。

根据捕食性天敌昆虫的猎食范围，可将其分为广食性、寡食性和单食性。广食性（euryphagous）类群的捕食范围广，捕食对象为多个目内的昆虫甚至其他小型动物，如蜻蜓目、螳螂目、脉翅目的种类。寡食性（oligophagous）类群的捕食范围较狭，主要捕食生活习性相似或近缘的类群。例如，瓢虫亚科以蚜虫为主要食料；盔唇瓢虫亚科则以盾蚧、蜡蚧为主要食料；食螨瓢虫属则主要捕食叶螨。单食性（monophagous）类群的捕食范围窄，往往仅捕食一种昆虫，如澳洲瓢虫（*Rodolia cardinalis*）通常只捕食吹绵蚧（*Icerya purchasi*）。当然，这三个类群只是一般的区分而没有明确的界线。

在捕食性天敌昆虫中，寡食性类群在农林生态环境条件下具有一定的食物供给，对捕食对象有较强的控制作用，成为人工生物防治的首选对象。广食性类群常常在害虫种群数量下降时，捕食其他对象以生存、繁殖，在田间保持一定的数量，能控制害虫于大量发生之前，但对捕食对象的专一性较弱。单食性类群由于捕食对象少，自然繁衍生存能力弱，人工利用有限。

捕食性天敌昆虫的取食方式多种多样。大多数捕食性天敌昆虫以捕食对象的体液为食。捕食性半翅目是典型的吸食捕食对象体液或卵浆的类型；脉翅目如草蛉的幼虫，具有发达的镰刀状上颚，用于捕捉捕食对象，上颚内侧有深沟，与下颚的盔节相嵌合而形成食物道，捕食对象的体液沿食物道进入食道；龙虱幼虫的口器外观上有正常的上颚，但上颚内侧凹陷成食物道，通过食物道吸收捕食对象的体液；步甲、瓢虫的口器为典型的咀嚼式，但亦以捕食对象的体液为主要食物，其他部分常在食后弃去。一些捕食性天敌昆虫如螳螂、蜻蜓等不但取食体液，捕食对象的其他部分亦被其磨碎吞入消化道中（白耀宇，2010）。捕食性天敌昆虫在猎取捕食对象的同时，往往分泌唾液与取食的物质相混合，而后再取食进入口腔之内；一些种类的唾液或胃液对捕食的猎物具有毒性，因而猎物在捕获时即被麻醉或杀死（朱艳娟，2021）。

二、农业昆虫资源保护的原理

在农业上，对于可防治害虫的天敌昆虫进行保护在国际上通常称为保育生物防治，下面就从其概念、起源、原理三个方面来进行阐释。

（一）保育生物防治的概念

保育生物防治（conservation biological control，CBC）是指通过改变环境或者施药措施来增进自然天敌功效的方法（Eilenberg et al.，2001），其原则是对已经存在的天敌进行保育（Tscharntke et al.，2007）。保育生物防治主要依靠当地已有的天敌物种，这种天敌对靶标环境非常适应，相比较而言，人工饲养并释放的天敌则由于环境的选择、近亲繁殖及在饲养中的基因漂移等，其种群数量会减少，适应性强无疑是保育生物防治的一大优势。保育生物防治还有其他优点：①它的观点易于被种植者接受，如多样性种植的价值、间作、复合种植等；②它是一种可被零散的种植者接受的实践，而经典的生物防治则通常需要各区域、国家、大陆间的相互协调；③它通常包括农田景观的改变等种植手段（如甲虫银行或开花植物带），符合绿色的营销战略。然而长期以来，保育生物防治在生物防治中受重视的程度不高，但近 20 年来这一领域的研究明显增多（Gurr et al.，2004；Wilkinson and Landis，2005；Zehnder et al.，2007；Perdikis et al.，2011；Pandey and Gurr，2019；Bordini et al.，2020）。

（二）保育生物防治的起源

有部分人对农业害虫生物防治的理解只是引入天敌以控制外来入侵害虫或本地害虫（即经典的生物防治），然而，在现代其概念得到了扩充，它还包括了保护或扩繁已有的天敌（Rabb et al.，1976；Gross，1987；Hoy，1988；Nordlund，1996）。在经典的生物防治中，由人工饲养并释放的天敌在短时间内极容易被农业生态系统的流动性扰乱，因此，作为经典的生物防治的天敌往往需要有 3 种特性：①定殖能力强，能极快地适应环境中的时空紊乱；②耐饥力强，特别是在缺乏靶标害虫的情况下，其种群可持久耐饥；③能迅捷地捕食（Ehler，1990）。广食性或寡食性（包括杂食性）的天敌物种通常符合这些特性。但是，随意引入这些物种将带来很大的环境威胁，也不符合现有的植保方针，而且天敌的人工饲养及释放往往需要大量的经费支持。在这种背景下，保育生物防治得到了提倡。

保育生物防治可能是害虫生物防治中最古老的一种形式。在公元前 900 年，我国的橘农就在橘园中放置黄猄蚁（*Oecophylla smaragdina*）的蚁巢来防治柑橘害虫（Simmonds et al.，1976）。回顾保育生物防治最早的一篇综述里记述了如下的技术：建立人工场所（如巢），提供补充性的食物（如蜂蜜），提供替代寄主，提高天敌与害虫的同步性，对蚂蚁的调控以及对不利的农事操作手段的改变（van den Bosch and Telford，1964）。Rabb 等（1976）在另一篇重要的综述中也总结道，保育生物防治的许多技术在害虫防治中的价值比我们意识到的还要大，Coppel（1986）和 Gross（1987）也有同样的论断。

保育生物防治最好的例子是加利福尼亚的干草苜蓿的带状收割，在炎热的天气下，苜蓿如果全田收割，其上的草盲蝽（*Lygus hesperus*）将在 24 h 内全部迁移，通常迁至棉花上，而草盲蝽是棉花的重要害虫。但是，如果苜蓿轮流收割，每次收割 400 英尺①的条带，这样草盲蝽就会迁移到未收割的苜蓿上而不会迁移到棉花上，这样可减少棉花上防治草盲蝽的用药量，也保护了棉花上的其他天敌昆虫（van den Bosch and Stem，1969）。苜蓿与棉花间作也是保护棉花上天敌昆虫的方法，因苜蓿是草盲蝽的首选寄主，因而可以驱使草盲蝽离开棉花而为害苜蓿。虽然这两种方法都非常有效，但由于操作所耗费的

---

① 1 英尺=0.3048 m。

价格比较高，因此当时的种植者较难广泛接受。

（三）保育生物防治的原理

农业生态系统和自然生态系统有本质的区别，农业生态系统是一个开放的、不稳定的生态系统。在农作物生境中，由于作物周期性的种植和收割、化学农药的使用，农业生态系统会出现周期性的波动，节肢动物的生境会破碎化。天敌昆虫为适合环境的变化，其群落会周期性地呈现群落重建、群落发展和群落瓦解3个阶段。其中，增强天敌亚群落重建后的功能是保护利用天敌最直接的目标。为实现这一目标，可以从种库、群落本身和作物生态系统3个层次上调控天敌亚群落的重建。

天敌的保护利用，首先可通过提供有利于天敌的栖息生境，增强其效能。农作物的周期性种植和收割，会迫使天敌亚群落周期性地栖息在作物生境与非作物生境（种库）中。因此，不仅要保护作物生境中的天敌，而且要保护种库中的天敌（张文庆等，2001）。前者涉及保护利用天敌与其他措施（如杀虫剂和作物抗虫品种）的协调。例如，提倡利用天敌和中抗水稻品种控制稻飞虱（庞雄飞和梁广文，1995）。保护利用种库中的天敌则是绝大多数保护措施的直接目标，即期望通过增加种库中的天敌种类和数量，而增强作物生境天敌的效能。但是，种库中的天敌如何影响作物生境中天敌亚群落的重建速度和结构，并最终影响到其功能？怎样使种库中的天敌尽快进入作物生境？在作物生长期间，怎样使天敌栖息在作物生境，而不是在种库中？在作物收割后，怎样使天敌安全地转移到种库中？要回答这样一些问题，就要研究天敌亚群落的重建与其种库的相互关系。例如，重建后的天敌亚群落拥有和种库相同的优势种；种库的稻田生境优良，天敌亚群落重建较快，控害能力较强（白耀宇等，2018）。有时候，除掉种库中天敌喜好的植物或杂草，可以促进种库中的天敌进入作物生境（Liu et al.，2018；潘云飞，2020）。

天敌对目标害虫的控制作用与它们之间的时间、空间和营养生态位相关（张古忍等，1995）。通过对田间天敌的数量及其捕食或寄生能力的分析，可以确定控制目标害虫的重要天敌种类。很多保护利用天敌的措施是针对这些重要天敌种类的。增加重要天敌种类的数量是提高天敌效能的主要途径之一。例如，在英格兰大麦田种植杂草可以增加隐翅虫的数量10倍以上，从而减少了蚜虫数量（Burn et al.，1987）；在夏威夷甘蔗地周围的蜜源植物能增加甘蔗象甲的天敌——寄蝇（*Lixophaga sphenophori*）的数量和效能（Topham and Beardsley，1975）。有碱蓬带的棉田中多异瓢虫的种群密度、益害比均显著增高，增强了瓢虫对棉蚜的控害作用（李雪玲等，2019）。在小麦田边缘种植的功能植物菊蒿叶沙铃花（*Phacelia tanacetifolia*），在其花期能够为食蚜蝇成虫提供富含蛋白质的花粉，从而使食蚜蝇在麦田周边产下更多的卵，显著地减轻了麦蚜的危害（杨泉峰等，2020）。

某些种植措施可提高天敌亚群落的多样性。Altieri（1984）比较了两种生境中的天敌种类，在芽甘蓝与豆科植物或野生芥菜共存的生境中，有6种捕食性天敌和8种寄生性天敌，但在只有芽甘蓝的田块，只有3种捕食性天敌和3种寄生性天敌，由于多种天敌的作用，降低了前一生境中的蚜虫密度。在佛罗里达州，如果玉米地周围有杂草地和松林，其捕食性天敌密度和多样性较高（Altieri and Whitcomb，1980）。巴西羽衣甘蓝种植园中设置香雪球条带可以提高捕食性天敌与寄生性天敌的丰度，进而对羽衣甘蓝上的甘蓝蚜（*Brevicoryne brassicae*）、烟粉虱与小菜蛾等害虫种群产生显著的抑制作用（Ribeiro and Gontijo，2017）。小麦、苹果、油菜田中种植野生花带可促进作物上天敌多样性与丰度的提升，同时增加了天敌对油菜上甘蓝蚜的捕食率（Pollier et al.，2018）。张古忍等（1995）指出，长期大面积以保护利用天敌为主的害虫防治能增加捕食性天敌亚群落的多样性，进而减轻害虫的发生程度，并推迟害虫发生高峰的出现。而使用杀虫剂则提高了害虫亚群落的多样性，降低了各天敌亚群落的多样性，结果待杀虫剂的作用消失后，害虫数量会迅速增加（金翠霞等，1990；曾粮斌等，2016）。

加快天敌亚群落的重建速度，也能提高其效能。增加植被多样性，提高了捕食性天敌小暗色花蝽（*Orius tristicolor*）种群的重建速度（Letourneau and Altieri，1983）。Coombes和 Sotherton（1986）的研究表明：步甲和隐翅虫成虫能从 200 m 外的种库中进入作物生境。在大豆地块周边 1.5 km 的范围内景观多样性和组成是瓢虫数量的决定因素（阿力甫·那思尔等，2015）。景观中的非作物生境或管理强度较低的作物生境可以为天敌昆虫提供庇护场所，待作物上农药残留过后天敌将再次迁入农田发挥控害作用（Roubos et al.，2014）。在长期大面积以保护利用天敌为主的稻田，其捕食性天敌亚群落的重建比以化学防治为主的稻田快 15 天以上（Letourneau and Altieri，1983）。另外，有很多捕食性天敌和寄生性天敌在时间上并不完全与害虫同步发生，因此很多天敌依赖于替代寄主（猎物）以维持天敌亚群落的重建。例如，在早稻生长初期，蜘蛛等捕食性天敌以摇蚊等中性昆虫为食（周汉辉，1989）。早春时蛇床（*Cnidium monnieri*）上大量发生的胡萝卜微管蚜（*Semiaphis heraclei*）可以作为异色瓢虫、七星瓢虫等天敌昆虫的食物，从而有助于天敌种群的扩繁并促进天敌转移至麦田（杨泉峰等，2018）。

有时调控天敌的食物，使之集中控制目标害虫，可提高天敌对目标害虫的控制作用。例如，烤田比不烤田使褐飞虱数量减少 90%以上。烤田切断了水体中捕食性天敌的猎物，使得天敌集中捕食水稻植株上的稻飞虱（朱绍先等，1984）。当小麦与棉花相邻种植时，小麦的生长期长，是天敌昆虫良好的栖息场所，小麦收割后能迫使部分天敌昆虫转移至周边的棉田中，提高了棉田内天敌昆虫的种群数量和多样性（张鑫等，2012）。此外，优化天敌亚群落的结构、减小种群间和种间的相互竞争，亦能最大限度地发挥天敌的作用。

从以上提高天敌效能的几种途径来看，都与群落重建密切相关。例如，在作物生境周围种植其他作物等，即是调控天敌亚群落的种库。增加天敌的数量就是丰富天敌亚群落的组成。因此，经常性地对田间的天敌亚群落进行观测和监控，有助于已有保护利用天敌措施的完善以及新措施的开发，从而进一步提高天敌的效能，促进农业生态系统中的害虫生物防治。

三、天敌昆虫保护的技术

害虫在一个地区长期生活后，必然相应地出现一定种类和数量的天敌。但由于各种生活条件的限制，天敌的数量往往不足以达到控制害虫为害的程度。如果采取适当的措施，避免伤害天敌，并促进天敌的繁殖，就可以控制害虫的发生与为害。保护天敌昆虫的主要技术如下。

（一）提供庇护场所

庇护场所对于天敌（特别是广食性天敌）的保护与定殖是有利的，形式包括间作作物、遮盖作物、田间空地、灌木篱墙、篱笆地、防风林等。庇护场所可为天敌提供蜜源、花粉、替代寄主以及避难所。

1. 提供蜜源植物

许多天敌包括捕食性天敌（如瓢虫）都需要蜜源。Thorpe 和 Caudle（1938）报道了蜜源对寄生蜂的重要性，寄生蜂取食花蜜后存活率可以提高 20 倍，并且生殖力增强，生殖的适合度提高。在开花生境中寄生蜂的数量要比邻近的无花生境多。番茄麦蛾姬小蜂（*Necremnus artynes*）在取食蜜源植物后，其寿命显著增加（Balzan and Wäckers，2013），而酢浆草花能显著延长和提高螟黄赤眼蜂的寿命和寄生力（赵燕燕等，2017）。欧洲松梢小卷蛾（*Rhyacionia buoliana*）的寄生蜂 *Pimpla examinator* 的雌成虫会受松油气味的驱赶，离开森林去寻找外面的蜜源植物，当它成虫体内的卵成熟时，它又会被松油吸引而回到森林中来。Tylianakis 等（2004）的研究也发现蜜源植物可以提升蚜虫寄生蜂的寄生率，然而蜜源植物的种类也是一个重要的影响因素，并不是所有的蜜源植物都适合寄生蜂。在开展保育生物防治的植物布局之前需要确认其对天敌的影响。

2. 提供花粉资源

花粉的重要性在于吸引有益昆虫特别是食蚜蝇、大型的寄生蜂（姬蜂和茧蜂）以及一些花蝽科的昆虫成虫期的取食（Lundgren，2009）。有些捕食性天敌昆虫可以在很短的时间或缺乏猎物的情况下以花粉作为蛋白质的来源。研究发现，单独喂食植物花粉的小花蝽（*Orius insidiosus*），其寿命与单独喂食蓟马的小花蝽无显著差异（Wong and Frank，2013）。因此，当主要作物上的害虫种群还未建立时，提倡将人工饲养的捕食性天敌昆虫释放到可以产生花粉的植物上，这样可以提高天敌的存活率。

3. 提供替代猎物或寄主

在缺乏目标害虫的情况下，替代寄主对于捕食性天敌或寄生性天敌均是非常有用的。也就是说提供一些带有可交替捕食的昆虫的植物（载体植物），可以提高捕食性天敌昆虫或寄生性天敌昆虫的生防效果，但是要注意此种植物要与种植的作物没有竞争，即替代的供捕食昆虫不能是目标植物的害虫。

Hardy（1938）发现，秋天小菜蛾已化蛹准备越冬，小菜蛾幼虫期的寄生蜂 *Diadegma fenestralis* 无法对小菜蛾进行寄生，Richards 到了 1960 年时发现原来此寄生蜂的越冬代是寄生在了山楂树上的一种替代寄主——巢蛾（*Swammerdamia lutarea*）上。对芬兰橡树林中的舞毒蛾（*Lymantria dispar*）的调查表明，地面无草的森林中舞毒蛾的发生更频繁，究其原因，7 种可寄生舞毒蛾的寄生蜂，其替代寄主包含了树冠层上的 34 种蛾类以及地表植物上的 45 种蛾类（van Emden，2003）。加利福尼亚州葡萄园中黑莓的种植，提升了缨小蜂（*Anagrus epos*）对葡萄叶星斑叶蝉（*Erythroneura elegantula*）的生物防治效果，缨小蜂的越冬代在叶蝉的卵中，但葡萄叶星斑叶蝉的越冬态是成虫，而黑莓叶蝉（*Dikrella californica*）却以卵越冬，正好可为缨小蜂提供合适的替代寄主，后来这种做法在很多葡萄园中都得到了推广应用（Doutt and Nakata，1973）。Powell（2000）提出可以为谷物蚜虫的寄生蜂提供替代寄主，这一途径主要是利用了寄生蜂能在时空上被蚜虫的性信息素吸引而非蚜虫本身。在秋天收获谷物后，有些寄生蜂可被邻近的荨麻和杂草上的蚜虫信息素吸引，转移到杂草上寄生蚜虫，到了春天，寄生蜂又会被作物田中大量的信息素吸引而回到田地。

在温室中，利用番木瓜-木瓜粉虱-浅黄恩蚜小蜂系统，即以番木瓜为载体植物，木瓜粉虱（*Trialeurodes variabilis*）为替代寄主，浅黄恩蚜小蜂（*Encarsia sophia*）为寄生性天敌，在番茄、黄瓜、茄子、生菜、一品红和中草药生产中用于防治温室内的烟粉虱（*Bemisia tabaci*），取得了明显成效（Xia et al.，2011）。利用小麦-麦长管蚜-短翅蚜小蜂系统，即以小麦为载体植物，麦长管蚜为替代寄主，短翅蚜小蜂为有益生物，可显著降低温室内辣椒上桃蚜的数量，且小麦载体植物系统对桃蚜的防效优于增补式释放短翅蚜小蜂（潘明真，2015；王圣印，2016）。

4. 提供避难所

提供避难所是在农田中为昆虫的越冬、越夏、繁殖以及躲避人类活动的扰乱而提供一个适宜的环境。避难所是替代猎物的生活场所，也会增加农田的生物多样性（Griffiths et al.，2008）。在邻近农田的空地上设立避难所可以提高广食性捕食者的田间活力及密度。在南欧，温室白粉虱（*Trialeurodes vaporariorum*）主要有两种捕食性天敌：*Macrolophus caliginosus* 和 *Dicyphus tamaninii*。在冬天猎物匮乏时，这些天敌会到温室外的马铃薯、金盏菊（*Calendula officinalis*）和牻牛儿科植物上越冬；而到了春天这些天敌又会扩散到其他植物及温室中来，这些越冬庇护植物的出现与其邻近作物上天敌捕食行为的增加密切相关（Rosa et al.，2004；Lambion，2014）。Alomar 等（2002）也证明作物周围植物的远近和复杂性会影响天敌的捕食能力。Yang 等（2018）发现景观复杂程度和麦田杀虫剂的使用是决定麦田中捕食性瓢虫种群数量的重要因素，与中低等复杂景观相比，复杂景观格局有利于瓢虫种群的保育，田间农药使用后瓢虫的数量较快得到恢复。条带状收获也可为天敌提供避难所，如 Gurr 等（2010）发现将用荧光染料标记过的捕食性天敌释放入苜蓿田中以后，当拖拉机式割草机开过以后，大部分的捕食性天敌都能躲过切割，很快来到未切割过的苜蓿上重新定居。从而，这些天敌在收割过后仍可对棉铃虫起到较好的控制作用。

5. 提供银行植物

银行植物（banker plant）的种植可以为天敌提供花蜜、花粉以及栖息场所，从而达到保护天敌的目的；还可以提供适宜的小气候，并促进替代寄主或中性昆虫的生长，从而有利于天敌捕食功能的增加（Jonsson et al.，2008）。Sotherton（1984）发现高密度的步甲成虫在谷物田外围的杂草带上越冬。这些草带是英国农业所特有的，特别是在路边，作为灌木篱墙的一部分。他当时猜测捕食性甲虫寻求的是这些草带中的潮湿条件，这一研究成果后来被设计成了著名的"甲虫银行"，也就是现代果园生草的最早雏形，即人工挑选出某一合适的草种植成狭窄的带，这些草带通常种植在围绕田园的篱墙或柱子下方，可以为捕食性昆虫提供越冬场所，经调查步甲数量最高时可达每平方米 1500 头，比在自然状态下发现的要多。有时，银行植物可被用作害虫的选择性陷阱以提升天敌种群数量，在加拿大，对于麦茎蜂（*Cephus cinctus*），一种选择性的陷阱是围绕着小麦田15～20 m 的雀麦草（*Bromus japonicus*）带，麦茎蜂幼虫能钻蛀进入雀麦草茎中，但无法完成发育及产生下一代。然而，麦茎蜂幼虫体内的寄生蜂却可以安全羽化并转移到小麦上，这种草对于害虫转化起到了有效的作用（van Emden，1977）。瑞士的葡萄业面临着农药禁用的问题，这迫使葡萄种植者开始找寻保育生物防治的手段，他们在葡萄的行间种植草，特别是在潮湿的地区，行间植物可为天敌提供花粉和替代猎物，将害虫压低在了经济阈值以下（Boller，1992）。Frank（2010）总结说，银行植物是特定的植物种类，它可以相对应地保护某一特定的天敌，特别是广食性天敌，因此在保育可控制害虫的单一种天敌时，此种策略是可行的。在我国，以秕壳草（*Leersia sayanuka*）为载体植物，以伪褐飞虱（*Nlilaparvata muiri*）为捕食性天敌中华淡翅盲蝽（*Tytthus chinensis*）的替代猎物，对稻田的稻飞虱取得了良好的防治效果（郑许松等，2017）。

（二）提供人工食物

天敌昆虫的保护还可以通过人工喷雾的方法，即提供含糖源与蛋白质源的物质。糖源包括蜂蜜、糖浆、非精制糖、蔗糖等，蛋白质源包括酵母的水解产物或非水解产物、动物产品及某些氨基酸。可加入少量的脂类、矿物质与维生素作为添加剂。例如，在紫花苜蓿丛中喷洒蔗糖，可以导致瓢虫的聚集，从而很好地控制紫花苜蓿象鼻虫（Evans and England，1996）。利用食饵喷雾也可以调控瓢虫种群的聚集和分散，从而可以提高生防效果（Wade et al.，2008）。人工喷雾在保育生物防治中的前景是很好的，但需要在人工食物的合成及效能上进行更深入的研究，现已有商业化的产品问世。

（三）利用信息化合物

合理利用对天敌有诱集或趋避作用的信息化合物来对天敌进行时空调控，也有利于发挥天敌的控害作用。例如，提取自显花植物的挥发物顺式-3-己烯-1-醇、反式-3-己烯-1-醇等对七星瓢虫具有显著的引诱作用（李中珊，2019）；提取自茶翅蝽卵体表的挥发性化合物正十三烷，低剂量时能吸引茶翅蝽沟卵蜂雌蜂，且在茶翅蝽卵块表面添加正十三烷能显著提高茶翅蝽沟卵蜂搜寻茶翅蝽卵块的效率，缩短搜寻时间（Zhong et al.，2017）；通过以上这些信息化合物的使用能够有效提高天敌在田间的定殖效果。虫害诱导的植物挥发物水杨酸甲酯对瓢虫有明显的吸引作用，而樟脑和薄荷醇对瓢虫则有驱避作用，在田间通过释放这些物质能够有效地调控瓢虫，提高天敌的控害效能，亦可减轻化学药剂对天敌昆虫的杀伤（Roubos et al.，2014）。

（四）合理使用化学农药

防治害虫时尽可能减少盲目性的农药滥用，多采用农田翻耕、灌溉、抗性品种栽培、适时收割等能降低害虫密度的措施。在必须使用化学农药时，应注意用药的方法、数量、剂型、时间、地点等。尽量选择对天敌低毒的农药，选择内吸剂，采用土壤用药、局部涂药、毒饵法，用带状、块状施药代替全面喷洒液剂、粉剂，均可减少杀伤天敌。

例如，间隔一定时间对作物进行条列状喷雾，特别是合成的拟除虫菊酯类药剂，很多天敌被药剂驱逐到未被喷雾的作物条带上（Morse，1989）。瓢虫产卵是根据猎物的密度而进行的，间隔性施药可以最大限度地保护瓢虫而控制蚜虫。选择抗药性强的天敌卵期或蛹期施药，避免在天敌大量释放前后施药，用药地点尽量选择害虫的越冬场所、隐匿场所或补充营养的场所，只有这样适时、适量、适地用药，才可能尽量减少杀伤天敌，如在瓢虫产卵后对蚜虫使用持效期短的杀虫剂，这样就不会影响到瓢虫的后代对蚜虫的控效（Morse，1989）。在温室中，可配合使用银行植物来减轻化学药剂对天敌的伤害，即当温室中不得已要使用杀虫剂时，可以将温室中原有的盆栽银行植物暂时移出温室，等过了农药的安全间隔期再将其移入，因此即使温室内的天敌都被杀虫剂杀伤了，银行植物上保存下来的天敌也依然可以起到控害作用（Frank，2010；Sanchez et al.，2021）。

害虫的持续控制是一项系统工程，只有当各个因子协调起来才能有效实现害虫的持续控制。加强农业昆虫资源保护是利用和发挥天敌昆虫控害作用的前提和先决条件，也是害虫防治不可缺少的植保技术之一，在害虫控制中应用前景极为广阔。针对不同的天敌昆虫要采用有针对性的保护和利用措施，才能发挥其最大的生态效能。目前国内外对天敌昆虫的保护与利用日趋重视，但与环境保护和食品安全的需求还相差甚远，还需要立足生产实际需要，交流学习国内外先进技术，充分发挥此领域在我国植物保护和环境保护中的作用。

小　结

种质资源作为生物资源的重要组成部分，是农业科学原始创新、生物技术及产业发展的源头与源泉，是实现农业可持续发展，保障国家粮食安全、生态安全和能源安全等的战略性资源。由于全球人口的迅速增长、工业化和城市化进程的加快、耕地面积的逐渐减少、自然生境遭到破坏、全球气候变化，以及生物技术的迅速发展等诸多因素的影响，种质资源的保护正面临着日益严重的挑战。加强种质资源保护的基础理论、有效方法及对策研究，加强种质资源的管理和有效利用，以及加强公众对种质资源的保护意识，在种质资源的有效保护和可持续利用中具有非常重要的意义。

种质资源是指携带生物遗传信息的载体，且具有实际或潜在利用价值。种质资源的表现形态包括种子、组织、器官、细胞、染色体、DNA 片段和基因等；材料类型包括野生近缘种、地方品种、育成品种、品系、遗传材料等。种质资源具有基础性、公益性、长期性等显著特点。农业种质资源保护的策略主要包括迁地保护和就地保护，而且无论是迁地保护还是就地保护，实施过程中的取样策略和取样方法以及保护和鉴定技术，如微生物资源保护的技术和农业昆虫资源保护的技术都尤为重要。另外，在种质资源的种植、繁殖和更新过程中，由遗传漂变和"基因污染"导致的遗传多样性水平逐渐下降造成的种质库"基因流失"也不容忽视。

　　种质资源保护的目的是对其进行有效利用，而种质资源有效利用的前提是资源的保护。随着各种组学研究的不断深入，细胞学、遗传学、分子工程等方面技术大量涌现，使得种质资源保护的概念由保护生命个体和群体外延到 DNA 和基因。因此，要深入挖掘地方品种或野生近缘种中的关键基因，有效利用优异种质资源，充分发挥种质资源的核心"芯片"的关键作用。

　　建立和完善遗传资源获取与惠益分享的机制，与《生物多样性公约》和《名古屋议定书》接轨，让农民能从保护种质资源的过程中获得较大的经济利益，还要加强公众对种质资源的保护意识，达到种质资源有效保护和可持续利用的目的。种质资源是人类的共同财富，与人类的衣、食、住、行以及生活质量都有密切的关系，对种质资源的有效保护，不仅对我们这一代人具有重要的意义，而且是造福千秋万代的伟大事业。

思 考 题

1. 作物种质资源包含哪些？种质资源的保护受到哪些因素的威胁，可以采用哪些方法减少这些因素对作物种质资源的威胁？
2. 迁地保护和就地保护的区别是什么？它们各自的优势和弱点有哪些？分别适用于哪些拟保护物种？
3. 任选一个栽培物种，设计一个农家保护项目并简述需要考虑的因素。
4. 简述保育生物防治的原理。
5. 农业昆虫资源保护的技术有哪些？
6. 不同微生物资源的保存方法分别有哪些？这些保存方法的原理分别是什么？
7. 全球气候变化对生物多样性有哪些影响？
8. 种质资源保护和可持续利用惠益分享有关的国际公约有哪些？其关注点分别是什么？
9. 遗传资源获取与惠益分享的基本原则有哪些？

参 考 文 献

阿力甫·那思尔, 孟玲, 李保平. 2015. 北疆棉田捕食性天敌昆虫应对棉蚜的数量反应. 应用昆虫学报, 52(4): 6.

白耀宇. 2010. 资源昆虫及其利用. 重庆: 西南师范大学出版社.

白耀宇, 庞帅, 殷禄燕, 等. 2018. 冬水田典型生境类型节肢动物群落多样性及生物量特征. 生态学报, 38(23): 8630-8651.

傅立国. 1995. 中国珍稀濒危植物的福音——国家重点保护野生植物名录公布在即. 植物杂志, (3): 2-3.

金翠霞, 吴亚, 王冬兰. 1990. 稻田节肢动物群落多样性. 昆虫学报, 33(3): 287-295.

金燕, 卢宝荣. 2003. 遗传多样性的取样策略. 生物多样性, 11(2): 7.

李敏, 唐素琴. 2009. "事先知情同意"制度在我国的适用. 科技与法律, 82(6): 65-68.

李雪玲, 罗延亮, 李辉, 等. 2019. 田埂碱蓬带对棉田多异瓢虫种群发生的调控作用. 新疆农业科学, 56(1): 13-22.

李中珊. 2019. 蔬菜果园生境中花香挥发物对七星瓢虫与异色瓢虫的引诱作用研究. 杭州: 浙江大学硕士学位论文.

林绍光. 2005. 天敌昆虫在生态农业中的应用. 广西农学报, 20(1): 41-44.

刘春晖, 杨京彪, 尹仑. 2021. 云南省生物多样性保护进展、成效与前瞻. 生物多样性, 29(2): 200-211.

刘菲. 2010. 浅析遗传资源获取中的惠益分享机制. 法制与经济(下旬刊), (1): 42-43.

刘娜. 2021. "一带一路"农业合作背景下植物新品种保护探析. 中国种业, (4): 1-7.

刘旭, 李立会, 黎裕, 等. 2018. 作物种质资源研究回顾与发展趋势. 农学学报, 8(1): 10-15.

娄希祉. 1996. 联合国粮农组织第六届植物遗传资源委员会会议情况. 作物品种资源, (2): 46-47.

卢宝荣. 1998. 稻种遗传资源多样性的开发利用及保护. 生物多样性, 6(1): 63-72.

卢宝荣, 朱有勇, 王云月. 2002. 农作物遗传多样性农家保护的现状及前景. 生物多样性, 10(4): 409-415.

潘明真. 2015. 利用'小麦-蚜虫-烟蚜茧蜂'载体植物系统防治蔬菜蚜虫的研究. 杨凌: 西北农林科技大学博士学位论文.

潘云飞. 2020. 南疆农田景观组成与农药使用对棉田天敌发生及其控蚜功能的影响. 北京: 中国农业科学院硕士学位论文.

庞雄飞, 梁广文. 1995. 害虫种群系统的控制. 广州: 广东科技出版社.

秦天宝. 2005. 秘鲁对遗传资源相关传统知识的保护及对我国的启示. 科技与法律, (4): 89-93.

秦天宝. 2007. 欧盟及其成员国关于遗传资源获取与惠益分享的管制模式: 兼谈对我国的启示. 科技与法律, (2): 84-90.

孙名浩, 李颖硕, 赵富伟. 2021. 生物遗传资源保护、获取与惠益分享现状和挑战. 环境保护, 49(21): 30-34.

万亚涛, 樊传章, 冯潞, 等. 2007. 云南省疣粒野生稻资源的现状调查. 云南农业大学学报, (2): 177-182.

王琳, 戴陆园, 吴丽华, 等. 2006. 云南三种野生稻原生境植物种群的调查及比较分析. 中国水稻科学, 20(1): 47-52.

王起华, 刘明, 程爱华, 等. 2000. 坛紫菜自由丝状体的胶囊化冰冻保存. 辽宁师范大学学报, 23(4): 387-390.

王圣印. 2016. 以麦长管蚜为替代寄主饲养短翅蚜小蜂载体植物系统的研究. 杨凌: 西北农林科技大学博士学位论文.

王述民, 张宗文. 2011. 《粮食和农业植物遗传资源国际条约》实施进展. 植物遗传资源学报, 12(4): 493-496.

王韵茜, 苏延红, 杨睿, 等. 2018. 云南疣粒野生稻稻瘟病抗性. 植物学报, 53(4): 477-486.

吴小敏, 徐海根, 朱成松. 2002. 遗传资源获取和利益分享与知识产权保护. 生物多样性, 10(2): 243-246.

武建勇, 薛达元, 周可新. 2011. 中国植物遗传资源引进、引出或流失历史与现状. 中央民族大学学报(自然科学版), 20(2): 49-53.

辛霞, 尹广鹍, 张金梅, 等. 2022. 作物种质资源整体保护策略与实践. 植物遗传资源学报, 23(3): 636-643.

薛达元. 2004. 遗传资源获取与惠益分享. 丽江: 第六届全国生物多样性保护与持续利用研讨会: 444-461.

薛达元, 郭泺. 2009. 论传统知识的概念与保护. 生物多样性, (2): 8.

杨泉峰, 欧阳芳, 门兴元, 等. 2018. 北方富含天敌的功能植物的发现与应用. 应用昆虫学报, 55(5): 942-947.

杨泉峰, 欧阳芳, 门兴元, 等. 2020. 功能植物的作用原理、方式及研究展望. 应用昆虫学报, 57(1): 41-48.

杨士建. 2003. 洪泽湖湿地资源保护与可持续利用研究. 重庆环境科学, 25(2): 15-17.

曾粮斌, 程毅, 严准, 等. 2016. 不同防治措施对花椰菜地节肢动物群落结构的影响. 中国农业科学,

49(15): 2965-2976.

张古忍, 张文庆, 古德祥. 1995. 稻田主要节肢类捕食性天敌群落的多样性. 中山大学学报论丛, (2): 27-32.

张俊杰, 阮长春, 臧连生, 等. 2015. 我国赤眼蜂工厂化繁育技术改进及防治农业害虫应用现状. 中国生物防治学报, 31(5): 638-646.

张文庆, 张古忍, 古德祥. 2001. 论短期农作物生境中节肢动物群落的重建 III. 群落重建与天敌保护利用. 生态学报, 21(11): 1927-1931.

张晓, 成凤明. 2012. 我国遗传资源获取与惠益分享的立法建议. 中南林业科技大学学报(社会科学版), 6(2): 124-126.

张鑫, 张江国, 潘卫林, 等. 2012. 小麦收割对新疆北部集约化棉区主要天敌昆虫种群数量的影响. 应用昆虫学报, 49(4): 957-962.

赵燕燕, 田俊策, 郑许松, 等. 2017. 酢浆草和车轴草作为螟黄赤眼蜂田间蜜源植物的可行性分析. 浙江农业学报, 29(1): 106-112.

郑许松, 田俊策, 钟列权, 等. 2017. "秕谷草-伪褐飞虱-中华淡翅盲蝽" 载体植物系统的可行性. 应用生态学报, 28(3): 941-946.

周汉辉. 1989. 血清学探讨天敌对三种稻田昆虫的抑制作用. 植物保护学报, 16(1): 7-11.

朱绍先, 邬楚中, 杜景佑. 1984. 稻飞虱及其防治. 上海: 上海科学技术出版社: 71-72.

朱艳娟. 2021. 蠋蝽消化器官的初步观察与消化酶活性的研究. 北京: 中国农业科学院硕士学位论文.

邹媛媛. 2012. 遗传资源的惠益分享. 金田, 288: 366.

Alexander M, Daggatt P M, Gherna R, et al. 1980. American Type Culture Collection Methods 1. Laboratory Manual on Preservation Freezing and Freeze-Drying: As Applied to Algae, Bacteria, Fungi and Protozoa (Hatt Hed.). Rockville, MD: American Type Culture Collection: 3-45.

Alomar O, Goula M, Albajes R. 2002. Colonisation of tomato fields by predatory mirid bugs (Hemiptera: Heteroptera) in northern Spain. Agriculture Ecosystems & Environment, 89(1/2): 105-115.

Altieri M A, Whitcomb W H. 1980. Weed manipulation for insect pest management in corn. Environmental Management, 4(6): 483-489.

Altieri M A. 1984. Patterns of insect diversity in monocultures and polycultures of brussels sprouts. Protection Ecology, 6: 227-232.

Balzan M V, Wäckers F L. 2013. Flowers to selectively enhance the fitness of a host-feeding parasitoid: Adult feeding by *Tuta absoluta* and its parasitoid *Necremnus artynes*. Biological Control, 67(1): 21-31.

Bellon M R, Brar D S, Lu B R, et al. 1998. Rice Genetic Resources. In: Dwoling N G, Greenfield S M, Fischer K S. Sustainability of Rice in the Global Food System. Chapter 16. Davis, California: Pacific Basin Study Center, Manila: IRRI: 251-283.

Berny J F, Hennebert G L. 1991. Viability and stability of yeast cells and filamentous fungus spores during freeze-drying-effects of protectants and cooling rates. Mycologia, 83(6): 805-815.

Boller E F. 1992. The role of integrated pest management in integrated production of viticulture in Europe. Proceedings of the British Crop Protection Conference, Pests and Diseases, Brighton: 499-506.

Bordini I, Ellsworth P C, Naranjo S E, et al. 2020. Novel insecticides and generalist predators support conservation biological control in cotton. Biological Control, 154: 1-11.

Brenner D J. 1983. Impact of modern taxonomy on clinical microbiology. ASM News, 49: 58-63.

Brock T D. 1979. Biology of Micro-Organisms. Englewood Cliffs, NJ: Prentice-Hall.

Brush S B. 1991. A farmer-based approach to conserving crop germplasm. Economic Botany, 45(2): 153-165.

Brush S B. 1995. *In situ* conservation of landraces in centers of crop diversity. Crop Science, 35(2): 346-354.

Burn A J, Coaker T H, Jepson P C. 1987. Integrated Pest Management. London: Academic Press: 209-256.

Chen L J, Lee D S, Song Z P, et al. 2004. Gene flow from cultivated rice (*Oryza sativa*) to its weedy and wild relatives. Annals of Botany, 93(1): 67-73.

Coombes D S, Sotherton N W. 1986. The dispersal and distribution of polyphagous predatory Coleoptera in cereals. Annals of Applied Biology, 108: 461-474.

Coppel H C. 1986. Environmental management for furthering entomophagous arthropods. In: Franz J M. Biological Plant and Health Protection. Stuttgart: Gustav Fischer Verlag: 57-73.

Day J G, De Ville M M. 1995. Cryopreservation of algae. Cryopreservation and Freeze-Drying Protocols, 38: 81-89.

Doutt R L, Nakata J. 1973. The *Rubus* leafhopper and its egg parasitoid: an endemic biotic system useful in grape-pest management. Environmental Entomology, 2(3): 381-386.

Dutfield G. 2004.What is Biopiracy? International Expert Workshop on Access to Genetic Resources and Benefit Sharing. http: //moderncms.ecosystemmarketplace.com/repository/moderncms_documents/I.3. pdf[2022-05-16].

Ehler L E. 1990. Introduction strategies in biological control of insects. In: Mackauer M, Ehler L E, Roland J. Critical Issues in Biological Control. Hants: Intercept Andover: 111-134.

Eilenberg J, Hajek A, Lomer C. 2001. Suggestions for unifying the terminology in biological control. BioControl, 46(4): 387-400.

Elias M, McKey D, Panaud O, et al. 2001. Traditional management of cassava morphological and genetic diversity by the conservation of crop genetic resources. Euphytica, 120: 143-157.

Ellstrand N C, Prentice H C, Hancock J F. 1999. Gene flow and introgression from domesticated plants into their wild relatives. Annual Review of Ecology and Systematics, 30: 539-563.

Evans E W, England S. 1996. Indirect interactions in biological control of insects pests and natural enemies in alfalfa. Ecological Applications, 6(3): 920-930.

Evenson R E, Gollin D. 2003. Assessing the impact of the green revolution, 1960 to 2000. Science, 300(5620): 758-762.

Frank S D. 2010. Biological control of arthropod pests using banker plant systems: Past progress and future directions. Biological Control, 52(1): 8-16.

Gibbons N E. 1984. Reference collections of bacteria-the need and requirements for type strains. In: Krieg N R, Holt J G. Bergey's Manual of Systematic Bacteriology. Baltimore, MD: Williams and Wilkins.

Gonzalez-Arnao M T, Lazaro-Vallejo C E, Engelmann F, et al. 2009. Multiplication and cryopreservation of vanilla (*Vanilla planifolia* 'Andrews'). In Vitro Cell Dev Biol-Plant, 45(5): 574-582.

Gould E A. 1995. Virus cryopreservation and storage. Cryopreservation and Freeze-Drying Protocols, 38: 7-20.

Griffiths G J K, Holland J M, Bailey A, et al. 2008. Efficacy and economics of shelter habitats for conservation biological control. Biological Control, 45(2): 200-209.

Grimes D J, Singleton F L, Colwell R R. 1984. Allogenic succession of marine bacterial communities in response to pharmaceutical waste. J Applied Bacteriol, 57(2): 247-261.

Gross H R J. 1987. Conservation and enhancement of entomophagous insects-a perspective. Journal of Entomological Science, 22(2): 97-105.

Gurr G M, Kvedaras O L. 2010. Synergizing biological control: Scope for sterile insect technique, induced plant defences and cultural techniques to enhance natural enemy impact. Biological Control, 52(3): 198-207.

Gurr G M, van Emden H F, Wratten S D. 1998. Habitat manipulation and natural enemy efficiency: implications for the control of pests. In: Barbosa P. Conservation Biological Control. San Diego: Academic Press: 155-183.

Gurr G M, Wratten S D, Altieri M A. 2004. Ecological Engineering for Pest Management-advances in Habitat Manipulation for Arthropods. Melbourne: CSIRO Publishing.

Hardy J E. 1938. *Plutella maculipennis* Curt., its natural and biological control in England. Bulletin of Entomological Research, 29: 343-372.

Harlan J R, Wet J M J. 1971. Toward a rational classification of cultivated plants. Taxon, 20(4): 509-517.

Hirata K, Phunchindawan M, Takamoto J, et al. 1996. Cryopreservation of microalgae using encapsulation-dehydration. Cryo-Letters, 17: 321-328.

Holm-Hansen O. 1963. Viability of blue-green and green algae after freezing. Physiologia Plantarum, 16(3): 530-540.

Holm-Hansen O. 1973. Preservation by freezing and freeze-drying. In: Stein J. Handbook of Phycological Methods: Culture Methods and Growth Measurements. Cambridge: Cambridge University Press: 173-205.

Hoy M A. 1988. Biological control of arthropod pests: traditional and emerging technologies. American Journal of Alternative Agriculture, 3(2/3): 63-68.

IISD (International Institute for Sustainable Development), FAO (Food and Agriculture Organization). 2009. World Summit on Food Security Bulletin. A Summary Report from the World Summit on Food Security. http: //www.iisd.ca/download/pdf/sd/ymbvol150num5e.pdf[2022-06-13].

James C. 2011. Global Status of Commercialized Biotech/GM Crops: 2011. ISAAA Brief, No. 43, ISAAA: Ithaca, NY.

Jennifer F C, Affolter M J, Hamrick J L. 1997. Developing a sampling strategy for *Baptisia arachnifera* based on allozyme diversity. Conservation Biology, 11(5): 1133-1139.

Jiang Z X, Xia H B, Basso B, et al. 2012. Introgression from cultivated rice influences genetic differentiation of weedy rice populations at a local spatial scale. Theoretical and Applied Genetics, 124(2): 309-322.

Jin Y, He T H, Lu B R. 2003a. Fine scale genetic structure in a wild soybean (*Glycine soja*) population and the implications for conservation. New Phytologist, 159(2): 513-519.

Jin Y, Zhang W J, Fu D X, et al. 2003b. Sampling strategy within a wild soybean population based on its genetic variation detected by ISSR markers. Acta Botanica Sinica, 45: 995-1002.

Jonsson M, Wratten S D, Landis D A, et al. 2008. Recent advances in conservation biological control of arthropods by arthropods. Biological Control, 45(2): 172-175.

Kiang Y T, Antonvics J, Wu L. 1979. The extinction of wild rice (*Oryza perennis formosa*) in Taiwan. Journal of Asian Ecology, 1: 1-9.

Kirsop B E. 1984. Maintenance of yeasts. In: Kirsop B E, Snell J J S. Maintenance of Microorganisms: A Manual of Laboratory Methods. London: Academic Press: 109-130.

Klausner A. 1983. Bacteria living at 350℃ may have industrial uses. Nature Biotechnology, 1(8): 640-641.

Lambion J. 2014. Flower strips as winter shelters for predatory Miridae bugs. Acta Horticulturae, (1041): 149-156.

Lapage S P, Shelton J E, Mitchell T G, et al. 1970. Culture collections and the preservation of bacteria. In: Norris J R, Ribbons D W. Methods in Microbiology, vol. 3A. London: Academic Press: 135-228.

Letourneau D K, Altieri M A. 1983. Abundance patterns of a predator *Orius tristicolor* (Hemiptera: Anthocoridae) and its prey *Frankliniella occidentalis* (Thysanoptera: Thripidae): habitat attraction in polycultures versus mono-cultures. Environmental Entomology, 12(5): 1464-1469.

Liu B, Yang L, Zeng Y, et al. 2018. Secondary crops and non-crop habitats within landscapes enhance the abundance and diversity of generalist predators. Agriculture, Ecosystems & Environment, 258: 30-39.

Lu B R. 2002. Conservation and sustainable use of biodiversity in wild relatives of crop species. In: Sener B. Biodiversity: Biomolecular Aspects of Biodiversity and Innovative Utilization. Proc. 3rd IUPAC Intern. Confer. on Biodiversity (ICOB-3), November 3-8, 2001, Antalya: Kluwer Academic/Plenum Publishers, Hardbound: 23-34.

Lu B R. 2004. Conserving biodiversity of soybean gene pool in the biotechnology era. Plant Species Biology, 19(2): 115-125.

Lu B R, Snow A A. 2005. Gene flow from genetically modified rice and its environmental consequences. BioScience, 55(8): 669-678.

Lu B R, Yang C. 2009. Gene flow from genetically modified rice to its wild relatives: assessing potential ecological consequences. Biotechnology Advances, 27: 1083-1091.

Lundgren J G. 2009. Relationships of Natural Enemies and Non-prey Foods. Dordrecht: Springer International.

Mack R H, Simberloff D, Lonsdale W M, et al. 2000. Biotic invasions: causes, epidemiology, global consequences, and control. Ecological Applications, 10(3): 689-710.

Malik K A. 1990. Use of activated charcoal for the preservation of anaerobic phototrophic and other sensitive bacteria by freeze-drying. J Microbiol Methods, 12(2): 117-124.

Margulis L, Chase D, Guerrero R. 1986. Microbial Communities. BioScience, 36(3): 160-170.

Maxted N, Hawkes J G, Ford-Lloyd B V, et al. 1997. A practical model for in situ genetic conservation. In: Maxted N, Ford-Lloyd B V, Hawkes J G. Plant Genetic Conservation: The in situ Approach. London: Chapman and Hall: 339-367.

McGrath M S, Daggett P, Dilworth S. 1978. Freeze-drying of algae: Chlorophyta and Chrysophyta. J Phycol, 14(4): 521-525.

Morse S. 1989. The integration of partial plant resistance with biological control by an indigenous natural enemy complex in affecting populations of cowpea aphid (*Aphis craccivora* Koch). Ph.D. dissertation, University of Reading, United Kingdom.

Nordlund D A. 1996. Biological control, integrated pest management and conceptual models. Biocontrol News and Information, 17(2): 35-44.

Pandey S, Gurr G M. 2019. Conservation biological control using Australian native plants in a brassica crop system: seeking complementary ecosystem services. Agriculture, Ecosystems & Environment, 280: 77-84.

Peele E R, Singleton F L, Deming J W, et al. 1981. Effects of pharmaceutical wastes on microbial populations in surface wasters at the Puerto Rico Dump Site in the Atlantic Ocean. Applied and Environmental Microbiology, 41(4): 873-879.

Perdikis D, Fantinou A, Lykouressis D. 2011. Enhancing pest control in annual crops by conservation of predatory Heteroptera. Biological Control, 59(1): 13-21.

Perry S F. 1995. Freeze-drying and cryopreservation of Bacteria. Cryopreservation and Freeze-Drying Protocols, 38: 21-30.

Piergiovanni A R, Laghetti G. 1999. The common bean landraces from Basilicata (Southern Italy): an example of integrated approach applied to genetic resources management. Genet Resources and Crop Evolution, 46: 47-52.

Pimentel D. 2011. Food for thought: A review of the role of energy in current and evolving agriculture. Critical Reviews in Plant Sciences, 30(1-2): 35-44.

Pollier A, Tricault Y, Plantegenest M, et al. 2018. Sowing of margin strips rich in floral resources improves herbivore control in adjacent crop fields. Agricultural and Forest Entomology, (1): 1-11.

Powell W. 2000. The use of field margins in the manipulation of parasitoids for aphid control in arable crops. Proceedings of the British Crop Protection Conference, Pests and Diseases, Brighton: 579-584.

Qualset C O, Damania A B, Zanatta A C A, et al. 1997. Locally based crop plant conservation. In: Maxted N, Ford-Lloyd B V, Hawkes J G. Plant Genetic Conservation: The in situ Approach. London: Chapman and Hall: 160-175.

Rabb R L, Stinner R E, van den Bosch R. 1976. Conservation and augmentation of natural enemies. In: Huffaker C B, Messenger P S. Theory and Practice of Biological Control. New York: Academic Press: 233-254.

Ribeiro A L, Gontijo L M. 2017. Alyssum flowers promote biological control of collard pests. BioControl, 62(2): 185-196.

Ridley C E, Ellstrand N C. 2009. Rapid evolution of morphology and adaptive life history in the invasive California wild radish (*Raphanus sativus*) and the implications for management. Evolutionary Applications, 3(1): 64-76.

Rieseberg L H, Carney S E. 1998. Plant hybridization. New Phytologist, 140(4): 599-624.

Rong J, Lu B R, Song Z P, et al. 2007. Dramatic reduction of crop-to-crop gene flow within a short distance from transgenic rice fields. New Phytologist, 173(2): 346-353.

Rong J, Song Z P, Su J, et al. 2005. Low frequency of transgene flow from *Bt/CpTI* rice to its nontransgenic counterparts planted at close spacing. New Phytologist, 168(3): 559-566.

Rosa G, Òscar A, Cristina C, et al. 2004. Movement of greenhouse whitefly and its predators between in- and outside of Mediterranean greenhouses agriculture. Ecosystems & Environment, 102(3): 341-348.

Roser B. 1991. Trehalose drying: a novel replacement for freeze-drying. Biopharm Technol Bus Biopharm, 4: 47-53.

Roubos C R, Rodriguez-Saona C, Isaacs R. 2014. Mitigating the effects of insecticides on arthropod biological control at field and landscape scales. Biological Control, 75(4): 28-38.

Rudge R H. 1991. Maintenance of bacteria by freeze-drying, in maintenance of microorganisms and cultured cells. In: Kirsop B E, Doyle A A. Manual of Laboratory Methods. 2ed. London: Academic Press: 31-44.

Sanchez J A, López-Gallego E, Pérez-Marcos M, et al. 2021. The effect of banker plants and pre-plant release on the establishment and pest control of *Macrolophus pygmaeus* in tomato greenhouses. Journal of Pest Science, 94(2): 297-307.

Simmonds F J, Franz J M, Sailer R I. 1976. History of biological control. In: Huffaker C B, Messenger P S. Theory and Practice of Biological Control. New York: Academic Press: 17-39.

Singh R K. 1999. Genetic resource and the role of international collaboration in rice breeding. Genome, 42(4): 635-641.

Song Z P, Lu B R, Zhu Y G, et al. 2003a. Gene flow from cultivated rice to the wild species *Oryza rufipogon* under experimental field conditions. New Phytologist, 157(3): 657-665.

Song Z P, Xu X, Wang B, et al. 2003b. Genetic diversity in the northernmost *Oryza rufipogon* populations estimated by SSR markers. Theoretical and Applied Genetics, 107(8): 1492-1499.

Song Z P, Zhu W Y, Rong J, et al. 2006. Evidences of introgression from cultivated rice to *Oryza rufipogon* (Poaceae) populations based on SSR fingerprinting: implications for wild rice differentiation and conservation. Evolutionary Ecology, 20(6): 501-522.

Sotherton N W. 1984. The distribution and abundance of predatory arthropods overwintering in farmland. Annals of Applied Biology, 105(3): 423-429.

Stern V M. 1969. Interplanting alfalfa in cotton to control lygus bugs and other insect pests. In: Komarek R. Proceedings Tall Timbers Conference on Ecological Animal Control by Habitat Management. No.3, February, 1971, Tallahassee, Florida: 55-69.

Swaminathan M S. 1998. Farmer's right and plant genetic resources. Biotechnology and Development Monitor, 36: 6-9.

Taylor R, Fletcher R L. 1999. Cryopreservation of eukaryotic algae-a review of methodologies. J Appl Phycol, 10: 481-501.

Thorpe W H, Caudle H B. 1938. A study of the olfactory responses of insect parasites to the food plant of their host. Parasitology, 30(4): 523-528.

Topham M, Beardsley J W. 1975. An influence of nectar source plants on the New Guinea sugarcane weevil parasite, *Lixophaga sphenophori* (Villeneuve). Proceedings of the Hawaiian Entomological Society, 22: 145-155.

Tscharntke T, Bommarco R, Clough Y, et al. 2007. Conservation biological control and enemy diversity on a landscape scale. Biological Control, 43(3): 294-309.

Tsuru S. 1973. Preservation of marine and fresh water algae by means of freezing and freeze-drying. Cryobiology, 10(5): 445-452.

Tylianakis J M, Didham R K, Wratten S D. 2004. Improved fitness of aphid parasitoids receiving resource subsidies. Ecology, 85(3): 658-666.

van den Bosch R, Stem V M. 1969. The effect of harvesting practices on insect populations in alfalfa. In: Komarek R. Proceedings Tall Timbers Conference on Ecological Animal Control by Habitat Management. No.3, February, 1971, Tallahassee, Florida: 47-54.

van den Bosch R, Telford A D. 1964. Environmental modification and biological control. In: DeBach P. Biological Control of Insect Pests and Weeds. London: Chapman and Hall: 459-488.

van Emden H F. 1977. Insect-pest management in multiple cropping systems–a strategy. Proceedings of the Symposium on Cropping Systems Research and Development for the Asian Rice Farmer, International Rice Research Institute, September 21-24, 1976. International Rice Research Institute, Los Baños, Philippines: 309-323.

van Emden H F. 2003. Conservation biological control: from theory to practice. In: van Driesche R. Proceedings of the International Symposium on Biological Control of Arthropods, Honolulu, Hawaii, 14-18 January 2002. USDA Forest Service, Morgantown, WV: 199-208.

Vaughan D A, Chang T T. 1992. In situ conservation of rice genetic resources. Economic Botany, 46(4): 368-383.

Vaughan D A, Lu B R, Tomooka N. 2008. The evolving story of rice evolution. Plant Science, 174(4): 394-408.

Vaughan D A. 1994. The Wild Relatives of Rice: a Genetic Resources Handbook. Los Baños: International Rice Research Institute.

Vigneron T, Arbeult S, Kaas R. 1997. Cryopreservation of gametophytes of *Laminaria digitata* (L.) Lamouroux by encapsulated dehydration. Cryo-Letters, 18: 93-98.

Wade M R, Zalucki M P, Wratten S D, et al. 2008. Conservation biological control of arthropods using artificial food sprays: current status and future challenges. Biological Control, 45(2): 185-199.

Walker J D, Colwell R R. 1975. Some effects of petroleum on estuarine and marine micro-organisms, Canadian Journal of Microbiology, 21(3): 305-313.

Wilkinson T K, Landis D A. 2005. Habitat diversification in biological control: the role of plant resources. In: Wäckers F L, van Rijn P C J, Bruin J. Plant Provided Food and Plant-Carnivore Mutualism. Cambridge: Cambridge University Press: 305-325.

Wong S K, Frank S D. 2013. Pollen increases fitness and abundance of *Orius insidiosus* Say (Heteroptera: Anthocoridae) on banker plants. Biological Control, 64(1): 45-50.

Xia H B, Wang W, Xia H, et al. 2011. Conspecific crop-weed introgression influences evolution of weedy rice (*Oryza sativa* f. *spontanea*) across a geographical range. PLoS One, 6(1): e16189.

Yan X B, Guo Y X, Liu F Y, et al. 2010. Population structure affected by excess gene flow in self-pollinating *Elymus nutans* and *E. burchan-buddae* (Triticeae: Poaceae). Population Ecology, 52: 233-241.

Yang L, Zeng Y, Xu L, et al. 2018. Change in ladybeetle abundance and biological control of wheat aphids over time in agricultural landscape. Agriculture Ecosystems & Environment, 255: 102-110.

Yuan L P. 1998. Hybrid rice breeding in China. In: Virmani S S, Siddiq E A, Muralidharan K. Advances in Hybrid Rice Technology, Chapter 3. Los Baños: International Rice Research Institute: 27-34.

Zehnder G, Gurr G M, Kühne S, et al. 2007. Arthropod pest management in organic crops. Annual Review of Entomology, 52: 57-80.

Zhao R, Chen Z, Lu W F, et al. 2006. Estimating genetic diversity and sampling strategy for a wild soybean (*Glycine soja*) population based on different molecular markers. Chinese Science Bulletin, 51(10): 1219-1227.

Zhao R, Xia H B, Lu B R. 2009. Fine-scale genetic structure enhances biparental inbreeding by promoting mating events between more related individuals in wild soybean populations. American Journal of Botany, 96: 1138-1147.

Zhong Y Z, Zhang J P, Ren L L, et al. 2017. Behavioral responses of the egg parasitoid *Trissolcus japonicus* to volatiles from adults of its stink bug host, *Halyomorpha halys*. Journal of Pest Science, 90(4): 1097-1105.

Zhu W Y, Zhou T Y, Zhong M, et al. 2007. Sampling strategy for wild soybean (*Glycine soja*) populations based on their genetic diversity and fine-scale spatial genetic structure. Frontiers of Biology in China, 2(4): 397-402.